当代中国城市与建筑系列读本
李翔宁主编

CONTEMPORARY CHINESE URBAN RESIDENCE READER

当代中国城市居住读本

何建清 主编
班焯 李婕 编著

U0195942

中国建筑工业出版社

《当代中国城市与建筑系列读本》编委会

主编：李翔宁
编委：（按姓氏笔画排序）
王兰　汤惟杰 李翔宁 张松 何建清 周静敏 徐纺 葛明 童明

序一
读本与学科的铺路石

自古以来就有“工欲善其事，必先利其器”一说，对于研究人员和教师而言，我们的“器”恐怕主要是文献，理论的、实用的和工具的。我们在进行研究的过程中，往往感叹寻找文献，尤其是全面收集文献的困难。有时候寄希望于百科全书，但是许多百科全书到应用的时候才发现恰恰是你最需要的东西缺得最多。由于研究工作的需要，我曾经刻意收集国内外出版的各种工具书、文选和读本作为参考。2003 年以来，我和国内许多学者主持翻译《弗莱彻建筑史》的八年中，根据这本史书涉及的语言，除英文词典外，也收集了德语、法语、意大利语、西班牙语、荷兰语、葡萄牙语、拉丁语等各种语言的词典，还收集了各国出版的建筑百科全书、历史、地图和术语词典。又由于翻译的需要，收集了各种人名词典、地名词典，多年下来也收集了几乎满满一书架的工具书。自 1992 年为建筑学专业的本科生开设建筑评论课以来，由于编写教材的需要，同时又因为博士生开设建筑理论文献课，也收集了不少理论文选和读本。这些读本的主编都是该学科领域的权威学者，由于这些经过主编精选的文选和读本的系统性、专业性以及权威性，同时又附有主编撰写的引言和导读，大有裨益，将我们迅速领入学科理论的大门，扩大了视野，帮我们省却了许多筛选那些汗牛充栋的文献的宝贵时间。这些年因为承担中国科学院技术科学部的一项关于城市规划和建筑学科发展的课题，又陆陆续续收集了一批有关城市、城市规划和建筑的文选和读本。在教学和研究中常常感叹所使用的文选或读本选编的基本上都是国外学者的论著，因此，也想自己动手编一本将中外论著兼收并蓄的文选或读本，但都因为工程过于浩大而只编了个目录，便搁在一边。

从国内外出版的文选和读本的内容来看，大致可以分为四类：作者的文选或读本、文化理论读本、城市理论读本以及建筑理论文选等。前两种和我们的专业有一定的关系，但并非直接的关系，进行某些专题研究时具有参考价值。作者文选或读本多为哲学家、社会学家或文学家的读本，例如《哈贝马斯精粹》、《德勒兹读本》、《哈耶克文选》、《索尔仁尼琴读本》等。目前国内出版的文化理论读本较多，涉及面也较广，包括《城市文化读本》、《文化研究读本》、《视觉文化读本》、《文化记忆理论读本》、《女权主义理论读本》、《西方都市文化研究读本》等，早年出版的各种西方文论也属这一类读本。

目前最多的读本，并成为系列的是有关城市方面的读本，国外有一些出版社专题出版城市读本，最有代表性的是美国劳特利奇出版社（Routledge, Taylor & Francis Group）出版的城市读本系列，例如《城市读本》、《城市文化读本》、《城市设计读本》、《网络城市读本》、《城市地理读本》、《城市社会学读本》、《城市政治读本》、《城市与区域规划读本》、《城市可持续发展读本》、《全球城市读本》等，其中一些读本已多次再版。其中，《城市读本》已经由中国建筑工业出版社于 2013 年翻译出版，由英文版主编勒盖茨和斯托特再加入张庭伟和田莉作为中文版主编，同时增选了 15 篇中国学者的论文，这部读本当属国内目前最好的城市规划读本。其他也有多家出版社如黑井出版社（Blackwell Publishing）出版的《城市理论读本》以及城市地理系列读本，威利 - 黑井出版社（Wiley-Blackwell）出版的《规划理论读本》，拉特格斯大学出版社（Rutgers University Press）出版的《城市人类学读本》。中国建筑工业出版社在 2014 年还出版了《国际城市规划读本》，选编了《国际城市规划》杂志历年来的重要文章。

国外在建筑方面虽然没有像城市读本那样的系列读本，但已经有多种理论文献出版，有编年的文献，收录从维特鲁威时代到当代的理论文献，也有哲学家和文化理论家论述建筑的理论读本，例如劳特利奇出版社出版的由尼尔 · 里奇主编的《重新思考建筑：文化理论读本》（1997）收录了阿多诺、哈贝马斯、德里达等哲学家，以及翁贝托 · 埃科、本雅明等文化理论家的著作。近年来国外有三本重要的理论文选出版，分别是麻省理工学院出版社出版的由迈克尔 · 海斯主编的《1968 年以来的建筑理论》（2000），普林斯顿大学出版社出版的由凯特 · 奈斯比特主编的《建筑理论的新议程：建筑理论文选 1965—1995》（1996）和克里斯塔 · 西克思主编的《建构新的议程——1993-2009 的建筑理论》（2010）。

近年来国内出版较多的是建筑美学类的文选，例如由奚传绩编著的《中外设计艺术论著精读》（2008），汪坦和陈志华先生主编的《现代西方建筑美学文选》（2013），王贵祥先生主编的《艺术学经典文献导读书系 · 建筑卷》（2012）等。也有学者正在为编选更全面又系统的读本而在辛勤工作，这些文选和读本选录的基本上都是国外理论家的论著。虽然有一些类似文选的出版物收录了国内学者的文章，例如《建筑学报》杂志社 2014 年为纪念《建筑学报》创刊六十年出版的专辑，主要是以编年史为目的，属于纪事性，并不是根据论题的文献选编。

最近欣闻中国建筑工业出版社计划编辑出版“当代中国城市与建筑系列读本”，不仅是对近代以降的文献进行系统的整理，也是对当代中国学术的梳理，反映学术的水平。从目录来看，读本的内容包括中外学者的论著，但是以中国学者为主。这些读本选编的内容大致包括历史、综述、理论、实践、案例、评论以及拓展阅读等方面的内容，基本上涵盖并收录了当代最有代表性的中文学术文献，能给专业人士和学生提供一个导读和信息的平台。读本的分类包括建筑、园林、城市、城市设计、历史保护、居住等，文章选自学术刊物和专著，分别由李翔宁、童明、张松、葛明、何建清和王兰等负责主编，各读本的主编都是该领域的翘楚。这个读本系列既是对中国城市、城市设计、建筑与园林学科的历史回顾，又是面向学科未来发展的理论基础。这其实是一项功德无量的工作，按照我国的不成文的学术标准，这些主编的工作都不能算学术成果，只是默默甘当学科和学术发展的铺路石。

相信我们国内大部分的学者和建筑师、规划师都是阅读中国建筑工业出版社的出版物中成长的，我们也热切地盼望早日读到这套系列读本。

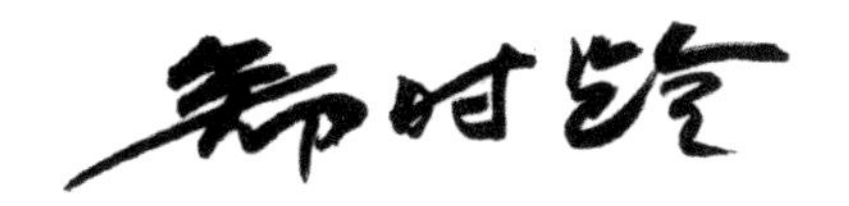

2015 年 2 月 28 日

序二
图绘当代中国

两年前，中国建筑工业出版社华东分社的徐纺社长找到我，一同商讨新的出版计划。这让我想起自己脑海中一直在琢磨的事：是否有某种合适的形式，让我们能够呈现当代中国快速发展的社会现实下城市和建筑领域的现状以及中国学者们对这些问题的思考？

不可否认，史学写作最难的任务是记述正在发生的现实。正是出于这个原因，麻省理工学院建筑系的历史理论和评论教学有一个不成文的规定，博士论文选题原则上不能针对五十年之内发生的事件和流派。这或许确保了严肃的历史理论写作有足够的研究和观照的历史距离，使得研究者可以相对中立、公允地对历史做出评判。同样，近三四十年当代中国的社会政治经济乃至建筑与建成环境的变迁，由于我们自身身处同一时代之中，许多争论尘埃未定，甚至连事实都由于某些特殊的人与事的关联而仍然存疑。

另一方面，近代科学技术的极速发展使得人类社会越来越呈现出一种多元文化并存的状态，我们已经很难在当代文化现象中总结和归纳出某种确定的轨迹，更不用说线性发展的轨迹了。著名的艺术史家汉斯·贝尔廷创作了名著《艺术史的终结》，他的观点其实并不是认为艺术史本身已经终结，而是一种线性发展结构紧密的艺术史已经终结。传统的艺术史是把在一定的历史时代中产生的“艺术作品”按照某种关系重新表述成为一种连贯的叙事。[①]这也是关于当代中国建筑史、城市史和其他建成环境的历史写作的困难之处。我们很难提供一种完整逻辑支撑的线索去概括林林总总的风格、思潮和文化现象。

面对这样的挑战，我们依然决定编辑出版作者眼前的系列丛书，主要出于以下两种考虑：一是从学术研究的角度，我们需要为当代中国城市和建筑领域留下一些经过整理的学术史料。这种工作，不是简单的堆积，而是一种学术思考的产物。相较个人写作的建筑史或思想史，读本这种形式能够更忠实地呈现不同学术观点的人同时进行的写作：既有对事实的陈述，也有写作者本人的评论甚至批判；二是从读者尤其是学习者的角度出发，如果他们需要对当代中国城市建筑的基本状况建立一个基本而相对全面的了解，读本可以迅速为他们提供所需的养料。而对于愿意在基本的了解之上进一步深入研究的读者，读本提供的进一步阅读的篇目列表为因篇幅所限未能列入读本的书目给予提示，让读者可以进一步按图索骥找到他们所期待阅读的相关文章。这样小小的一本读本既能提供简约清晰的学术地图，又可辐射链接更广泛的学术资源。

经过和中国建筑工业出版社同仁们的讨论，我们初步确定了系列读本包括建筑、城市理论、城市设计、城市居住、园林研究和历史保护六本分册，并分别邀请几位在该领域有自己的研究和影响的中青年学者担任分册主编。同时在年代范畴的划定上，除了园林研究由于材料的特殊性而略有不同之外，其他几本分册基本把当代中国该领域的理论和实践作为读本选编的主要内容。其时间跨度也基本聚焦在“文化大革命”结束至今的三四十年间。

经过近两年的编辑，终于可以陆续出版。我们必须感谢徐纺社长、徐明怡编辑，没有他们认真执着地不断鞭策，丛书的出版一定遥遥无期；感谢郑时龄院士欣然为丛书作序，这对我们是一种鼓励；还要感谢的是丛书的各位分册主编，大家为了一份学术的坚持，在各自繁忙的教学研究工作之余花费了大量心血编辑、交流和讨论，并在相互支持和鼓励中共同前行。

我们的工作所呈现的是当代中国城市和建筑领域一段时间以来的实践和理论成果。事实上，在编辑的过程中，我们也深深地感到当代中国研究这片富矿并没有得到很好的发掘，在我们近几十年深入学习和研究西方的同时，对自身问题的研究在许多方面并不尽如人意。我们对材料和事实的梳理不够完备，我们也还缺乏成熟的研究方法和深刻的批判视角。作为一个阶段性的成果，我们希望我们的工作可以成为一个起点，为更深入完备、更富有成效的当代中国建筑与建成环境研究抛砖引玉，提供一个材料的基础。我想这也是诸位编者共同的心愿。

李翔宁

注释：

① 参见（德）汉斯·贝尔廷，《现代主义之后德艺术史》，洪天富的译者序，南京大学出版社，2014 年。

前言

居住问题是全民关注的社会问题。政策上、学术上的争论持续不断，技术的升级和创新也在推进发展。特别是从改革开放至今近40年来，城市居住状况发生了翻天覆地的变化。在现有文献中，对改革开放20年来（1978年~2000年）的住房发展已有部分的梳理，而对2000年以后（2000年~2013年），也就是住房改革以后的阶段尚未做出全面总结。

《当代中国城市居住读本》力求将改革开放至今的有关居住发展的重点事件、重要成果以及有重大意义的文章进行汇总和提炼，勾画出我国这一关键时期居住发展的脉络。

全书分为五章。

第一章：历史与回顾。简要概括我国住房发展过程中的机构设置、政策变迁、技术升级，以及一定发展阶段出现的特定居住现象。此部分描述了发展概貌。

第二章：调查与研究。住宅建设最关键的是“以人为本”。居民的居住现状以及对居住的需求、愿景是住宅建设的方向和依据。此部分展现了实地调研的方法及科研成果。

第三章：标准与规范。标准、规范、规程、图集、资料集凝聚着大量的研究和实践结果，起到引导、约束、规范住宅建设的作用，也是居住品质不断提升的有效保证。此部分对住宅建设相关标准一一作了简要介绍。

第四章：技术研发与创新。在住房发展中，关键技术的提升和创新反映了住宅建设水平，也是提升居住品质的关键。此部分反映了住宅体系、空间、技术的变革。

第五章：实践与案例。新技术和新理念在示范工程中的应用是对其适应性进行评估的有效手段，也是普及推广的依据。此部分呈现了示范工程的建设与效果。

居住是人人关心、人人可谈的话题，《当代中国城市居住读本》代表着编者的感知和原则，非面面俱到，但抛砖引玉。由于篇幅原因，仍有很多重要文章没有作为正文收录，但已编入导读的书目中，供读者对相关内容进行深入了解和探讨。

《当代中国城市居住读本》的编者依托国家住宅与居住环境工程技术研究中心的强大学术、技术上的支持，完成了这一重要工作。它不仅为居住领域的研究人员、设计人员、政策制定者提供了一个总结性的文献，也为对居住感兴趣的居民提供了一个了解我国居住发展的窗口。

周静敏

目录
Contents

序一　读本与学科的铺路石（郑时龄）

序二　图绘当代中国（李翔宁）

前言　（周静敏）

第一章 历史与回顾

6　我国近代城市住宅的发展历程与反思（聂兰生）

36　中国城市住宅 20 年主题变奏（王毅）

45　1978~2000 年城市住宅的政策与规划设计思潮（吕俊华　邵磊）

55　住的教育（李婕）

57　北漂一族的“蚁居”生活（林妍　刘沫）

第二章 调查与研究

2.1 功能与质量 1985~1988

62　住宅建筑功能和质量综合大调查

2.2 小康住宅 1990~1993

66　居住生活实态与室内空间环境——实态调查综合分析（赵冠谦）

2.3 老年人居住 1997~1999

76　老年社会与老年住宅（刘燕辉）

83　老年居住生活实态与老年住宅发展预测——我国老年居住实态调查综合分析（林建平　赵冠谦）

95　老年人居住实态调查（王贺　焦燕　张亚斌）

2.4 居住环境与设施 1999~2000

105　全国居住小区的居住环境与设施综合研究调查报告（刘东卫　梁咏华　刘蓉）

2.5 城镇住宅 2003~2004

114　我国城镇住宅实态调查结果及住宅套型分析（何建清）

2.6 热水用量 2003~2004

124　住宅平均日热水用量研究与分析（张磊　陈超　梁万军）

2.7 心理环境健康 2006~2008

130 住区心理环境健康影响因素实态调查研究（仲继寿 赵旭 王莹 于重重 李新军 贾丽 曹秋颖）

2.8 保障性住房 2009

146 上海市低收入住房困难家庭居住生活行为的研究（周晓红 龙婷）

157 北京低收入者居住需求研究及对廉租房建筑设计的启示（周燕珉 王富青）

第三章 标准与规范

177 《住宅设计规范》局部修订的前前后后（林建平）

181 从新编《住宅设计规范》展望我国住宅发展趋势（林建平）

第四章 技术研发与创新

4.1 住宅结构体系

195 SAR 住宅和居住环境的设计方法（张守仪）

207 从支撑体住宅到开放建筑（鲍家声）

209 住宅内装部品体系与结构体系的发展（娄霓）

4.2 规划设计

220 低层高密度住宅与多层住宅方案的设想（聂兰生 夏兰西）

229 从居住区规划到社区规划（赵蔚 赵民）

237 突破居住区规划的小区单一模式（邓卫）

243 市场主导的城中村改造规划设计对策（王涛）

4.3 功能空间

253 中国住宅标准化历程与展望（开彦）

259 中国住宅建筑模数协调的现状与思路（仲继寿）

267 90m^2 的“面积与品质”之争引发出我国住宅发展的核心课题——鉴日本住宅建设与设计特质 · 寻住宅建设道路（刘东卫）

274 我国住宅套型及其量化指标的演变（林建平）

4.4 住宅产业化

280 新世纪我国住宅产业化的必由之路（聂梅生）

292 新中国成立以来住宅工业化及其技术发展（刘东卫 周静敏 邵磊）

309 住宅产业化视角下的中国住宅装修发展与内装产业化前景研究（周静敏 苗青 司红松 汪彬）

4.5 住宅商品化与住房保障体系

325 住宅设计要适应住房制度改革和住宅商品化发展的要求（周干峙）

328 商品住宅的发展与商品住宅设计（苍重光 卢永刚）

331 香港公屋设计经验对我国保障性住房规划建设的启示（代晓利）

338 按照设定使用人数规定公共住房户内使用面积标准及递进级差（何建清）

343 关于保障性意图的住居实现——从相对于普通商品房的差异化入手 （郭昊栩 邓孟仁）

第五章 实践与案例

5.1 城市住宅试点小区

353 恩济里与四合院（白德懋）

5.2 小康住宅试点工程

357 南方山地住宅设计初探——广州红岭花园小区住宅设计（聂兰生）

5.3 国家康居示范工程

364 人与自然亲和的家园——国家康居示范工程武汉青山“绿景苑”居住社区（刘林 李春舫）

5.4 都市实践住宅

372 “万汇楼”开放式廉租住房的探索（陶杰 易乔）

380 佛山万汇楼混合居住实验的困境与思考（齐慧峰）

5.5 绿色建筑

388 大力推进住宅产业化加快发展节能省地型住宅（刘志峰）

393 我国绿色建筑评价标识的特点与思考（宋凌）

398 2011 年绿色建筑评价标识三星级项目——中粮万科长阳半岛项目（曾宇）

402 万科 · 白沙润园

404 西藏自治区节能民居示范工程

5.6 健康住宅

413 迈向可持续发展的中国健康住宅（开彦）

420 **扩展阅读**

423 **后记**

第一章
历史与回顾

“衣、食、住、行”是人类生活四大元素，当今的中国，“衣、食”产品已极大的丰富，随之而来需要解决的首要问题便是住房。住房是个社会问题，“住有所居”，人们的生活才有可能安定，这也是社会和国家稳定的前提。

1978年改革开放至今，中国当代的居住研究工作与宏观经济社会发展的政策研究、回顾总结、分析展望，始终在同步进行。大量可检索、可查阅的居住研究文献，不仅印证和描述了我国住房建设发展和居住方式的改变，还翔实记录和映射了改革开放过程中我国政府机构职能的调整、研究机构属性的变更以及住房产业链条的重构。35年的改革开放，是一个大时代——一个大家辈出的时代，一个思想井喷的时代。伴随着我国现代化、工业化、城镇化、信息化的起步与加速，城市生活的改变与扩容，住房的供给转型和市场困惑始终是身处大时代的观察者们、研究者们和评论者们的重点话题和争论焦点。这些话题和争论，不仅涵盖了政策导向和法律法规，还涉及专项规划和科技进步，并延伸至项目管理、企业行为、高等教育和职业培训等诸多方面。居住研究始终是一项大事业，并且是一项必须由多学科、多领域共同参与的大事业，如果跟踪研究文献作者的个人信息，就可以发现，他们来自于政策制定、技术研究等相关的各个部门，领域十分广泛。

在改革开放的35年中，政府和大众对住房问题的理解有一个不断深化的过程。从机构看，我国最早的相应国家机构是“建筑工程部”。“文革”后，1979年成立了“国家城市建设总局”，由国家基本建设委员会代管。1982年由几个相关机构合并成立“城乡建设环境保护部”。1988年5

月第七届全国人民代表大会第七次会议通过《关于国务院机构改革方案的决定》，撤销“城乡建设环境保护部”，设立“建设部”，并把国家计委主管的基本建设方面的勘察设计、建筑施工、标准定额工作及其机构划归“建设部”。2008年3月15日，根据十一届全国人大一次会议通过的国务院机构改革方案，“建设部”才改为“住房和城乡建设部”，第一次把住房建设突出显示在国家机构名称中。这个名称变化所反映的是国家主管部门对自己承担职责的认识变化，当然也包含了对住房建设在国家发展建设中的地位的认识。在“住房和城乡建设部”网页的“职责调整”一节里，明确地写着它的一项职责就是“加快建立住房保障体系，完善廉租住房制度，着力解决低收入家庭住房困难问题”。住房保障体系以及住房政策的制定和掌控，正是政府的职责所在。

在国家机构变化的同时，针对住房政策和住宅建设的研究机构也陆续成立，各大院校也设置了相关的房地产开发和管理的课程和院系。1994年，经科技部和建设部正式批准，国家住宅与居住环境工程技术研究中心组建挂牌，成为行业技术的研发中心，也是国家在住宅与居住环境领域科技攻关的主要技术支撑单位。专门的科研机构、高等院校对住房的发展和研究从未间断过，新理念的引入和推动，新技术的研究和应用，都为国家城镇化发展和住房发展提供了政策依据和技术支持。

从住宅技术和发展水平上来看，1998年以来，住宅商品化已从幼稚逐步走向成熟，并成为推动住房建设从理念到技术不断提升的重要助力。20世纪80年代以来，一系列的住宅试点示范工程，如“城市住宅试点小区”、“小康住宅试点工程”、“国家康居示范工程”的推行，使人们逐渐了解到住区规划的重要性，为全国的住宅建设从管理到技术提供丰富的实践机会，将我国的居住品质从整体上推向一个新水平、新台阶。同时，科研工作者进行的大量实地调查和研究，如“改善城市住宅建筑功能和质量研究”、“城市小康住宅实态调查”、“全国居住小区的居住环境与设施实态调查”、“老年人居住实态问卷调查”等，通过总结经验，找出问题，为住房政策的制定和住宅技术的进一步发展提供了有力的依据。

其次，各类相关住宅建设标准、规范和标准图图集，凝聚了大量的研究和实践成果，对规范住宅建设起到了不可忽视的作用。其中《住宅设计规范》GB 50096—1999于1999年开始颁布实施，大大提高了住宅规划设计和建造技术水平，使新建住宅品质和居住环境得到明显的改善。在这个基础上，绿色住宅、健康住宅等新的理念逐渐被关注，相关新技术的应用也不断得到尝试，并开展试点示范工程。国家“四节一环保”（节能、节地、节水、节材和环境保护）被列为宗旨和目标后，有关“建筑节能、建筑节地、建筑节水、建筑节材”和“保护环境”的标准规范就成了居住区建设的重要参照依据之一。新的理念和技术不仅在城市运用，也在农村有所实践。

“住宅产业”的概念是20世纪90年代初提出的。1999年7月5日国务院办公厅转发建设部、国家计委、国家经贸委、财政部、科技部等八个部委“关于推进住宅产业现代化提高住宅质量的若干意见”的通知，提出了至2005年和2010年，住宅建筑节能、产业化、科技贡献率等方面应达到的目标，并要求加强基础技术和关键技术的研究，建立住宅技术保障体系，开发和推广新材料、新技术，完善住宅的建筑和部品体系。同时还对住宅建设工作提出健全管理制度，建立完善的质量控制体系的要求。20年中，几代住宅研究人员始终遵循实现住宅产业化这一政策，为了实现目标，不断探索中国的住宅产业化发展道路。

从住房政策上来看，1998年，经历了20年计划经济向市场经济转型，我国开始实施住房改革，住房供给方式从计划经济时期的分配制转变为市场经济环境下的商品化交易。2000年随着建设部宣布“住房实物分配在全国停止”，房地产投资势头猛增，住房建设规模和建设量连年刷新（表1）。从2000年到2012年，每年的住宅竣工面积从最初的5.49亿m^2增加到2012年的10.73亿m^2，增长了近一倍。

固定资产投资（不含农户）住宅竣工面积（亿m^2） 表1

伴随着住宅建设量的增加，住房领域也随之出现了一些问题。部分地区投资性购房和投机性购房大量增加，导致住房价格上涨过快，再加上住房供应结构不合理，严重影响了经济和社会的稳定发展。住宅市场出现的问题，反映出住房政策滞后于住宅市场的飞速发展。实践证明，制定正确的住房政策，包括具体可行的实施步骤，其难度要比住宅技术性研究大得多。住房制度和政策设计，应当引导住宅回归到消费品的属性，而不是一种投资品。为抑制住房价格过快上涨，促进房地产市场健康发展，解决人们的住房问题，我国开展了一系列宏观调控政策措施，不断调整和改善住房供应结构，逐步重视并加大保障性住房的建设。2013 年 2 月 27 日，凤凰网房产频道在“再辩房改”系列策划中刊发了一幅简图（图 1），它对 1978 年至今 35 年的住房发展历程做了详解（凤凰网，2013）。

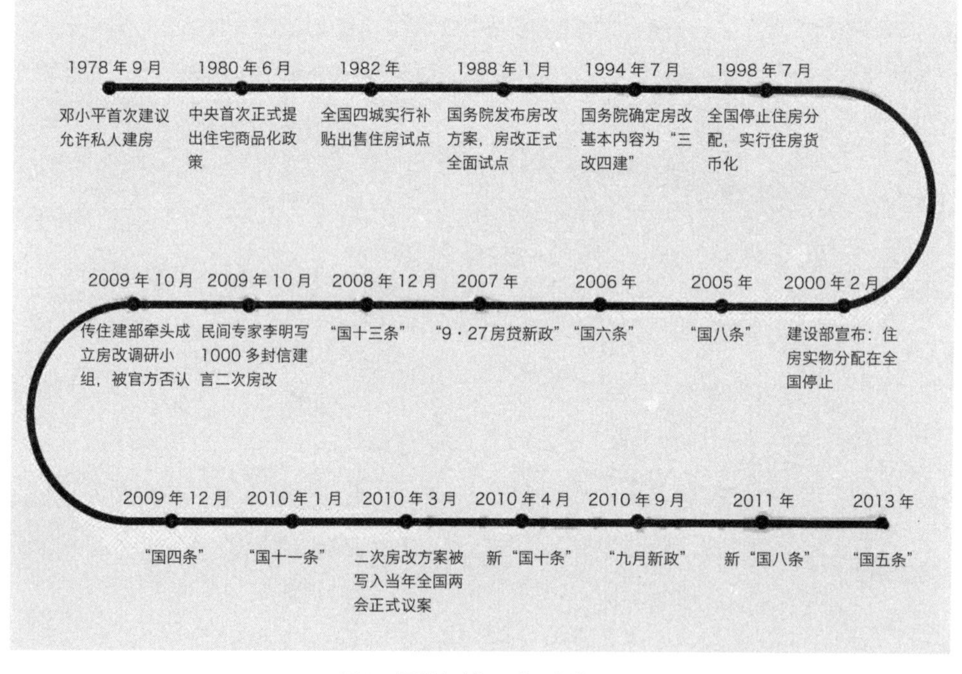

图 1.“再辩房改”35 年历程简图

进入 21 世纪，人们对于“住房”的关注热点大概会集中在一些词语上，如“房价”和“保障性住房”。在 1998 年宣告全国范围内取消实物性分房，实行住房分配货币化后，房地产市场迅猛发展，住房价格持续增长，政府为抑制房价、稳定房地产市场，颁布了一系列调控政策，同时，保障性住房建设也广受各界关注。2007年以来，我国政府出台了一系列关于解决城市低收入家庭住房问题以及加快推进保障性住房建设等方面的相关政策，并在“十二五”初期制定了2011~2015年完成3600万套保障性住房建设的任务，这其中也包括针对中低收入的“夹心层”、“蚁族”，由市场提供的商品住房和由政府提供的保障性住房构成的住房供给体系正在不断完善中。

2014年3月发布了《国家新型城镇化规划（2014-2020年）》，其中在第二十六章，“健全城镇住房制度”中提出要“健全房地产市场调控长效机制”、“健全保障性住房制度”、“健全住房供应体系”。在城镇化发展的驱动下，在今后相当长的阶段里，重新审视住房体制，解决全民“住有所居”的问题，将成为重中之重。

另外，在贯彻新型城镇化发展的战略方针过程中，涉及住房发展的教育、针对特殊人群的住房发展和建设，住宅产业化进一步发展方向，以及如何确实建成“以人为本”的生活环境等方面，都面临着不断出现的新问题和新挑战。

本章选载三篇文章，从不同侧重点概述了我国住宅发展的历程；一篇报道，描写“蚁族”这一特定人群的生活状态，反映了住房、就业等一系列问题；以及一篇编者对大学院校住房教育实践的一些简单理解。

《我国近代城市住宅的发展历程与反思》选自《聂兰生文集》，讲述了居住形式的演变与社会制度、经济水平、生活习惯、城市化过程的关系，以及对住宅规划设计和建造技术的影响，并提出当时需要反思的问题。这些问题直至今日仍值得我们去进行深度思考。

《中国城市住宅20年主题变奏》的作者王毅在文章中讨论到随着经济的快速发展，虽然城市住宅在数量和质量上得到明显的提高和改善，但在住宅的规划设计，居民住房保障等方面出现了问题。

《1978-2000年城市住宅的政策与规划设计思潮》，选自吕俊华的《中国现代城市住宅1840-2000》一书，文章论述了不同政治社会经济发展环境，对住宅规划设计的影响。

《住的教育》，考虑到住房的教育在未来住房建设和发展当中所扮演的重要角色，文章简单介绍了住房和社区建设规划的学科发展历程及国内外高校的教学活动，旨在引起读者对“住的教育”的广泛重视。

6

我国近代城市住宅的发展历程与反思

聂兰生

居住形式总是与当地社会的经济结构、生产方式密切相关。作为社会上层建筑的政治体制，等级制度以及伦理、道德观念、审美意趣等，都浓缩在承载家庭生活的物质空间——住宅之中。家庭是社会的细胞，从居住形式的变化中，折射出社会的变迁。例如，汉民族几千年的封建社会制度，造就出一个与当时社会生活合丝入扣的居住模式——合院式住宅（图 1）。

几百年来，随着封建制度的解体，农村经济的衰落，人流随着国内外的资本涌向城市。庞大的社会冲击波涉及每个家庭，谋生方式的改变，不少人走出千年的合院。大量农村人口的流入，在沿海地区、内地大城市以及外国租界地中，出现了脱胎于传统合院式的里弄住宅，舶来的联排式住宅，公寓式住宅等，构成了自鸦片战争以来的百年间，中国城市住宅多元共存的场景。

“家”的物质依托是住宅，和“衣”、“食”一样，住宅是人类赖以安身的基础，当这个基础动摇时，社会问题也就随之出现。住宅问题常常成为社会问题，因此，许多国家政府把住宅问题作为重要的工作内容，制定解决住宅问题的方略，以保证社会成员的正常生活，稳定社会秩序，使政府工作有序运转。

1949 年新中国成立，“山河百战归民主”，长期的战乱使原本落后的经济濒于崩溃，城市中的中下层市民，基本上处于无房可住的情况，也是当时一个亟待解决的社会问题。是时的政策是由政府出资批量性地建设职工住宅，再以低租金福利住宅的方式分配给使用者，这一政策在中国近代史上也是少有的举措，但令人始料未及的是，这一福利性政策竟沿用了 40 多年，改革开放之后才有所调整。与此同时适应于大批量建设，经济适用、用地节约、功能完备的苏联的单元式住宅和居住小区的引入，成为中国城市住宅主要的居住形态。

一、城市化与居住形态的关联

城市是政治、经济、文化的集中场所，也是地域文明的标记。从农业社会向工业社会的转化，表现为城市化过程的加速，人口向城市集中，住宅的商品属性日趋强化，工业社会初期的物质文明反映在城市的方方面面，而住宅又是这些变化的集中反映。

（一）社会制度的变革与传统家庭结构的解体

家庭作为社会的基本组成单位，它的存在形式与其所处的社会关联密切。从经济基础到上层建筑，在家庭结构中均有所反映，作为承载家庭生活的物质空间——住宅，在不同时代，不同地域中形态各异，不同的居住形态往往能从隐藏于社会深层的所有制、生产方式、伦理观念、审美取向中突显出来。

中国几千年来的农耕社会，在南北各地几百万平方公里的土地上，造就出形态各异的民居，其中合院式住宅是汉民族的主要居住形态。与以经商和航海为主要生存手段的欧洲人的居住形态迥然不同。

在中国，一块世代相传的土地是一家几代赖以安身立命的资产，是生产资料，生活资料也取自于这块土地。家族的构成常常是几代同堂，兄弟共处，因此离不开土地，也就难以脱离开家庭，去独立营造小家庭生活。联合式家庭，或主干式家庭是当时的主要类型。“合院”就成为这类家庭的最佳居住形态，四方或三方围合，满足了一个家庭的防卫和私密性要求。这一居住形态也切合长期以来的儒家观念所维系的社会秩序，以及所倡导的“长幼尊卑”的伦理原则。长辈居中向南，兄弟居东西两厢，女眷居后宅，当这一居住形式取得广泛的社会认同之后，一传就是几千年。目前发现的最早的史料是汉代的画像砖（图 2、图 3），直到民国，甚至在租界中也能见到这一居住形式。农耕时代的“定居”是人类社会发展史上的一次飞跃，从家族的“定居”转向城市中不同族姓的“集居”，又是一次飞跃。居住形式变化的深层原因是社会生产力和生产机制的变革，社会的经济基础规定了上层建筑的形态，自然也涉及家庭结构。谋生方式的改变，导致了大家族制度的瓦解，伦理、道德观念和价值观念在新的社会机制下重新建立，作为承载家庭生活的住宅，也以新的形态迎接它

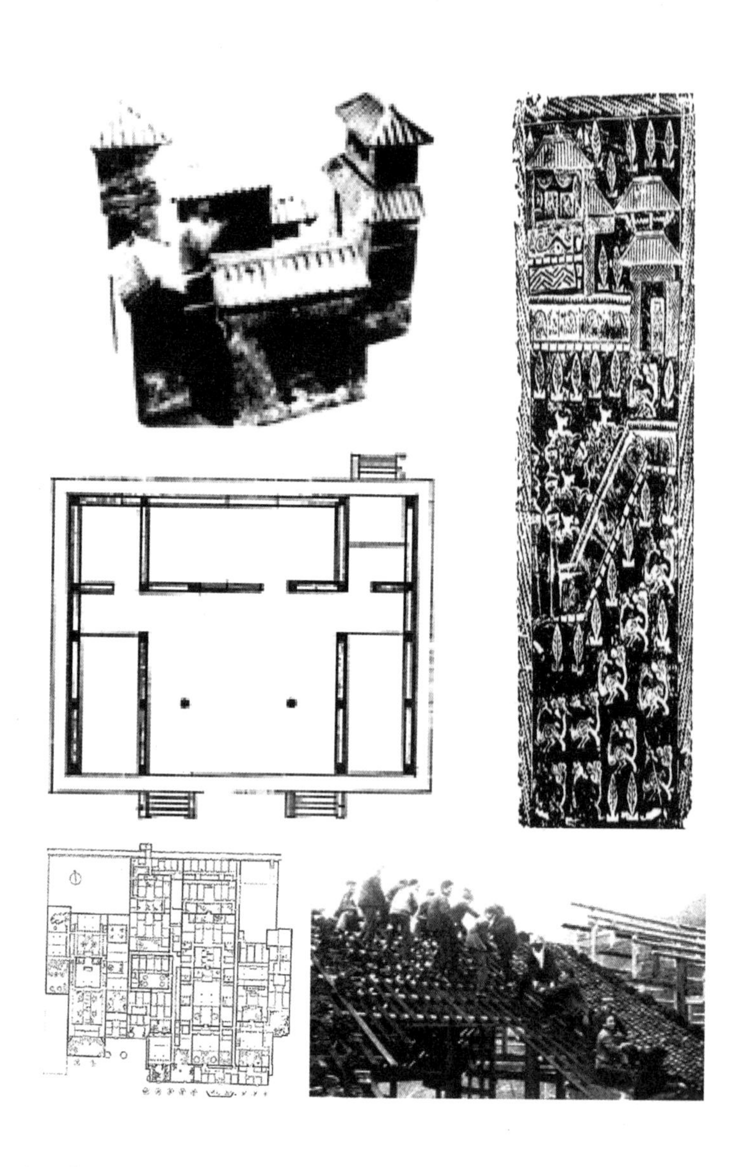

1 3
2
4 5

图 1.1951 年在河南郑州出土的“四合院”式陶器庄园模型
图 2. 根据文字资料绘制的古代标准住宅形式的“土寝图”
图 3. 汉代墓砖画像
图 4. 苏州陆天官巷旧宅平面图
图 5. 广西侗乡建新居的情况

的新主人。

同族集居的形式在农耕社会里的存在，具有普遍意义，如前所述，一块地供养了一个家庭或一个家族，所以家庭也是社会的经济单位，其功能含有：生产、分配、消费、生活、交往等多重内容。手工业社会里，一族集居更便于分工和防卫，族中的强者，或为官，或为贾，可以荫及宗亲，因此到现在一村一姓的聚落并不少见。集族而居的形态，就是在晚清时期，商业发达的城市中也时有所见，如苏州的陆天官巷中的陆宅(图4)。居住形式与生活内容总是相对应的，住宅中所涵盖的内容也是多元的：生产、生活、储藏、交往、教育、祭祀、游赏……一应俱全。一个大宅院实际上是个封闭的自成一体的小社会。随着社会的发展，居住生活中的各种功能行为正逐步向社会化过渡，功能各异的建筑类型才相继出现。建造住宅应该是人类初始的以互助的方式为营造自家的栖息场所的行为活动，这一活动方式至今在边远的村镇和聚落仍时有所见(图5)。封闭的合院住宅是它的外在表征，而个体的小生产方式是它的深层基础，城市中的手工作坊、商业店铺，甚至工匠、艺人，常以集族经营，和技艺传承的关系、集族而居、传统的伦理观念又规定其居住行为。当生产方式变革之后，浮在上面的家庭结构，直到居住形式也随之更迭，“皮之不存，毛将焉附”。

近百年来，列强的炮舰政策，打开了中国的大门，随着封建制度的解体，千年以来以农业为主体的经济发生了动摇，从停滞走向衰败，连年的内战也进一步加速了基层社会制度的瓦解，同一段时间里，地主和农民都流向城市避乱或谋生。沿海租界的开发，使舶来的资本主义制度在中国登陆并立地生根，在这块土地上封建帝国消亡之后，走向殖民地和半殖民地的社会，中国社会从政治、经济到意识形态都处于转型期。家庭功能、家庭结构、生活方式都发生了变化，以往以家族为主的居住模式转向社会型的集居模式，这是从单一的合院式的居住形态，转向多元的内因，而租界的开辟使西方的居住形态径直走向中国城市，成为近代中国多元居住形态中的一元。

（二）城市现代化过程中新居住形式的诞生

1. 城市转型与新居住形式的诞生

进入20世纪以来，中国城市逐步地向现代城市转化，新兴城市交通工具的出现，引发了城市道路的改观，公共设备的开发，也使长期停留在中世纪的城市水平提高一步，随着工商业的发展，大多数城市采用了扩大规模和兴建新村的方式。沿海城市外国租界的开辟，则是西方近代城市的翻版，不论其政治背景如何，中国社会走进痛苦的变革时代。清末的洋务运动和1900年后推行的新政，辛亥革命及新兴民族资产阶级的兴起，无非是企图变革当时的弊制。新兴产业的出现，吸引了一大批破产的农民走进城市，成片的贫民窟在城市中出现，外来人口的涌入，新兴的房地产业随之而起，低标准租赁住宅的大量出现，住宅的商品性被强调出来。城市型的集居式的居住形式被社会认同，例如上海的弄堂和天津、武汉等地的里弄，一时间成为外来人口的主要居住形式。经济生活和政治地位的差异，人口的分层形成不同的集居形态。沿海的租界城市中，新兴的白领阶层多住在租界中的 Terrace House 或 Town House 这类住宅中，里弄住宅则常常是有正常收入阶层的住所，说明了居住形式走向多元，正是社会变革的结果，也是历史的必然。

1924 年英人雷穆森 (O．D．Ras mussen) 所著《天津的成长》一文中，详细地描述了扩展英租界的设想。首先是住宅的开发，要建设“拥有现代化房屋的花园住宅区”，“并尽快地使之成为市政设施齐全的华北一流的住宅区”，这个设想自有其背景原因，租界里的华人大致分为两部分：一是在洋行工作的员司，另一部分则是中国社会的上层。是时正值封建制度解体，军阀混战，清末遗老、下野政客，甚至台上的官僚莫不把租界作为退身之地，租界中公馆林立，至今仍是天津的高级住宅区。租界里的 Terrace House 成为基本类型，不少中国人住在舶来的 Terrace House 中，喧宾夺主的租界覆盖了大半个城市。

在上海，弄堂成为市民的主要居住形式，介于传统住宅与现代住宅之间的弄堂住宅，自租界开设以来，1865 年时已达到 15 万人，它不单是租界中的主要房型，“20 世纪初在上海的老城厢内外华界内，也开始大量建造起里弄住宅”。从 19 世纪中叶到 20 世纪 40 年代的八十余年间，弄堂住宅覆盖了上海，“可以说没有弄堂就没有上海，更没有上海人”。①

一种新居住形态的出现是地域社会的经济结构变革的标志，也是城市化过程的表征，自然也涉及家庭结构和居住形态。住宅与城市是一个相互关联的整体，新居住形态的形成，自有其深层的社会原因。

2. 新兴产业的诞生与城市化过程的提速

19 世纪末期，出于“富国强兵”的构想，以当时的清政府为主导的洋务运动在南北各地展开，军工、造船、采矿等新兴产业的诞生，兴办电讯事业，兴修铁路公共事业也已起步，中国工业的雏形始见于沿海各大城市，从手工业作坊转化到近代模式的工业企业是传统中国社会的产业转型。长年束缚在土地上的农民和以手工业谋生为方式的匠人，加入到新兴的产业行列中去，劳动者从农业转向工业，农村人口大量流向城市，租界开设之后，洋人在华经商和兴办实业涉及各个领域，无论在规模上还是数量上都超过前者。传统的中国社会在激烈的动荡和变化之中，它冲击到这个社会的方方面面，政治体制、经济基础、传统的文化观和价值观、家庭结构和伦理道德观念，城市面貌和居住形态的变化是这一冲击波的物质表征。

在 20 世纪最初的 30 年里，城市化步伐加快，以天津为例，1900 年以后推行新政时期，旧城以北扩新区面积为6.534km^2，时为旧城的四倍，是当时的天津的行政中心。在实业兴国的口号下，新区的规划和建设向现代城市倾斜，修车站架桥梁，区内道路经纬相连并与旧区相通，构成了新区的骨架。随之工厂、商店、官署、学校相继建成，新兴产业的兴起，使新区人口骤增，房地产商趁机投资置产兴业，天津市大量的里弄住宅便是在这一形式下起步的。社会背景的转换给家庭生活以强烈的冲击；城市的迅速发展，给新居住形式提供了可依托的物质空间，里弄住宅更适合走出传统生活模式单独走进城市的谋生者。

至于沿海大城市的租界，在当时犹如一座舶来的都会，西方列强从炮舰到生活方式居住形态一并带到中国。租界建设特点是规模大和速度快，仍以天津为例，1900年之后九国租界面积为天津旧城的八倍，工业上先行一步的西方列强，在华开设租界，经济上掠取更多的利益，是其主要的目的之一。是时作为租界经济的两大支柱，一是洋行，二是房地产，这是获利最大的产业。前者直接冲击了中国的传统产业，后者改变了中国人的居住形式。

二、从一元走向多元——我国近代城市居住形式的演变

合院式住宅，这一存在几千年的居住形式，遍及全国各地，从云南一颗印式的三合院到典型的北京四合院，合院住宅成为承载我国城乡居民居住生活的主要住宅类型。近代以来，除沿海租界城市之外，“合院”仍是都市住宅的主要形式。几千年形成的社会机制，造就了合院式住宅体系，直到现在仍见之于各大城市之中。1949年时北京人口160万，而旧住宅存量有1350万m^2之多，绝大部分是各种类型的四合院，随着大规模城市公共住宅的开发，20世纪90年代之后，这一长期支承着都市人生活的合院式住宅，才从“主角”位置上走下舞台，千年一统的居住形式走向多元化，但合院式住宅体系仍作为其中的一元存在，不会消亡（图6、图7）。

（一）里弄住宅的诞生

近代中国向工业社会转向过程中，农业经济的衰落，伴随着城市化过程，人口向城市集中，传统的家庭结构也受到了冲击。谋生手段的改变，使家庭变小，人口变少。城市外来人口的涌入，使房地产业应运而生，大量的销售或以租赁为主的住宅在城市中的出现，反映出住宅不仅仅是自家生活的依托，同时作为商品和财富进入社会的流通领域。为数众多的外国房地产开发商的登陆，和国内以地方财团为主的房地产公司的出现，住宅的商品属性日益突显，流通机制的逐渐完备，批量性

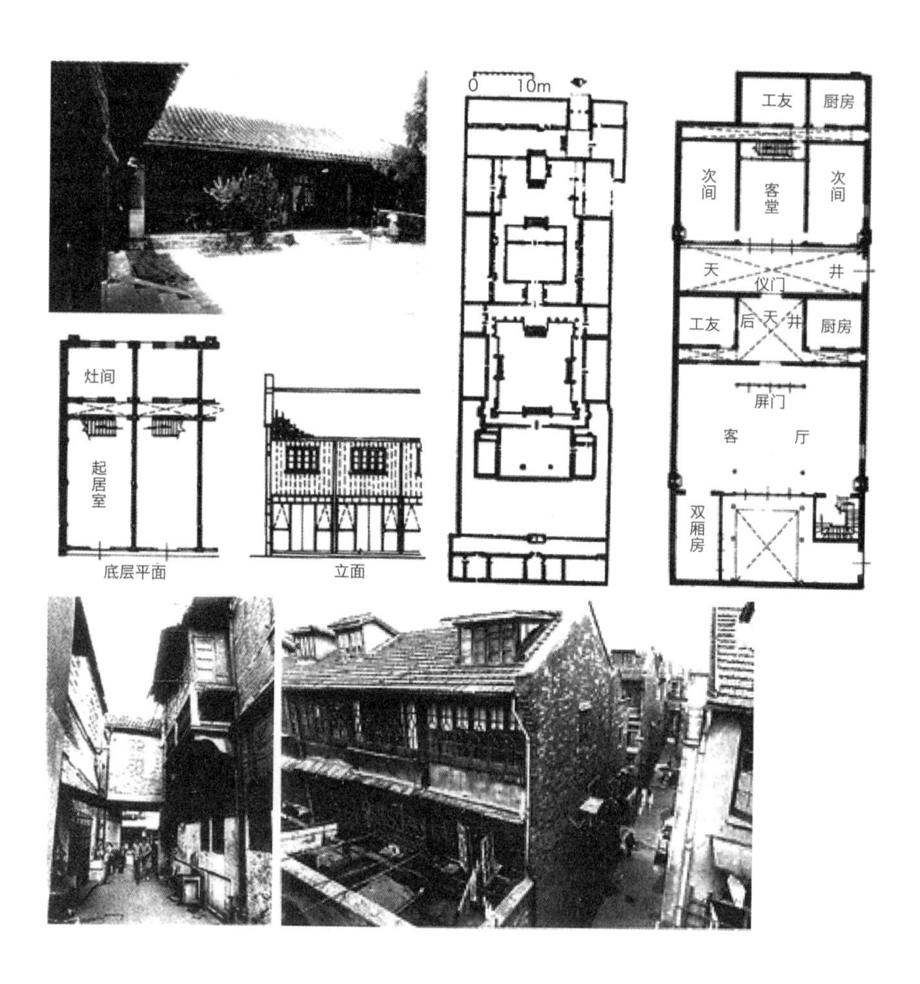

6 7 8
9
10 11

图 6. 北京四合院
图 7. 北京四合院住宅平面
图 8. 洪德里底层平面
图 9. 八里头广式房屋平、立面图
图 10，图 11. 上海弄堂小景

的颇具规模的里弄住宅便是这一背景下产生的。

为了适应城市家庭生活的需要，在本土住宅的基础上衍生出的居住形态——里弄住宅出现于沿海大城市中，南方则把天井式的住宅简化之后并联成排，初期的里弄住宅，其平面格局仍能看出合院的痕迹（图 8）。联排式的合院式住宅，特点是小型化、均质化（各家都一样）、商品化，总体布局密集，以同一种模式在同一区域批量开发，并以租赁或出售的方式供给使用者，这和传统的一家一户盖房子，是两种全然不同的经营模式，住宅的商品属性被强调并作为大件商品进入市场。

里弄住宅起源于 19 世纪中叶，最初见于上海，之后在全国各大城市相继出现，如天津、武汉甚至四川的成都，沿海城市中，尤其在天津和上海成为主要的居住形式，在这些城市里，延续几千年的合院式住宅，在几十年之内就被新生的里弄住宅取代，社会的变迁和城市化进程的加速，使居住形式发生突发式的改变，里弄住宅的出现为中国的城市住宅多元化写下浓重的一笔。

早期的上海弄堂，几乎是长江中下游省份常见的民居改版，其封闭式格局与传统民居相似，两扇黑漆大门，周围加上一圈石头门框，称之为“石库门”。从大门的样式上分析，是传统民居的简化，之后又把西方的饰物、纹样掺和进去，给上海的石库门加上一笔西洋色彩。将这些石库门连成排，一排排的石库门住宅，形成了一条条弄堂，规模大的则由主弄与支弄构成。一处弄堂通常称之为“XX里”，这与天津等大城市对里弄住宅的称谓相同。北方的里弄住宅源于传统的四合院，居住文化的延续与相互渗透是永恒的并具有普遍意义。之后由于城市用地的紧张，三开间、五开间的平面少见了，较多的是双开间，甚至单开间的平面（图 9），传统的二层石库门住宅开始变成三层。

天津新市区为 1900 年之后新开发的地区，是时“里弄住宅”是业内人士对低层联排式住宅的通称，各地对这种住宅布局的称谓也不尽相同，上海称“弄堂”，天津当地人则称为“胡同”，两地的里弄住宅在总体布局无甚区别，上海的弄堂发端于租界，天津的里弄则始建于新市区。里弄住宅产生于半封建半殖民地的近代，处于新兴工业的起步阶段，既带有浓郁的传统合院住宅特征，又有表层被西方文明风化的痕迹（图 10、图 11）。在上海，弄堂是市民阶层具有普遍意义的居住形式，“弄堂，构成了近代上海城市最重要的特色”，“它既不同于传统的中国江南民居，也不同于西方任何一种建筑形式……它最能代表近代上海城市文化的特征，它也是近代上海历史的最直接产物”[②]。这一新居住形式的出现，迅速地得到地域社会的普遍认同，并传播到其他大城市，如武汉、成都，自有它的社会基础。“应运而生”的里弄住宅，说明它符合时代要求，比起传统的合院式住宅，它朝着社会型集居方向迈出了一步，能够与当时当地社会的生活方式和经济水平相适应，几千年的合院住宅体系之外，又多了一种居住形式。

（二）舶来居住形式的传播与推广

1. Terrace House——新式里弄住宅

城市化过程中，人口聚集，进而引起用地紧张，促使里弄住宅的居住形式面宽变窄，层数加高，逐渐向欧洲传来的联排式住宅 Terrace House 靠拢。Terrace House 本是国外舶来的居住类型，业内统称其为“新式里弄住宅”。因为它也是联排式的，只是平面组合和设备条件不同，不论命名如何，它是随着租界的开发舶来的居住形式。主要供租界内的中产阶级居住，中国建筑师也从事 Terrace House（联排式）住宅的设计，并将这一与里弄住宅具有共性的舶来的居住体系，称之为“新式里弄”（图 12）。

Terrace House 起源于英国，1666 年伦敦大火，市内的木板房付之一炬，出于对防火安全的考虑，随之而起的是联排式的砖石结构住宅，即后来的 Terrace House。

一条道路的两侧为了容纳更多的住宅，采用了小面宽大进深的格局，24 英尺（约 7.32 m）几乎成为标准的面宽尺度。传统的 Terrace House 多带地下室，从地下室取土筑高道路，造成前高后低的地势，所以英国式的 Terrace House 总是要先上几个踏步再进入室内，半地下室多用于服务用房如锅炉房、厨房、煤库等，这种住宅的规模不一，宜于一般市民居住[③]。“以至于在乔治时代，除了一小部分贵族、失业者和罪犯之外，大多数的城市生活者都在这里容身”。直到现在，仍然可以看到新建的 Terrace House 耸立在伦敦街头（图 13）。

19 世纪中叶中国沿海各省租界的开发，使 Terrace House 在中国登陆。随着租界的扩大，这种住宅建设一直持续到 20 世纪 40 年代。Terrace House 得以发展，是它能与居住者的生活相适应，从当时的城市规模和建筑技术水平上分析，2、3 层纵深式的砖石结构住宅，用地经济，技术手段上切实可行，易于实现，且卫生设备一应俱全，可以纳入到现代化住宅的行列。联排式住宅得到社会的认同，所以在沿海城市中一直处于上升的状态，并成为旧租界区中的主要居住形式，并非偶然。不少中国建筑师也留下了许多联排式住宅作品（图 14)。Terrace House 住宅规模不一，从 $100m^2$ 至 $300m^2$ 以上，平面布局紧凑、实用，起居、餐厅、厨房位于一层，2 ～ 3 层为卧室，地下室为服务用房，前庭院为主要入口，后院为服务之用，功能分区明确，卫生及公共设备符合现代生活要求。至今英国的城市住宅中，仍对 Terrace House 情有独钟。Terrace House 这一外来的居住形式之所以能够被中国城市居住者接受，它本身具有节约用地、合理、宜于承载当代的居住生活的长处。Terrace House 不乏优秀作品，它的平面构成和空间形态值得参考借鉴。今天看来在居住功能上仍有它的合理性，由于容积率过低，难以在城市中心地带兴建，但较之独户式住宅，它在用地上又是经济的，用 Terrace House 在郊区代替独户式住宅，有它的可行之处。作为一种住宅的品类，仍有存在和发

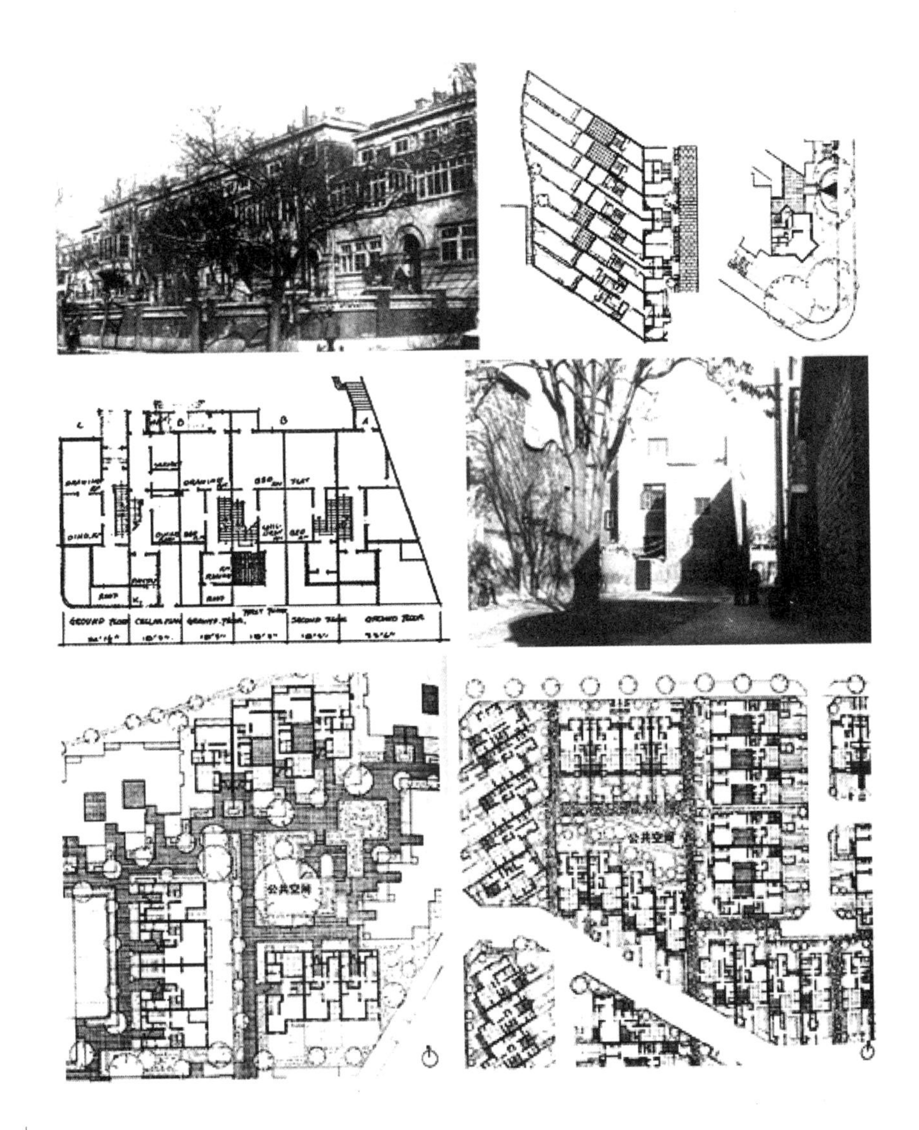

12 13
14 15
16 17

图 12. 天津旧英租界 Terrace House 安乐村
图 13. 英国伦敦圣马可街 Terrace House 平面图
图 14. 天津旧英租界大兴邨住宅平面图
图 15. 天津旧英租界中 Terrace House 生甡里
图 16. 日本神户名谷 28 团地住区配置图
图 17. 日本神户西神 1 团地住区配置图

展的可能。

2. Town House——花园里弄

和 Terrace House 一样，也是租界开发之后的“舶来品”，就其形式而论是联排式小住宅，其与 Terrace House 不同之处，是住宅的面宽不受限制，立面形式较为丰富多彩。2 ～ 3 层各户拥有自己的庭院，因为它具有小住宅的特质，又较之小住宅占地少，国内建筑也将其归类在“里弄住宅”之中，称之为“花园里弄”。Town House 在旧租界内多为白领阶层，一般住宅规模较 Terrace House 大些（至少庭院或花园面积大），如天津的桂林里、生甡里，上海的蒲园和陕南村等（图 15）。小住宅式的平面布局灵活自由，附属房间多，功能内容更为丰富，当时中国建筑师也涉足于 Town House 的设计，如 1935 年刘福泰设计的南京板桥新村。

Town House 20 世纪 70 年代之后在日本大行其道，这种介于独立式住宅与集合住宅之间的形态，其实质更接近前者，每户保有自己的庭院，易于形成都市要求的群体空间造型，并可以构成令人赏心悦目的交往空间 (Common space)，在日本的 Town House 的实践与推广一书中的观点，Town House 具有以下两个特点：[④]

第一，两户以上水平方向连接的集合性住宅，上下非集合的各具有专用的庭院。

第二，与环境组成统一化的外部空间：住户、住宅群、私家庭院等私有领域与公共绿地，步行道、车道、停车场等公共领域之间形成有机联系。

第一点与联排式相同，后者的特点强调了环境的统一性，外部环境是居家的延伸，20 世纪末期我国大城市郊区也兴起了 Town House 热，在我们这个人多地少的国度里，想拥有独立式小住宅的花园，又要节省用地，Town House 是合适的选择。我国近期建设的独户式住宅，由于土地价位的限定各户拥有的户外空间有限，两户之间仅能保证防火间距，环境质量不高，而共用的公共空间（Common Space）很少考虑，社区公共空间的建立，实际上是住户生活范围的扩大和私有空间的延续，社区中老人、儿童之间的活动交往不可或缺的空间，与当前小区中组团绿地不同的是，Town House 中公共空间住户密度小（10 ～ 30 户），易于识别便于交往，领域感强。高品位的公共空间，实际上起到了提高居住者整体生活质量的作用 (图 16、图 17)。

3. 20 世纪三四十年代公寓式住宅与单元式住宅

公寓式住宅在中国的出现多见于沿海租界中，20 世纪 50 年代从苏联引进了“单元式”住宅，由于时代和社会背景的不同，两者在居住标准上差异颇大，就其性质而论，都是在城市化过程中走向集合化的同一居住形式，与前述的 Terrace House 和 Town House 相比，居住的集中性更强，规模更大，这一居住形式在中国沿海城市出现，折射出地区的城市化水平和人口聚集的程度，它比里弄住宅又进了一步，但距传统的居住形态更远了。20 世纪 20 到 30 年代初露萌芽的公寓式住宅，和 50 年代引进的单元式住宅，经过几十年的发展，成为今日中国 3.8 亿城市居民的主要居住形式，这一舶来的居住形式被大众接受，全面地取代传统的合院式住宅，令人始料未及。它的出现，在城市形象上表现出断层，与原有环境格格不入，这一点与它的源头地域——欧洲，有所不同。在那里是延续，从历史走向现代是如此的顺理成章。“犹如我们所知道的古代罗马，就有 8 层的集合住宅，透过西方的城市，我们可以看出，集合式居住是其主要形式。”“乔治时代的英国，不少联排式住宅，是为贵族和绅士阶层建造的，由此可见，集合式生活形式，并不强调只面向贫困的劳动阶层，它是一种极为普遍的居住形态”[5]。19 世纪中期，法国兴起多层公寓建设而成为巴黎的主导的居住形态，在凯旋门周围的 5 ～ 6 层的高级公寓以及街道两侧，奥斯曼式商住混合的居住建筑群构成了巴黎的主要景观。常见的形式一、二层多为店铺，三层以上为住宅。19 世纪中叶以后，电梯的出现，使多层公寓式住宅发生了质的变化。层数不再受限制，豪华型极富个性的住宅相继问世，20 世纪初叶第一次世界大战前，“1900 年在美国纽约 12 ～ 16 层的高层公寓式住宅也已问津，1910 年达 15 ～ 16 层，1920 年中期时为 16 ～ 20 层，1930 年时竟出现 30 层的超高层住宅。”[6] 这一切作为进步的标志，表现在西方国家如火如荼的城市住宅建设上。随着资本的流通，亚洲的城市中也相继出现各种标准和类型的公寓式住宅。在中国，公寓式住宅虽然建设数量不多，作为一个点的出现，可以视为一种新居住模式的发端，它的存在意义，说明了一个事实，城市化过程中，人口骤增，用地紧张，和所有的走向工业文明时代的城市一样，居住模式向集合型转化。

作为与当前国内通行的与单元式住宅相似的早期公寓式住宅，多建于各国租界内，且豪华型的居多，以天津为例，保存完好，尚能承载居住生活的公寓，其户型平面布局与标准与当代的居住生活仍有距离，建设年代多在 20 世纪三四十年代，形式多样，如带底商的旧法租界的百福大楼、利华大楼，旧英租界的香港大楼、民园大楼、茂根大楼等（图 18、图 19）。近代中国，门户开放之后，不同居住文化的融合，城市居住形式从单一走向多元，将近一个世纪，尤其是近 50 年来的变化，相对几千年的居住文明而论，又近乎是突发式的。中国城市住宅从合院中派生了里弄式住宅，海外居住文化的登陆又使 Terrace House 和 Town House 在沿海城市中落脚。20 世纪 30 年代初露端倪的公寓式住宅和 20 世纪 50 年代的单元式住宅成为今日中国城市住宅的主流，20 世纪初中国城市住宅从一元化的合院式住宅走向多元共存，居住模式从独立式走向集合式。住宅形态从水平方向的延续向垂直方向伸展，几千年来的居住模式，在几十年之中竟发生了根本性的变化，而这一切又是与社会的变革密不可分的。从这里也可以洞察出，带来居住生活变化的背景原因是社会性质的转化。

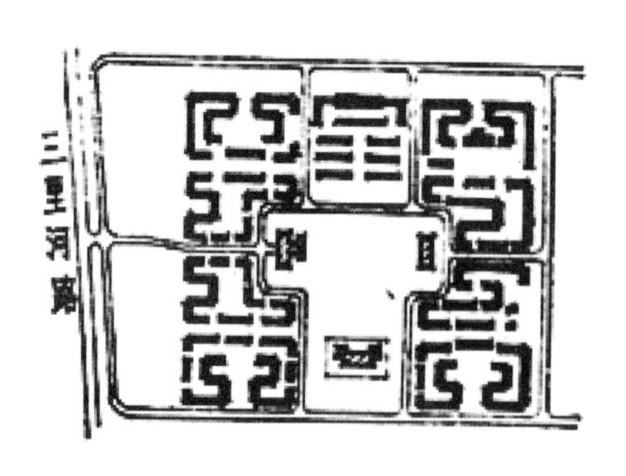

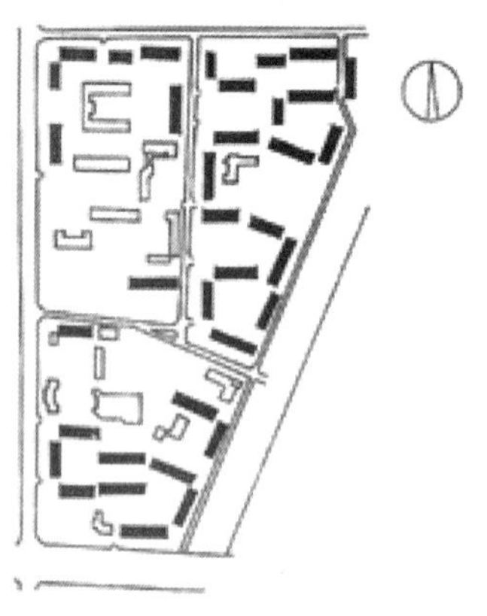

18 19
20 21

图 18. 天津旧英租界公寓香港大楼
图 19. 天津旧英租界公寓茂根大楼
图 20. 北京百万庄住宅小区平面
图 21. 幸福村小区平面

三、半个世纪以来的城市住宅建设之路

（一）走向公共住宅

住宅问题常常是当代社会经济、政治体制和意识形态的折射，并关系到社会上的大多数的成员与家庭。住宅是家庭和生活的物质依托，和“衣、食”一样，“住”是人类赖以安身立命的基础，因为它是生命安全与健康的保障，也是人类尊严的保障，当这个基础发生动摇时，社会问题也随之出现。新中国成立后，恢复经济、安定人民生活是政府面临的重要任务。1949~1952年的国民经济恢复阶段，在社会主义计划经济的原则下，住宅建设纳入到国家计划之中，即由政府投资兴建公共住宅，然后以低租金方式出租，实际上是以福利房的方式分配到个人，这种方式在当时是一项行之有效的政策。在旧中国的机制下，贫富悬殊，1911~1949年中国无时不处于战乱之中，在这一特殊的历史条件下，城市中的下层市民基本上处于无房可住的情况，是当时亟待解决的社会问题。由政府出资建设职工住宅，以应急需，这一福利性的住宅政策一直沿用到1988年实施住房政策改革之后，成为中国城市住宅的基本形式。这与社会制度的变革密不可分，随着计划经济体制的建立，以优先发展重工业为主导，为扶持有效的生产力，在大城市新建的大型国有企业单位、事业单位以及政府所属部门，建设新居住区，安置产业工人和大型企事业单位的职工，以期稳定经济并使之步入正轨，是时的工人新村在设备和标准上都较简陋，但与原来的居住条件相比，已是相当程度地改善了产业工人的居住水平。

1. 20世纪50年代的起步

20世纪50年代的中国百废待兴，从战时状态转向和平建设，大规模的住宅开发，在中国近百年的历史上也是绝无仅有的。新中国成立初期，各项社会主义机制的建立尚在起步阶段，“学习苏联先进经验”成为经济建设的指导性方针，新中国住宅建设规划的制定，参照苏联福利性住宅供给原则，相应也引进了住宅规划理论和单元式住宅。此外，也借鉴了西方国家先行一步的城市规划和住区建设理论，在实施中参照，以免陷于盲动。在这一背景下，载入史册的20世纪50年代北京、上海两大住宅区的规划，百万庄住宅区和曹阳新村是我国初期城市公共住宅的代表性作品。

1）北京百万庄住宅区（图20）建于1953年，用地19hm^2（约0.19km^2），周边式布局与引进单元式住宅。传统的欧洲式街坊，多呈围合式布局，20世纪50年代的苏联住宅小区崇尚周边式布局，似乎与当地的传统住区能挂上钩。北京百万庄是学习苏联的产物，周边以三层单元式住宅围合，中间一块绿地，托幼常设其中，构成一处内向型的住区格局，称为街坊。它的优点是绿地集中使用宜于住户交往，缺点是将近一半的住宅为东西朝向。苏联早期的住区规划都以周边式的街坊布局为

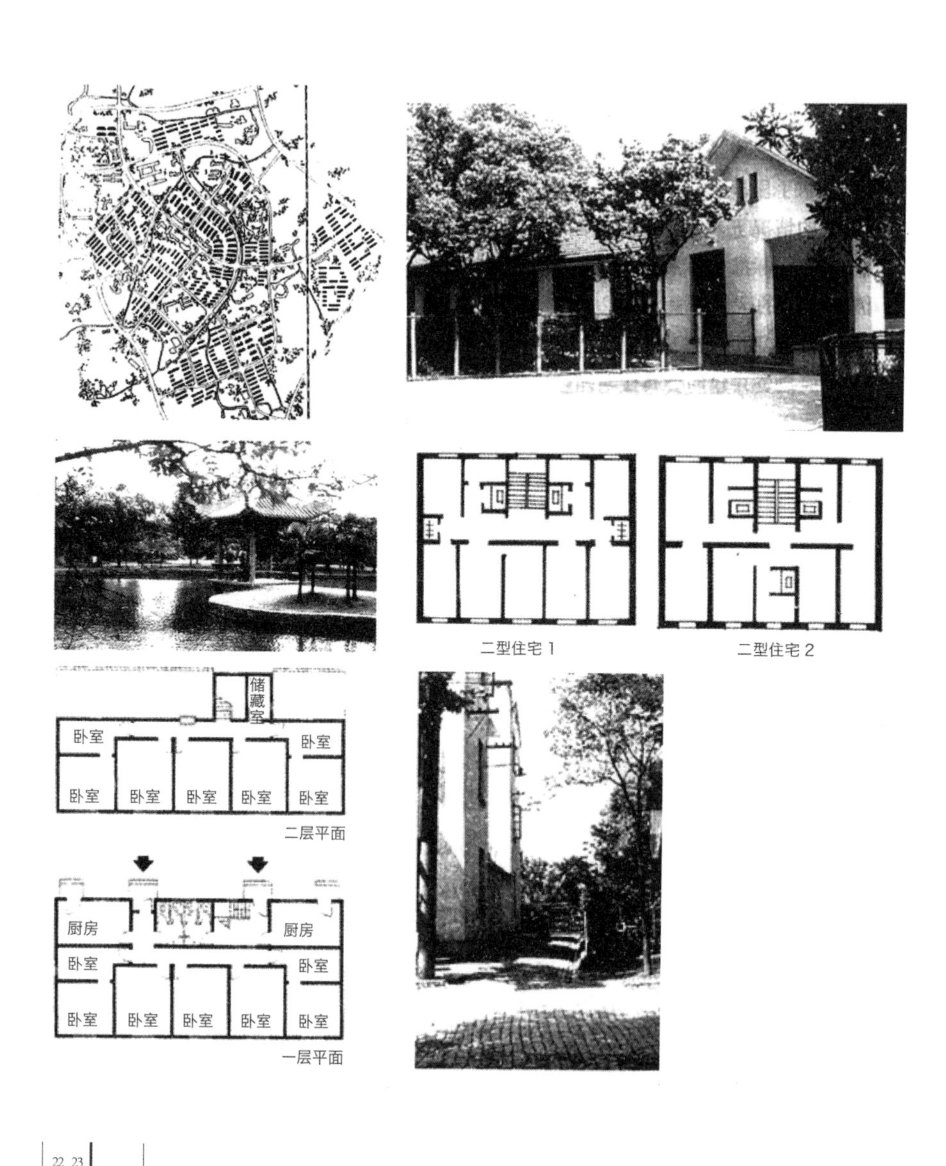

22	23
24	25
26	27

图 22. 上海曹杨新村总平面图
图 23. 上海曹杨新村小学
图 24. 上海曹杨新村公园
图 25. 1955 年北京市建筑设计院住宅通用图
图 26. 曹杨新村住宅平面图
图 27. 上海曹杨新村住宅

主，几个街坊组成小区，在空间组织上较之行列式布局富于变化，对于地处寒带的俄国或许适宜，但对于大陆性气候极强的北京，由于西晒问题的困扰，街坊式小区难于推广，这一布局方式只见于20世纪50年代之后，连苏联自己建造的小区也改为行列式的了。街坊的规划理论与当时苏联建筑界颇为流行的复古主义思想不无关联，即同出于斯大林的“社会主义现实主义的指导原则”，因为对西方的建筑思潮批判之后，留下来的空白只能由“传统”来填充了。非行列式布局也有成功的范例，那就是1956年华揽洪先生设计的北京幸福村，院落式围合式布局，外廊式的住宅平面减弱了西晒的影响（图2）。

2）上海曹杨新村（图22）始建于1951年，用地123 hm^2（约1.23 km^2），住宅层数2、3层，这是我国第一个由政府投资兴建的大型工人住宅区,参与和主持这项工程的建筑师不少曾留学西方，新村规划参照了邻里单位(Neighborhood unit)的理论，其特点如下：

A. 将居住区按三级结构组成: 住宅组(3hm^2～4hm^2)—居住小区(3～5个住宅组)—居住区(3个居住小区）。

B. 行列式住宅布局，使各户都有良好的通风和日照。

C. 居住小区为居住生活的基本单位，设小学、托幼，居住区内设中心服务设施及集中绿地，服务半径在600m之内（图23）。

D. 结合原有地形进行规划，道路骨架沿河随坡，曲折变化，分区规划布局自由。

曹杨新村的模式在当时是前所未有的，它既不是欧洲的街坊，也不是上海的里弄，它改变了传统的在城区集居的形态，郊区型花园式的住区得到了居住者的认同。1994年获中国建筑学会授予的“50年代优秀建筑创作奖”（图24）。

是时，北京市建筑设计院设计了该院的第一套住宅通用图（图25），这套图纸是在苏联专家指导下完成的，考虑了远近期结合，提出合理设计，不合理使用的原则，和今天的可适应性住宅的观念相反，近期不合理，远期合理。住宅是不变的，住户的生活去适应住宅，设计的合理原则不建立在使用上，归根结底还是不合理的设计。住宅是与社会的经济生活关联最密切的项目，曹杨新村的住宅平面结合当时当地的生活水平，采用了厨厕合用式小面积住宅(图26、图27）。曹杨新村作为起步阶段的居住区规划和住宅设计，无论在营造方式、投资方式、集居形式和居住模式上都具有革新意义。以政府为主导的大型城市公共住宅建设，掀开了住宅建筑史上新的一页。

3）住宅标准设计的引进：在社会主义计划经济体制下，住宅建设由政府统一投资，由于属福利性配给制的住宅，标准也由政府部门统一制定，这是住宅标准设计的前提条件，具体的实施办法则是由苏联引进，最早在东北地区，“到1953年东北地区利用标准设计施工的住宅面积已达67.9

万 m^2，占同期建筑总任务的 34%”[⑦]。然后逐渐推广到全国，标准设计实施的优点是选择最经济、最合理的方案，运用最适宜的技术手段，控制最合适的标准，在技术力量短缺的情况下，是行之有效的办法，只是初时参照苏联标准并不成功，1957 年之后才逐渐调整到合理的区位上去。

2. 探求文明住居

由政府投资兴建的公共住宅，在当时低工资的条件下，住宅作为福利的一部分纳入到职工收入中去，对住宅问题的解决，起到积极的推动作用。住宅供应制度确定之后，执行了将近 40 年，直到 20 世纪 80 年代末期住房改革政策实行之后，才逐步停止执行。

初期的城市公共住宅标准具有如下特征：

1）安置型住宅：通常以“间”为单位分配到职工，说明尚无能力向职工供应成套式的住宅。中国城市住宅常以“间”为单位表述规模、标准，至今仍以“m^2”统计住宅建设的成就。住宅的含义是包容一个家庭全部的生理和生活行为的专用空间，以“间”为单位供应方式，其含义是提供使一个家庭能容身的场所。有的“住宅”甚至根本无厨房，例如大学或机关中的“筒子楼”，走廊即是各户的厨房，这一中国特有的城市住宅风景直到 20 世纪 90 年代末期筒子楼改造之后才告消失。

2）居室型住宅：厨厕配套，大居室兼作公共空间，就餐、会客、家人团聚，难以做到“公私分离”、“食宿分离”、“生理分室”、“私密性保障”等问题的解决。

进入 20 世纪 60 年代之后，随着住宅设计及建设经验的积累，对小面积住宅的研究逐步深化，建筑师们力求在有限的空间内安排好居住生活，小套型住宅的普遍采用和加宽走道形成小方厅式住宅，意在有限的面积标准下，做到食寝分离，在居室型住宅的基础上的一种改进，住宅设计在合理分区上迈出了一步（图 28、图 29）。

这个时期，住宅区建设，除北京之外，在国内各地所见不多，住宅建设开始转向城市中的旧区改造，在改善城市居住生活的同时，也整顿了城市景观。1962 年上海蕃瓜弄棚户区的改造采用了高密度（容积率 1.69）行列式布局，这在当时是一次成功的作品，也是旧区改造的一个范例（图 30）。

3. 新时期城市住宅面临的课题

“文革”时期住宅建设近于停顿，1978 年改革开放政策实施以来，随着国民经济的复苏，城市化的进程也加快了步伐。在中国经济起飞的准备阶段中，所面临的诸多社会问题，大有“积重难返”之势，其中城市住宅问题，成为当时社会共同关注的一大难点，这一时期的城市住宅所要解决的重点问题，一是解困，二是酝酿下一步的住房政策改革。

1）住宅难问题的困扰

20 世纪 60 年代之后，随着国内政治局势的起伏，住宅建设处于停滞不前的状况，到 1978 年城市人均居住面积3.6 m^2，较1949年的人均居住面积4.5 m^2还少了0.9 m^2/人，城市缺房户达689万户。"缺房户竟占总户数的39%，比例之高与二战后的日本、苏联、西欧国家遭受战火，缺房严重的情况相仿佛……"[⑧]城市住宅问题的严重程度为新中国成立以来少有，之所以出现这种局面，除了上述所提的城市住宅缺乏投入之外，长期以来实施的福利性住房政策，导致住房供应渠道不畅。1956年生产资料所有制社会主义改造完成之后，推行私房公有化政策，住宅的供应渠道主要靠政府。20世纪60年代以后，住宅建设投入锐减，又无其他供应来源，住宅难问题是长期积累的结果，也反映出住宅政策自身的问题。租金过低、租不养房，按20世纪80年代的统计，以50 m^2/户为例，一次投资6000余元，月息为20元，房租只收3元，难于折旧，住宅建设越多，政府负担越大。住宅作为重要生活资料，成为职工的工资补充，也使部分人以权谋私多占住房，住宅难问题更趋严重。长期以来的低工资制度，个人难于拥有住房，实施30余年的住房制度和工资制度改革势在必行。事实证明，随着工资制度改革和商品住宅走进市场，"住宅难"问题得以逐步解决。

2）"分得开、住得下、住得稳"口号的背景

在"住宅难"问题普遍存在的情况下，城市住宅仍定位在低标准上。20世纪五六十年代的城市住宅供应标准是解决有无问题，即给每户以"容身之地"。1980年前后，随着住宅面积标准的增加[⑨]，即由原来的34 ～ 39 m^2/户到40 ～ 42 m^2/户，完善住宅功能问题提到日程，住宅的私密性和住宅的动态适应性被强调，这一时期，标准设计的平面多为小面积、多空间，并尽可能做到套型完整、厨厕兼备。

3）住宅产业化的启动

20世纪70年代末期以来，住宅建设量逐年增加，"1978年全国城镇住宅完成投资比[⑩]1977年增长50%，1979年完成投资比1978年增长97%，1980年又比1979年投资增长45%……"在住宅建设量大幅增长的情况下，采用手工业方式建设住宅，难以满足建设速度和建设量的要求，这似乎是业内外的共识。20世纪70年代末期的工业化住宅，装配式大板成为主要突破口。以京津两地为例，是时批量性地建造了多层、高层住宅，系列化住宅设计方案成为一种潮流，1979年全国住宅设计竞赛获奖的151个推荐方案中，装配式大板方案44个，现浇大板方案33个，砌块方案14个，框架轻板方案20个，砖混方案只有37个，占总数的24.5%，反映出建筑师们的向往，和当时专业领导部门的倡导、支持。工业化装配住宅是二战后，欧洲为解决严重的住宅短缺问题所采用的住宅生产方式，在苏联和东欧各国最为普遍，目的在于加快建设速度，提高工程质量，降低工程造价，宜于大批量生产，满足不同的居住要求，使有限的建筑构件能适应多种建筑方案，力求达到住宅建设多样化的目的。实际上，我国住宅工业化的问题一直受到政府的关注，"住宅设计标准化，构件工

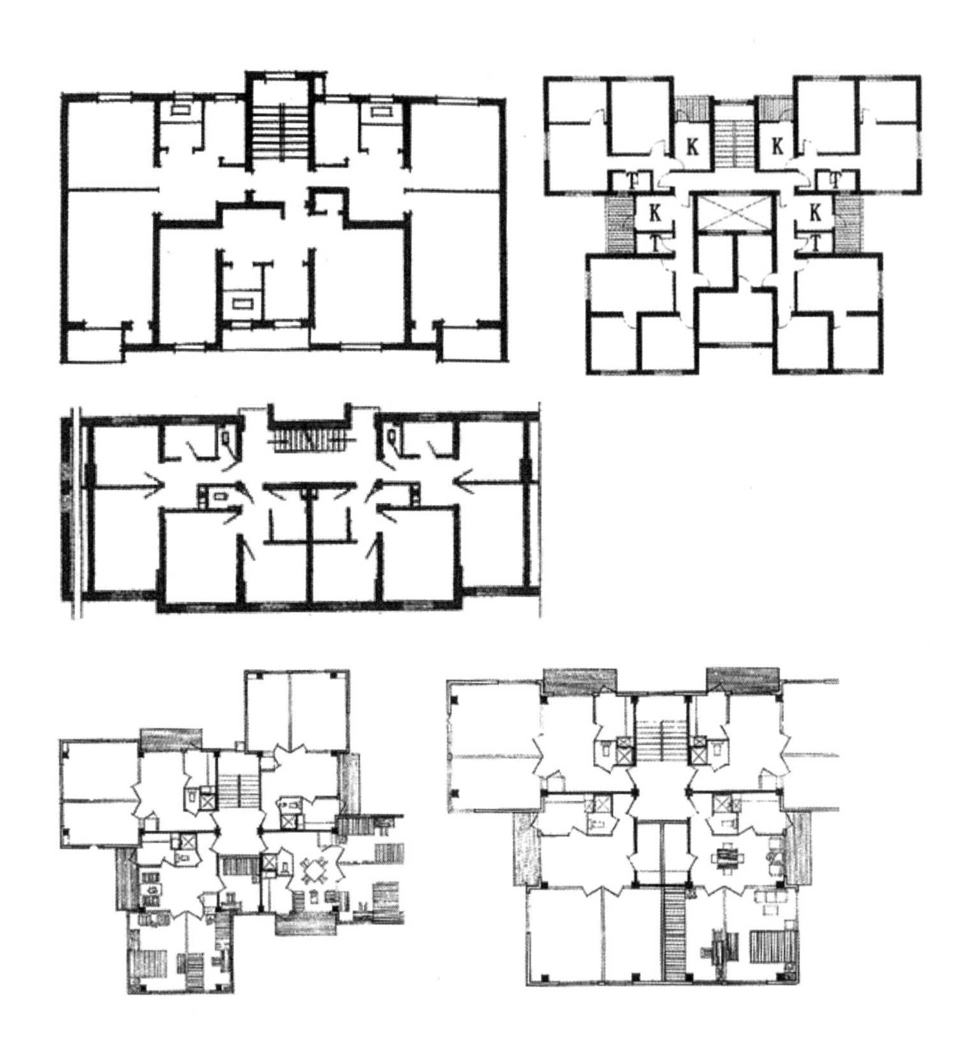

28 30
29
31 32

图 28. 小方厅住宅平面
图 29. 天津市小方厅住宅通用图
图 30. 上海藩瓜弄住宅平面图
图 31. 三化框轻住宅风车型平面图
图 32. 三化框轻住宅 T 型平面图

厂化和施工机械化”是住宅工业的三个主要内容。1955 年开始的住宅标准化工作在国内各省市已全面展开，大型预制构件厂相继建立，20 世纪 60 年代各省市成立了墙体改造办公室，在 1979 年的住宅设计竞赛中入选的 20 个方案，无一不采用工业化体系，但在 1990 年举办的“八五住宅设计竞赛”的入选方案中，工业化住宅方案却宛若晨星了。究其原因，建筑师们的设想未能转化成生产力，建筑工业受到国家整体工业水平的牵制，难于脱离当时的社会生产力现状而有所突破。1979 年时我国的年人均收入为 250 元（美金），相当于世界人均收入的 1/8，发达国家的 2% ～ 3%，这一组数字反映出我国的经济水平和劳动力价值，全面实行住宅产业化并不现实，加之当时推行的各类工业化体系住宅，存在着产品质量欠佳，管理不善，改进不力，成本较高等问题。20 世纪 80 年代初期风行于各大城市的工业化住宅体系未能持久，又退回到以砖混结构为主的“半手工业”式的体系中去，长期以来我国的建筑工业化水平落后于其他行业，从手工业向现代化工业转变过程中，前进一步很难，市场上有“用之不尽”的黏土砖，大量涌入城市的农村劳动力，加上几千年来成熟的砌砖技术，合在一起造就出物美价廉的房屋，至于速度，可以用大量的廉价劳动力去平衡。近 20 年来，当住宅建设每年以几亿平方米的增量向前推进的时候，它确实拉动了国民经济的增长。至今已推行半个世纪的工业化住宅体系的发展未能与之同步，以至于产量居世界第一位的钢材，未能与住宅产业联姻，这些都是留给 21 世纪的宿题。

4）探求住宅中的“第三空间”

如果说“第一空间”是卧室，“第二空间”是厨、厕的话，第三空间应该是起居室和餐厅了。完善住宅功能是中国建筑师长期以来关注的课题。20 世纪 60 年代的“小方厅”实现了“食寝分离”；小方厅之所以得到推广，是它确实起到了承担一种居住功能的作用——进餐或临时住宿。改革开放以后，随着居住水平的提高，住宅中实现“公私分离”成为一种广大使用者的向往。1979 年的全国城市住宅设计中，大方厅、明厅在这次竞赛方案中出现，说明建筑师们力求在 50 m^2 左右的空间内，给每户一个小小的公用空间作起居和进餐之用，以做到“公私分离”，如三化框轻方案，一模三板方案和空心大板住宅体系，都属于这类住宅。即加大厅的面积，改善过厅的质量，使之能直接采光，兼有起居厅功能，在户均面积 56 m^2 的限定条件下，探讨向使用者提供第三空间的可能性，它的出现是 20 世纪 90 年代以后通行全国的厅式住宅的先声。在此之前，20 世纪 50 年代的百万庄住宅和广州华侨新村住宅均为大厅式方案，但是时属于高标准住宅，难于推广。住宅中的“公私分离”是从功能混合型的低标准居住模式，向居住功能合理性的转化，中国城市公共住宅历经四十年之后，才达到功能齐全，分室合理的水准，这一步来之不易，说明了全民居住水平的提高，为向小康居住水平迈进打下了基础（图 31、图 32）。

（二）住宅商品化与小康住宅之路

20世纪90年代之始到中期这段时间，中国的经济呈现高速发展的态势，GDP总值以年均10%～14%的速度增长，与此同时住宅建设量的增长速度，也创历史之最，“1979～1983年的16年间，全国城镇住宅建设投资达5720亿元，新建住宅20.25亿m^2，为前30年的10倍和3.4倍，约3700万户城镇居民迁入了新居，城镇居民人均居住面积由1978年的3.6m^2提高到7.5m^2”[11]。“住宅建设不仅代表了一个国家社会经济发展水平，也反映了一个国家的技术水平，住宅的科技进步是提高住宅建设水平的重要基础。”改善人民群众的居住条件，到20世纪末达到小康水平，作为一个时期以来的政府工作的重要内容，随着住房制度改革的逐步深入，商品房走向市场和住宅建设力量的逐年增长，在这一新形势下，为保证中低收入者预期达到小康居住水平和引导商品住宅有序发展，提高住宅的产业化水平，并使之成为拉动国民经济增长的支柱产业。从以政府为投资主体的公共住宅，转化为商品住宅，住房制度改革牵涉到千家万户，为确保住房改革制度的顺利进行和20世纪末城市居住水平达到小康标准的预期目标，政府采取了一系列的措施，1994年实施了安居工程和2000年城乡小康住宅科技产业工程。

1. 安居工程

为落实2000年达到小康居住水平，国务院于1994年提出国家安居工程计划，由政府拨出一定数额的低息贷款，地方政府自筹部分资金建设安居工程住宅。“安居”顾名思义是解决中、低收入者的住宅问题，安居工程的住宅建设既不能搞高标准豪华住宅也不能建成简易楼，原则上以成品价或微利房的方式出售给职工，安居工程的实施不但有效地解决了城市部分中低收入者的住房问题，也在一定程度上稳定了商品房的价格。

此外，1986年推出的建设部试点小区，1994年后与安居工程结合，保证了安居工程的质量，并起到了示范作用，促进了住宅市场总体质量的提高。

2. 2000年小康型城乡住宅科技产业工程

作为国家的重点项目，1994年由建设部和国家科委共同提出的“2000年小康型城乡住宅科技产业工程”从小康型住宅建设到住宅产业的开发，全面地提高住宅设计和产业的水平，使之达到小康住宅水平。

住宅产业作为拉动国民经济增长的支柱产业，已得到社会的普遍认同，随着住宅政策改革的推行，商品住宅的建设规模日益扩大，住宅的面积标准也有大幅度的提高。时间接近2000年，对于小康住宅的标准，其所涵盖的内容，应该给予及时的引导和示范，以避免住宅市场的盲目性发展。在小康住宅科技产业工程中，明确指出“要以21世纪初叶居住水准的文明的小康型住宅为目标”[12]。

住宅定位在商品房上，规模和标准不作硬性规定，住宅产业强调科技含量，如智能住宅的提出，禁止市场中落后的产品走进小康工程，提出科技领先，适度超前的要求，以此作为该项目的两翼，推动住房商品化政策的实施和住宅产业的发展。1995 年制定了《2000 年小康型城乡住宅科技产业工程示范小区规划设计导则》，作为项目的指导性文件，“导则”有以下几个特点：

1）小康住宅以商品住宅为立足点，各项住宅面积指标，仅为设计、建造的参考。住宅面积标准视市场需要调整。在住宅功能上提出“实现公私分离、食寝分离、居寝分离、洁污分离，体现小康住宅具有适居性、舒适性和安全性”[13]。在城市住宅发展将近 45 年的历程中，终于达到了功能齐全，安全舒适的现代居住水准，小康住宅科技产业工程成为世纪末超前的、大众性住宅的示范。小康住宅在面积指标上不作规定，一是定在商品房的性质上，住户可以量入为出的原则自行选择；二是全国各地经济发展不平衡，地区住房条件相差很大，也不宜像福利房那样，定出统一标准。

2）长期以来我国的住宅产业一直停留在半手工业的生产水平上，牵制了住宅建设速度和住宅质量的提高。小康住宅建设中，突出了住宅产业，首次提出 IT 产业走进住宅，强调厨卫设备的系列化生产，以一系列近乎革命性举措，改变当前住宅产业的落后面貌，提高居住者的生活质量。住宅产业体现出一个国家综合产业水平，只有与相关产业同步发展时，才能起到拉动国民经济增长的作用。

3）适度超前的总体规划，注意到相关产业的发展与居住生活的关联，例如汽车产业的迅速崛起，改变了城市居民的出行观念，汽车走进家庭，应该是 21 世纪具有普遍意义的事件，它直接关系到住区的道路规划和相关的技术经济指标的修正。小康住宅导则中规定了“城市示范小区内小汽车的停车位，按照住户数的 20% ～ 50% 设置”。这也是在中国居住区规划设计中，首次提出停车位问题，它的背景原因是社会经济的起飞。

总之，小康住宅的示范意义，在于使我国的住宅建设在原有的水平上提高一步。许多新概念的提出也是前所未有的。

3. 走向小康住宅之路

1）试点小区。“造价不高水平高，标准不高质量高，面积不大功能全，占地不多环境美。”四句话全面地概括了试点小区对于环境、居住功能、标准等方面的要求，初期试点小区是政府投资的公共住宅，之后与安居工程结合，属经济适用房，服务对象是一般的中低收入市民，平均建筑面积在 $55m^2$ ～ $60m^2$ 左右，试点小区于 1986 年启动，建设部以天津的川府新村、济南燕子山、无锡的沁园作为首批城市实验住宅小区建设试点，1989 年三个小区相继建成，在此基础上试点小区逐步得到推广，至 1997 年全国试点小区已达 137 个。从十几年的工作成果中可以得出这样的结论，通过试点小区的示范作用，把中国城市住宅质量大大地提高了一步，给各地的城市住宅小区提供了可参照的样本，也给 20 世纪 90 年代的中国城市住宅区规划和设计，建立了一套可遵循的规则。

小区结构：以组团为基本单位，规模以 100 ～ 500 户为准，符合当时的居委会管理规模，“组团”在 20 世纪 50 年代，曹阳新村的介绍文章中只提到了“组”，直到 20 世纪 70 年代末期见之于各专业刊物仍称为“住宅组”，组团一级结构优点颇多，可分期营造，宜于居民交往等。把户外空间划小到可交往的范围内，有益于居住者对环境的认同，但 500 户的组团过大，组团的规模应以方便交往活动为主要依据。

小区由若干组团构成一个自成体系的居住体，内附托幼、小学和日常服务设施，再由若干个居住小区构成居住区。我国城市住宅区在 20 世纪 50 年代启动，到 20 世纪 80 年代之后才出现大规模的住宅区建设。已建成的试点小区多位于城市郊区，城市用地向郊区延伸，建设纯居住型的社区。日本始发于 20 世纪 60 年代称之为 New Town，著名的有大阪千里新城，东京多摩新城，神户的西神户团地，这类居住区实际上是 Sleep Town（卧城），除距城市中心区距离过远，通勤不便之外，单一功能的住宅区，难于融入母城市，而自成一个社会功能不全的特殊社区，生活、交往多限于居住区内，形成一个特殊的社会，日本称之为“团地社会”，居住者被称为“团地族”、“团地儿童”。母城市的文化难以波及或渗透，常常成为“孤岛”。在我国大规模的居住区建设，不过十几年，这种特殊的“团地社会”现象的影响，尚未呈现出来。

住宅设计：试点小区的住宅设计目标已不再是“分得开、住得下、住得稳”的问题，力求在有限的空间内安排好生活，做到“面积不大功能全”，特点如下：

A. 户型平面设计，尽量切合当地生活要求，做到“三大、一小、一多”[14]，即大起居厅，加大厨房、卫生间面积，缩小卧室面积，多设储藏空间，其实这与国际通行的户型特点相近。[15] 如日本在 1953 年提出 nLDK 套型平面制，L 起居室、D 餐厅、K 厨房，作为住宅的核心，视户型规模配以“n”个卧室，即使是小面积住宅，也能达到文明居住水平。试点小区的思路与之如出一辙，只是我们晚了 30 年。

B. 提高厨卫配套水平。厨卫设施是居住文明的集中表现，这个在传统居住生活中不被重视的角落，在试点小区中得到格外的关注，为下一步成套式厨卫设施的普及打下基础。

C. 多样性户型的探索：试点小区中，推出了一批颇具探索性的住宅设计，打破了长期以来的以四开间、五开间为主导的平面体系。为户型多样化方向发展，向前跨进了一步。

D. 住宅的节能、节地等问题受到关注，并在实践中得到落实。

E. 重视住宅建设的地域性，启用地域建筑语言表达空间形态，对造价低廉的城市公共住宅美学创造的关心，是住宅设计上的一个进步（图 33）。

推行十余年的试点小区，在大量实践的基础上，完善了我国的城市公共住宅的小区规划结构体系：组团—小区—住宅区。在住宅设计方面，明确了以起居室为中心，厨、厕完善的套型平面，使“厅室式”户型得到社会的认同。自此以后的套型普遍地称之为“几厅几室”，奠定了中国的 nLDK 制度。从基本生活空间过渡到文明生活空间，我国公共住宅发展到试点小区的阶段已告成熟，在大规模的住宅建设中起到了引导和示范作用，并为下一步走向小康住宅打好基础。

2）住宅设计竞赛。1978 年以来，到 20 世纪末的 20 多年间，住宅建设一直处于高峰时期，也是住宅设计竞赛最多的年代。全国性的住宅设计竞赛，参与者来自国内各省市，能够多方位地反映出居住观念和设计水准，同时也能够集中地反映出一个时期的带有普遍性的居住需求。集中优秀方案，从中遴选精华，成为当代住宅设计具有指导意义的参照系。每次竞赛都使设计水平大大地提高一步。

A．“八五”新住宅设计竞赛。1991 年建设部主持并举办“中国八五住宅设计方案竞赛与展评活动”，送选方案达 1349 个，就参加的盛况而言，也是历史空前。这次竞赛的目的在于：新时期集思广益向城市一般市民提供经济适用，功能齐全的商品住宅，建筑面积为 55 ～ 60 m^2，面向一般城市居民。本次竞赛入选方案特点如下：

第一，追求文明住居：入选的方案，几乎都以起居厅为中心，安排各项功能房间，做到隔代分居、食寝分离、公私分离、动静分区，为经济适用型住宅，提供了高水平的设计方案。

第二，住宅空间的开发：过去未曾出现过的变层高住宅、复式住宅、跃层式住宅，在这次竞赛中崭露头角，并获得高奖项。设计从平面的合理组织，走向空间的开发，以期在小面积的住宅中，获得更多的使用面积，成为这次住宅设计竞赛中引人注目的“亮点”（图 34、图 35）。

第三，关注公众参与：SAR 住宅与参与式住宅出现于国外 20 世纪六七十年代的住宅设计中。本次住宅设计竞赛中，入选的大开间可变式等适应性住宅共 20 个，占入选方案总数的 20%。大开间、灵活分隔、结构体系标准化是这类住宅的共有的特点，大量菜单式户型平面的出现，预示了住宅设计从功能合理概念，转向对家庭人口结构、职业类型、起居方式等方面的关注。从研究住宅“硬件”，转向“软件”即行为模式的思考。以人为本的宗旨开始在住宅设计中逐步体现。从建筑师为大众安排居住生活，到使用者参与安排自己的生活，这不仅是设计方式的转变，也是设计观念的转变（图 36）。

第四，厨、卫配套的系列化：厨卫设施水平的高低是体现居住文明的重要指标之一。厨卫的成套式的详细设计，在许多方案中有所体现，也是向市场呼唤供应成套设施的信号。日本 20 世纪 60 年代曾经有一场厨房革命，即成套式厨房设施走进家庭。看来在中国一场静悄悄的厨房革命正在进行 (图 37)。

第五，节地型住宅的深化与推广：本次竞赛的一、二、三等奖共 30 个，其中有 10 个是小面积、大进深、外天井式方案，需要直接采光的房间多，如厨房，在国外则可以做成间接采光处理，在我

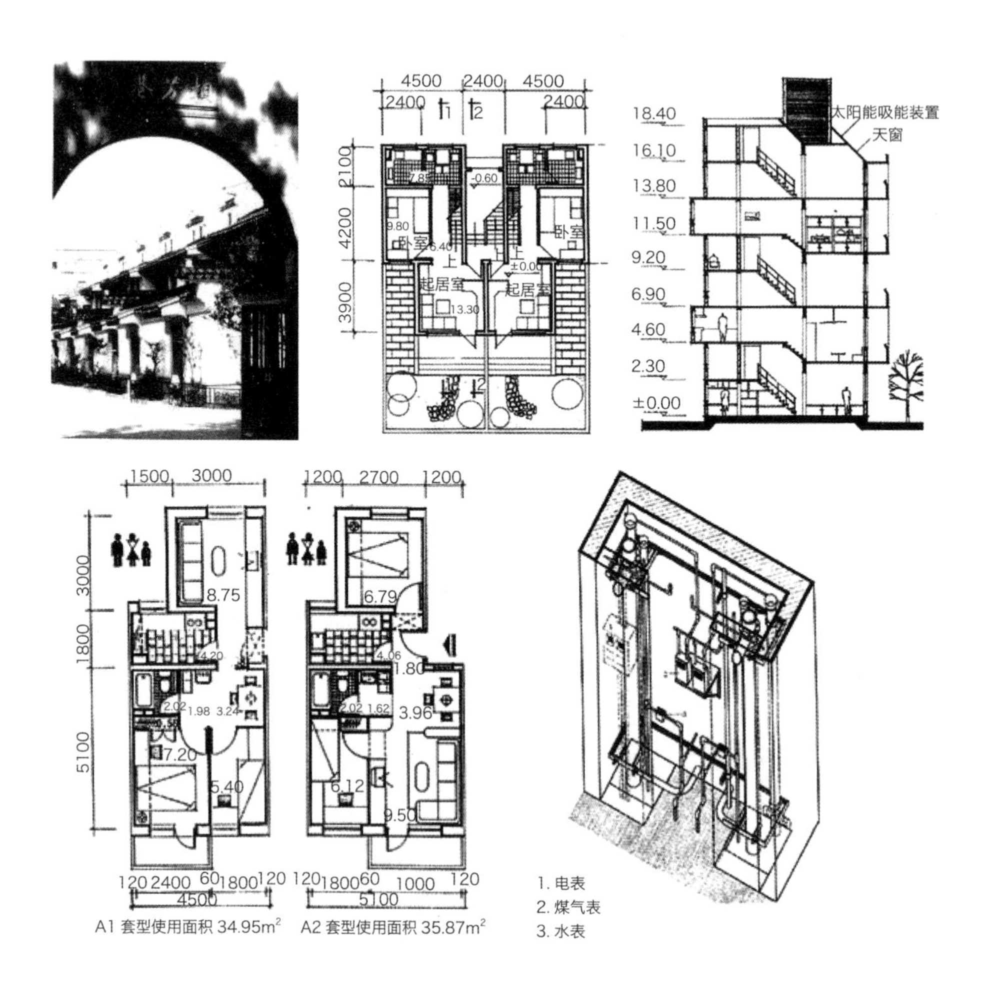

33 34 35
36 37

图 33. 苏州桐芳巷小区入口
图 34. 变层高方案底层平面图
图 35. 变层高方案剖面图
图 36. 大开间可变户型方案
图 37. 管道井内设备布置示意图

国南方，厕所也要直接采光，住宅的面宽又有限定，在小面宽、大进深的方案中，过去采用的“小天井”遭到市场拒绝之后，“外天井”即凹墙成为补充手段。从1991年到现在10年来这一朵花常开不败。一种新的户型平面被使用者广泛认同之后，又成为南北各地通用的样板（图38、图39）。

“八五”住宅设计竞赛可谓是成就辉煌，从中反映出中国的城市住宅设计水平的提升，堪与高速发展的经济同步。中国的城市住宅的质量已达到国际共识的文明住居的水平。其中值得注意的两点，是高层建筑在这次入选方案中未见一例，而以六层住宅为大宗，高层住宅未被大多数使用者接受，也反映住宅产业的落后以及地价与房价之中，土地的稀缺性未被突显出来，城市土地批租政策有待改进，住宅产业化水平有待提高。

B.“九五”住宅设计竞赛。九五住宅设计竞赛的主题是：“迈向21世纪的中国住宅”。

这次竞赛举办于1998年，住房制度改革已全面实施，中国城市住宅的人均面积已达9.3m^2/人，提前进入小康居住水平，因为这次住宅设计竞赛是展望性的，在住宅面积标准不断提高，城市用地日见短缺的情况下，高层化将是21世纪中国城市住宅发展的趋向。本次竞赛中，在31个一等奖方案中10项是高层住宅，高层住宅的堂皇登台亮相，这在以往的竞赛中是绝无仅有的，与“八五”住宅竞赛形成强烈的反差。20世纪80年代在建筑界关于发展高层住宅的争论，此刻已偃旗息鼓。当地价提升到一定程度，市中心的黄金地段上，拔地而起的高层住宅如雨后春笋的时候，高层住宅成为大城市的重要居住形式，似乎已经是个不容争辩的事实，进一步提高高层住宅设计质量成为当务之急。从本次获奖的高层住宅中反映出，创新方案少，在原基础上整理提高的多，高层住宅中有关的适居问题、交往问题、接地性差等尚待进一步研究。如何体现以人为本的原则指导高层住宅设计，是留下来的一大课题。

参与式住宅方案被冷落：这点是出乎意料的，住宅竞赛不仅预测出未来市场的走向，也反映当前市场的取向。“八五”住宅竞赛中大开间可变式住宅，在住宅市场中转化成商品的不多，这次入选方案中仅有四例，是否说明居住者冷漠参与？但近年来的装修热已达到空前的程度，个中的问题有待进一步讨论。居住水平越是提高，要求自我表达的意识就越强，参与行为在21世纪住宅设计中是一个具有普遍意义的课题。

这次住宅设计竞赛中反映出住宅的品类不多，“八五”获奖方案改头换面之后这次又重新获奖，如“八五”住宅设计竞赛获一等奖的5217号方案和“九五”住宅设计竞赛中的一等奖方案ND27平面甚是相似，同系小面宽大进深类型，两次竞赛相隔八年，获奖方案竟然雷同，说明住宅平面的开发，实在应该另辟蹊径了。住宅平面的“经典化”反映出创作热度不高，个中的原因是多方面的。城市住宅经过50年的实践、探索、成绩卓著达到国际公认的文明居住水平后，跃上新的层面之前，总要有一番策划、思考，住宅产业化的发展要经过一段历程，市场要有个调整，锁定新的目标。建筑师也要有个充实积累的时段，处于酝酿时期的住宅设计舞台应该是平静的，不会出现高潮迭起的场面。

3）2000 年小康住宅示范工程。1994 年，“小康型城乡住宅科技产业工程”推行以来，建成示范性小区共 30 个左右。初始的动机是 20 世纪最后的几年时间里，建设一批示范性小区，既有超前性，又可以在较发达地区普及，以点带面推动住宅建设发展。结合示范工程建设，开发出一批节能、节地、节材、提高住宅功能质量、优化居住环境的小康住宅建造技术，引导和带动住宅产业的形成和发展。小康住宅的时间定位在 2000 年末，即在 20 世纪最后的五六年间，提出一个适宜于小康生活的居住模式，作为 21 世纪中国城市住宅的参照。事实证明，通过几年的努力，2000 年小康住宅科技产业工程的实施，达到了预期的效果。

A．设计导则的指定。“2000 年城乡小康住宅科技产业工程”，在当时是以国家重点科研项目，在国家科委和建设部共同领导下进行的。《2000 年小康住宅示范工程规划设计导则》(以下简称导则)的制定，在于为示范小区提供一个技术依据，使这项工程能有序地进行。“无规矩不成方圆”，这一庞大的系统工程，需要一个目标明确，可操作性强的技术指导原则，在取得共识的条件下，各项工作依据“导则”精神，相互配合，并以示范小区的形式体现科技产业工程成果。“导则”也是统合和落实住宅产业和科技研究成果，在示范小区中应用的保证。“导则”成为示范小区规划设计、方案评审和工程验收的技术依据，在小康科技产业示范工程中，“导则”起到了指导作用。

B．小康型居住小区规划。与以往的住宅小区规划相比，小康型住宅小区规划中，弱化了组团观念，强调了宜于交往的最小居住群体组合。重视小区物业管理，考虑了汽车进入家庭问题。

1996 年导则修改说明中指出淡化小区“组团”的必要性，“组团”作为小区建筑群的最小单位，原本是作为小区居住生活的“基本单位”而设置的，500 户的规模与基层管理单位的居委会的管辖范围相适应，实际上更多地着眼于管理。物业管理公司进入小区之后，居委会的工作内容主要是日常行政工作，在生活上与居民接触不多，自然也没有必要强调组团的存在意义了。实践证明，居民之间的交往和户外活动多发生在宅前宅后，缩小居民户外活动基本单元的规模，做到尺度宜人，方便使用，使之成为住宅以外的“第二生活空间”。如小康住宅示范小区中的南京南苑二村和株洲市家园小区的“邻里单元”（图 40）。着意于住宅周围环境的绿化、美化，规模小空间围合感强，营造出良好的外部空间环境，以此代替小区原来的组团。

小康住宅示范工程中强调了汽车交通问题，汽车走进家庭的速度之快，是令人始料未及的。1994 年制定“导则”时，提出设置 20% ～ 50% 汽车停车位，两年之后，1996 年修订导则时，这一款便作了修正。在此之前的住宅区规划，家庭的小汽车停放问题，并未提到日程，汽车交通进入小

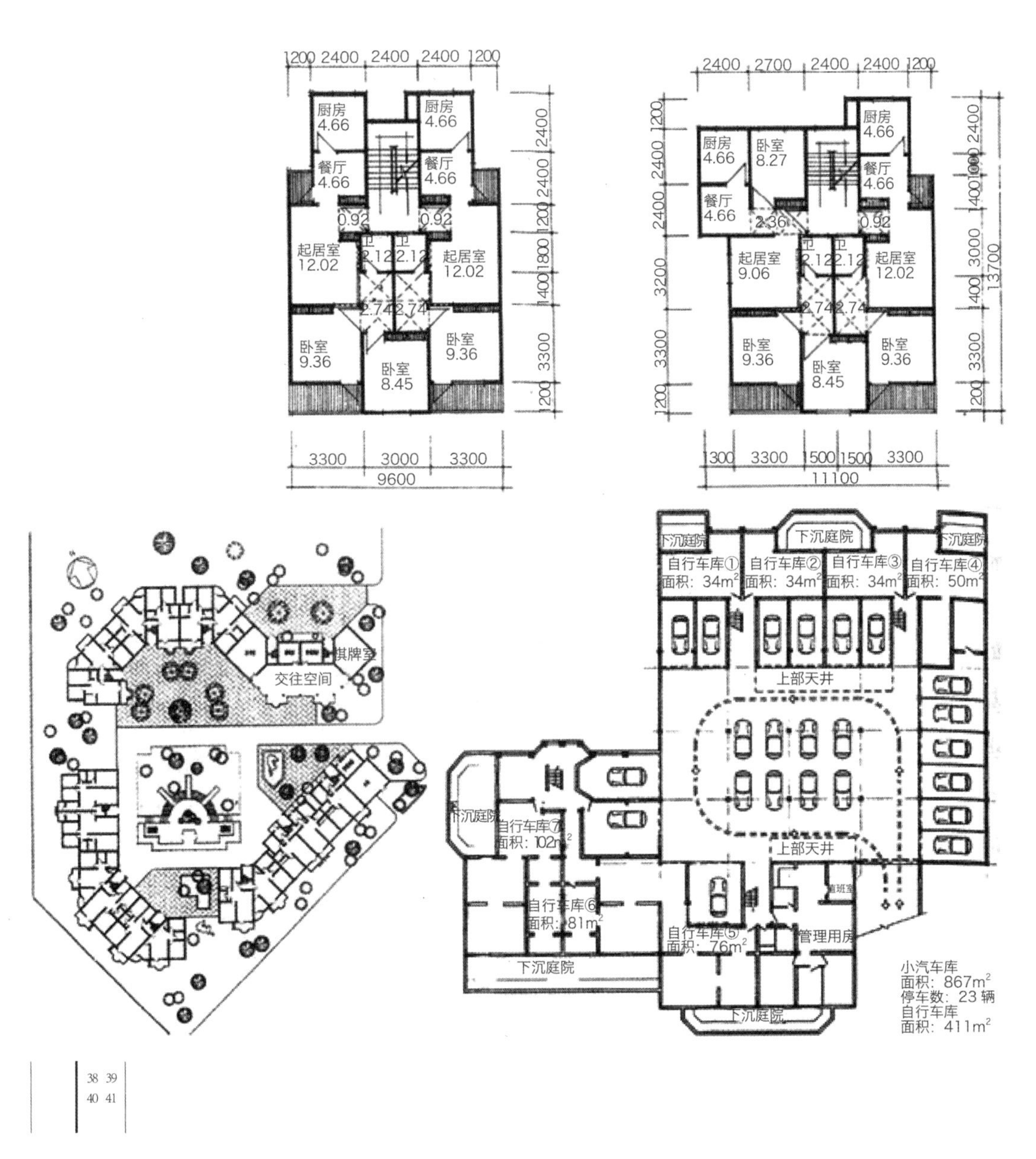

38 39
40 41

图 38. 大进深外天井住宅（1）
图 39. 大进深外天井住宅（2）
图 40. 邻里空间规划图
图 41. 半地下车库平面图

区在规划中带来了一系列的问题：停车场地、道路结构、人车流组织，这些也是值得进一步研究的课题。小康住宅示范小区中的规划设计，针对上述问题，提出了多种解决方案，如路网结构上的人车混流式布局，分流式布局，停车方式上的地上、半地下、地下存车等（图 41），其可行性在使用过程中会得到验证。小康住宅示范工程的先导性，在于适时的给传统的小区规划模式，留下新的宿题。

C. 住宅科技产业的开发与建构。我国的住宅产业长期以来还停留在手工业作坊的“前工业化水平”上，包工队和“马路游击队”占了住宅建设中的施工和装修的不少份额，处于低效率和低效益的运行状态。住宅建设高峰时期，建构起先进的住宅产业，不仅是住宅建设本身的需要，也是国家产业发展的战略性布局。六年的实施过程中住宅科技产业成果，综合体现在小康住宅小区示范工程项目上，推动了住宅产业的发展和住宅科技含量的提高。小康住宅中的产业化水平和科技含量，作为验收的标准之一。如小康住宅中禁止使用黏土砖一项，有力地推动了住宅墙体改造工程。这项工程在 20 世纪 60 年代就已启动，但真正的得以实现和推广，还是在 20 世纪 90 年代的小康住宅工程中。也为以后住宅建设中全国性的禁用黏土砖的实施，打下了基础，起到了示范工程的示范作用。此外，成套式厨卫设施的普及，提高了住宅质量，也带动了相关产业的开发。“1994 年我国建筑市场上所能提供的建筑材料和部品仅几千种，如今已达到了几万种……”[16]IT 产业走进住宅小区也是从小康住宅开始的，小区中的智能化配置已日渐普及。“到 2000 年科技对住宅产业的贡献率已达到 31.8%，比‘八五’末期提高了 6.4 个百分点。国内的建筑科技交流空前频繁，信息扩散速度加快，范围加大，国外住宅技术的引进时间缩短，中国商品房的定位已开始瞄准国际水平。”[17]

四、小结

一种居住形式的产生，总是以当地的社会制度、生产方式为背景。居住形态记录了历史，反映了前一个历史时期的家庭结构、伦理道德观念，也记录了当时的生活方式和文明程度。

几千年的封建社会，造就了与之相适应的居住形态——合院式住宅。它蕴含了我国农业社会时期的居住文化，并与家庭结构和生产方式相匹配，在封建制度解体，农业经济转向工业经济的过程也波及每个家庭。新的社会生产结构，带来了新的谋生方式，进而也出现了新的居住形式，从传统民居派生出来的里弄住宅和舶来的居住形式与合院式住宅杂然相陈，构成了一幅 20 世纪上半期的多元共存的城市住宅画面。

新中国成立以后，进入社会主义阶段，中国城市居民的居住问题，列入政府的工作内容。在经济尚不富裕的条件下，由政府出资建造安置型住宅，再以福利房低租金分配给居住者，起到了安定生活和稳定社会秩序的作用。随着经济的腾飞，城市居民收入和生活水平的提高，具备了市民自购住宅的条件，商品房政策的推出，逐步地解决了城市中长期以来的“住宅难”问题。20世纪后半期，尤其是1978年以后，城市居民的居住生活水平有了大幅度的提高，从安居型住宅到小康型住宅仅用了20年时间，中国城市住宅达到了与当代生活相适宜的文明水平，并且在住宅设计、住宅产业化方面取得了长足进步，但在这方面我们还要走一段长长的路，尽快地实现住宅产业现代化，是当务之急。

20世纪我国社会处于转型和变革时代，一百年的时间改变了五千年的社会制度和生产、生活方式。社会发展急转弯时期，总要散失一些东西，就居住生活而论，我们获得了当代居住文明，丧失了传统居住文化，这点与欧洲大相径庭。

注释：

① 罗小未、伍江，《上海弄堂》，上海人民美术出版社。

② 罗小未、伍江，《上海弄堂》，上海人民美术出版社。

③ 小川守之，冈田威海，宗幸彦，テラスハウスと町家比較，《新建筑》，1981。

④ 延藤安弘，大海一雄，《タウンハウスの实践と展开》，鹿岛出版社，1983。

⑤ 三井所清典，集合住宅の技术，《新建筑》，1977 年 6 月临时增刊。

⑥ まちつくる集合住宅研究会编著，《都市集合住宅のデザイン》，彰国社刊，1993。

⑦ *Modem Urban Housing in China*，1840-2000。

⑧ 林志群，我国住宅建设存在的主要问题及其改革的建议，《建筑学报》，1982。

⑨ 甘肃省建筑标准设计办公室，关于小面积多居室住宅的探讨，《建筑学报》，1979。

⑩ 《建筑学报》，1982。

⑪ 谭庆琏，努力提高住宅建设总体水平不断改善人民群众的居住条件，《建筑学报》，1994。

⑫ 2000 年小康型城乡住宅科技产业工程示范小区规划设计导则。

⑬ 2000 年小康型城乡住宅科技产业工程示范小区规划设计导则。

⑭ 《建筑学报》，1994。

⑮ 小林明，大都市における集合住宅の变迁と将来展望（日）季刊，No.7.1983。

⑯ 孙克放，建造面向 21 世纪的中国换代住宅，《建筑学报》，2001。

⑰ 孙克放，建造面向 21 世纪的中国换代住宅，《建筑学报》，2001。

原载于：《聂兰生文集》

中国城市住宅 20 年主题变奏

王毅

住宅是人类生活的基本载体，它体现了人类社会的进步和生活方式的变迁。住宅是城市空间构成的基本元素，它是一个城市中占地面积最大、拥有面积最多的建筑类型，体现着城市的基本风貌和特征。新世纪以来，能源愈发成为全球关注的焦点，作为城市中的能源消耗“大户”，住宅对城市未来的可持续发展甚为攸关。

在过去的 20 年里，伴随着中国经济的快速增长，中国的城市住宅也取得了长足的进步。20 世纪 80 年代初，中国开始进行城市住房制度的改革[①]，并在 20 世纪 90 年代全面展开[②]，直到 1998 年中国政府宣告取消福利性分房[③]。这是中国住宅发展史上的一个里程碑，它标志着施行了半个世纪的福利住房分配制度彻底终结。

曾几何时，住房是中国城市中最紧缺的“产品”[④]。据 1980 年的统计，全国城市人均住宅面积不到 $7m^2$。从 20 世纪 90 年代起，住宅业得到迅速发展，2000 年城市人均住宅面积达到 $20m^2$, 2005 年达到 $22m^2$[⑤]。如果考虑到在此期间中国的人口从 10 亿增加到 14 亿，中国的城市化水平达到 2005 年的 43%，城镇人口增至 6 亿，中国城市住宅在 20 年间所取得的进步是令人瞩目的。

本文并不想对 20 年间城市住宅的发展过程做一全面论述，而只是抽取这一过程中的一些代表性主题展开讨论，并用若干关键词加以概括，以此呈现 20 年间中国城市住宅发展的一些侧面。

一、“造镇”——居住郊区化

20 年来，中国许多大城市最明显的变化就是出现了居住郊区化的趋势。城市交通和通信条件的迅速发展，缩短了郊区和市中心的空间距离；郊区生活服务设施的逐步改善，改变了居民对郊区的固有观念；郊区相对低廉的土地价格使郊区住宅在价格上更具竞争优势。

居住郊区化最早出现于二战后的西方城市，盛行于 20 世纪五六十年代。当时许多西方城市中心区的地价飞涨，居住环境日益恶化，而快速发展的城市交通方便地将人们带往郊区住宅。郊区住宅是一种体现了现代主义建筑理念的居住模式，充足的日照和通风，宽阔的间距和绿化，大大改善了居住的卫生条件。

从 20 世纪 90 年代起，中国的许多大城市开始经历这样的过程，大片的新住宅出现在郊区。一些住区人口之多，范围之大，堪称“小城镇”的规模。如北京市的回龙观小区 2006 年的居住人口达到 11 万，远期将发展到 30 万。建筑界将这种大规模的郊区化发展称为“造镇”运动。在这种运动下，北京市的建成区快速扩大，由 1990 年的 397km^2，发展到 1999 年的 490 km^2，到 2004 年的 604 km^2。⑤

郊区化住宅在提供大量低价住房的同时，也带来大量问题。郊区化破坏了城市的空间结构和社会结构，使邻里关系遭到瓦解；郊区化大量蚕食绿地，占用宝贵的土地资源；郊区化导致了“睡城”(Dormitory town) 的出现，造成大量的长距离交通往返，亦造成时间和能源的严重浪费。20 世纪 80 年代，西方国家开始对居住郊区化提出质疑，提出“新城市主义”的理念，提倡恢复和重建城市市区。

由于级差地租的作用，在郊区大规模的“造镇”运动仍将是许多城市住房发展的主要模式，一时难以改变。但令人更加忧虑的是，这种“造镇”运动有蔓延到市区内的趋势。许多城市开始对旧城进行大规模的“推土机式的改造”。例如北京旧城内的牛街，曾被列为“历史文化保护街区”，有 35hm^2 的规模，在 20 世纪 90 年代末被彻底改造了，代之以高层塔式住宅。市区内“造镇”将导致传统城市空间结构的离散化、空洞化和郊区化。

二、“私家车”——住区规划人性化

在汽车是权力和地位象征的年代，车流优先是城市生活中的基本原则。反映在城市规划上，道路的设置多以车流为主导考虑对象，而人流往往是被忽略的。从 20 世纪 90 年代起，私家车开始进入居民的家庭生活，人们原有的“人车关系”观念也渐渐发生了转变。私家车进入家庭后给住区带来了新问题，住区内的车流量逐年增大，越来越威胁到步行者特别是老人和儿童的安全；汽车的噪声和尾气给住区环境带来污染；汽车停放占用人行道、宅间绿地和活动场地，引发邻里纠纷。

与过去的道路规划比较，新住区的道路规划越来越多地开始遵循人性化的设计理念，更多地以人流优先为原则来处理车流和人流的关系，减少人车相互干扰，保证居民的安全和住区的安宁。例如有的住区采取人行道架空的方式，与地面车流分开；有的住区在地面布置人行道，让车流直接进入地下车库。总之，将人车分流，避免汽车在宅间穿行所带来的危害，是越来越普遍的做法。一些城市规定在新住区中必须设置一定数量的停车位。由于地面用地紧张，大多住区利用区内的绿化用地设地下车库；还有的住区辅以立体停车架来解决停车问题；有些地下车库采用下沉广场和中部采光井提供采光和通风，让地下车库通风采光口成为住区的景观。

目前，汽车正在快速地进入中国居民家庭。北京市汽车数量已约达300多万辆，并还在以每天1000辆的速度增长。汽车已成为住区规划中不容忽视的问题，停车位已是影响住区房产价值的重要因素，人性化的道路布局成为许多置业者关心的焦点。从车流优先到人流优先，在私家车刚进人中国家庭不久，人们在享受便利的同时，开始担忧它过多地打搅了自己的生活。

三、“中西厨”——住宅功能精细化

在计划经济时期，中国城市住房按标准设计建造，套内面积控制极其严格，外观造型千篇一律，设备设施简陋粗糙。随着住宅的商品化，这些限制逐步取消，住宅套内面积不断增加，居住功能也不断增加并精细化。其中“中西厨”的出现是一个很有代表性的现象。中式厨房由于油烟污染问题需要封闭，而西式厨房的开敞方式着实让人眼前一亮。为了两全其美，市场上出现了一种中西合璧的厨房——“中西厨”，油烟区被封闭，非油烟区则敞开。居民对住宅的要求越来越高，从过去的着眼于有无问题，到现在的着眼于舒适问题。

对住宅功能配置的细化还表现在其他方面。除了一些基本配置（卧室、起居室、餐厅、厨房、卫生间）外，一些住宅增加了书房、工作间、洗衣房、储藏室，甚至游戏室、音像室等。平面布局上讲究动静分区，避免互相干扰。对那些属于基本配置的房间，设计也更加精细化。主卧室被细化为睡区、坐区、卫生区和壁橱区，客厅演化出对外区和对内区，卫生间增加化妆更衣区，甚至放松休闲区。

住宅的室内空间在竖向上也被精心地设计，变起花样来。通过错层的方法设计出一层半或两层高的起居室，通过台阶与其他层高的房间联系，营造类似别墅的空间氛围，在顶层斜屋面下设置阁楼，在竖向上将空间加以精心利用。

四、“Townhouse”与“小户型”——住宅类型多样化

与过去千篇一律的福利房相比，住房商品化后，各种档次的商品房不断出现。收入上的差异导致居民在住房消费能力上的不同。不同层次的消费能力需要相应层次的住宅产品，反映在房地产业中便是从高档豪华的别墅公寓，到一般标准的普通住宅都成为市场的需求。Townhouse 和“小户型”是两个最具有代表性的类型。

Townhouse 是一个舶来概念，其原意指沿街联排而建的城区房屋。Townhouse 建筑面积一般是每户 150~250m^2, 独门独院，所谓的“有天有地”。Townhouse 处于公寓和别墅的中间形态，既位于市区范围，享有比较方便的交通条件，又在一定程度上满足了人们的郊区别墅梦。在欧美一些城市，Townhouse 成为收入较高的中产阶级的典型居所。

近年来，各种各样的 Townhouse 开始出现在中国的大城市。挑高的客厅、弧形的飘窗、精致的小院，Townhouse 总给人一种“身处异乡”的感觉。开发商们热衷于按照自己所开发的项目给 Townhouse 下定义——Townhouse 的位置、Townhouse 的环境、Townhouse 的配套服务，甚至 Townhouse 的文化氛围，凡此种种，似乎只有符合了他们的界定才称得上正宗的 Townhouse, 成功人士们挑拣起 Townhouse 也是刨根问底，毫不马虎，毕竟除了居住以外，那还是一个身份的象征。

Townhouse 的客户群是有限的，近几年“街上”更流行“小户型”。由于中国的计划生育国策，城市家庭正在向小型化、老龄化发展，社会中单亲家庭、单身贵族也有增多的趋向，单亲住宅、青年公寓、老龄公寓都有了市场需求。这些都属于“小户型”住宅。

当然，“三房二厅二卫”始终是中国房地产市场的主力户型。功能齐备、动静分区、一梯两户、南北通透、小进深、大玻璃窗是这类户型被关注的焦点。

五、“梅花桩”与“小高层”——住区高密度化*

1992 年中国城市土地市场开放，土地成本成为房地产开发成本的重要组成部分。在一些大城市，

* 按我国《住宅设计规范》的规定，住宅按层数分，低层（1~3 层）；多层（4~6 层）；中高层（7~9 层）；高层（10 层及以上）；并无“小高层”这一分类。——编著者

如北京，郊区的土地成本占到房地产开发成本的 40% 以上，城区则到达近 70%[6]。开发商为了最大化土地使用价值，常常通过提高容积率，来追求利益回报的最大化。提高容积率的一个有效办法就是建造塔式高层住宅，尽量压缩楼与楼之间的日照间距，前后两排楼之间错位布局。这看起来有点像武林里的“梅花桩”。这种“梅花桩”式布局造成住区的室外空间非常压抑，室内采光遮挡严重。近年来，越来越不受欢迎。

由于中国人口众多，土地资源相对不足，城市住宅，尤其是大城市住宅，过多地依靠降低容积率来改善居住环境似乎并不可行。在较高的容积率指标下营造良好的居住环境是中国大城市住区规划的一个基本特质。近年来开始流行的“小高层”就是一个折中方案。所谓的“小高层”是指 9~10 层的板式住宅。与塔式高层住宅相比，“小高层”住宅的优势反映在，因为建筑高度在 30m 左右，尺度感更亲切近人一些，没有塔式高层住宅给人的压迫感。另外，“小高层”住宅相对于塔式高层住宅来说，结构简单，建设周期短。还有，一梯二户的“小高层”住宅相比塔式高层住宅采光通风条件大大改善，居住舒适度大大提高。“小高层”住宅是在中国房地产业发展到一定阶段后，平衡开发成本、居住条件和市场需求的一种住宅类型，这几年在一些城市广为流行。

六、“SOHO”——住宅智能化

SOHO(Small Office and Home Office)，又一个舶来概念，原意是“小型办公室”、“家庭办公室”的意思。在网络时代里，SOHO 代表着一种更为开放弹性的工作方式，成为人们竞相追逐的时尚。专门为 SOHO 一族设计的商品成为商家的新卖点，房地产商为 SOHO 一族开发的楼盘（商住两用公寓），一时间也风光无限，如北京的建外 SOHO、 SOHO 现代城、上海的东星 SOHO 等。

SOHO 一族与上班族最大的不同是将办公与居家合二为一，工作与生活之间的界限越来越模糊。他们从根本上改变了传统的工作和生活方式，也使住宅可能与办公、商业、文化等内容相结合，形成新的建筑形态。目前出现在大城市的 SOHO 住区，多以智能化建筑为功能定位，配置智能化控制中心，致力于为客户提供一种办公和居家相结合的新模式——办公如同写字楼一样，居住如同酒店一样，休闲如同娱乐中心一样。

在网络技术日新月异的今天，信息网络系统在新建的住区中已经十分普遍。对内有局域网，对外有因特网，居民足不出户就可以“知晓天下”。各种应用于管理服务的智能系统也在进入家庭。安全监控系统、门禁对讲系统，智能化逐渐成为房地产销售的一个卖点，许多没有冠以 SOHO 的住区，其智能化程度比起 SOHO 来也不逊色。

七、“左岸”与“后街”——楼盘时尚化

在多元化的时代，居民对住房的高要求并不仅仅停留在经济性和适用性的层面上，楼盘的时尚与风格亦为很多人所津津乐道。购房者把买房当作了购买一种生活方式，开发商则把卖房当作了推销一种生活理念。一时间，用时尚文化包装楼盘的广告铺天盖地，开发商成为社会新观念、新生活的“向导”，各领风骚几年或几个月不等。

首先袭来的是“外来风”。在刚刚告别“千篇一律”的年代，住宅设计急于摆脱简单乏味的状况，首先引入了“欧陆风”。所谓“欧陆风”是一个中国自产的名词，并不特指建筑史上的某种具体的风格。它反映了中国敞开国门初期，国人对西方古典建筑的柱式、拱窗和线脚的新奇与偏爱。近年这类手法虽然还没有被淘汰，但已经被归入俗套了。在经历了“欧陆风”之后，北欧和德国建筑的简洁质朴的风格受到国人的青睐。有人笼统地称之为“北欧风”，尽管德国在地理概念上并不属于北欧。其实，这股风潮可以看作是还没有完全吸纳现代主义建筑教义的中国建筑界对现代建筑的一次反刍，在某种角度视其为“现代风”也无不可。

在领教过“外来风”之后，有人怀念起“本土风”。历史文脉、地域风情成为营造住区本土文化特色的题材。以旧上海历史风貌为题材的“上海新天地”曾令人耳目一新，并引发了一系列“新天地”在众多城市的出现。

当然，除此之外，包装的题材层出不穷。北京申奥成功后出现了一批以奥运为题材的楼盘．更有一些包装题材五花八门，让人理不清与被包装对象的联系。以“左岸”为题材的，似乎在彰显法兰西式的高贵和典雅。而以“后街”为题材的，好像在体现美国贫民小区的文化活力。

近两年，这股用文化过分包装楼盘的风气有所收敛。有人称之为房地产的“文化泡沫”。

八、“高尚小区”与“城中村”——居住分异化

经历了 20 年，中国城市住房得到很大发展，但这并不意味着居民的住房条件均得到改善。相对于福利房分配时期的低水平但比较均质化的居住结构，在一些城市里开始出现居住分异

(Segregation) 现象。一端是“高尚小区”，如郊区的别墅区和市中心的高档公寓，另一端是旧城里衰败的老街区和计划经济时期遗留下来的低标准职工宿舍区，还有条件更为恶劣的遍布城乡结合部的“城中村”。据 2004 年的报道[7]，北京城八区有 231 个这样的“城中村”，聚集了大批外来民工。

福利房分配时期，中国城市住房遇到的主要矛盾是“住房的可供性”问题。在经历了 20 年的发展之后，矛盾渐渐转化为“住房的可支付性”问题。国际通常用“房价—家庭收入比”来表示“住房的可供应性”[8]。这个指标既可以用来衡量一个家庭的住房支付能力，也可以用来衡量一个城市的住房供应水平。近年来，关于中国城市的“房价—家庭收入比”应该是多少的争论很激烈，有的说应该是 6 的，有说是 8 的，但大多为经验推测或是套用国外的资料，并没有可令人信服的依据。

住房问题不仅是单纯的居住问题，也不仅是城市经济的发展问题，而且是更高层次上的社会发展问题。住房发展不能仅停留在提高人均居住面积指标上。虽然不少城市的人均居住水平已达小康，但这个小康只是统计意义上的小康，并非真正意义上的全民小康。今天城市住宅的分布基本上已由市场规律所支配，“有钱人住好区，无钱人被挤到郊外”，似乎已被认为理所当然。传统上，上海有“上只角”和“下只角”之分[9]，北京曾用“东富西贵，南贫北贱”来划分人群。而今天一些城市又在形成新的“上只角”和“下只角”、“南城”和“北城”，造成新的社会隔离。

西方尤其美国存在着很严重的社会隔离现象。实践证明，隔离会滋生仇恨，会给社会造成不稳定。近年来，一些西方城市通过建设“高低收入混合的小区”来改善这一现象，以期达到社会融合。例如美国将商品住宅、出租住宅和福利住宅混于一区甚至一楼；法国 2000 年通过法律 (Urban Solidarity and Renewal Act)，规定新建住区中必须有至少 20% 的低收入者住宅。[10] 由于市场的原因，我国目前房地产开发还是采取不同档次住区截然分开的做法，并且采用封闭式的管理模式，这对社会的和谐发展是不利的。要改变这种状况，不能依靠市场。这需要观念的改变，更需要政府在城市管理、法治规范方面加以引导和控制。

九、“绿色住宅”——居住生态化

“绿色”是当下中国最为时兴的话题。北京将“绿色”概念引入奥运范畴，提出“绿色奥运、科技奥运、人文奥运”的主题。敏感的房地产商更是纷纷跟进，打出“绿色住宅”的旗号。

所谓“绿色住宅”就是遵循“人与自然环境和谐共生”的主旨，强调住宅的有益健康、节能低耗和低污染，通过有效利用自然和保护自然，创造良好的生活环境。具体而言，绿色住宅应该充分利用住区的自然条件，保留和利用地形、地貌、植被和水系，保护古树和文物古迹；尽可能把空气、阳光、绿色引进住宅，保持室内较好的通气性，同时采取保温隔热措施，改善和调节室内的温度和湿度；最大化利用本地材料和资源，最小化废物排放；重复或循环使用再生水资源，实施中水系统等。

北京锋尚公寓是中国较早的"绿色住宅"。通过将国外的节能技术整合为一体（包括混凝土采暖制冷系统、健康新风系统、外墙、外窗系统、垃圾处理、水处理系统等 8 个系统），能耗比传统住宅降低了 85% 以上，并且增加了居住的舒适度。因为没有设置传统形式的暖气和空调，开发商打出了"告别了空调和暖气时代"的售楼广告。北京北潞春绿色住区是一个低造价的实例，该住区采用了几项节能技术措施，包括设置高标准的垃圾焚烧炉生产热能，利用中水系统将废水再利用，设置太阳能集热器提供热水等。虽然由于采用了节能技术措施会使住宅前期建造成本有所增加，但未来的运营成本将会减少，住户将长期受益。

中国"绿色住宅"刚刚起步。当下人们更多地关注"绿色硬件指针"，即硬件设施的建设，而忽略了"绿色软件指针"，即对"绿色"生活方式的引导。居民的"绿色"意识对于"绿色"硬件非常重要，如果居民不对生活垃圾进行分类，再高标准的废弃物处里系统也难以发挥作用。所以，除了"绿色"硬件建设外，"绿色"软件的建设也非常重要。社会舆论要对居民的行为引导和规范，让"绿色"行为成为生活的必需，成为一种文化、一种时尚。

十、结语

20 年的发展，中国城市住宅走过量变的过程，正在向质变的过程转化。寻求自然、建筑和人三者之间的和谐将是今后城市住宅发展的主题。减缓居住分异化趋势，促进城市住区社会的和谐发展；加快居住生态化进程，创造与自然条件相和谐，有利于人类健康发展的居住环境。这将是中国城市住宅未来努力的方向。

（本文作为导言发表在《海峡两岸住宅建筑作品精选集》，台湾《建筑报道》杂志社编，2007)

注释:

① 1980 年，中国政府批转了《全国基本建设工作会议汇报提纲》，宣布将进行住房制度改革，并在一些城市开始试点。

② 1991 年，中国政府发布了《关于全面推进城镇住房制度改革的意见》，要求在全国范围全面推进住房制度改革。

③ 1998 年，中国国务院发布了《关于进一步深化城镇住房制度改革，加快住房建设的通知》，宣告自 1998 年下半年起在全国范围内取消实物性分房，实行住房分配货币化。

④ 计划经济时期，住宅的商品属性被否认，住宅被看作一种产品，由国家当作福利统一分配，只是象征性地收取低廉的租金。

⑤ 北京统计局编，《北京统计年鉴》2000-2005，北京：中国统计出版社。

⑥ 王绍豪，加快普通住房商品化的几点建议，《北京城市规划与建设》，1997(4):16-18。

⑦ 北京市整治城中村今后三年将拆除 231 个城中村，《中华工商时报》，2004-9-28。

⑧ Cox，Wendell, and Pavletich, Hugh, 2006,The 2nd Annual Demographia International Housing Affordability Survey, 2006。

⑨ 徐汇区的衡山路、高安路一带，达官贵人居住的地方；南市区、虹口区的棚户区，穷人居住的地方。

⑩ Ball, Michael, et al.，2005. RICS European Housing Review 2005，Royal Institute of Chartered Surveyors。

原载于：《建筑学报》，2008 年第 4 期

1978～2000年城市住宅的政策与规划设计思潮

吕俊华 邵磊

我国的城市经济体制改革按照时间划分，可以大致分为萌芽（1978~1983年）、社会主义商品经济（1984~1991年）、社会主义市场经济（1992年至今）三个阶段，每个阶段都以意识形态领域的突破为开端[①]，围绕两个基本方面在不同程度上展开：其一，以价格机制代替中央计划当局的指令；其二，以非国有的产权制度替代国有的产权制度[②]。住房体制改革作为国家宏观经济政策的重要内容，在本质上也是两者的体现，对城市住宅的规划设计以及建设实践产生了决定性的影响。

一、改革开放初期：解决住宅数量短缺（1978~1983年）

中共十一届三中全会后，住房体制改革的推行有其特定的政治经济环境：在意识形态上解决了住房的“商品”属性问题，在宏观经济政策中出售公房作为减轻财政压力、回笼货币的措施[③]，但最根本的原因还是住宅数量的严重短缺影响到了社会稳定，而住房福利分配体制在国家财政极度紧缺的情况下无力解决这个问题，因此调动多方面的积极性，共同负担住宅建设是住房体制改革的必然开端。单位在这个过程中发挥了历史性的作用，自筹资金建房重新成为缓解住房短缺的主要方式[④]。1980年全国第二次城市规划会议中虽然提出了城市综合开发和土地有偿使用的改革方案，其真正开始产生影响还是20世纪80年代中后期的事。

在上述背景下，住宅建设中土地与住宅的经济性成为规划设计考虑的重心，围绕着住宅层数、高度、布局、标准化等方面，设计人员展开了热烈的讨论，此外，大规模的住宅建设导致的千篇一律的形象也引发了对规划手法的探讨。

1. 高层住宅的争论

在20世纪70年代末，国内高层住宅已经开始小规模发展。当时国外已经有很多关于高层住宅的研究，其中不乏对高层住宅缺点的反思。围绕着是否应该发展高层住宅，国内的专家学者争论十分激烈。反对高层住宅的理由主要是：单位造价高，平面使用系数低，施工周期长，经常管理费用大，能源消耗多，电梯的质量和技术都不能很好地满足要求。因此，以张开济为代表的建筑师主张采取增大住宅进深的方法以节约用地[⑤]。赞成高层住宅的意见主要是：高层住宅的经济性必须从城市建设的总体来衡量其经济效益；在中国地少人多的国情下，必须向三度空间争取，这是发展的需要与必然[⑥]。

2. 加大住宅进深的研究

在住宅节约用地方面，除了提高层数，另一个重要的手法就是加大住宅进深。为解决进深加大以后的采光和通风问题，出现了内部设置小天井的住宅形式。但是小天井有其先天的缺陷，太小的天井和5层以上的住宅层数都会严重影响天井的采光与通风，此外还存在管理、视线干扰等问题。在当时的情况下，无论是建筑技术与设备，还是节约用地的要求，都难以做到充分避免这些缺陷，因此小天井住宅形式难以得到推广（图1）。

3. 住宅北退台形式的诞生与推广

住宅间距属于国家强制性规范，在住宅规划布局上影响很大。20世纪70年代末期同济大学建筑系朱亚新等在上海杨浦区霍兰街道地区的旧城改造工程中，住宅设计采用了北部层层跌落的台阶形式，5层的房屋只需考虑其后部三层住宅的日照间距。经过测算，这种台阶式住宅比一般的6层住宅可以多建24.6%的住宅面积[⑦]。此后，通过北退台的方式缩短住宅的日照间距成为居住区规划中最常用的手法之一（图2）。

4. 改变居住区单调的空间环境

极“左”政治路线的结束，使人们有可能重新反思建筑的美学意义问题。如何改变居住区千篇一律的行列式的面貌，逐渐成为住宅规划设计关注的一个重点。例如，1980年北京塔院居住小区竞赛中，即把丰富小区空间作为指导思想，获奖方案在设计上强调了清晰简洁的道路结构，在此基础上通过点式和条形住宅的搭配，取得组团空间的变化。从规划手法上来看，规划结构上还是沿用20世纪60年代就形成的“住宅—组团—小区”的三级结构，所以，规划的多样化主要是在满足一

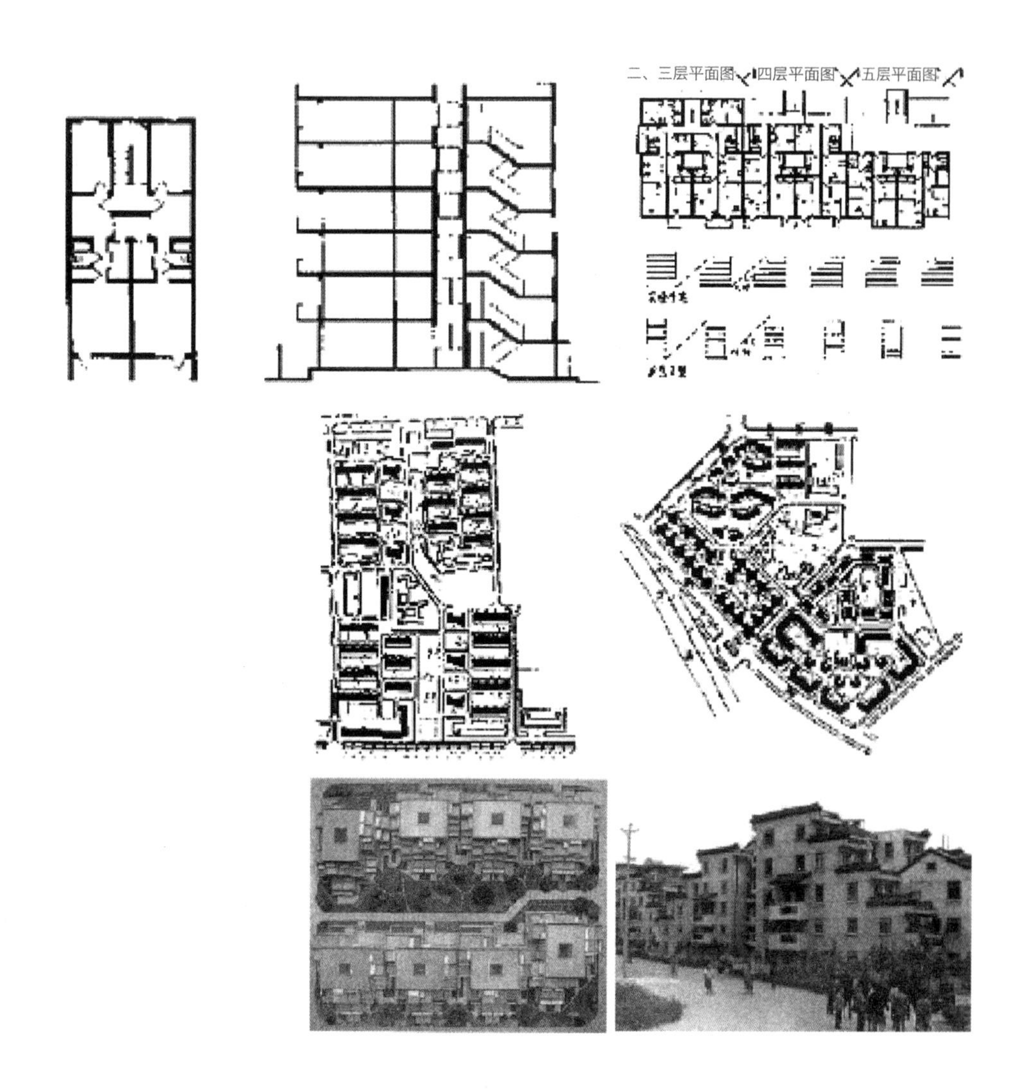

1 2
3 6
4 5

图 1. 小天井住宅的平面和剖面
图 2. 台阶式住宅示意
图 3. 塔院居住小区总平面
图 4. 台阶式花园住宅系列设计
图 5. 无锡支撑体系住宅试点
图 6. 天津川府新村总平面

定结构规模、日照要求和尽可能提高密度的基础上，运用不同形式的住宅进行组合，通过高低长短等形体要素以及对空间的不同围合方式获得自己的特色（图 3）。

二、20 世纪 80 年代中后期：对住宅功能的强调（1984~1991 年）

1984 年 10 月中共十二届三中全会正式明确了建设公有制基础上有计划的商品经济的方针，从此对社会主义经济属性的问题统一了认识。当年，经济体制改革的重点转入城市。以分权为取向的改革调整了中央和地方政府的关系，调动了地方发展经济的主动性。

虽然国民经济以较快的速度增长，但是国家的财政问题并没有得到多大的改善。由于分级包干的财政体制改革局限于国家公有制内部，政企不分的问题没有得到根本的解决，产权模糊造成了财政收入不能从经济增长中充分获益。分配体制的改革远远没有达到实物福利货币化和劳动成本真实化的程度，住房补贴造成的国家财政负担与日俱增，根据王鲁、杨育琨等人的研究，1981 年住房补贴占财政收入的 8.5%，1988 年增加到 23.43%[8]。这种状况下，进一步改革原有的福利住房分配体制是解决问题的唯一途径。从 1986 年开始，提租增资，租售并举的住房改革在烟台、唐山、蚌埠等城市开始试点[9]。这个试点触及到了原住房体制下供需结构扭曲的实质性问题，但因为缺乏相应的住房市场环境和制度建设，再加上既得利益集团的反对和 1988 年国民经济出现恶性通胀，优惠售房回笼资金又成为经济调控的手段，提租增资的改革没有能够推广和深入。

在住房改革进行试点的同时，土地使用制度改革带来了城市建设模式的转变。1987 年中共第十三届代表大会提出了建立包括房地产市场在内的生产要素市场的改革目标，阐明了房地产业的发展同整个国民经济结构的关系；随后 1988 年的《宪法修正案》解决了土地使用权转让的合法性问题。从此，国有土地潜在的巨大利润激励各种利益集团竞相参与其挖掘与分配的过程，城市综合开发成为城市建设的基本动力和主导模式，虽然面向个人消费者的房地产市场远未形成，但由于集团消费的存在，房地产业的发展依然得到了有力的支撑。

在这样的制度环境下，住宅的发展一方面逐渐摆脱了以单位为主体分散建设的状况，另一方面随着人民生活水平的提高、住宅投资渠道的增加以及商品化的改革取向，完善住宅的使用功能成为规划设计领域的另一个重要问题，其中国家的住宅设计政策和示范工程起到了关键性的引导作用。

1. “套型”概念的引入

1985 ～ 1986 年的全国房屋普查中，城镇住房中有 3/4 的居民住的还不是成套住宅，由此可以看出当时的居住质量仍然十分落后。1985年《中国技术政策蓝皮书》中的住宅建设技术政策引入了“套”的概念，和建筑面积一起作为主要计量单位和建设控制标准，要求除必要的分居居室之外，应当有独用的厨房、卫生间及相应的设备，提出应当设计户型小、功能好、一户一套的住宅。随后，1987年出台了《住宅设计规范》，其中规定：“住宅应按套型设计。每套必须是独门独户，并应设有卧室、厨房、卫生间及储藏空间。”按不同使用对象和家庭人口构成设计的套型分为小套、中套、大套，其使用面积应不小于“小套 $18m^2$、中套 $30m^2$、大套 $45m^2$”。“套型”概念的引入意味着首次将居住文明水平纳入到解决住宅问题的评价体系之中。

2. 住宅设计标准化与多样化的探索

在住宅设计中面临的主要困难之一是如何解决标准化和多样化的矛盾。改革开放的政策使人们有了学习国外住宅规划设计理论与实践的机会，特别是一些建筑院校在理论研究的基础上结合中国的现实状况，创造了一些优秀作品，成为20世纪80年代中期住宅规划设计的亮点：比如前述同济大学北退台的住宅设计，天津大学进行的低层高密度的试验；在1984年全国砖混住宅方案竞赛中，清华大学建筑学院的台阶式花园住宅系列设计脱颖而出。方案在采用统一模数和基本间定型的基础上，通过巧妙组合，形成了丰富的体型，尤其是每户都有 $10m^2$ 的平台花园的做法，在当时的环境下可以说是对提高居住质量的大胆设想（图4）。当时的南京建工学院以SAR的理论体系为基础，在无锡进行支撑体住宅试点，从居民参与住宅设计的过程这一角度，体现多样化的要求(图5)。

3. 城市住宅小区试点工程的启动

从20世纪80年代中期开始，以示范和先导为目的，城市住宅小区试点工程作为国家级示范性项目开始启动，提出了“造价不高水平高，标准不高质量高，面积不大功能全，占地不多环境美”的目标。第一批试点选定了无锡、济南、天津三个城市建设试点小区，分别代表着南、北和过渡地区的特点，总建筑面积为50.23万 m^2。

天津川府新村分为4个组团，围绕中心绿地布置，每个组团各具特色。有的组团以台阶式花园住宅为主，有的以系列住宅单元相错接形成组合体，有的采用室外平台将独立式的住宅连成一体，形成立体式交通，有的则采用大进深节地型住宅配以点式住宅组合空间（图6）。无锡沁园新村以外向型的方式，将商业配套设施沿着小区四周布置，其他种类的服务设施如文化活动中心、银行布置在小区的中心。可以看出，在规划手法上仍然沿用了住宅—组团—小区三级结构规划布局。在建筑形式上，住宅设计注重外观，首先是体形上丰富多变，在天津川府新村的每个组团都有完全不同的住宅选型和风格。无锡沁园新村则结合规划布局将住宅点条结合，有长有短，前后交错，并将地方传统建筑的元素引入到住宅设计中，形成一种雅致的格调（图7）。

当时居住小区的规划中，自行车乱停乱放往往是影响居住环境美观的重要问题，为了改变通常采用的简陋的露天车棚的做法，和住宅与绿地相结合的集中式停车以及地下、半地下车库得到广泛的应用。20 世纪 90 年代以后，汽车停车的问题又成为小区规划布局中的主要矛盾，这种从自行车到汽车的变化过程，很直接地反映了经济与生活观念的发展对住宅规划设计的影响。

三、20 世纪 90 年代：面向需求的住宅生产（1992~2000 年）

1992 年邓小平南行讲话和同年 10 月中共十四大确立了建设有中国特色社会主义市场经济的改革总目标，解决了市场经济的意识形态问题。市场经济的提出立即激发了经济的活力，但在缺乏制度约束情况下也导致了大量虚假需求和流通领域的炒卖，以房地产业尤甚：依靠金融借贷、炒卖地皮、大规模地进行土地开发建设，并在短时间内迅速升温，波及全国，直接导致了金融秩序的紊乱和新一轮的经济膨胀。1993 年末国家不得已采取调控措施，进行治理整顿，房地产市场的泡沫很快破灭，随后的几年一直处于低迷状态。直到 1997 年亚洲金融危机爆发，国家提出拉动内需刺激经济增长的经济政策，并试图依靠住宅产业成为新的消费热点和经济增长点。在这样的背景下，住房改革的力度迅速加大，1998 年以后逐渐停止了住房的福利分配。房地产业也在国家一系列鼓励住房消费的政策中，开始恢复活力。

除了经济波动对房地产业的直接影响之外，多种所有制的发展、国企改革的深化、劳动力市场的繁荣以及“一部分人先富起来”的发展取向，促使社会利益结构迅速变迁，原计划经济体制下形成的身份制度衰落并逐渐解体。按照李强等人的研究，中国社会的分化过程实际上是利益群体获利或者受损的变动过程，特殊获益者群体、普通获益者群体、利益相对受损群体和社会底层群体的组成和结构都发生着迅速的变动，每个群体内部也存在着包括职业、教育水平、地域等方面的巨大差别[10]。

拉动内需的经济政策和社会分化的图景一方面给房地产市场带来了多样化的需求，住宅规划设计手法的丰富则是房地产市场面向需求、互相竞争的必然结果；另一方面也使得国家的住宅政策必须从更为宏观和长远的角度制定住宅发展战略，这成为 20 世纪 90 年代国家住宅政策的鲜明特点。于是，形成了国家指导性政策和房地产市场引导并进的局面。

1. 住宅产业现代化政策和社会住房保障体系的框架

在经济增长模式从粗放型向集约型转变，改善产业结构，通过住宅拉动内需的背景下，建设部在 1996 年颁布了《住宅产业现代化试点工作大纲》，提出“要以规划设计为龙头，以相关材料和部品为基础，以推广应用新技术为导向，以社会化大生产配套供应为主要途径，逐步建立标准化、工业化、符合市场导向的住宅生产体制[11]”。继第一批城市住宅小区试点之后，城市住宅试点工程陆续展开了几批试点，成为提高“科技含量”的试验田，强调“新技术、新工艺、新材料和新设备”的应用。从 1994 年起为了推广部级试点的经验，又开始推动省市开展省级试点。到 1998 年，全国共有 98 个部级试点，加上全国 27 个省、自治区和直辖市发展了 300 多个省级试点，两级试点共计 400 多个，总建设规模约 8380 万 m^2，比如青岛四方小区、合肥琥珀山庄、常州红梅西村、上海康乐小区、北京恩济里小区等，对小区的规划设计的理念和手法都产生了较大影响。20 世纪 90 年代中后期，城乡小康住宅示范工程逐渐替代城市住宅小区试点，更强调对住宅产业化的推进，包括住宅建筑与部品体系、技术保障体系、质量监控体系、住宅性能评价体系多个方面的发展。同时，由于示范工程需要经过专家评审，形成了一种质量标志，在房地产市场上也得到很好的响应。

住房福利分配的终止意味着计划经济形成的单位体制功能的转变，“单位社会”的消解要求建立社会保障体系以承担整合的功能。从国家住宅政策而言，住房的保障体系分为三个层次，即高档商品房、经济适用房以及面向最低收入人群的廉租住房。从 20 世纪 90 年代初，国家先后开展了安居工程、康居工程、经济适用房等试点，面向最大多数的工薪阶层，试图通过房地产开发的优惠政策和利润控制，降低住宅成本，重建适合中国国情的住宅供需关系。

但 1997 年东南亚金融危机以后，经济适用房的政策在更多意义上成为拉动内需的手段，但是在市场经济制度不完善的情况下，无论是对消费者收入状况还是开发商的利润，国家的监管成本很高，投机和寻租的行为必然会发生，“安居”不“安”，经济适用房不“经济”成为 20 世纪 90 年代经济适用住宅建设的普遍问题。有的地区干脆淡化经济适用房的发展政策，有的地区则不得已出台了一系列标准以控制经济适用房的消费人群。

2. 住宅规划设计手法与理念的突破

首先是布局结构的突破。昆明春苑小区是建设部试点小区，较早提出了淡化居住组团的思想（图 8）。传统的居住小区结构受到以居委会为单位的小区管理体制的限制，组团规模一般为 500 户左右，几个组团围绕一个公共绿地，曾被戏称为“四菜一汤”。随着物业管理的发展与成熟，居住区的规划建设也就不再拘泥于以居委会规模为基础的传统布局结构，尤其是居住区中高层住宅其间距和体量完全不能和多层住宅的布局等同。此外，在城市土地越来越紧张的情况下，集居住、公共服务设施、交通设施、市政设施为一体的综合体建筑也越来越多，完全突破了组团的形式。

其次是生态环境问题。尽管在中国当前的经济水平、科技条件以及文明素质下，生态建筑的实践难以达到理论的预期，更难以全面地推广，但如何在住宅规划设计中体现生态保护的观念，还是

7	8
9	
10	11

图 7. 无锡沁园新村总平面
图 8. 昆明春苑小区总平面
图 9. 深圳百仕达小区地下停车库的玻璃屋顶
图 10. 每户有独立入口的集合住宅
图 11. 上海古北小区

得到了设计人员与房地产市场的大量关注。最明显的现象是近年来房地产“卖点”中普遍存在的对“绿色住宅”、“健康住宅”的炒作，这从一个侧面反映了消费人群整体上对环境质量的关注。当然规划建设中也不乏有益的尝试，比如北京的北潞春小区对采暖与炊事的燃料与燃具、污水处理与再利用、垃圾处理、噪声污染控制、环境绿化等多方面都做了探索。

第三，随着汽车拥有量的不断提高，小区的停车问题在规划设计中越发重要。一方面，停车数量标准不断提高，1999年北京规定，对于新建居住区机动车的泊位要求应是每层住房的30%至50%来设置，并尽可能按远期一户一个机动车位预留；另一方面，停车设施既要满足数量和造价的要求，还不能影响居住环境的美观。于是出现了多种多样的设计，包括独立式地下、半地下、立体车库、住宅底层架空和住宅结合的地下车库以及地上停车场等，出色的设计还起到一种景观作用（图9）。

3. 住宅类型的多样化

20世纪90年代后期的房地产市场更为理性和专业化。针对多样化的市场需求和社会阶层，房地产开发的效益不仅仅是建房和追求高密度的问题，“人”开始成为越来越重要的因素。无论是规划、建筑和户型设计，还是居住文化的营造，针对哪些群体、如何体现个性成为房地产开发与营销的重点。在这种背景下，住宅的标准必然从单一走向多元，从解困的目标走向了对舒适性的追求。在住宅设计实践中，代表不同居住标准的住宅空前的丰富，包括高层住宅、中高层住宅、多层住宅、低层高密度住宅、联排住宅、别墅等各种形式，其名称也五花八门，“广场”、“花园”、“Townhouse”、“山庄”等等，其风格有“欧陆风情”、“美国小镇”、“北欧格调”等（图10、图11）；在户型上除了传统的一室一厅、二室一厅、三室一厅之外，多厅和多卫生间的住宅更加受到欢迎，车库和仆人房等也成为一些住宅的标准配置。

回顾改革开放以来的20多年，中国经济增长迅速，以市场化为取向的住房政策改革逐步深化，带来了中国城市住宅的快速发展。但是，人口多土地少，始终是我们在发展中不变的问题，那么城市住宅的发展方向是什么？公平和效率应该怎样权衡？国外的经验告诉我们，住宅的发展和经济增长息息相关，也和社会福利水平密切联系，住宅既要面向市场，也要面向社会，那么当前通过房地产开发的模式能否在根本上解决中国的住宅问题？这值得我们进一步深入思考。

（本文框架和部分材料来自清华大学和哈佛大学合作项目“中国现代城市住宅1840-2000”，参见 Lü Junhua,Shao lei.*Part Three:Housing Development from 1978-2000 after China Adopted Reform and Opening-up policies" in Modern Urban Housing in China(1840-2000)*.Edited by Lü Junhua,Peter G.Rowe and Zhang Jie.Germany:Prestel Verlag,2001:187-282)

注释:

① 其时间参照点为 1978 年 12 月中共十一届三中全会结束了极“左”的政治路线；1984 年 10 月中共十二届三中全会指出中国社会主义经济是公有制基础上的有计划的商品经济；1992 年春天邓小平南行讲话和同年 10 月中共第十四次代表大会提出建设有中国特色的社会主义市场经济的改革目标。

② 盛洪 . 制度经济学在中国的兴起 . 管理世界 ,2002(6)。

③ 20 世纪 80 年代初期国家大幅度提高了职工工资，恢复了奖金制，但居民收入的增加是以国家财政收入减少和货币超经济发行实现的，这种背景下进行优惠出售公房的试点无疑可以加速货币的回笼。

④ 具体而言，新中国成立后的 20 世纪 50 年代和 60 年代，城市住房建设曾一度以单位的分散建设为主，20 世纪 70 年代，全国范围内成立“统建办”，以统一征地、统一规划、统一施工和统一管理的方式进行住宅建设。

⑤ 张开济 . 改进住宅设计，节约建设用地，建筑学报 .1978. 张开济 . 多层和高层之争——有关高密度住宅建设的争论 . 建筑学报，1990(11)。

⑥ 郑乃圭 , 胡惠源 . 我们对高层的看法，建筑学报 ,1981(3)。

⑦ 朱亚新 . 台阶式住宅与灵活户型——多层高密度规划建筑设计的探讨 . 建筑学报 ,1979(3)。

⑧ 杨鲁 , 王育琨 . 住房改革 : 理论的反思与现实的选择 . 天津 : 天津人民出版社 ,1992,59。

⑨ 其主要做法是提高房租，改暗补为明补，以住房券的形式发给职工，有的按照人头定额发放，有的按照工资比例定比发放，有的住房券可以兑现现金，成为实转，反之为空转。

⑩ 李强 . 社会分层与贫富差别 . 鹭江出版社 ,2000。

⑪ 在各界专家对住宅产业政策的广泛讨论中，也存在对“产业化”和“产业现代化”的不同理解。有的观点提出，住宅产业化是指在住宅经济领域里广泛引进先进技术和先进管理的一场变革，因此，“住宅产业现代化”就是“住宅产业化”。住宅是一种特殊的商品，这种商品的规定性 (比如消费期很长、价格很贵) 是不同于普通消费品的。因此，住宅产业现代化也包括住宅的流通和消费领域，不能只强调住宅的生产而忽视流通和消费。

原载于：《建筑学报》，2003 年第 3 期

住的教育

李婕

自 1998 年住房改革至今已近 20 年，人们的居住条件不断改善，对居住环境和品质的要求也不断提高，再加上国家住房供应结构的不断完善，对住房从规划设计到管理维护都提出了新的要求。然而此时，住房的政策制定和执行、研究、规划、设计、建设、管理、运营等方方面面却显得后劲不足，出现人才断层。我们在住房和社区建设规划方面的教育在以往没有得到足够的重视，没有跟得上时代的变化，是重要的原因。

我国从 1952 年最早设立城市规划专业以来，作为工学门类下“建筑学”一级学科之中的二级学科，已有了近 60 年的发展历程，住房与社区建设规划在城市规划二级学科和建筑管理（房地产类）学科中有所覆盖，相关的教育在我国各高校中开展较早，也积累了丰富的经验。随着经济社会的快速发展和城镇化的推进，对城市规划和住房与社区建设有了新的认识，它不仅仅等同于怎么盖房子，而更强调公共政策属性，涉及更广泛的研究领域，包括社会学、经济学、生态学等知识体系。

2011 年国务院学位委员会第二十八次会议审议批准，国务院学位委员会、教育部 3 月 8 日公布了新版《学位授予和人才培养学科目录》，城乡规划学正式升级为工学一级学科。在新设置的城乡规划一级学科中，住房与社区建设规划第一次作为独立的二级学科出现在学科体系中，其研究方向为住房政策与规划（包括房地产）、社区建设规划，研究内容为城市住房政策、住区规划与开发、房地产、社区建设与管理，而现在则面临一级学科成立以后的住房与社区建设规划二级学科的建设问题。面对社会经济的发展，住房政策的完善，学科的升级以及居民住房品质需求的不断提高，住房教育也不仅仅是教授如何规划和设计，更多会涉及政策的研究，经济的评估以及如何切实落实“以人为本”的规划设计原则。不少学校在教学内容和形式上已经突破了传统，借鉴和吸收欧美高校的教学形式，对其研究方向和研究内容的确定，以及评估手段上都有新的尝试，并取得一定成效。

《住区》2014 年 02 期，专门就“住的教育”进行了主题报道，来自清华大学、同济大学、西安建筑科技大学、重庆大学、东南大学、湖南大学等高校，在教育一线从事教学工作的老师们介绍了本校在建筑学、城乡规划学以及住房和社区建设规划学科方面的教学改革措施和取得的成效。例如，同济大学在教学中鼓励学生关注社会问题、思考自己的责任，采取开放互动式教学，培养学生“有依据地做设计”的习惯；清华大学的住宅设计教学贯穿本科和研究生各阶段，构建多学科交叉的、系统性的、与实践密切结合的住房与社区发展的整体性教学体系，将课外科技活动与课程教学紧密结合，面向住宅与相关联的各个方面之间的研究；重庆大学对“城市住宅设计”课程进行了改革，采用教学模式的“双向选择制”，使设计课程多样化，课程的扁平化重新整合，将其原有知识体系在保持前后贯通的基础上作阶段性分解；还有西安建筑科技大学将 CSI 体系概念引入居住环境系列课程的教学实践；清华大学针对老龄化问题开设的住宅精细化设计等。不难看出国内大学均在传统教学活动的基础上做出了创新和改革，使住房与社区建设规划的教育更符合当前的社会需求。

另外，主题报道中还对英国卡迪夫大学和德国斯图加特大学的教学活动做了介绍。欧美等城市化发展较早的国家，在 20 世纪初就面临了诸如环境污染、交通问题和住房问题等城乡发展中的各类问题，因此也较早地开展相关问题的理论研究和实践，推动了城市规划从传统的空间形态和工程技术逐步进入到对社会和经济、区域发展、生态环保、管理等学科领域的交叉和融合，使城乡规划学科成长为独立于建筑学之外的成熟学科。其中在住房与社区建设规划教学方面的研究、实践和创新也形成完整的教学体系，非常值得国内大学借鉴。

参考文献：

[1] 赵万民，赵民，毛其智 . 关于“城乡规划学”作为一级学科建设的学术思考 [J]，城市规划，2010，6.

[2] 兰海笑 . 关注规划，从学科建设开始——中国城市规划学会秘书长石楠谈城乡规划学升级 [N]. 中国建设报 .2011-05-10.

[3] http://baike.baidu.com/link?url=mohCjsbiTPpX9D1VtK8To7L2Z1Eqg0OajPv0EHdRAGO5FLGWgSAxLv5FNdv5a7zbjXi14y5Q5rhrBhqfAN5ela#.

北漂一族的“蚁居”生活

林妍 刘沫

在2010年1月份举行的北京市海淀区第十四届人代会第五次会议上，海淀区区长林抚生在接受记者采访时表示，该区城乡接合部包括唐家岭在内的6个市级重点挂账村年内全面启动拆迁改造，同时，海淀区在2010年还将新建30万m^2公共租赁房，用于科技园区高科技人才的周转用房。

一石激起千层浪，唐家岭“蚁族”群体的生活现状成了人们纷纷关注的热点。随着廉租房政策的提出，解决留住北京的大学毕业生“蚁族”们的住房问题，即将从高效规划唐家岭村住房和管理系统开始。

日前，记者专程来到唐家岭“蚁族”聚集区进行了实地走访。

唐家岭：“蚁族”聚居的城中村

唐家岭村位于北京市区西北五环外的西北旺镇。唐家岭东邻昌平区的回龙观，西邻土井村，南邻后厂村、杨庄子、东北旺，北邻辛店村和昌平区的二拨子村，包含靠近航天城的邓庄子，属于比较典型的城乡接合部。

据唐家岭村委会副主任董建华介绍，随着上地附近的树村、马连洼、东北旺等城中村的改造和拆迁，唐家岭成了中关村软件园及上地信息产业基地周边最近的一个城中村。由于这里距离中关村、上地等企业密集区比较近、房租便宜，大量外地来京人员选择在此租住。几年间，唐家岭村从一个仅有不到 3000 人的小村子，逐步发展成现在拥有超过 5 万流动人口居住的“蚁族”聚居村。

记者了解到，在唐家岭租房价格通常在每月 350 元 ~700 元之间，20 平方米左右的单间，拥有独立的卫生间以及小厨房，正满足北漂一族初级阶段的居住需求。然而，由此也出现了违章建筑、交通拥堵、住房条件差以及管理不便等诸多问题，潜在的安全隐患亟待解决。

听到年内拆迁启动建设廉租房的消息，董建华谈道：“要让拥有 2800 口村民的村子去建 5 万人住的房子，还要管理，肯定管不过来，所以北京市政府要考虑投资建设廉租房。”他表示，对于村民违章建高楼，多占地，唐家岭村委会也曾多方努力，但由于村委会没有执法权也只能鞭长莫及，而廉租房一旦建成，国家管理一旦介入，很多问题和安全隐患就迎刃而解了。

记者走访了唐家岭村，村子全部面积有 5000 亩（≈ 333 万 m^2），但除去耕地面积，村民、外来人口的居住面积就并不宽裕了。在唐家岭村的主要街道上，记者发现这条承载着唐家岭 5 万“蚁族”上下班、进出村的主要交通要道，却只有两条机动车道，因此每天上下班高峰期，唐家岭村的交通状况都是“惨不忍睹”。董建华表示，造成交通拥堵的原因有三：一是路窄，二是有小摊贩占地，三是有黑出租乱开车。这样的交通现状，给居住在这里的居民带来很大不便不说，一旦出现危险情况，救护车救火车也很难开进村子。

走在唐家岭村的街道上，“出租房屋”的广告随处可见，记者随即敲开了一家门口贴有“出租房屋”牌子的房门，接待记者的是一位 40 多岁的女性村民。她介绍说，在唐家岭租房这一行很有市场，总有人前来寻租，房子基本上不会空。接着，她带着记者参观了位于 2 楼且为数不多的几间空房。记者看到，每间居室大概 15m^2，带有独立的卫生间和厨房，屋内还设有一张大床、一个柜子和一张桌子以及上网的接口，这样一间房子月租 500 元，算是比较便宜的。比这再便宜的房子也有，月租 300 元，但就没有独立的卫生间和厨房了，要几家共用。

村民自建出租房屋是唐家岭最显著的特点，董建华告诉记者，由于唐家岭村距离中关村、上地软件园区比较近，所以在那上班的大学毕业生们倾向于在唐家岭租房，因此就形成了巨大的市场，刺激了当地村民疯狂盖房。唐家岭村批建房屋是一层，而村民为了扩大收益，违章加盖了楼房，最高的甚至盖到了 7 层。平房的地基现在却承载 7 层的楼重，其危险性可想而知。“就是这巨大的租房市场，盖起了唐家岭的违章 7 层楼。”董建华略带无奈地告诉记者。

“大唐”人：酸甜苦辣讨生活

别看唐家岭只是北京城内一个小小的城中村，但在中关村高新技术产业园区的租客们心中，这里可是他们能在北京赖以生存的家。于是，这些租客们在网上都称自己为“大唐”人，并乐于把自己北漂生活的苦辣酸甜与他人分享。

“大唐”人选择在唐家岭租房，一是距上班地点较近；二是城中村的租金确实便宜；三是消费水平低，村里自产自销的菜价比城里便宜一半。正是这些有利条件，“蚁族”群体才会在这里聚集安家。“他们也不容易啊！有的大学刚毕业，工资每月才1000多元，甚至还有少数人没找着工作，他们也只能住在这儿了。当然，也有一些人工资比较高，月收入五六千元，可为了攒钱买房，还得住在这里。”提到租户的生存状况，董建华感慨道。

在网上，记者采访到了身为“大唐”人的齐女士，她很希望廉租房政策尽快实行，这样不仅可以改善居住环境，而且也可以规范房租和各项收费的管理。

在问及齐女士对唐家岭有哪些不满时，她就明确提出是村里收“水费”的方式。据齐女士介绍，唐家岭的水费是每人一个月10元，价钱倒是不贵，但是每天走在街上都会被强行拦住查水票的方式让她感觉没有尊严。一旦忘带水票，就会被强行再掏10元钱购买，就连亲戚朋友来了都不放过。对于水费的问题，记者询问了董建华，他告诉记者，由于村内设施不健全，没有水表，无法计算水费，所以只能用这种比较笨的办法征收。“这10元钱里不仅包括水费，还包括污水处理和卫生费”，董建华告诉记者，“以前单靠几个人挨家收取根本收不上来，后来村里就采取承包手段，组织卫生队收水费，当然卫生队平时也参与村里的治安巡逻”。由于卫生队的出现，村里的治安确实得到了好转，很多卖假证和租房不给钱的无赖分子都被迫离开。“但是就是收费态度不太好，等以后廉租房建成，有了水表，就不会再存在这种问题了。”董建华说道。

廉租房：只是帮“蚁族”安居？

在采访过程中，对于唐家岭拆建廉租房的政策，记者也听到了一些其他的声音。在唐家岭开店有3年的周老板告诉记者，自己的妻子和儿女都在湖北老家生活，自己白天开店卖小礼品，晚上就在店内搭床睡觉，每个月也能挣个2000块钱，一家人的日子也算过得去。记者一提到唐家岭面临拆建时，周老板面露了难色，“唐家岭一拆，我只能另找地方开店，店里现在这些货物又退不了，所以一旦拆迁，就很麻烦，新门脸不好找，货物不好处理”。在被问到等新小区建设好后还会否来开店时，周老板一脸迷茫，“走一步，看一步吧”。

租住在唐家岭多年的刘先生告诉记者：“唐家岭拆了重建，怎么也需要几年的时间，而在这期间又让我们这些收入还比较低的租客到哪里去住呢？还不是继续向其他城中村扩张，进驻第二个、第三个唐家岭村？到时候这里的楼房建好了，条件变好了，房价肯定会高，又有谁会回来住呢？我们要是租得起楼房，也就不会在这住了，那些房最后还是被有钱人买走。”

对于这个问题，董建华告诉记者：“原租户不用担心没地方住，这次的就地改造，不是在目前的宅基地上改造，而是国家在本村的范围内再另批一块建筑用地，用来盖廉租房。等廉租房投入使用了，这块地再拆建。”这样就又给了“大唐”人几年的缓冲时间。董建华还表示，新建的廉租房要安全舒适，但不奢华，毕竟是廉租房，不可能过于豪华。据董建华估计，“新建的廉租房，每月的租金应该不会高于800元”。

所谓“蚁族”，并不是字面上的一种昆虫族群，而是“80后”一个鲜为人知的庞大群体——“大学毕业生低收入聚居群体”，指的是毕业后无法找到工作或工作收入很低而聚居在城乡接合部的大学生。“蚁族”，是对“大学毕业生低收入聚居群体”的典型概括。他们是有如蚂蚁般的“弱小者”，他们是鲜为人知的庞大群体。

从“蚁族”的定义可以看出，“低收入”和“聚居”成了核心概念，而真正造成“蚁族”现象的根本原因还是收入问题和就业问题，新的廉租房政策确实可以改善“蚁族”的居住情况，让他们的生活质量显著提高，让他们能够居住在建造合法、安全保障、管理制度化的新廉租房里，但是却依然没有改变和解决“低收入”和“聚居”这两个造成“蚁族”群体产生的核心问题。廉租房并没有把“蚁族”们拯救出巢穴，而是给他们装修了一下巢穴，然而摆在“蚁族”们面前的，依然只有廉租一条路，依然只有聚居一条路，“蚁族”的身份不会改变。一次廉租房政策总归是改变的开始，是一次前进的尝试，但是要让整个“蚁族”真正融入这座城市，政府要做的事情真的还有很多。

原载于：《中国经济导报》，2010年3月11日

第二章
调查与研究

改革开放以来，随着住宅建设量逐年攀升，住宅建设规模不断扩大，居住品质得到明显改善，但随之而来，新的需求不断产生，从而也带来新的矛盾和问题。发现问题，分析问题，是所有研究工作的基础，才会使研究工作具有强烈的针对性和现实意义，才能切实解决问题，对住宅的调查研究有赖于广大研究人员对住宅建设和发展问题的反复分析与实践。本篇主要从历次重大的住宅调查与研究来讲述我国住宅发展实践方面所做的工作和取得的成果。

从1958年开始，研究人员对民居展开调查，这也是住宅研究的开端。他们根据调研成果撰写了《中国传统住宅概论》、《浙江民居》、《建筑设计资料集》（三）（古建筑、民居部分）等书籍，并组织编制了国家标准图集《徽州民居》和8册小城镇住宅设计国标图集。此外，中国建筑工业出版社还曾组织高等院校和专家出版过民居学术专集，系列地介绍了我国地方民居和少数民族地区的民居。

当代居住实态调查是通过开放式、半开放式、封闭式调查问卷的形式，对居住者、规划设计者和建造者等相关人群进行调查，了解他们的显在要求，挖掘他们的潜在需求，这是调查研究最直接有效和经常采取的手段之一。通过这种方式，分析当前居住生活方式与建筑空间关系，总结各地区居住的共性和差异以及未来住宅发展的方向。

以下的多篇文章涵盖了改革开放以后、住宅最快速发展时期的几次调查研究，从住宅的普遍实态调查到针对某项住宅建造技术的专项调查，从普通住宅到特殊人群住宅的调查研究以及近几年的保障性住房调查研究均有涉及。

住宅建筑功能和质量综合大调查

1985~1988 年，改善城市住宅建筑功能和质量研究课题在全国进行了 4000 户住宅综合性大型调查。这项调查由全国 13 个科研、高校和设计单位合作进行。

该调查选择了 1980 年以来新建的具有一定代表性的居住区和住宅类型，遍布全国 21 个省市，共 4003 户。调查对象套均建筑面积 50.76m^2，户均人口 3.95 人，是当时设定的小康之家的典型居住水平。

现状调查分析是整个项目研究的基础，调查项目共有 927 个，包含了各分项需要调查的内容。调查对象为 21 个省、市、自治区的部分地区自 1980 年以来的新建住户，包括了工矿企业人员（44%），文教、科、卫、休、知识分子（33%），商业人员（13%），干部（3%）及其他人员（7%）。共调查 4155 例，其中 4033 例进行了计算机数据处理。在调查分析基础上对居住行为模式（包括居住行为与住宅功能、家庭人口结构的现状与未来、家庭居住形态、家庭居住模式）、住宅内外环境质量（包括建筑物理环境、社会心理环境）、居住空间组合模式（包括空间功能层次、空间功能重叠、空间功能分室、空间的动态变化）等方面又进行了研究分析，并拟定了中国城市住宅生理分室标准建议方案、中国城市住宅发展中的分室标准建议方案以及我国城市住宅五阶段面积发展规模设想表，以探讨改善城市住宅功能与质量的发展趋势。调查结果在 1988 年公布，提出了“城市住宅功能质量现状调查与发展预测”报告。

一、家庭人口构成与户型将趋于减小并向核心户集中

家庭人口及其构成（即家庭规模及类型）的现状和发展趋势是研究住宅功能与质量的最基本的依据之一。课题当时的调查数据显示：住宅中三至四口的家庭占63.26%，三至五口的家庭占81.93%。而且从动态的发展趋势预测，家庭人口数的发展将进一步集中于三至五口，同时核心户和夫妻户的家庭类型已高达60%~82%。因此，可以得出结论：一是我国家庭平均人口数趋向于减少，二是家庭人口分布更加趋向于集中，即家庭规模逐渐缩小，家庭类型中核心户有进一步增加的趋势。

二、住宅套型设计与空间组合将是以大厅、小卧室为主的多种组合方式

人们的行为模式、生活方式的需求对住宅套型设计、内部空间组织及分间方式起着关键作用。从业余实践活动与爱好的内容调查看，居民把看电视、看报读书和听音乐作为主要内容（占61.6%、55.2%及31.7%）；住户对会客、用餐、工作学习等活动所在房间及地点的意愿反映是，会客地点主要希望在起居室（48.1%）和方厅（40.7%），用餐地点在方厅（46.2%）和厨房（33.7%），也有近1/5居民愿在起居室，工作与学习地点如有专用房间最为理想（50.8%），其次是与卧室结合（30.3%）。对套内设置间数以及对卧室、方厅、起居室分间方式的意愿，有50%的居民希望有3个居住空间，有2/3以上（71.7%）的住户希望是小卧室的分间方式，不到1/3（28.9%）的住户仍选择大卧室、小方厅的分间方式。总之，从调查中的居住行为模式来看，家庭团聚、会客交往等起居活动日益受到重视，视听要求、学习工作要求等也已成为家庭业余活动的重要内容，这些活动中的前者需要较大的空间，而后者又需要分隔开的小空间。但由于还受到面积标准的限制和地区条件的影响，未能达到套内有3个居住活动空间，只能做到“食寝分离”，尚未达到“居寝分离”。因此小方厅室的套型设计今后仍将占一定比例。此外，在套内面积分配方面，还应满足居民对适当加大厨房和卫生间、减小卧室面积的要求，同时还应从提高使用面积、便于灵活布局考虑。

三、住宅的分室标准将逐步实现生理分室和功能分室的前期标准

居住行为和现代家庭生活方式，对住宅的套内分室提出了基本要求。结合我国经济发展情况，

参照国外相应的前期标准，预计城市住宅在生理分室方面将分段逐步实现“主卧室就寝”、“复数就寝”、“性别分寝”和“个室确保”的标准，预计至2000年，12~14岁子女应实现“性别分寝”，18岁以上子女应得到“个室确保”。

住宅的功能分室将改变卧室与起居、睡眠与进餐等使用上的矛盾，通过面积标准的提高和居住空间的增多，逐步做到食寝分离、居寝分离和公私活动区的分隔。

四、室内小气候等微观环境与室外环境及活动场地的改善应得到充分重视

居民对住宅内的保温、隔热、室内噪声背景以及楼面的隔声等方面都提出了一定的要求，对室外儿童游乐、青年交往、老人休息等场地和设施也普遍感到不满。特别是家庭中已离退休的老成员和独生子女，具有突出的“孤独感”，因此对室外环境功能除满足生理功能外，将同时重视心理功能的要求。

五、住宅内家具、设施与设备向多功能、系列、配套方向发展

从调查中发现，目前住宅家具占地面系数普遍偏高（40%~45%），家用电器在家庭中又有迅速增长的趋势，因此，在有限的套内使用面积中，应结合住宅建筑模数参数，发展组合家具及充分利用空间的固定家具。厨房与卫生间已成为住宅的核心部位，需要积极改善他们的卫生条件。厨房内设施应根据炊事操作流程，研究系列配套的家居设施。卫生间内三件设施要逐步普及，坐式便器逐渐代替蹲式便器，由于经济水平所限，洗浴应采用较小尺度的浴盆或淋浴设施。厨、卫内的排烟通风已成为居民评价最差的项目，因此要研究高效能的排气设备。根据住宅商品化的进程，住宅的内部装修和设备，有可能分成不同商品体系，将在主体结构完成后，根据居民意愿分体安装。

六、住宅的类型将出现多样化，住宅的标准将向多层次发展

调查报告指出，1965~1975年是我国人口出生的高峰期，相应地，近年将出现结婚的高峰期。

在城市人口老龄化方面，上海已进入老年型社会，预计北京1990年也将进入老年型社会。因而，在城市人口构成方面将引起较大变化。在有关小辈与长辈分合住意愿的调查中，分合意愿接近1：1，但具体深入调查时，意愿两代合住户也要求能进一步在居住空间上“分得开”或“就近便于照顾”。因此，青年夫妇公寓、老人公寓和“两代居”住宅类型将有必要建造。此外，能满足具有经营要求或生理残疾等不同居住对象的“前店后房”、“下店上房”的铺面住宅、无障碍住宅等多样化的住宅类型也将会出现。同时，结合住房体制和住房商品化的推行，也将出现满足不同层次、不同经济条件的住宅标准。

原载于：《住宅科技》，参考并节选部分文章.2008年12月，中国建筑工业出版社

居住生活实态与室内空间环境——实态调查综合分析

赵冠谦

居住生活实态是居民在住宅室内空间环境中生活行为方式的实际反映。居民生活方式与居住空间环境有着密切关系。居住生活方式脱离不开人生活的室内空间环境的影响，即受空间环境的制约，人的居住生活方式又对空间环境提出不同要求，乃至能动地改造和创造空间环境。因此，如要塑造良好、舒适、方便的空间环境，首先应对居住生活实态进行调查和研究。

居住生活实态调查是通过分析居住生活方式与建筑空间的关系，掌握居住者的各种要求——暴露的明显要求和隐藏的潜伏要求——的调查。居住生活实态调查是为综合分析住宅室内空间环境与人在住宅内的生活方式，以及它们之间相适应的关系而进行的包括问卷调查、访问，实测平面图、展开图、家具布置图，摄像收集资料等一系列活动。通过调查可以充分掌握居住者意愿的和实际的居住状况。其特点是进行详细的访问调查和记录实物布置，其成果不仅是经过统计处理后得到的图表与分析，还包括平面图、家具布置图和由调查人员填写的评价等资料，这样就把难以用统计数字表述的"实际见识"得以直观地、视觉化地表达出来。为此，我们在"中国城市小康住宅研究"项目中进行了居住生活实态调查，并得到一些认识，用以改进居住室内空间环境设计，满足居民日益增长的物质与精神生活方式的要求。

一、背景——基本情况

1．调查时间：1990 年至 1993 年。

2．调查城市：深圳、广州、上海、南京、西安、重庆、北京、抚顺、哈尔滨等九市。

3．调查户数：现场调查共 752 户，其中经数据处理的为 483 户，即除北京 80 户外，其他八市各 50 或 51 户。

4．调查住宅的建造年代：为 1982 年以后建造，不少是 1990~1991 年建成。

5．调查住宅的户规模：平均为 3.5 人，北京为 3.7 人，上海为 3.3 人，其余为 3.4~3.6 人。

6．调查对象产生的职业：干部占 44.7%，技术人员占 29.2%，工人占 14.4%，其他为 21.7%。

7．调查对象户主的学历：大专以上为 61.7%，高中为 23.1%，初中为 11.2%，小学为 4.0%。

8．调查对象的家庭月收入：平均为 691.2 元；北京最低，为 430.2 元；深圳最高，为 1528.6 元；其他城市为 600 元左右。

9．调查住宅的使用面积：平均套使用面积为 49.4m^2；深圳最高，达 60.0 m^2；上海最低，为 44.0m^2。

10．调查住宅的人均使用面积：人均使用面积为 14.8m^2；深圳最高，达 17.6m^2；北京、重庆、上海较低，各为 12.2m^2、13.5m^2 和 13.6m^2。

从上述情况可以看出，由于调查的住宅是近几年建成的，每套住宅面积高于国家控制的标准，调查户主绝大多数为干部和技术人员，学历在高中以上的近 85%，因而可以说调查的居住生活实态与住户的意愿表述水平是较高的，可供我们对小康居住水平的预测和进行小康住宅设计时参考。

二、实态——居住生活方式与室内空间

1．家庭公共活动与起居空间

1）家庭公共活动内容增多，需要有一个专用空间——起居室（厅）

（1）晚饭后家庭团聚频率每周 3 次以上的达 78.5%，1~2 次的达 18.1%，总和为 96.6%。在起居室（厅）内进行团聚活动的达 65.6%，其中深圳与广州分别高达 100% 和 98.2%（图 1）。

（2）亲友来访频率每周 1 次以上和每月 1~2 次各为 40.5% 和 50.1%。在起居室（厅）内会客的占 72.3%（图 2）。

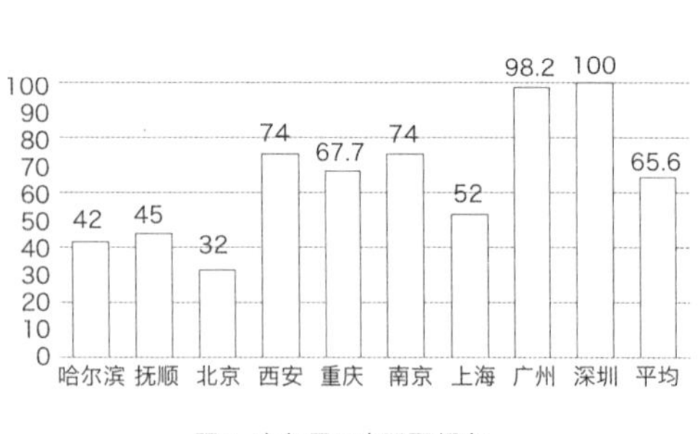

图 1. 在起居厅内团聚频率

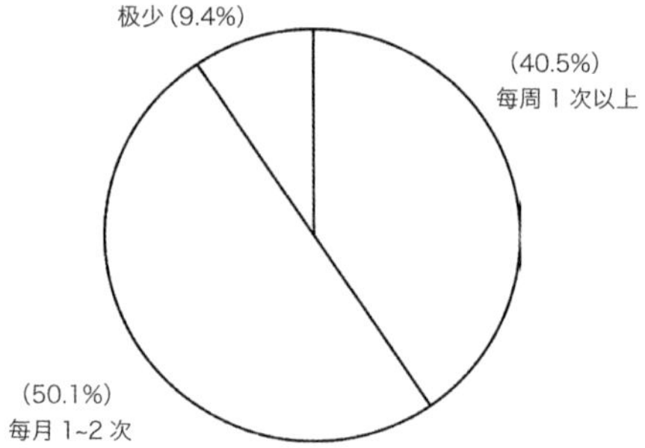

极少 (9.4%)

(40.5%)
每周 1 次以上

(50.1%)
每月 1~2 次

图 2. 亲友来访频率

（3）全家用餐行为要求有一个相当面积的空间，在起居室（厅）进餐的已达 25.8%，同时，在 15m² 以上的起居室（厅）内进餐的为 47.1%，而在 12.5m² 以下的起居室（厅）内进餐的则为 31.9%。

（4）不同类别的娱乐活动的需要，诸如看电视、听音乐、打牌、跳舞或举行聚会。

上述不同公共活动表明，家庭团聚和亲友来访是家庭人际交往的主流，也是家庭公共活动的主要内容。

2）起居室（厅）面积实态

起居空间面积小于 12.5 m² 为最多，占 45.7%，12.5m² ～ 15 m² 的也占 24.8%，15m² ～ 17.5m² 和大于 17.5 m² 的各为 13.3% 和 16.2%。各地起居室（厅）的面积也不同，广州大于 15m² 的厅占其总数的 82.4%，而北京小于 15 m² 的厅占其总数的 91.9%。由上可见，大的起居空间为数尚不算多，但是，南方住宅设计重视公共活动空间，并提供了较大的面积。

3）人均使用面积数、套均使用面积数与起居室（厅）

当人均使用面积为 10 m² 时，厅与主卧室面积之比小于 0.6 的占 42.1%；而当人均使用面积达 18m² 时，厅与主卧室面积之比大于 1.3 的达 40.5%；当套均使用面积为 35 m² 时，厅与主卧室面积之比小于 0.6 的占 55.2%；而当套均使用面积大于 60m² 时，厅与主卧室面积之比大于 1.3 的达 62.5%，显然人均和套均使用面积直接影响大厅实现的可能性。

4）起居室（厅）内仍有一些静态活动

一些套型由于受到面积较小和户规模较大的限制，不可能专设起居室（厅），因而少数厅内仍有工作学习（占 24.8%）和单人睡眠的行为，它们与公共活动共存是不相宜的。

5）起居室（厅）是一个家庭修养与富有的表达场所

不少家庭的起居室（厅），如进行墙面、地面装修，做了吊顶，购买了高档家具，布置了各种陈设与壁挂以及进行了绿化。

2. 家庭私密活动与卧室空间

1）卧室内除睡眠外的静态、私密和家务行为

（1）工作学习行为在主、次卧室内进行的分别达 60.6% 和 29.2%。

（2）缝纫与熨衣行为在卧室内进行的各为 83.2% 和 51.3%。

（3）主卧室内进行化妆行为的占 49.9%。

2）卧室内的公共活动

（1）会客和团聚行为在卧室内进行的分别占到 25.4% 和 33.8%。

（2）进餐行为在卧室内进行的为 9.8%。

这些现象表明，家庭公共活动在卧室内进行虽为少数，但是做到彻底的食寝分离和居寝分离是很不容易的。

3）卧室面积实态

主卧室面积为 14m^2 以上和 12.5m^2 ～ 14m^2 的各占 29.6% 和 22.2%，次卧室面积为 11.5m^2 以上和 11 m^2 ～ 11.5m^2 的各占 32 .9% 和 17.7%。上述现象表明，在面积标准不高的条件下，主、次卧室面积显得较大，因而影响起居室（厅）的实现。

4）卧室空间利用

为了在套型内有一个独立的公共空间，有的家庭将两人睡眠挤在一个次卧室内，或为了卧室内有足够空间进行工作学习等活动，有的家庭布置了双层床或搭了阁楼。

5）卧室内装修

为了增加卧室的美观与舒适度，进行了后装修，如增添高档家具、布置陈设、进行绿化等。

3. 炊事、进餐与厨房空间

一般厨房内均进行洗、切、烹等炊事活动，布置有洗涤池、操作台、灶台及炊具、餐具柜。有的厨房放进了餐桌，增加了进餐活动，有的家庭冰箱也进入了厨房，说明厨房正向文明、卫生、合理过渡。

1）厨房面积实态

厨房面积平均为 4.58 m^2，其中 3.6m^2 ～ 4.0m^2 和 4.1m^2 ～ 4.5m^2 的各为 16.6% 和 16.8%，4.6m^2 ～ 6.0 m^2 和 6.0 m^2 以上的各为 30% 和 13%，小于 3.5m^2 的尚有 23.6%。不同城市厨房面积也有差别，哈尔滨、西安厨房面积 4.6m^2 以上的各占 74% 和 71.7%，4.0m^2 以下的只占 8% 和 20.3%，而广州市厨房面积

4.5 m² 以下的占 66.7%，4.6m² 的仅占 33.3%，其原因为：哈尔滨、西安厨房大是因不少为餐室厨房，而广州设了专用餐室或在起居厅内进餐，因而厨房不大（图 3）。

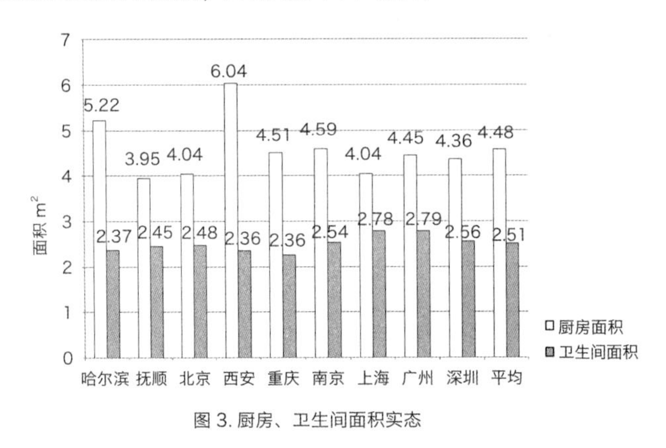

图 3. 厨房、卫生间面积实态

2）餐室厨房（DK 型）的条件

（1）面积为 4.6m² ～ 6.0 m² 的厨房进餐率达 31.3%，6.1 m² 以上的厨房进餐率达 34.4%，而 4.1m² ～ 4.5 m² 的厨房进餐率仅 15.6%，这说明面积是餐室厨房的重要条件。

（2）安排排油烟机及具良好的装修与齐全的设备是另一个条件。各地厨房内装排油烟机普及率为 79.1%，而 DK 型厨房内装排油烟机率则更要高些，占 82.8%。

（3）烹调行为分离在另一空间是第三个条件，一般在厨房外侧的服务阳台进行。

据调查，35.8% 的住户认为餐室厨房最重要的条件是一定的面积加设置排油烟机，33.4% 的住户认为将灶台移出厨房，14.5% 的住户认为必须具备相当的面积（图 4）。

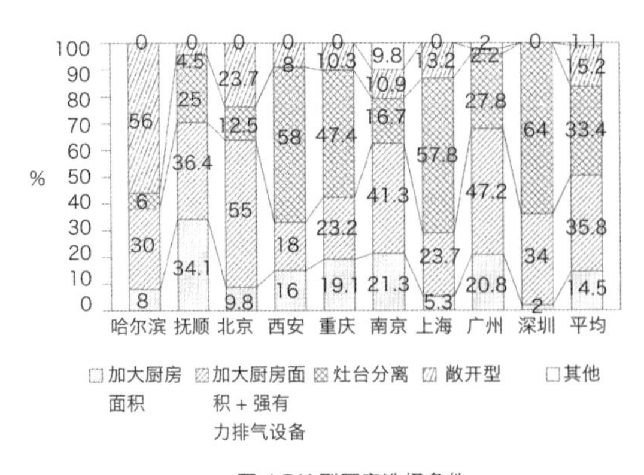

图 4.DK 型厨房选择条件

3）厨房内虽进行了装修与设备改善，但由于没有考虑管道综合集中，因而缺乏秩序感。

4）已有开敞厨房即起居、进餐与炊事（LDK 型）集中在一个空间内布置的动向与尝试。调查中有 15.2% 家庭意愿 LDK 型厨房。

5）厨房内尚有炊事以外的行为实态，如洗漱行为在厨房内进行达 31.9%，洗脚行为在厨房内进行达 16.4%。

4. 个人卫生行为与卫生间空间

1) 居民对卫生间组合意愿的调查表明，将便溺、盥洗、洗浴、洗衣合为一间的占 16.1%，将便溺、洗浴与盥洗、洗涤分为两个空间的占 31.0%，将洗涤分出，其他三项行为合在一间的占 18.8%，将便溺分出，其他三项行为合在一间的占 34.1%（图 5）。

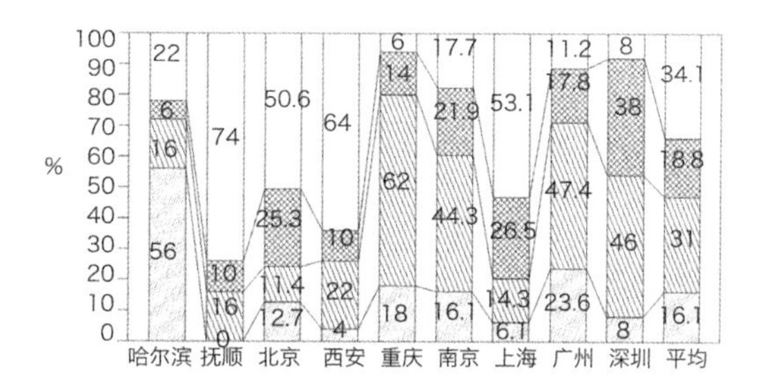

图 5. 卫生间分隔选择

2）洗浴方式实态和洗浴频率

（1）洗浴方式实态：淋浴为 71.8%，盆浴为 11.4%，淋浴与盆浴并兼的达 13.7%。

（2）洗浴频率：夏季每日 1 次以上平均为 81.2%，其中广州、深圳均为 100%，南京、重庆也在 90% 以上，而哈尔滨仅为 18%；冬季每日 1 次以上为 18%，每周 2 ～ 6 次为 31.7%，每周 1 次为 36.9%，其中深圳、广州每日 1 次分别为 96% 和 49%，而哈尔滨、抚顺则为 0。

洗浴实态表明，南方不管冬夏，洗浴频率均高，北方夏天洗浴频率本来就不高，冬季则更少。哈尔滨浴盆内经常放置杂物，说明浴盆用处不大。

3）卫生间面积和卫生行为

卫生间平均面积为 $2.51m^2$（图 3）。

（1）当卫生间面积为 $3m^2$ 时，洗浴、便溺和盥洗行为在卫生间内进行的达 77.6%。

（2）当卫生间面积为 $4m^2$ 时，洗浴、便溺、盥洗及洗衣行为均在卫生间内进行的达 71.1%。

（3）化妆行为因受面积限制，在卫生间内进行的只占 31.5%。

4）自装淋浴器情况

平均占 61.4%，其中广州、深圳分别 78.4% 和 74%，西安与哈尔滨较低，分别为 36.4% 和 38%。

5）卫生间内设备、管理、通风等情况

（1）设备齐全的有 3 件，但仍有仅蹲便器 1 件的。

（2）有洗浴行为的设了热水器和排气扇（为了安全，热水器多设在厨房内）。

（3）管道仍不理想，布置凌乱，影响卫生与观瞻。

（4）洗衣机成了卫生间内最难安置的问题，有的放卧室内，有的放在厅内，有的放在厨房等，往往是哪里有空处就放在哪里，使用很不方便。

（5）装饰主要是为了改善卫生条件，有的在浴盆前安置了压花玻璃推拉隔断或塑料帘子，即可遮挡视线，又可阻挡水溅。有的卫生间内浴盆上部设了晾衣竿。

5. 换鞋更衣行为与入室过渡空间

1）入户换鞋频率为 90.6%，有入户换鞋意愿的为 94.2%。（图 6、图 7）

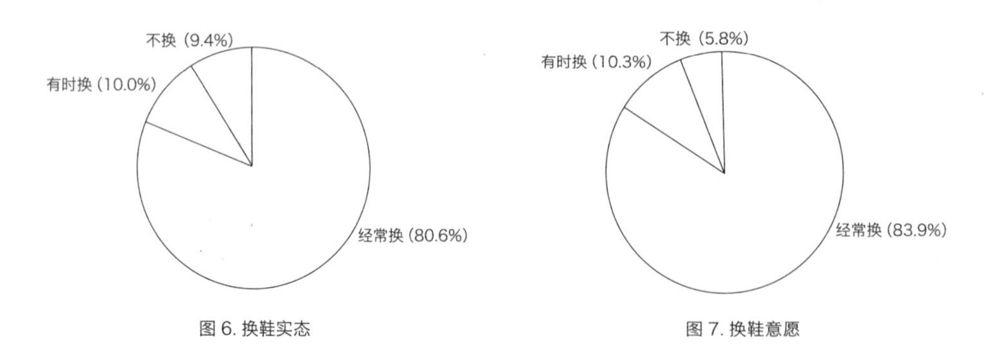

图 6. 换鞋实态　　图 7. 换鞋意愿

2）入户设换衣柜实态为 7.2%，其中哈尔滨市达 64%，而广州、深圳、重庆各为 1.8%、6% 和 6.2%。

3）入户设鞋架实态为 60.9%，其中抚顺为 90.2%，哈尔滨市为 78%，而广州为 29%，其他六市为 50% ～ 70%。（图 8）

6. 户外活动与阳台

1）阳台为家庭户外活动即眺望、健身、栽花、养鸟、休息活动最近的地方，但实态表明，这

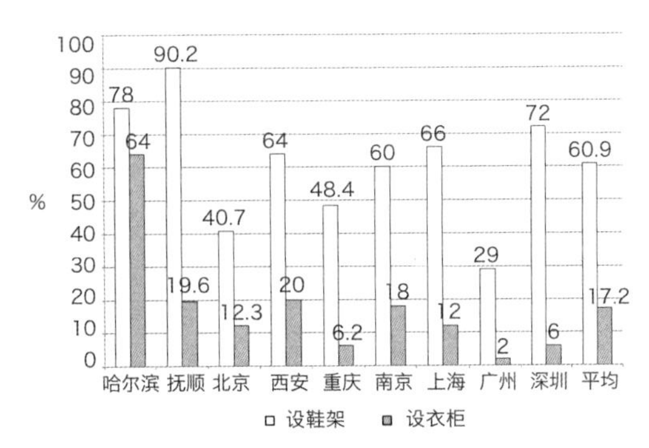

图 8. 入户设鞋架与衣柜实态

些活动在阳台内进行并不多，而阳台往往被其他行为所占用，其中堆积杂物为最多，其次为晾衣，还有少量用作书房，扩充为起居厅的一部分或作为厨房炊事点、单人卧室以及洗涤等用地。

2）一些阳台做了后加工，如设窗以封闭阳台，做了墙面、地面的装修。

7. 贮物行为与贮藏空间

实态表明，物品一般贮藏在壁柜、吊柜以及贮藏间内，但由于贮藏空间不足，中国家庭物品又过多，不少家庭将阳台作为贮藏空间，有的家庭将物品直接放在卧室内，有的则干脆放置在楼梯间，影响交通安全。

8. 购大宗物品（家具、家用电器）及改造住宅费用

1）尽管各个家庭收入不同，但均反映出对购买大宗物品有较大兴趣，月收入在 700 元以下的家庭，购物费为 2000 ～ 4000 元 / 年，月收入在 700 元以上的家庭，购物费用增至 6240 元，平均为月收入的 6.3 倍。

2）改造费用平均每家为 5139 元，其中深圳最高为 15936.6 元，其次，上海、广州各为 6752.2 元和 5027.7 元，南京为 3406.9 元，其他城市（除北京外）在 2000 元以上（图 9）。

改造项目平均为 9.8 项，南京最多，为 14.1 项，北京最少，为 5.1 项（图 10）。

上述实态表明，住户舍得为住宅花钱，尤其是分到新房以后，在购买家具、装修房屋等方面普遍表现敢于出手，这种倾向是今后住宅产品开发的有利因素。

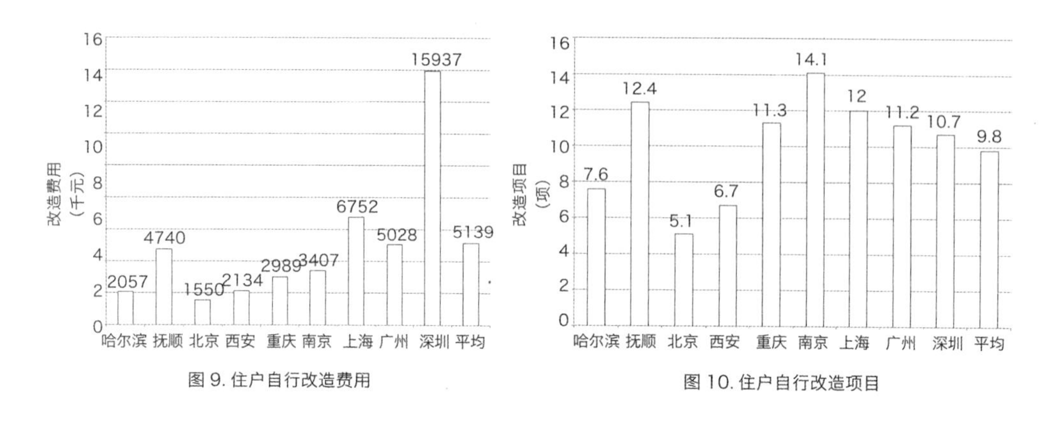

图 9. 住户自行改造费用

图 10. 住户自行改造项目

三、启示——室内空间环境设计要点

1. 生活实态反映了地区性的差异。由于经济条件、气候条件与风俗习惯等的不同，因而生活方式各异，住宅设计必须考虑这些因素，经济发达的南方比北方更易接受“大厅小卧”的套型；南方起居空间多为开敞，而北方又偏于封闭；北方比南方更为需要入宅换鞋与更衣空间；南方又比北方更为迫切卫生间洗浴设施，并更习惯采用淋浴方式；南方比北方更易接受餐厨型厨房乃至起居、进餐、厨房合一的形式；北方对贮藏空间的重视程度更甚于南方；住宅改造项目和购买大宗物品费用，南方多于北方等等。

2. 由于物质文明、生活水平的提高，入户换鞋更衣行为已逐渐成为居民生活习惯，因此有必要设置一个具有换鞋、更衣设施的入户过渡空间。

3. 随着业余生活的多样化，家庭团聚、亲友来访、视听等活动愈来愈成为家庭生活的重要内容，一个公共活动空间的存在十分必要，而且要求具有足够的面积。很多家庭对生活的这个空间进行重点打扮，希望它成为主人自我表现的场所。但是，起居室（厅）的实现受着面积标准、套内房间数等因素限制，显然人均面积小、套内房间数少的住宅套型尚难做到“公私”活动的分离，如果强求，也是不现实的。

4. 厨房内能否进行进餐活动，与它面积大小、设备完善程度、卫生条件有着密切关系。一般讲，一家人在厨房内进餐具有既方便、又不污染其他空间的优点，但必须保证油烟排放与足够的面积（6 m^2 以上）。将烹调行为限制在较小空间内，与备餐、进餐活动适当分离，可能成为中国餐室厨房的特有形式。

5. 个人卫生活动包括洗浴、便溺、盥浴、洗衣四项内容，同在一个空间进行会受到相互干扰和空间不能充分利用。理想的分隔方式是将洗浴、便溺与盥浴、洗衣分隔成三个封闭空间，这需要较大面积（$4m^2$ ～ $5 m^2$），如将便溺与盥洗、洗浴、洗衣分成两个封闭空间（$3.5m^2$ ～ $4 m^2$），也能较好满足卫生行为要求。目前常见的是将洗浴、便溺和盥洗、洗衣分隔成一个封闭和一个开敞空间（$3m^2$ ～ $3.5m^2$），这是既少占面积，又可同时进行三项卫生活动的布置方式，比较经济实惠。此外，由于集中供应热水的条件尚不成熟，目前淋浴仍是大多数家庭采用的洗浴方式，由此，热水器进入家庭给厨、卫布置带来了新的问题，必须引起重视。

6. 冰箱、洗衣机仍是当前没有获得合适位置的家用电器。冰箱常被视作高级装饰品而放在起居厅里，大部分放在方厅靠近厨房处，只有少数才进入了厨房。洗衣机放进卫生间里的也不多，一是受面积所限，也有担心受潮生锈，不少放在方厅、起居厅甚至卧室，合理的位置是卫生间的前室。

7. 贮物行为各家各样，难以统一，要解决贮物问题，首先住户要改变消费观念，舍得抛弃无用之物，其次在阳台和楼梯间内应禁止堆积杂物。作为设计者，应精心设计贮物空间，避免简陋粗糙，要能使它真正起到贮物作用，而且方便实用。

8. 2000 年小康居住水平的达到并非易事。这次调查对象，我们有意选择了面积标准较高、户主文化修养较高的住宅，但从使用功能方面来看尚不能完全做到食寝分离、居寝分离和公私活动分离；从生理分室方面也难完全达到文明要求。因此，今后的住宅设计在强调功能完善、改进设备条件的同时，尚应精心设计，合理分配面积和分隔空间，有效利用时空。

原载于：《居住模式与跨世纪住宅设计》，中国建筑工业出版社，1995 年 8 月

老年社会与老年住宅

刘燕辉

国际上通常把60岁以上人口占总人口的比例达到10%或65岁以上人口占总人口的比例达到7%的人口称作“老年型”人口，把进入“老年型”人口的国家或地区称作“老年社会”。按照这一标准，我国已经步入到老年社会的行列。

我国不仅是头号人口大国，也是头号老年人口大国。目前60岁以上的老年人为1.29亿，占总人口的10.7%，到2025年65岁以上老年人将达到1.85亿，2050年65岁以上的老年人将达到2.84亿。我国现在的老年人口数是全世界老年人口的1/5。这一点，从一个侧面成为社会进步的标志，同时也成为社会发展的障碍。这是人类历史上从未经历过的社会现象，想要逾越这一障碍，也没有现成的经验可以照搬。1999年是国际老人年，主题是“建立不分年龄人人共享的社会”，可见全世界已经对老年社会给予了充分的关注。

随着社会的发展，人们在追求健康长寿的同时，更追求生活质量的提高，居住质量往往放在至关重要的地位。由于老年人对住宅的依赖程度和对住宅的要求远远大于年轻人，住宅及相应设施的设置对老年人尤为重要。随着年龄的增长，老年人行动能力逐步衰弱，在居住环境中通过适当的介助和设备设施的改善使老年人获得自立、自理的能力和信心，减少社会和家庭负担，有利发挥余热，从而达到延年益寿、身心健康的目的。

一、老年住宅是社会发展的产物

住宅是人类赖以生存的物质基础，老年住宅是社会发展的需要。每一个人都要进入老年期，关怀老年人的生活环境和住宅问题，也就是直接关心每个人的未来。

中国发展老年住宅是建立在改革开放取得巨大成就的基础之上，是社会进步的象征。首先是由于住宅建设得到了发展，人们的居住问题得到了空前的解决，从“有无”的困境中挣脱出来，才可能有条件考虑居住环境的改善；二是住房体制改革带来的契机，从福利分房到商品住宅的变革，使单调的居住模式发生了根本变化；三是市场的需求，随着住宅市场的发展与完善，老年人群体对老年住宅的需求增加，激活了住宅市场的一个层面，为发展我国的住宅产业注入了新的活力。

与世界其他国家相比，我国进入老龄化社会比较晚，但由于中国的特殊情况，老年住宅具有自己的特征：1. 老年人口绝对数字大，来势猛；2. 老年人专用设施差，空白多，亟待完善；3. 家庭养老模式的不适应和养老社会化趋势的逐步明朗化；4. 住宅建设是国民经济的增长点，全社会共同关心老年人住宅建设。基于以上特点，成为我国发展老年住宅的社会大背景。

目前我国老年人的居住形态可根据家庭结构分为独居型、与子女合住型、与亲友合住型几类。家庭结构的变化是决定老年人居住形态最基本的因素，由此，对老年人居住建筑的类型提出不同的要求。从社会发展趋势看，家庭呈小型化，并出现大量单亲家庭。特别是住房制度改革，使子女因无房与老年人合住的情况大大减少，传统的大家庭逐步解体，老年夫妇单独居住的情况在逐年增加，据上海的抽样调查显示：单独居住的老年人总数占全部老年人数的46.1%，对老年人的生活质量产生了极大的影响。

我国老年人大多重视家庭的价值，眷恋传统的家庭居住模式，对长期居住的环境和邻里关系有深厚的情感，不愿意轻易放弃原有的生活规律。因此，选择居家养老的人数占到77.65%，所以对现有住宅的利用与改造具有非常可观的前景。

老年人居家养老普遍感到孤独，担心受到社会的冷落，大多数老年人不只希望得到经济上的赡养、生活上的照料，更重要的是得到精神上的慰藉。这与缺乏应有的老年人设施和相应的服务机制有关，缺少增进老年人交往的条件。大多数老年人对是否与子女同住怀有矛盾的心理，一方面愿意享受天伦之乐，又害怕代沟所形成的隔阂和给子女带来麻烦。形成了分而不离的“近邻式”居住理念。

目前我国的老年人一般居住条件较差，特别是经济上不能自立的老年人居住条件更差，甚至有些老年人尚无固定的住所。就是居住条件较好的普通住宅，也很少为适应老年人的行为特征增设例如卫生间扶手、防滑地面、消除高差等设计和设备，造成生活的种种不便。

老年人生活的私密性得不到保障，因为居住条件限制，面积不足或难以分隔，使老年人生活的独立性较差，由于老年人与年轻人的生活节奏差异，相互干扰普遍存在。构成老年人居住条件欠佳的现状。

时代的发展，使老年住宅应运而生。这与发达国家在老年住宅发展方面具有相似之处，是住宅市场发展的产物，是社会老年化的产物。

二、老年人与老年住宅的特征

步入老年行列以后，人在心理和生理上随着年龄的增长而发生变化。首先是身体的变化，老年人身体尺寸变小，出现弯腰弓背现象，手臂伸不直；运动机能下降，关节活动范围变小，脚力、臂力、握力、腕力明显下降，机敏反应能力缺乏，持久力降低，骨骼脆弱，关节组织的弹性减弱。在感觉功能方面，对室温冷热变化的感觉不敏感；视觉衰退明显，在较暗的场所难以看清物体，对明暗度感觉能力下降，适应时间加长，花眼加重，水晶体散光，浑浊变黄，对色差的识别能力下降；听力明显下降，语言辨别能力降低；嗅觉、触觉和平衡感方面明显下降，表现迟钝。

心理上，老年人普遍留恋过去，在居住方面希望继续住在自己熟悉的地方，希望与自己经常接触的老同事、老朋友保持联系；适应新事物需要时间，思维的适应性和逻辑性减弱，辨别事物能力减弱，有时难以控制感情，通常只对身边的事物感兴趣。

老年人心理、生理特征是研究老年人居住建筑的依据和基础，根据老年人心理、生理特征有针对性地采取措施，在自立性、可变性、选择性、安全性、健康性和适用性等方面进行老年人住宅的设计，并注意根据不同年龄段的老年人分级采取措施。

人的老化是自然现象，养老问题也成为必然。老年问题关系到社会的发展和稳定，关系到每个人和每个家庭的幸福。老年问题是客观存在的，并不以你是否重视而改变。老年人不同于残疾人，身体机能的衰退有个渐变的过程。因此，老年住宅的基点不是把老年人作为负担去适应和迁就居住环境，也不是把老年人放在被动的位置，而是以一种向上的、积极的态度引导老年人潜能的发挥，通过加强和设置住宅的某些设施以激发老年人的生活情趣，最大限度地延长健康期，推迟护理期的到来，从根本上提高老年人的生活质量。

老年住宅应突出强调安全性、自立性、健康性、适用性，其核心内容是自立性。即以自立性为中心，在确保健康、安全的基础上为老年人提供适宜的居住环境。

1. 自立性、健康性

从低龄老人到高龄老人要经过一定的过渡时期，低龄老人与正常人的生活没有多少差别，有意识地提高老年人自立性，是使老年人更多地享受正常人生活的最好方式。自立性是建立在健康性和安全性的基础之上，应以科学的态度，避免由于盲目强调自立而发生不必要的危险。即便是在需要借助扶手、轮椅和护理人员的情况下，也给老年人自身留有一定自我服务的可能，使其在心理上获得自立的满足。

2. 老有所为，天伦之乐

老年人要做到“老有所为”，是积极养老最有效的方式，无论是对社会还是对家庭都能够发挥余热，有所作为是老年人生活乐趣和人生价值的体现。对老年人而言，享受天伦之乐是所向往的目标，与子女共同生活，培育第三代是生活的极大乐趣，特别是低龄老人往往不是被照顾的对象，反而是要花费心血和精力照顾孙辈，这是相当多家庭存在的现象，也是最具中国特色的现象，对老年人的身心健康产生积极的作用，成为主动养老的形式，对于类似家庭应充分考虑到老年人的生活规律和子女的不同需求，为老年人提供更舒适的生活空间，并给子女留有相应的余地。老年人应有相对独立的空间，并保证有较好的休息环境，是值得提倡的居住模式。

3. 提高自信程度

针对老年人心理、生理的变化，关键是提高老年人的自信程度。自信程度往往是老年人战胜自我、超越年龄、推迟养老期最有效的方式之一，也是老年住宅的关键所在。老年住宅的一切设备设施和空间设计都应围绕提高老年人自信程度为目标，即使对高龄老人、需要护理的老年人和借助轮椅的老年人也应该通过必要的措施使他们能主宰自己的一部分生活，使之生活得有尊严，这无疑是生活质量提高的重要方面。

4. 多元性与标准

老年住宅的主体是老年人，但老年人的生活不是孤立和隔绝的，特别是需要照顾的老年人，子女或护理人员与之生活在一起，这就提出了对于老年住宅要考虑到老年人需求的同时兼顾其他人的需求，即居住条件的多元性。既方便老年人生活又为子女和护理人员提供方便，而不可只注重老年人的特殊需求而忽视了与之共同生活在一起的其他人的需求。提供照顾老年人的方便条件是形成“久病床前有孝子”的因素，是促成“久安型”家居模式的因素之一。

老年住宅应有不同的标准档次，以体现地区差异、生活水平差异、经济发展差异、生活习惯差异。保证日常生活的安全性、满足健康性、注意舒适性。标准的确定是一个复杂的过程，关系到社会的、经济的、文化的、心理的、生理的各个方面。标准也是相对的，应根据不同地区和时期做出不同的调整和修编。

5. 可改造性

住宅作为人生始终伴随的场所，不同年龄阶段对住宅有不同的理解和需求。住宅商品化的实施使住宅的更换成为商业活动，对住宅的可改造性要求相对提高。日本等国提出了“百年住宅”、“长寿住宅”的概念，使住宅成为一种生长 的、具有活力的空间。针对老年人住宅的特点，满足 5 ～ 10 年改造一次的需求，主要是考虑到老年人几个关键期的需求，即步入老年行列后的退休、子女结婚（合住、分住）、孙辈出生、孙辈入学、老人生病、老人丧偶等的关键期。各个关键期对老年人的生活都会带来较大的影响，如果住宅功能及时适当地调整，就能极大地方便老年人的生活，带来积极的作用，因此住宅的可改造性是非常必要的。

住宅的潜伏设计是提高住宅可改造性的必要条件。所谓潜伏设计就是在最初的设计中为今后的改造留有空间和构造方面的充分余地。

三、老年住宅与老年产业

老年住宅的产生是社会发展的需要，是社会生活的需要，起源是在较早发达的欧美国家。由于当时这些国家的住宅相对过剩，针对市场的需求推出住宅的新鲜品种，满足积蓄较多的老年人购买住房的需求，促进了住宅产业的发展。而后，随着社会的发展成为社会福利的组成部分。很多国家都把发展老年人住宅作为社会福利，但随着老年人口的激增，使政府不能承受巨大的负担，能够享受到这种福利的人口比率很小。像日本这样经济较发达的国家也不能满足需求，申请具有福利性质的老年住宅的人数与获准的人数相差极大。

我国是发展中国家，经济基础薄弱，是“先老不富”或“先老后富”的典型，由国家拿出相当的资金发展老年住宅是不可能的。很多从事老年工作的同志抱怨老年工作难搞，老年事业难于发展，其实这是正常现象，就是福利较好的发达国家也存在同样的问题。如何处理这一难题，笔者认为应该转变观念，即把“老年事业”转变成“老年产业”，一字之差，却走出了新路。要看到老年市场的前景，看到我国在老年产业方面的空白，看到如今富起来的青壮年一代，再过 10 年、20 年他们的消费需求，这就构成了我国老年产业的前景。

老年住宅应该是住宅产业的重要组成部分，是住宅产业发展过程中的加油站。住宅是国民经济的增长点，住宅产业带动相关产业的发展，老年住宅同样可以带动老年产业的发展。

我国的住宅建设在走出了短缺阴影之后，出现商品房空置现象，很大的原因是住宅设计不符合市场需求，应该看到老年住宅的市场前景，在今天的住宅设计和建造时增加“长寿住宅”、“可发展住宅”、“通用住宅”的概念，使住宅的功能和性能都有进一步提高。把发展老年住宅提高到发展老年产业的高度,走市场化道路,使老年住宅的建设步入正确的轨道。老年住宅是一种年轻的产业。

四、发展我国的老年住宅

老年住宅是家庭供养型的老年居住建筑。家庭养老是最基本的养老方式，欧美、日本等发达国家的家庭养老比例达 90% ～ 95%。社会养老（养老院、护理院、老年公寓等）不足 10%。我国的家庭养老比例相对会更大（在相当长的时期内）。家庭养老符合我国国情，为大多数国人所接受，符合亲情关系。家庭养老具有以下特点：一般不离开家庭成员，不改变原来的居住地点的环境；由低龄老人逐渐过渡到高龄老人，有相对较长和稳定的居住期；与普通居住区和住宅没有明显的界线，与一般居民共同生活在一起，构成家庭养老的优势所在。

家庭养老不排斥社会养老，由于我国的老年人口基数大，社会养老不能容纳过多的人，因此，家庭养老从人数比例上仍占绝大多数。家庭人口结构呈 4:2:1 的现状，使家庭养老出现了严重的缺陷。伴随着现代社会的发展，养老模式向多极化发展，传统的家庭养老方式逐渐削弱，社会化养老服务迅速发展，这要求从事老年人居住建筑研究、设计、开发和管理的人员及早做好硬件和软件的准备，适应新型的养老形势。

1. 提高社区服务项目和水平，弥补家庭养老的不足。

家庭养老是老年人的经济保障或生活照料都是由家庭实现的。但由于政策性人口结构老化和社会经济的变革，家庭规模小型化，使家庭养老无论在经济支撑和生活照料上都大大地削弱了，青年人不堪重负。使家庭养老能够成为现实，就要在居住社区中构建符合中国国情的社区养老服务体系，成为家庭养老的必要补充和支柱。

应增设和完善社区的老年公共服务设施，包括：老年活动中心、托老所、医疗保健、老年咨询服务等。扩大和完善社区绿地和场所建设：设置室外健身、休闲、交往、娱乐的场地；增加绿地面积和功能。建立家政服务中心，兴办老年学校，开展生活服务，进行家务、购物、送餐、保健、陪伴等日常服务。

2. 加强对老年人住宅和相关建筑的研究，确保老年人的居住权益。使老年住宅具有多样性，适应不同家庭和老年人的需求。对“合住型”、“邻居型”、“分离型”的住宅不断完善，适应现代生活的节奏和特点。

3. 引导社会养老模式概念，发展社会养老事业。从破除传统观念入手，促进老年公寓、养老院、护理院、安怀院的发展，形成立体的养老网络体系。

面对人口老龄化的到来，将养老问题纳入到社会经济发展总体规划中考虑，在大力提倡家庭养老的同时，构建大众化的社会化养老体系，满足不同层次的老年人养老之需。加强对老年住宅的研究与实践，制定相应的法规与条例，使其健康有序发展。大力宣传老年社会的到来和发展老年住宅的意义，树立老年社会的全民意识。

原载于：《建筑学报》，2000 年第 8 期

老年居住生活实态与老年住宅发展预测
——我国老年居住实态调查综合分析

林建平　赵冠谦

一、调查基本情况

1. 被调查城市及户数

本次调查了北京、上海、天津、重庆、广州、南京、哈尔滨、郑州、太原、兰州、长沙及青岛共12个城市,绝大部分为直辖市和省会城市,居住水平应属较高者。共调查813户,其中老年户578户。

2. 被调查对象的年龄和离退休情况

年龄为55~75岁的占总数的85%，而离退休时间在5年以上的占59.1%，说明被调查人已有较长时间过着老年生活，有较多的老年生活经验。

3. 与老人同住人员结构及与子女住处距离

老人与配偶同住的为最多，占90.89%，又与儿子或女儿或第三代同住的各占39.29%，27.96%和23.77%，因此老人在心理上还不会有太多的孤独感。当老人与子女分居时，其与子女住处距离以步行20min以上为最多，占65.63%；而同楼、同层分住的较少，各占6.25%，互相照顾不太方便。

4. 老人外出时间

在4h以内的占54.12%；其次为4h~8h，占27.25%。外出时间较短或外出较少的原因有多种，有因住楼层较高但又无电梯，有因居住地绿地少、公共活动设施差等，从而使老人不愿外出。

二、实态调查简析

1. 对厨房卫生间的要求

由于在厨房卫生间内操作劳动强度大，设施众多，加之老人特殊的生理与健康状况，因此对厨卫设施提出了较高要求：有半数老人要求增设扶手与浴室暖气，这是为了安全与健康；有近40%的老人要求水龙头开放灵活；有近30%的老人要求增设浴缸和洗浴凳，这是为了操作方便和省力；有近6%的老人要求降低吊柜和操作台等，说明厨卫设施必须根据老人生理、心理特殊状况进行设计。

2. 对安全防范的要求

老人对安全防范的设施项目选择较多，如紧急呼叫、漏气报警、防盗、漏电保护等，这是由于老人体能、记忆、健康衰退而可能造成不安全因素所提出的，必须充分考虑。

3. 对业余爱好和喜爱场所的选择

老人的业余爱好具有广泛性，从调查项目选择中看，其爱好次序为看电视、阅读、宠物、花草、音乐、书画、聊天、运动、棋牌、旅行等，在设计老人住宅时要考虑适当扩大卧室，以能将电视、阅览、书画等活动集于一室。设置阳台也属必要，以能养植花草与户外健身，也可将文化活动中心靠近老人住宅设置，当这些爱好在住宅内得不到满足时，可就近至公共设施活动。老人喜爱的场所依次为公园、文化中心、运动场、商场、餐馆茶馆、老年大学等，多数选择公园和文化中心，这实际是要求创造适合老人健身和相互交往的良好的户外和户内活动场所，因此在规划时要重视室外公共空间和配套公共设施。

4. 对迁居条件的选择

其选择次序为环境优美、交通方便、购物方便、设施齐全、离子女近，其中首选为环境优美，也说明老人对室外居住环境的重视程度，希望达到满足心理与物质两方面的要求。

5. 对未来居住方式的选择

大部分老人愿意居住在普通住宅或与子女合住，这说明传统的家庭养老仍占主导地位。同时，由于老人对熟悉的居住区内的空间环境不愿舍弃，在那里有利于邻里交往，便于老人聚集、散步、交谈。

6. 对家庭服务的要求

这次调查反映出老人对社会服务诸如上门就诊、钟点工、购物送货、家庭保姆等的需要，特别是上门就诊，随着年龄的增长更具有依附性。

三、老人住宅建设预测

1. 老年住宅建设发展构想

随着社会的发展变化，经济的持续增长，人民生活的不断改善，老年住宅将随之更新变化，预计按近期、中期和远期三个阶段发展。

1）近期老年住宅建设。从我国国情出发，尊老爱幼的传统美德仍然使家庭养老占有重要地位，因此近期的老年住宅建设为：

（1）着重发展两代居，并以完全同居型、半同居型占主体，少量的是半邻居型及完全邻居型。

（2）对网络式家庭共居形式进行一些探索与尝试。

2）中期老年住宅建设。随着社会经济发展，人民生活水平提高，为老年人提供的社会服务将较为全面。同时，人口老龄化将更为突出、家庭小型化显著，传统家庭淡化，中期老年住宅建设将有所变化：

（1）更着重发展半同居型、半邻居型及完全邻居型，而完全同居型仅占极少数。

（2）网络式家庭共居形式将进一步推广，特别是同楼层近邻类型可着重发展，这将与社会服务的完善度发生直接关系。

3）远期老年住宅建设。由于人口进一步老化、家庭赡养超负荷、传统观念淡化等因素，老年人晚年生活可能由单纯依靠家庭转向依靠社会，因而远期老年住宅建设发展内容为：

（1）着重发展两代居的半邻居型及完全邻居型，而完全同居型与半同居型将变得更少。

（2）由于社会服务设施的完善与提高，网络式家庭共居形式将发展得更为全面，出现同楼层近邻与同社区近居等形式，从而构成新型的养老环境。

2. 设计符合老年人需要的居住空间

良好的老年住宅设计，其指导思想应以老人为本，考虑老人所具有的一些特殊需要与照顾，具体应反映在：

1）提供适宜的房间尺度。老年人行动偏于迟缓而不敏捷，设计老人居住空间不宜过分宽大，也不应太拥挤，使其在室内活动既方便，又不感逼迫，不因空旷而产生孤寂感，也不因窄小而使用不便。

2）争取独立的老人用房。老年人的心理和爱好与家庭其他成员有较大差异，老人在房间内时间又较长，因此，独立的并具有满足老年人日常行为的设施完善的房间是必不可少的。

3）老人室应有良好朝向，并附设独用卫生间。老年人需要阳光比其他人更为迫切，因为老人缺少高质量的日照，会造成老年性骨质疏松等疾病；同时，老人因行动不便，停留在房间内的可能性又大，因此老年人居室置于南向意义重大。此外，老人因生理衰退，小便频率增大，设置独用卫生间，或将居室靠近卫生间很有必要，在卫生间内还应设置必要的辅助设施，以利于老年人的安全使用。

4）有方便老年人行动的辅助设施。老人在蹲、卧、起、坐、行等一系列活动形式的转换中，需依靠辅助设施来完成，如在床边和走道、卫生间内等处老人经常活动的地方设置扶手，在房间和卫生间内设呼救装置都是行之有效的措施。

5）周到的室内细部处理。实现老人住宅内部细节的系统设计是全面提高老人住宅质量的一个重要方面，从地面材料的质感到色彩；从家具尺度到形式；从门宽度到材料；从内墙凸角处理方式到做法；从开窗面积、形式到日照强度的大小，都应仔细考虑。

3. 创造符合老年人心理特征的居住环境

老年人的心理行为特征，集中表现在起居时间、人际关系距离和活动空间范围等方面的变化。

1）起居时间的差异。老年人每天入睡时间比青壮年人约提前 2h~2.5h，而早晨老人又早起，或洗漱、进食早点，或外出晨练。而其他家庭成员晚间是团聚、交流信息、娱乐或工作，早晨又较晚起床，需要保持安静，因此仅就早晚起床与睡眠时间的差异，造成住户内部作息时间不完全重合，相错时段，相互干扰。为减少上述干扰，合理的设计应是：老人卧室与其他卧室和客厅保持一定的私密性；宜与厨房、卫生间靠近；卧室隔墙应有良好的隔声性能。

2）人际关系距离的变化。随着年龄增加，社会影响作用的不断变化以及生理机能的成熟、老化，家庭成员之间的亲密关系逐渐疏远，特别是老年夫妇之间，由于习惯、行动的灵活程度使得双方之间希望拉开一定距离而获得自由。但是另一方面，老人与其他家庭成员之间，特别对孙辈希望保持较密切关系，这样可以相互交流感情，相互照应，享受家庭生活乐趣，否则远离亲人，将造成老年人悲观失落的心理障碍。因此老人住宅设计除满足基本起居活动要求，提供与之相适应的空间之外，尚应具备老人与子女团聚的弹性空间。

3）活动空间范围。由于老人体能的衰退，其涉足城市的范围在缩小，距离在缩短，据调查，65 岁以上近 85% 的老人，最大活动范围不超过 300m，在建筑物内的老人活动范围也同样表现出这种现象，老人往往去邻室串门，而不愿去较远的活动室。而户外活动为散步、舞蹈、打拳、遛鸟、气功等的场所，老人常常选择的是离住所较近的院落空间、人行道旁，而不是远处的公共绿地。

从老年人的心理行为出发，小区内、建筑群体的适当部位，可以根据老年人的活动范围和活动性质，灵活组织分散的与社会活动内容融为一体的聚集场所，使老人自主选用，有条件时，还可在室内提供类似的功能空间，以能适应气候条件的变化。

四、老年人的居住生活实态调查统计图、表

1. 被调查人性别比例（%）

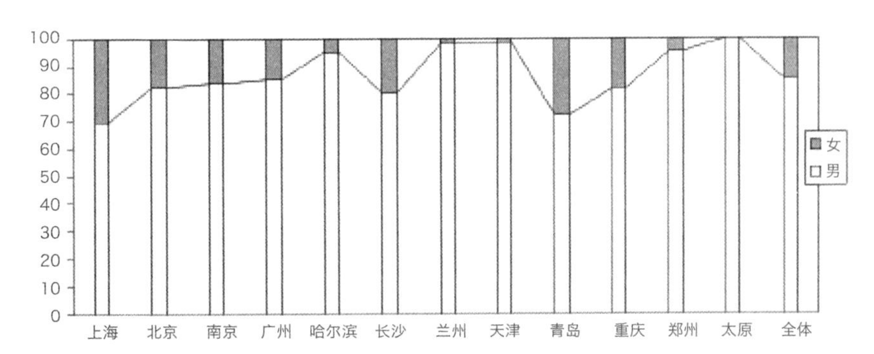

性别	上海	北京	南京	广州	哈尔滨	长沙	兰州	天津	青岛	重庆	郑州	太原	全体
男	69.81	82.43	83.75	84.91	95.00	80.00	98.00	98.65	72.07	81.69	95.12	100.00	85.20
女	30.19	17.57	16.25	15.09	5.00	20.00	2.00	1.35	27.93	18.31	4.88	0.00	14.80

2. 被调查对象的年龄（%）

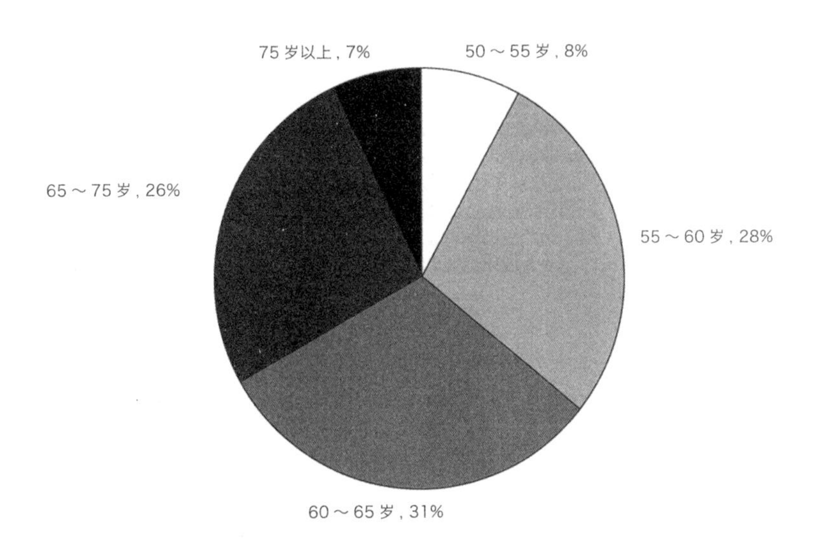

3. 被调查对象的离退休时间（%）

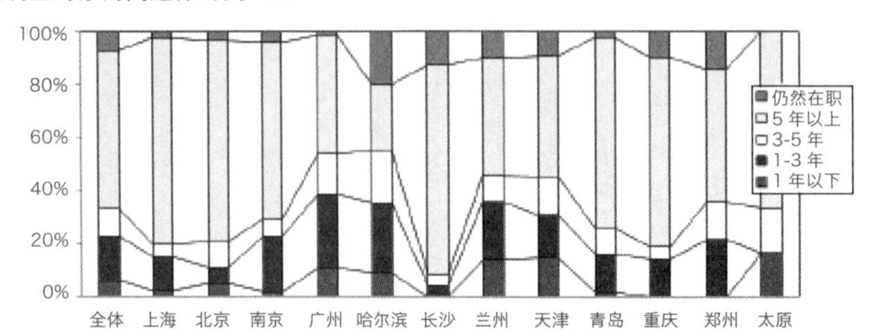

离退休时间	全体	上海	北京	南京	广州	哈尔滨	长沙	兰州	天津	青岛	重庆	郑州	太原
1 年以下	6.19	2.17	4.84	2.04	11.11	8.70	0.00	14.00	14.55	1.96	0.00	0.00	14.29
1~3 年	16.51	13.04	6.45	20.41	28.57	26.09	4.17	22.00	16.36	13.73	14.29	21.43	0.00
3~5 年	10.32	4.35	9.68	6.12	15.87	19.57	4.17	10.00	14.55	9.80	4.76	14.29	14.29
5 年以上	59.10	78.26	75.81	65.31	45.86	23.91	79.17	44.00	45.45	70.59	71.43	50.00	57.14
仍然在职	7.13	2.17	3.23	4.08	1.59	19.57	12.50	10.00	9.09	1.96	9.52	14.29	0.00

4. 与老年人同住人员结构（%）

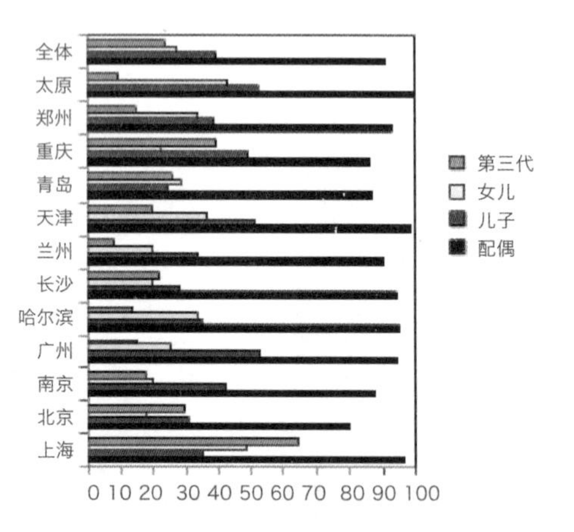

同住人员	上海	北京	南京	广州	哈尔滨	长沙	兰州	天津	青岛	重庆	郑州	太原	全体
配偶	96.3	79.73	87.5	94.34	95.00	94.00	90.00	98.65	86.49	85.92	92.68	100.00	90.89
儿子	35.19	31.08	42.5	52.83	35.00	28.00	34.00	51.35	25.23	49.30	39.02	52.38	39.29
女儿	48.15	17.57	20.00	25.47	33.75	20.00	20.00	36.49	28.83	22.54	34.15	42.86	27.96
第三代	64.81	29.73	17.5	15.09	13.75	22.00	8.00	20.27	26.13	39.44	14.63	9.52	23.77
儿媳	25.93	9.46	16.25	11.32	10.00	10.00	8.00	12.16	11.71	26.76	7.32	9.52	13.42
女婿	31.48	2.70	0.00	0.00	5.00	6.00	2.00	10.80	6.31	11.27	2.44	0.00	6.28

5. 老年人每天外出时间（现状）（%）

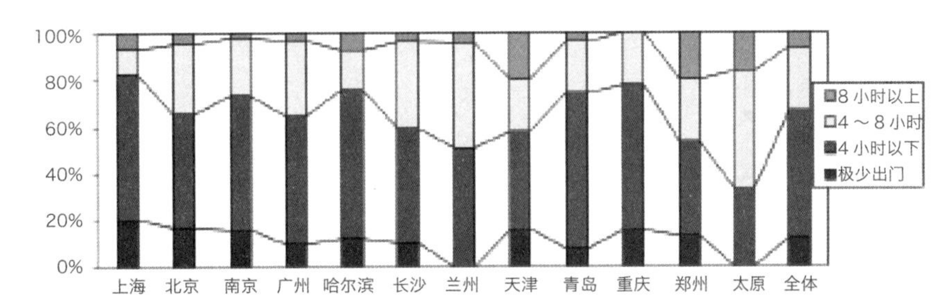

	上海	北京	南京	广州	哈尔滨	长沙	兰州	天津	青岛	重庆	郑州	太原	全体
极少出门	20.69	17.19	16.33	9.68	12.20	10.20	0.00	16.00	7.84	15.22	12.5	0.00	12.16
4h 以下	62.07	48.44	57.14	54.84	63.41	48.98	51.06	42.00	66.67	60.87	37.5	33.33	54.12
4 ～ 8h	10.34	29.69	24.49	32.26	17.07	36.73	44.68	22.00	21.57	21.74	25.00	50.00	27.25
8h 以上	6.90	4.69	2.04	3.23	7.32	4.08	4.26	20.00	3.92	0.00	18.75	16.67	6.08

6. 老年人与子女住处距离（现状）（%）

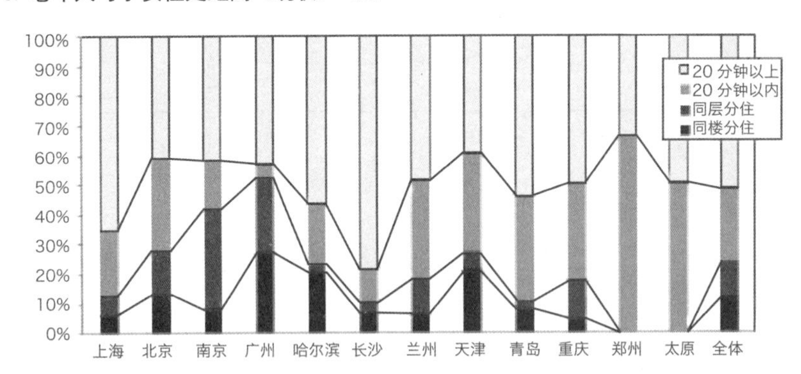

	上海	北京	南京	广州	哈尔滨	长沙	兰州	天津	青岛	重庆	郑州	太原	全体
同楼分住	6.25	12.73	8.33	27.27	20.51	6.38	6.06	21.21	8.11	4.55	0.00	0.00	12.18
同层分住	6.25	14.55	33.33	25.00	2.56	4.26	12.12	6.06	2.70	13.64	0.00	0.00	11.68
20min 以内	21.88	30.91	16.67	4.55	20.51	10.64	33.33	33.33	35.14	31.82	66.67	50.00	24.62
20min 以上	40.00	40.00	41.67	43.18	56.41	78.72	48.48	39.39	54.05	50.00	33.33	50.00	51.27

7. 老年人的业余爱好（%）

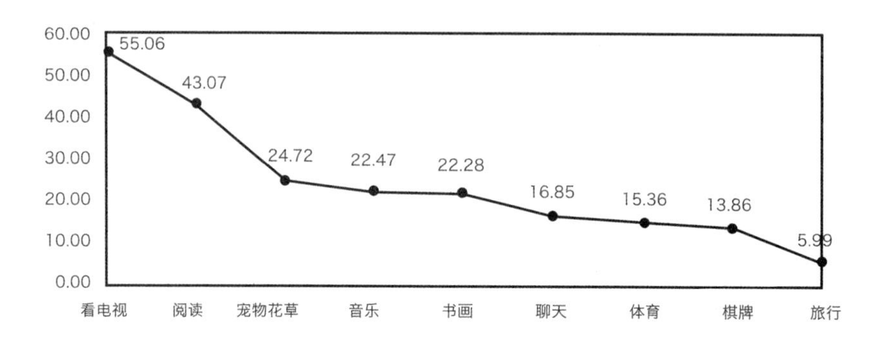

8. 老年人喜爱的场所（%）

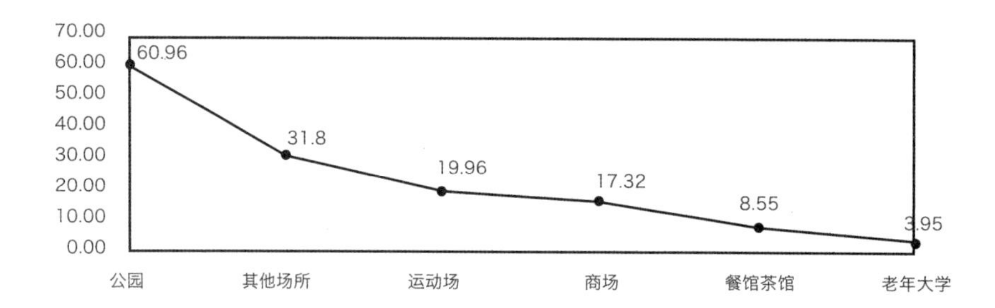

9. 老年人对厨房、卫生间的要求（%）

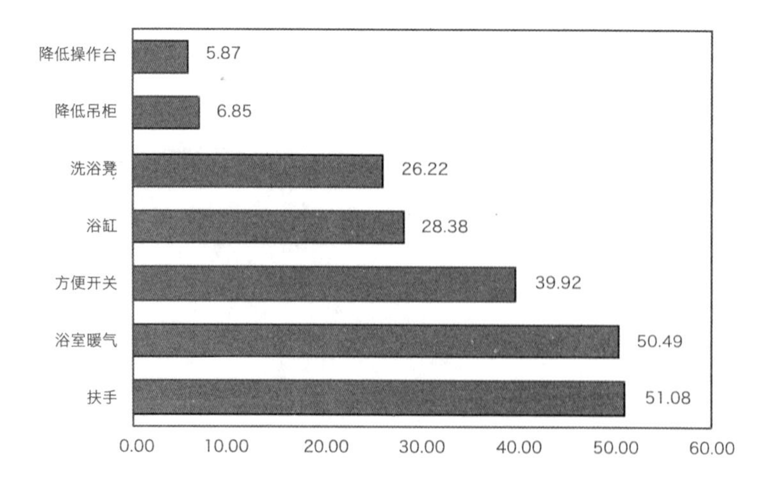

10. 老年人对安全防范的要求（%）

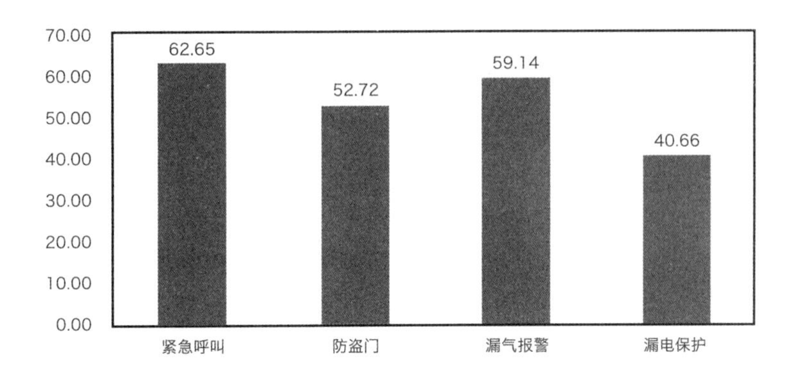

11. 老年人对迁居条件的选择（%）

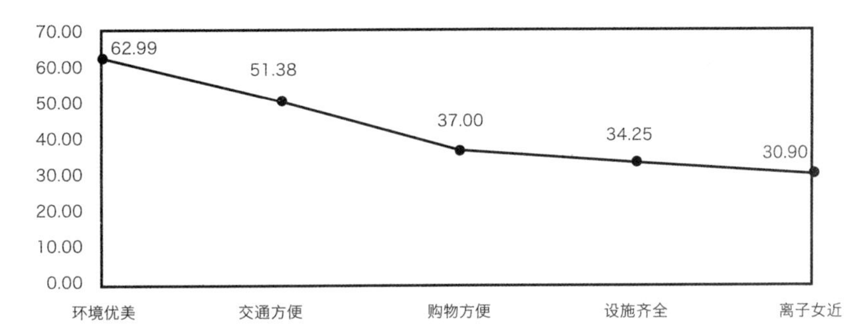

12. 老年人对未来居住方式的选择（%）

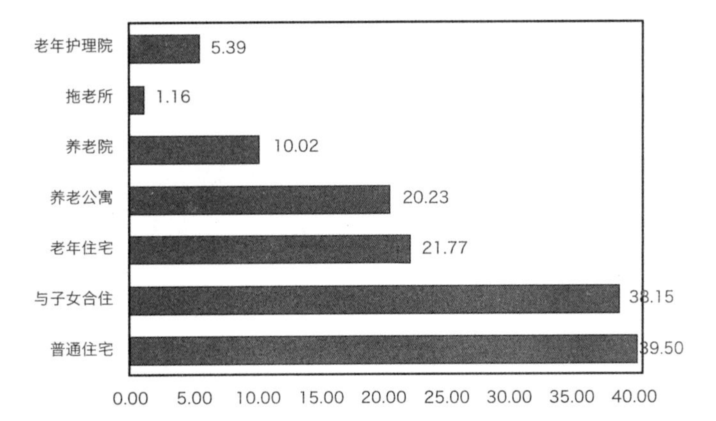

13. 老年人收入来源（%）

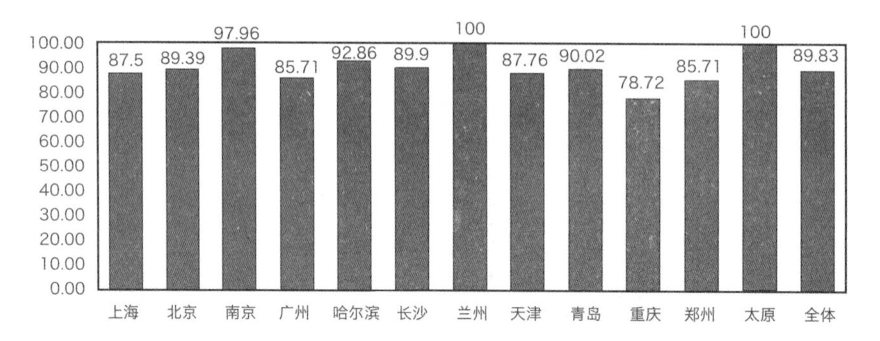

	上海	北京	南京	广州	哈尔滨	长沙	兰州	天津	青岛	重庆	郑州	太原	全体
退休金	87.5	89.39	97.96	85.71	92.86	89.9	100.00	87.76	90.02	78.72	85.71	100.00	89.83
再就业收入	6.25	10.61	8.16	15.87	26.19	4.08	17.02	16.33	7.84	10.64	14.29	33.33	12.43
积蓄	2.08	0.00	4.08	11.11	0.00	6.12	0.00	18.37	0.00	2.13	0.00	0.00	4.33
保险	4.17	0.00	0.00	1.59	4.76	0.00	0.00	2.04	0.00	0.00	0.00	0.00	1.13
子女供养	17.5	21.21	10.2	17.46	0.00	30.61	2.13	16.33	15.69	27.66	21.43	0.00	18.08
亲友接济	2.00	0.00	2.04	0.00	0.00	2.04	0.00	0.00	0.00	4.26	0.00	0.00	0.75

14. 收支平衡的感觉（%）

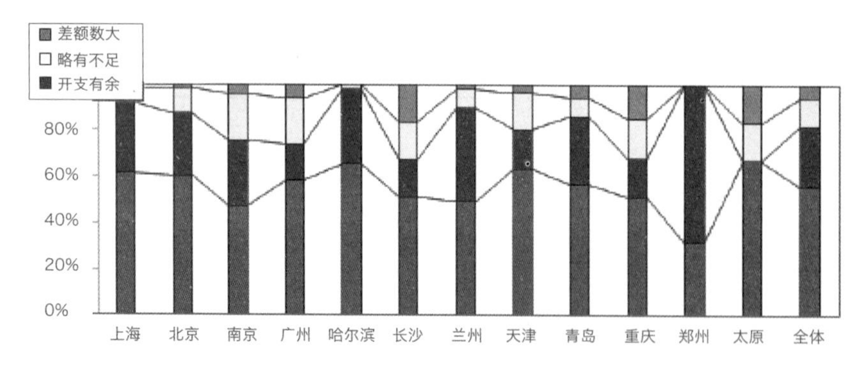

收支状况	上海	北京	南京	广州	哈尔滨	长沙	兰州	天津	青岛	重庆	郑州	太原	全体
基本满足	61.22	60.32	46.94	58.06	65.22	51.02	48.00	63.46	56.86	51.06	31.25	66.67	55.74
开支有余	30.61	26.98	28.57	16.13	32.61	16.33	40.00	17.31	29.41	17.02	68.75	0.00	26.30
略有不足	6.12	11.11	20.41	19.35	2.17	16.33	8.00	15.38	7.84	17.02	0.00	16.67	12.22
差额较大	2.04	1.59	4.08	6.45	0.00	16.33	2.00	3.85	5.88	14.89	0.00	16.67	5.56

15. 老年人的外出时间（%）

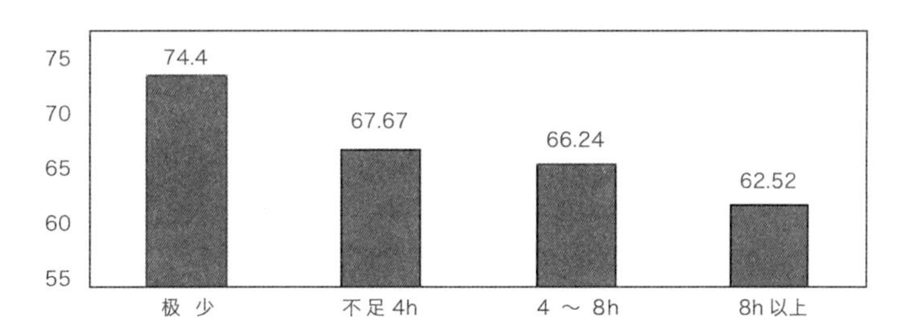

16. 老年人对家庭服务的要求（%）

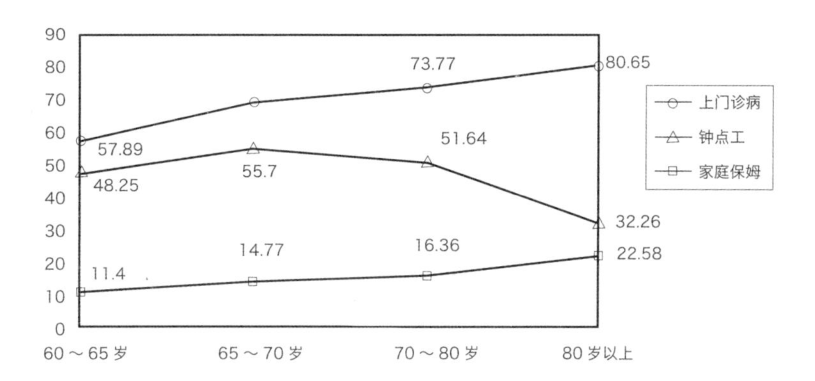

17. 老年人对封阳台看法（%）

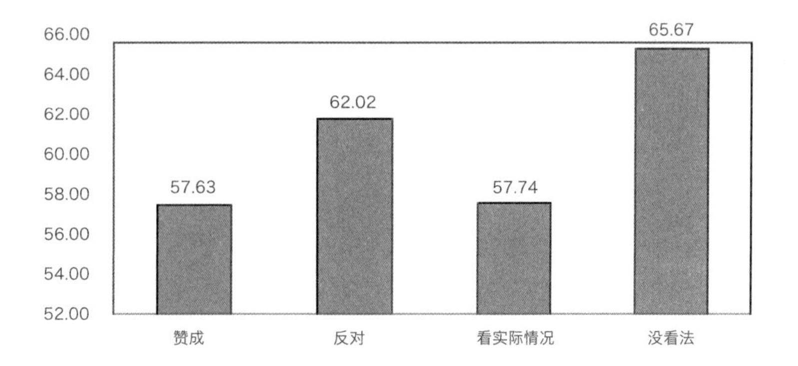

18. 相关设备的普及率（%）

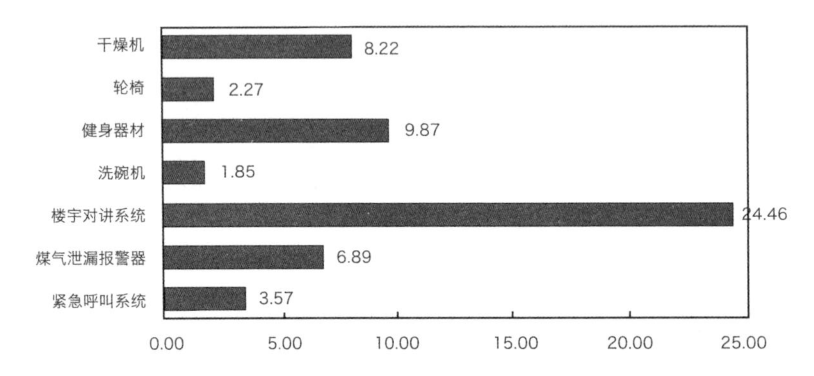

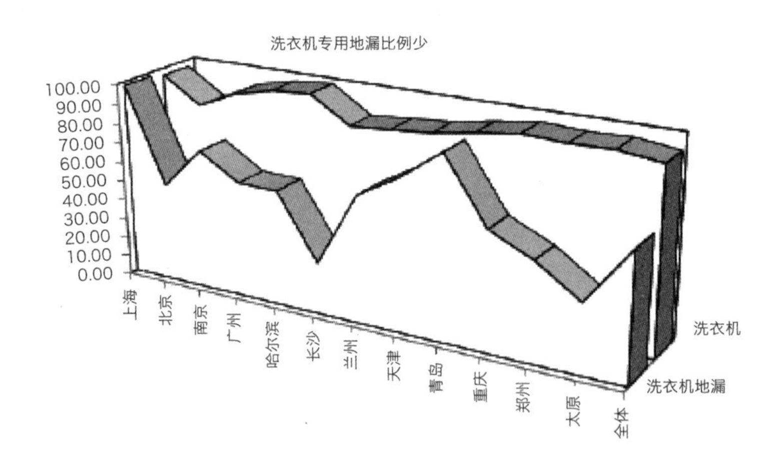

	上海	北京	南京	广州	哈尔滨	长沙	兰州	天津	青岛	重庆	郑州	太原	全体
洗衣机地漏	98.15	50.00	71.25	58.65	58.44	26.00	64.00	76.39	92.13	60.00	50.00	35.00	64.00
洗衣机	96.30	83.33	92.50	97.06	98.73	85.71	87.23	89.19	92.77	95.71	94.59	95.24	92.58

原载于：《中国居住实态与小康住宅设计》，东南大学出版社，1999

老年人居住实态调查

王贺　焦燕　张亚斌

一、研究概况

2008年，为了了解我国城市老年人的居住实态及改善意愿，为今后的老年住宅建设提供参考，我们选取了北京、上海、广州、深圳、重庆、哈尔滨等特大城市进行了老年人居住实态调查，共回收有效问卷109份，其中有102个调查对象处于离退休状态，占94%；7个调查对象仍在工作，占6%。绝大多数退休5年以上，有75%的老人离退休时间在5~25年之间，按退休年龄55岁计，可以推算出调查对象的年龄大多在60~80岁之间。这些老人大多数离退休后不再以任何形式参与就业，占80%。

在接受调查的老人中，身体健康、自理有余，并能够为晚辈分担家务的占了大多数，为64%；体弱但尚可自理的占32%，行动不便或依靠轮椅的仅占4%。随着医疗条件的不断完善和生活水平的不断提高，我国城市老人的平均寿命和健康状况均有所提升。

二、实态调查分析

1. 平均每天外出时间

调查显示，每天外出时间不足4小时的最多，占56%，其次是4~8个小时，占31%，极少出门

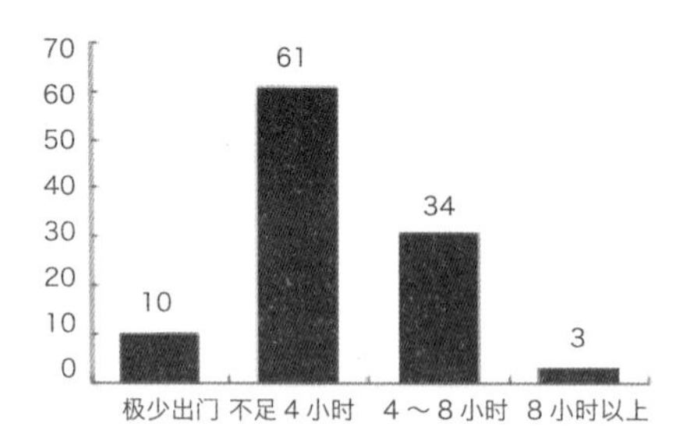

和每天外出8小时以上的都很少，说明老年人虽然由于身体机能衰退、活动能力下降而以居家生活为主，但每天仍抽出一定的时间外出活动。访谈中了解到，很多老人有晨练、纳凉的习惯，喜欢早晚出门活动，早饭前和晚饭后是老人们享受户外休闲活动的好时光。

2. 与子女居住情况

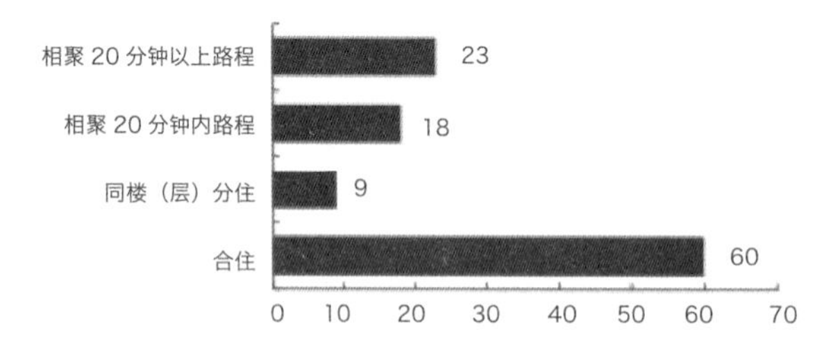

统计表明，超过一半的老人目前与子女合住，占55%，这个比例与全国老龄办发布的《中国城乡老年人口状况追踪调查》（后简称《调查》）比较相近。《调查》显示，2006年，我国老人与其他家庭成员一起居住的在城市地区占50.3%，在农村地区占61 .7%。虽然现在空巢家庭逐渐增多成为普遍的社会现象，出于传统的养老观念，和子女同住的仍然占据了主导地位。值得注意的是，有不少老人尤其是城市老人愿意自己独立居住，但同时又希望与子女保持便利的交往条件，譬如住在同一栋楼或同一个小区，以方便相互照应（子女照顾老人、老人帮带孩子等等）。

3. 子女亲友来家频率

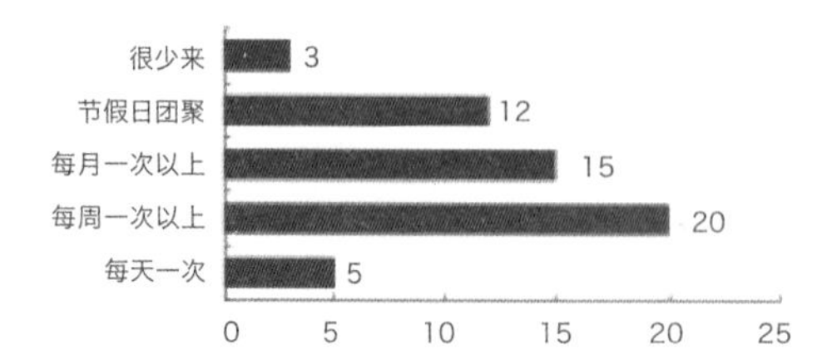

不与子女同住的老人，其子女亲友来家频率以每周一次以上居多，占40%；其次是每月一次以上，占30%；节假日团聚的也不少，占24%，子女亲友每天都来看望老人或很少来探望的情况都很少，说明保持适度的频率是老人与子女亲友团聚的理想状态。频率过高，日常工作繁忙的子女会感到辛苦；频率过低，老人又不能充分享受天伦之乐。

4. 子女亲友来家过夜频率

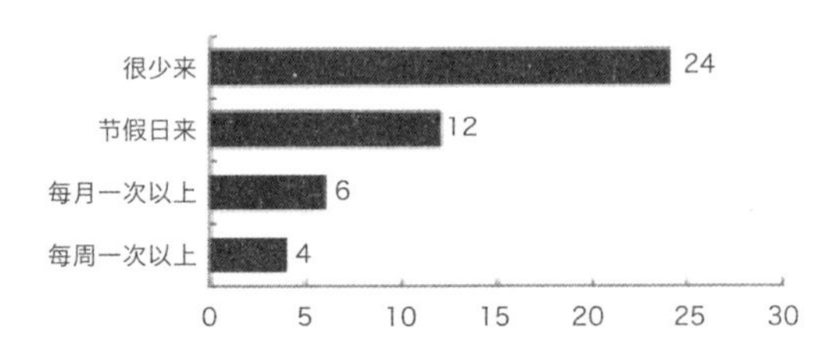

调查显示，不与子女同住的老人其子女亲友虽然以适度的频率来往，但留下过夜的却很少，每周一次的只有4例占8%，每月一次的6例占12%，节假日留下过夜的稍多占24%，很少留下过夜的最多占48%。另外有4位老人没有作任何选择，访谈得知，其子女从不在家过夜，其中有两例是因为子女比邻而居回家很方便。

5. 社会交往活动

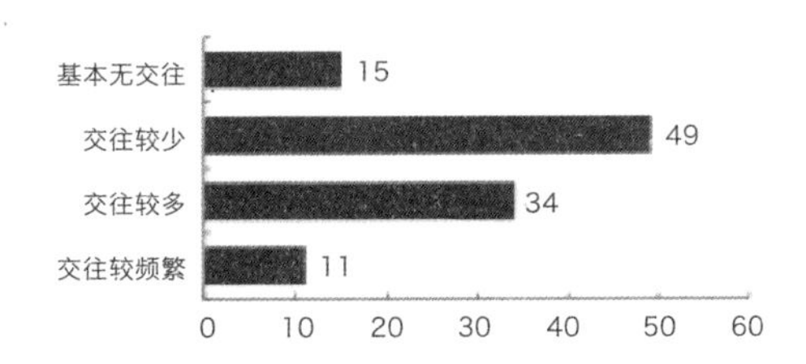

在社会交往活动中，“交往较少”的最多占45%，其次是“交往较多”占31%，说明大部分老年人虽然赋闲在家，但都有着适度的社会交往活动。值得注意的是，有14%的人处于“基本无交往”的状态，这部分老年人大多由于年事已高、行动不便而被迫取消了社会活动。

6. 主要交往地点

到公园绿地活动交往的老人最多，占49%，公园绿地亲近自然、日照充足、有利于老人身心健康，是很多老人户外活动的首选场所。其次是各种公共场所（如老年活动中心、活动站、活动室等），占33%，这些公共场所常常针对老年人的行为特点设置健身、观影、棋牌等娱乐设施，受到老年人

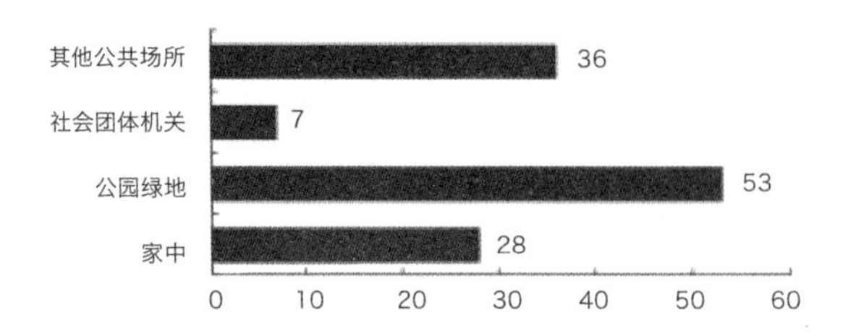

普遍欢迎。除了户外，利用家中便利条件交往的老人也不少，占 26%。由于参加各种社会团体的老人很少，所以极少数老人将社会团体机关作为主要的交往地点。

7. 健身运动情况

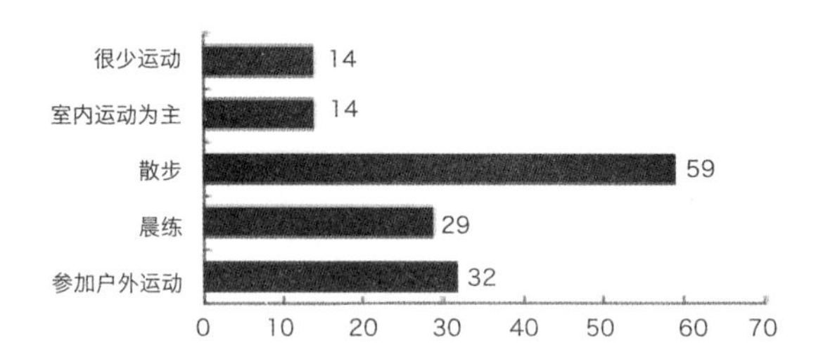

老年人由于生理特征不再适合剧烈运动，大多从事各种较为温和的健身活动，如散步、太极拳、简单的舞蹈和器械锻炼等。调查显示，散步是最受老年人欢迎的健身活动，占 54%；其次是其他户外运动和晨练，分别占 29% 和 27%。以室内运动为主和很少运动的较少，各占 13%。为了保持良好的健康状况，适度的运动对老年人非常重要，运动的过程实际上也是老人参与社会交往的过程，在公园绿地等环境优美的地方边活动边交流是大多数老人心仪的锻炼方式。

8. 轮椅使用情况

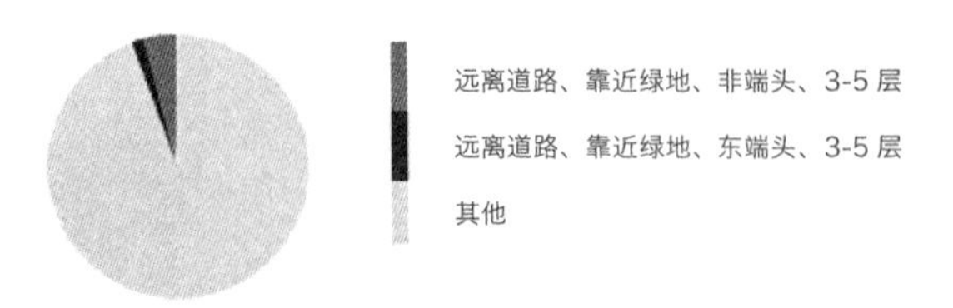

95% 的老人行动能力正常，不需要使用轮椅，仅有 5% 的老人使用轮椅，其中有 1% 可独立使用，另有 4% 外出时需要他人帮助。我们在设计老年住宅时往往参考轮椅的活动尺度来确定各类交通空间和生活空间的尺寸，调查显示，使用轮椅的老人还是很少的，因此对于老年住宅以及其他老年居

住设施的设计，可酌情考虑轮椅适用场所所占比例。

9. 住宅公共空间需要改善的地方

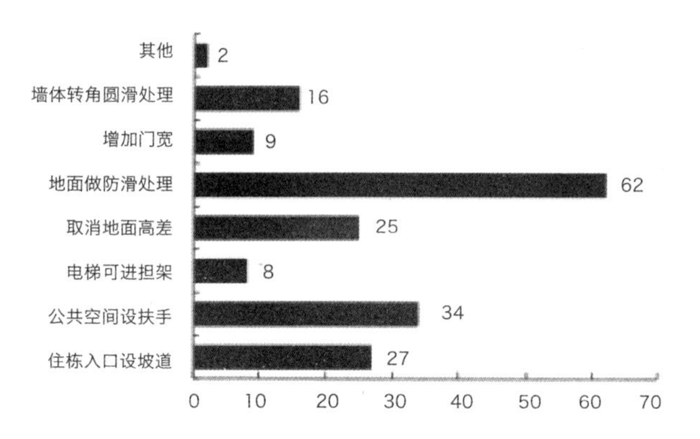

调查显示，地面防滑处理是住宅公共空间最亟待改善的地方，超过一半的老人(57%)认为地面应做防滑处理，其比例远远超过其他选项。老年人腿脚不便，行动迟缓，骨骼质脆易折，十分忌讳摔跤，而目前我国城市住宅门厅、走廊等公共空间为方便清洁打理大多采用表面光滑的硬质铺地，给老人出行带来很大不便。除防滑问题外，一些无障碍措施（设入口坡道25%、取消地面高差23%）和辅助设施（设扶手31%）也是老年人普遍关注的问题。

实际情况表明，我国城市住宅的公共空间针对老年人的考虑还存在不少欠缺。

10. 卧室最需要改善的条件

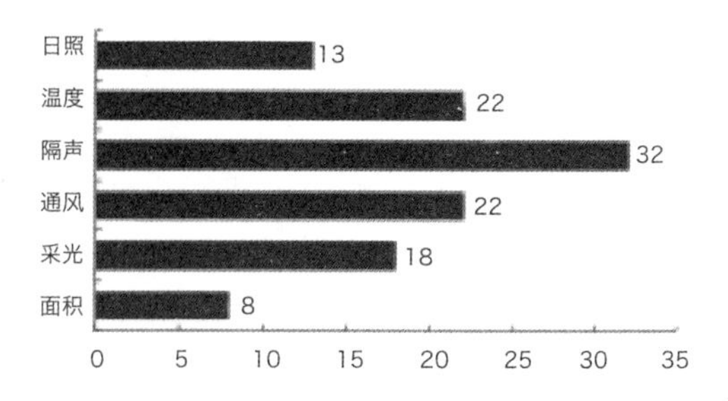

老年入睡眠减少，害怕干扰，“隔声”成为卧室首当其冲需要改善的条件，占29%；其次是“温度”与“通风”，各占20%。这是由于老年人新陈代谢能力降低，怕冷怕热，多数患有呼吸系统慢性疾病，所以对环境温度和空气质量比较敏感。所有选项中，认为面积不足的最少，仅占7%，说明目前我国城市老人的居住面积得到了较好保障。

11. 门厅空间需要增加的设施

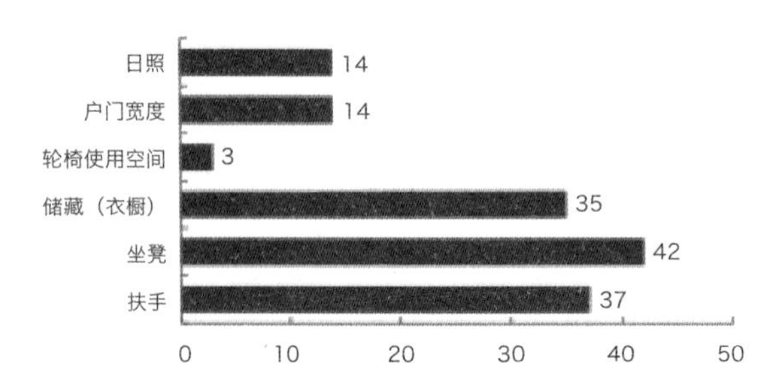

统计表明，座凳、扶手及储藏空间是老人们普遍认为门厅空间最需要增加的三项设施。老人进入家门，需要小憩、换鞋以及随手搁置手中物品的过渡空间，因此便利的扶手、座凳以及储藏空间的设置很有必要。我国目前城市住宅对门厅空间的设计普遍考虑欠周，给使用者带来了诸多不便。

所有选项中，对轮椅使用空间提出意见的最少，仅有 3 例，这是因为接受调查的老人绝大部分生活自理能力良好，还不需要使用轮椅。

12. 卫生间设施是否够用

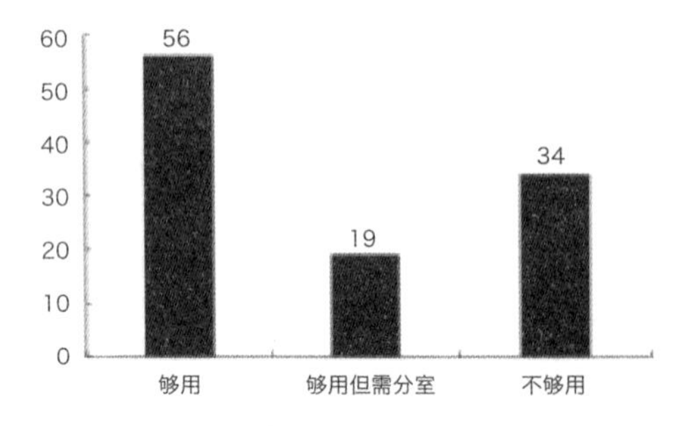

大部分老人认为目前的卫生间设施够用，占 51%；少数认为不够用，占 31%；另有 18% 认为够用但需要分室。老年人行动迟缓，使用卫生间的时间和频率都有所增长，在卫生设施针对个人基本够用的情况下，使用时间和频率的增长会给他人带来不便，这种情况下对如厕、沐浴、盥洗等不同功能设施进行独立分室有助缓解多人同时使用卫生间的矛盾，是在现有基础上有效改善老人生活质量的一条捷径。

13. 卫生间最需要增加的设施

淋浴间和采暖器具成为老人们普遍认为卫生间最需要增加的两项设施，分别占 31% 和 28%。现今我国城市住宅卫生间的洗浴设施大多选用浴缸，普通浴缸缺少周到的扶手设计，沾水湿滑，不

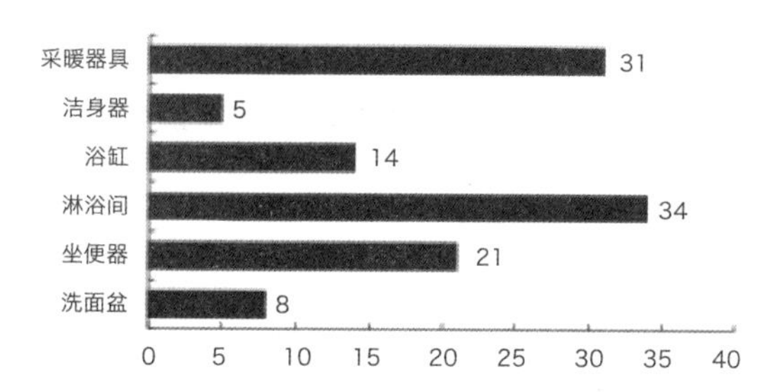

适合老年人使用。访谈得知，大多数老人更愿意坐在座凳上洗淋浴，因此独立的淋浴间受到普遍欢迎。此外，老人在洗浴时怕冷，增设辅助采暖器具也是必要的。家中有两个以上老人或老人与其他家庭成员合住的情况下，有不少认为有增设坐便器的需要，以缓解老人与其他家庭成员同时如厕的矛盾。

14. 卫生间需要改善的地方

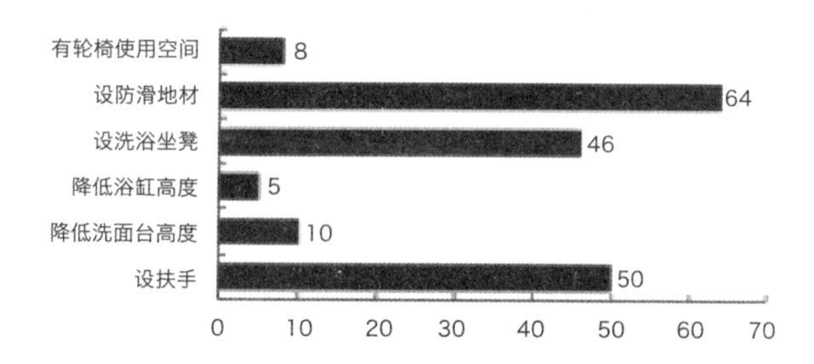

地面防滑成为卫生间最需要改善的方面，占 59%；其次是扶手和洗浴座凳的设置，分别占 46% 和 42%。虽然我国城市住宅卫生间在装修时普遍选用防滑地砖，但其沾水时的防滑性能大多还不够理想，老人腿脚不便，倾倒滑跌的事故时有发生，所以迫切需要提高地面的防滑性能。坐便器、淋浴器、洗手盆等卫生设施的关键部位设置扶手和座凳也很重要，可以帮助老人顺利完成如厕、洗浴、盥洗等活动。

总体看来，我国城市住宅的卫生间大多还是按照成年人的使用标准配置的，未能及时地针对老年人做出调整，给老人的生活带来了诸多不便。

15. 厨房需要改善的地方

与卫生间一样，地面防滑也是厨房最需要改善的方面，占 60%；其次是“增加操作台照明”，占 36%。相比于卫生间，厨房地面易受油烟污染，更为滑腻，不利于老人行走操作，需要特别注意。

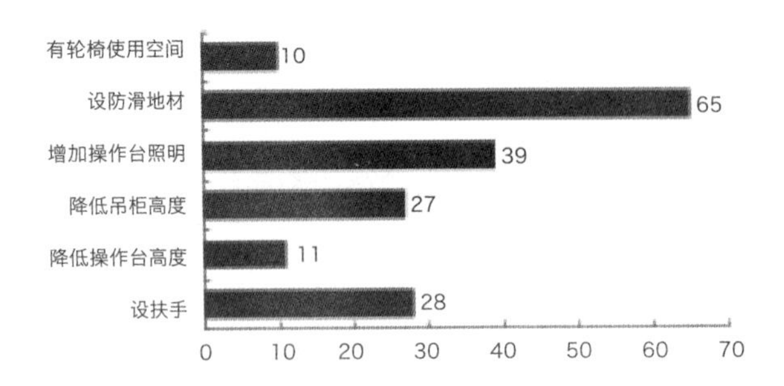

此外，操作台局部照明的设置也很重要，老年人视力下降，操作迟缓，从事洗切削剁等炊事作业时需要较高的照度以分辨细节，而我国城市住宅厨房大多采用顶部泛光照明，缺乏针对操作面的局部照明，吸顶灯再亮，老人弯腰低头操作时形成自身遮挡还是看不清手底的细节，非常不方便。

除以上两项之外，希望降低吊柜高度、增设扶手的也不少，各占 24% 和 25%。这反映了老年人特殊的生理特点带来的需求变化。老年人四肢关节灵活度下降，弯腰或踮足都比较费力，适当降低吊柜高度、在必要部位增设扶手会为老人从事炊事活动提供很大便利。

16. 最需要的安全保障措施

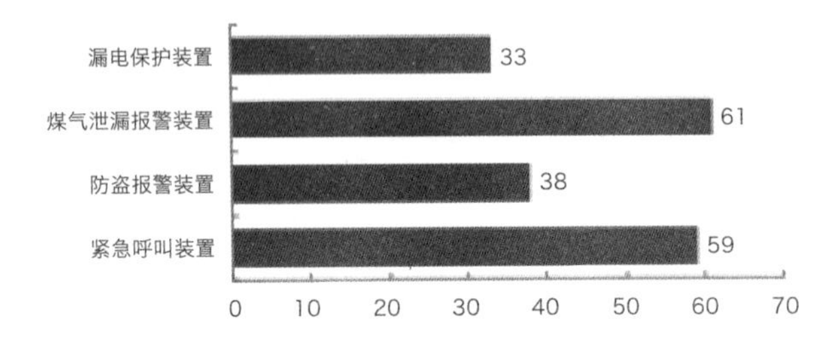

调查显示，“煤气泄漏报警装置”和“紧急呼叫装置”是老人最急需的安装保障措施，分别占 56% 和 54%。说明目前生活中老人最关心的是煤气泄漏、突发事故需要救助等紧急状况，而漏电、盗窃等危险事故则由于发生概率较低而显得防范起来不那么紧迫。

17. 理想的居住方式

关于这项调查，三个选项的人数比较接近，显示了目前城市老年人对理想居住方式选择的多样化。其中，愿意与子女就近居住，保持适度的联系和交往，互不干扰各自日常生活的老人最多，占 42%，这在很大程度上反映了现代城市老人生活的独立性，很多老人，尤其是受教育程度较高的老人，在经济独立、健康状况良好的情况下，愿意与子女保持适度的距离，自由支配自己的日常生活，在

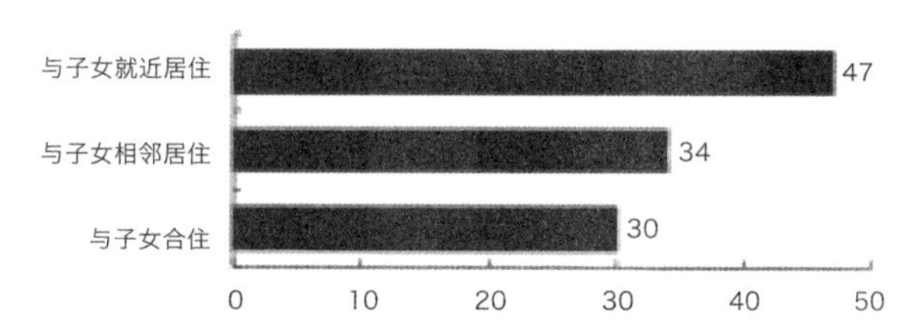

独立自主的基础上安享晚年。其次，是愿意与子女相邻居住的，占31%，联系紧密、有分有合，常见面、常来往又保持相对独立的起居环境，是这部分老人理想的生活状态，曾经风靡一时的两代居是这类家庭的首选。出于传统养老观念，仍有一部分老人希望与子女合住，相互照顾、分担家务和抚养孙辈的义务，天伦之乐是这些老人的最大享受。

总体看来，随着社会文明程度的日渐提高和养老保障体系的逐步完善，愿意与子女有分有合，保持生活独立的老人越来越多，占了主导地位。

18. 养老地点的选择

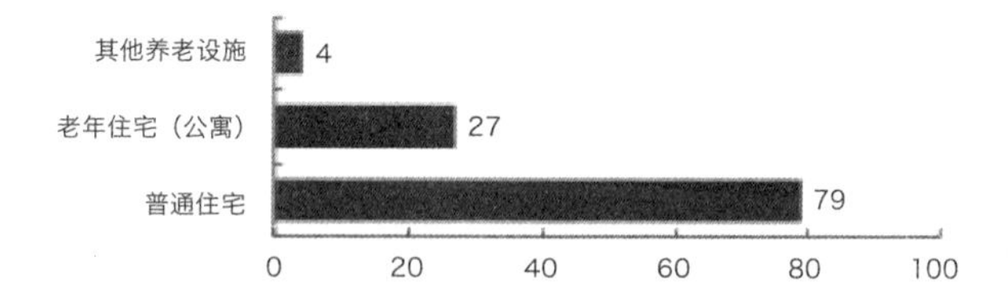

大部分老人愿意在普通住宅养老，占72%；少数老人愿意搬进专门的老年住宅和公寓，占25%；只有极少数老人选择了其他养老设施，占3%。非常明显，老人们恋旧，不愿离开熟悉的生活环境和交往圈子，即便新的环境和专业的设施更有利于老年生活，大多数老人仍然愿意待在自己家里，这使他们感到放松和安全。另一方面，很多老人潜意识里认为进养老院、福利院等设施养老是“没人管”、“被遗弃”的标志，是迫于无奈的凄凉选择，这种偏见与我国根深蒂固的传统养老观念和家庭观念有关，也与目前我国养老设施体系不完善、操作不规范、条件不成熟密切相关。

三、结论

1. 在宅养老是今后一段时间内的主要养老模式

相对于社会养老，我国老人普遍更倾向于家庭养老。虽然调查显示，大部分老人目前仍然与子女同住，但意愿调查表明，老人们大多倾向于与子女就近居住，彼此独立，又相互照应。随着生活条件和住房条件的不断改善，自己独立拥有居所的老人呈逐年上升趋势，而无论是否与子女同住，老人都愿意生活在家庭的环境与氛围中，在宅养老仍将是今后相当长一段时间内人们首选的养老方式。

2. 综合性社区是老人理想的居住环境

调查显示，大多数老人倾向于与子女相邻或就近居住，虽然部分老人迫于经济条件不得不与子女同住，但拥有独立的居所仍然是老人们的普遍意愿。由于老人们渴望有分有合的生活状态，既独立居住，又与子女相隔不远，方便相互照应，所以综合性的兼顾普通住宅和老年住宅的社区是老人理想的居住环境，大型集中的老年社区将不利于老人与社会主流人群建立密切联系。

3. 针对老年人的适应性设计明显不足，亟须改善

很多老人都在养老设施匮乏、适应性设计不足的住宅里将就着生活，是目前存在的普遍现象。地面缺乏有效的防滑处理、住宅隔声效果差、卫浴设施不适应老年人使用特点、缺乏紧急呼叫装置和相关报警装置等等是调查中发现的反映非常集中的问题，这些问题直接关系到老年人的人身安全和生活质量，迫切需要得到改善。

4. 适合散步、逗留的绿化休闲空间是最受老年人欢迎的活动场所

调查表明，适度的锻炼与社会交往对老年人保持身心健康很重要，大部分老人每天都抽出若干小时用于锻炼身体和各种社会活动。在各种活动场所中，公园绿地最受老年人欢迎，在所有锻炼方式中，散步最为老年人喜爱。因此，营造适合老年人活动的休闲环境时，适合散步、逗留的绿化空间是首选。

（本文由国家“十一五”科技支撑计划课题“绿色建筑全生命周期设计关键技术研究”资助）

原载于：《住区》，2012 年第 3 期

全国居住小区的居住环境与设施综合研究调查报告

刘东卫　梁咏华　刘蓉等

一、　调查综述

（一）背景

我国现阶段的住宅建设正处于一个历史上高速发展和大规模建设的时期，虽然近年来住宅区规划与住宅设计和研究方面有了很大的发展，但是随着人们生活水平的不断提高，居民对改善住宅区环境的需求日益强烈，提高住宅区环境质量水平的工作更加紧迫。

进入 20 世纪 90 年代以来，随着社会经济的进一步发展，人们的价值观和居住意识也有了多样化的发展，地球环境与人居环境已成为人们日益关注的问题。为此，本课题组在全国范围内首次组织实施“全国居住小区的居住环境与设施实态调查”，重点了解 20 世纪 90 年代以后新建的住宅小区的有关情况并把握其发展趋势，分析居民的客观需求，从而提高居住环境的质量和水平。

（二）调查的组织和实施

本次调查在建设部有关部门、各省市建设部门和日本建设省 JICA 专家组的大力协助下，自 1999 年 3 月开始经过调研准备（制订计划和策划选点等），经预备调查后进一步完善（修改调查表和调查论证等），于 1999 年 6 月 ~2000 年 3 月实施实态调查。课题组赴北京、天津、上海、苏州、常州、厦门、深圳 7 个城市进行了现场实态调查。共实施调查小区 22 个，参观调查小区 12 个，现场实态有效调查表 175 份。

调查对象为 20 世纪 90 年代以后建成的住宅区，能代表当地环境设计水平或室外环境及设施较为完善的典型实例；调查对象按华北（京津地区）、华南（深圳市）、华东（上海及周边城市）三大区进行选点；住宅区既有各种国家级或省市的试点，也有民间企业所开发的代表性实例，并且在一定程度上考虑了其经济性因素。

本次调查既通过与管理和设计等人员的座谈方式来了解住宅区居住环境的有关情况，又在现场对居住者的实态与需求进行了问卷调查。问卷调查由调查对象的基本情况、景观与居住环境评价与室外环境与设施评价三大类构成，共有 48 个小项。本次调查针对居住环境调查的特点，综合采用了“访谈法”与“问卷法”，并在收集图文资料的同时，拍摄了大量照片，力求全面地收集研究的基础性资料。

调查地点与小区　　表 1

地区	城市	居住小区数量
华东地区	上海、苏州、常州、厦门	11 个
华北地区	北京、天津	5 个
华南地区	深圳	6 个

所调查的小区一览表　　表 2

序号	名称	序号	名称
1	（厦门）瑞景新村	12	（上海）春申四季苑
2	（厦门）金鸡亭小区	13	（上海）莲浦花园
3	（苏州）桐芳巷小区	14	（上海）万里居住区
4	（苏州）工业园区新城花园	15	（北京）望京新城 K4 区
5	（常州）红梅西村	16	（北京）望京新城 A5 区
6	（天津）华苑安华里	17	（深圳）莲花二村
7	（天津）华苑居华里	18	（深圳）梅林一村
8	（天津）华苑碧华里	19	（深圳）百仕达花园
9	（上海）御桥民乐苑	20	（深圳）万科城市花园
10	（上海）六里锦花苑	21	（深圳）南海中心城
11	（上海）三林苑	22	（深圳）鸿瑞花园

注：调查期间参观的还有：①北京 / 香江花园、大西洋新城、新星花园，②天津 / 万科城市花园，③厦门 / 金尚小区，④苏州 / 新区锦华苑，⑤上海 / 万科城市花园，⑥深圳 / 东海花园、益田名园、万科四季花城、金地翠园、金地海景花园（合计：12 个）。

二、居住环境与设施调查报告

（一）住宅区居住环境相关基本情况

现场调查涉及全国华北地区、华东地区和华南地区 7 个城市的 34 个新建住宅区，在进行问卷调查的 22 个住宅区中，华北有 5 个，华南有 6 个，华东有 11 个。

所调查的住宅区均为 1990 年以后建成，在居住环境建设上获得广泛好评的住宅区。它们具有以下主要特点：

①其外部空间环境设计大多由国外及地方上著名的设计单位承担设计。设计单位通过竞赛招标、定向选择等多种方式进行选择。②实施方案以多家单位做方案，最后由一家进行综合汇总的方式为主。③开发商从居住对外部空间环境需求和营销出发，非常重视资金的投入。④由于住宅区大多位于规划新区或郊外，结合总体规划和销售，以重视中心绿地集中式设计与投资的手法为主；而城区和高密度住宅区的环境设计手法也逐渐引起重视。⑤外部空间环境中的景观、停车安全与管理等方面产生了新的问题。⑥在室外环境设施上表现出较大的差异，存在营销与使用上的矛盾（表 3）。

小区居住环境相关情况概要 表 3

	小区名称及建成时间	房价及物业费	居住环境的设计 · 费用	其他
1	上海御桥民乐园（1996 年 /1790 户）	2400 元 /m^2 0.42 元 /m^2 · 月（物业 20 人）	设计：同济大学（设计费 5% 以上）费用：投资 28 元 /m^2	全国城市试点小区 · 1 万 m^2 大片集中绿地 · 郊区多层
2	上海锦华苑小区（1997 年）	4280 元 /m^2 0.45 元 /m^2 · 月（物业 30 人）	设计：上海园林设计院 费用：投资 500 万，50 元 /m^2	全国小康住宅示范小区 · 大水面 · 郊区
3	上海三林苑（1995 年 /2200 户）	2800 元 /m^2 0.5 元 /m^2 · 月	设计：同济 + 浦东园林设计所 费用：I 期 15 ～ 20 元 /m^2，II 期 25 元 /m^2	全国城市试点小区 · 大片集中绿地 · 郊区 · 多层
4	上海春申四季城（1999 年）		设计：同济大学 费用：投资 30 ～ 40 元 /m^2	中心广场式 · 多层、高层
5	上海万科城市花园（I 期～ III 期：1998、1998、1999 年）	II 期 4500 元 /m^2 0.99 元 /m^2 · 月	设计：后期设计国外事务所	郊区 · 多层、多散中心式 · 民间开发
6	上海莲浦花园（1998 年 /722 户）	3800 元 /m^2 多层 1.0，高层 1.5 元 /m^2 · 月（物业 60 人）	设计：同济大学	新区 · 多层、小高层 · 中心广场式
7	上海万里居住区 I 期（1999 年）	3500 ～ 3800 元 /m^2 高层 1.15，多层 0.87 元 /m^2 · 月	设计：法国夏氏设计事务所 · 竞赛 费用：（居住区中心）2400 万元，800 ～ 850 元 /m^2	郊区 · 居住区中心绿化 6m^2/ 人 · 街坊式 · 小高层
8	天津华苑安华里 · 居华里（1997 年 / 各 2000 户）	0.35 元 /m^2 · 月（安）0.40 元 /m^2 · 月（居）（物业 110 人）	设计：天津市园林局 费用：180 万	设计：天津市园林局 费用：180 万
9	天津华苑碧华里（1999 年 /1440 户）	高层 2100，多层 ,3100 元 /m^2，0.50 元 /m^2 · 月（物业 60 人）	设计：天津市绿化工程处	全国小康住宅示范小区 · 多层居住 · 中心绿地 21.8m^2/ 人
10	深圳鸿瑞花园 I 期（1999 年 /224 户）	5500 元 /m^2 2.8 元 /m^2 · 月（物业 45 人）	设计：香港贝尔高林事务所	全国小康住宅示范小区 · 围合式 · 中心庭院式

续表

	小区名称及建成时间	房价及物业费	居住环境的设计・费用	其他
11	深圳梅林一村（1997年/7000户）	2000元左右，多层0.35元/m²・月，高层1.65元/m²・月（物业300人）	设计：香港何乐事务所・投标	政府经济适用房・带形中心绿化・组团围合・保安150人
12	深圳东海花园（1997年/672户）	8000～12000元/m²,4.9元/m²・月（开发商再补3.6元/m²・月），（物业112人）	设计：新加坡事务所	高档商品房・围合式・绿化维护23000元/月・清洁费56000元/月
13	深圳莲花二村（1990年/2400户）	0.42元/m²・月，高层3.1元/m²・月，（物业120人）	设计：同济大学	市安居工程・中心绿地・物业运营390万/年・小区维护50万元/年
14	深圳百仕达花园（1997年/1230户）	12000元，3.3元/m²・月，（物业142人）	设计：华泰建筑设计公司+深圳某园林景观公司	高档商品房・自由式布局・分散绿地
15	深圳益田名园（1999年/160户）	8300元/m²	设计：香港ACLC环境设计公司 费用：40万美元	围合街坊式・小高层
16	深圳万科城市花园（1997年/354户）	8000～14000元/m² 1.5元/m²・月，电梯2.8元/m²・月（物业43人）	设计：华森建筑设计公司（四季花城：北林大万创设计室）	围合街坊式・小高层
17	深圳南海中心城（1997年/340户）	6800元/m²,2.15元/m²,电梯2.68元/m²・月	设计：香港+新加坡事务所	围合式・中心庭院・小高层
18	北京香江花园（1996年/700户）	2000～3000元/m²，1.5美元/m²・月（物业80人）	设计：北京东方园林公司	底层别墅式
19	北京望京K4区（1997年/2200户）	2600元/m²，多层0.5，高层1.1元/m²・月（物业90人）	设计：中央工艺美院+北京市院5家竞赛 费用：900万元	安居工程・中心绿地・多层、高层
20	北京望京A5区（1998年/4600户）	3900元/m²，2.0元/m²・月，（物业250人/不含两区）	设计：同上 费用：1000万元	城市试点小区・郊区商品房・大型中心绿地・全高层
21	厦门瑞景新村（1998年/1720户）	0.5元/m²・月，（物业86人/香港3.2～3.4万人）	设计：3家投标+苏州园林院竞赛 费用：800万元（200元/m²）	全国城市试点小区・多层・中心绿地
22	厦门金鸡岭小区（1996年/4420户）	3.5元/m²・月（物业50人）	设计：重庆规划院+市园林公司竞赛 费用：76元/m2，470万	利用地形・院落式
23	苏州桐芳巷小区，（1996年/241户）	4500元/m²，3.5～5.5元/m²・月，（物业18人）	设计：市规划院+其他	全国城市试点小区・街巷与院落式绿化・市区・物业支出25万（工资）
24	苏州新城小区（1998年/1340户）	0.4元/m²・月,（物业50人）	设计：工业园设计院 费用：83元/m²，310万	集中邻里中心式
25	常州红梅新村（1994年/2300户）	10元/户・月	设计：同济大学+市二院 费用：320万	中心绿地式・多层・全国试点小区

随着居住者对居住环境需求的日益提高，开发商对居住环境的重视和管理者在物业管理方面的实际要求，住宅区居住环境的建设有了很大发展，但同时也存在许多矛盾。从居住者的使用需求出发是环境设计与建设的基本立足点，在所调查的住宅区中居住者与管理者对居住环境的改善要求，如表4。

居住着及管理者对居住环境的改善要求问题 表 4

类别	项目	对居住环境的改善要求
景观与居住环境	1. 景观（中心绿地与组团绿地景观 · 建筑外观 · 自然植物 · 水体等远景 · 入口服务等）	▲重视景观▲晒衣与空调的影响▲草坪虽多但不能进入活动▲绿化品种少造成生态问题▲大树与树荫▲缺少立体绿化▲高密度小区景观干扰▲建筑外墙皮脱落▲希望有水、山石等自然景观与花园▲大型喷泉运营问题
	2. 物业管理（安全防范 · 物业服务 · 环境卫生 · 物业收费等）	▲管理与开发的角度不同（矛盾），应从用出发，而不是为观赏▲收费难与运营难▲居住自行管理问题与趋势▲物业管理人员太多▲出口多▲养狗问题▲居民对安全非常关心▲草皮和水体管理与费用问题▲应多组织集体性活动
	3. 公共服务设施（文娱类 · 体育类 · 商业类 · 管理类 · 老人儿童活动类等）	▲老人活动类严重缺乏▲体育健身类不足▲医疗及商业类也较少▲公建在小区中心，出现对外问题▲高档会所费用高▲托幼等被占用▲商业网点过于集中
室外环境与设施	1. 公共活动绿地（中心绿地与设施 · 组团绿地与设施 · 院落绿地与庭院等）	▲住栋间院落空间考虑不够细，人们利用少▲组团绿地利用性差与好的问题▲中心绿地过分集中，活动的地方少（如没有儿童踢球的地方），而看的地方多（如草坪）▲绿地过于分散无归属的绿地多
	2. 室外场地（中心广场 · 大片活动场 · 小型休憩场 · 儿童游戏场 · 步行道 · 单体建筑入口 · 门球等多种体育场地等）	▲健身和体育场地缺乏▲步行路没有坡道（并且不连续）▲步行路太窄▲步行与车的交叉问题▲儿童（幼儿）活动要有成人带着，缺乏安全感▲儿童活动场太远▲应增设中小学生场所
	3. 环境小品（坐凳 · 花台 · 车档 · 指示牌 · 底层小院 · 亭与花架等）	▲坐凳数量少▲底层小院住户卖得好▲花架要多一些▲标识与指示牌不完整▲信报箱使用不便
	4. 住户周围设施（停车场库 · 自行车存放处、摩托车 · 垃圾收集点等）	▲停车位不足造成随意停放▲自行车停放在单元入口前，因地下存放不方便▲汽车停靠分三干扰居民且不便▲垃圾点使用不方便▲垃圾要分类

（二）居住者对居住环境的总体评价

1. 调查对象的基本情况

1）调查对象的年龄以 30~60 岁为主，占 58.7%，60 岁以上的占 26.3%，其中男女比例各为 48.3% 和 51.7%。

2）家庭人口以 3 个人的核心家庭为多，占 45.2%，其次 2 口人的家庭为 24.8%，4 口人和 5 口人的家庭占 30%。

3）户主的职业以工薪阶层为主，占 58.6%，其他依次为，离退休人员占 21%，个体自营业者 13.2%，外企等高薪者 7.2%。

4）家庭人员月收入以 500~1500 元居多，占一半以上。

5）另外，家庭中有学龄前儿童的占 32.8%，有中小学生的占 38.3%，有 60 岁以上老年人的占 50%。

2. 景观与居住环境评价

1）居民对住宅区景观整体上评价很高，满意率依次为，中心绿地景观 84.9%，建筑外观 83.6%，组团绿地景观 74.4%，对自然景观和中心标志或入口景观评价也较好，满意率分别为 58.2% 和 53.9%。

2）居民对住宅区物业管理相关项目评价较高，满意率依次为环境卫生 74.6%、安全防范 64.7%、物业服务 64%、物业收费 56.0%。

3）居民对各类相关公共服务设施整体上评价较低，较差率依次为医疗类 29.2%、商业类 18.6%、体育类 17.8%、文娱类 16.3%、老人活动类 14.5%。

4）居民对雕塑等人工造景和自然景观评价也较低，较差率分别为 18.6% 和 9.5%。

5）在小区景观与居住环境的整体评价上约 9 成的人评价较高，而约一成的人认为有待提高。满意率最高的前三位依次是中心绿地景观、建筑外观和环境卫生。

3. 室外环境与设施评价

1）在活动绿地及其设施的评价中，整体上评价较高，满意率依次为中心绿地与设施 72.4%、组团绿地与设施 64.1%、院落绿地与设施 58.2%。

2）在室外活动场地的评价中，满意率较高的依次为草地 75.9%、步行路 73.3%、中心广场 67.7%、住宅单元入口 60.5%、小型休息场地 54.1%。而较差率较高的依次为大片集中健身场地 19.7%、儿童游戏场 18.6%、小型休息场地 13.2%、中心广场 11.0%。

3）在室外活动场地的体育类场地评价中，满意率较低，满意率较高的是网球场 57.0%，一半左右的人对门球场、羽毛球场和游泳池等不满意。

4）在室外环境小品的评价中，整体评价较高。满意率较高的依次是告示与指示牌 64.1%、底层住户小院 58.6%、坐凳 54.9%。而较差率较高的是坐凳 13.4% 和亭廊花架 12.4%。

5）在住户相关设施评价中，满意率较高的是垃圾收集点 71.3%，自行车存放点 61.9%。而较差率较高的是停车场 17.4%。

在对室外环境与设施的总体评价上，约 9 成的人评价较高，而约一成的人认为有待提高。满意率最高的前三位依次是：草地、步行路和中心绿地；满意率最低的为各种体育场地，之后的前三位依次是大片集体活动场、儿童游戏场和停车场。

4. 室外环境与设施未来改善的需求

1）在未来改善需求中认为应“大一些或多一些”的项目，需求最高的（四成以上的人）是：大片集体活动场地、中心广场、儿童游戏场、小型休息场地和坐凳；其次（三成以上的人）为停车场、亭廊花架、草地、羽毛球场和三级绿地与设施。

2）在未来改善需求中认为应“好一些”的项目，有（三成以上的人）：三级绿地与设施，步行路，住宅单元入口处，游泳池，羽毛球场，小足球及篮排球场，草地，告示指示牌，自行车存放点和垃圾收集点。

3）在未来改善需求中认为应“近一些”的项目有（一成以上的人）：小型休息场地、停车场、自行车存放点和垃圾收集点。

三、华北、华东和华南三大地区居民对居住环境的评价比较

（一）三大地区景观与居住环境评价比较（表 5）

三大地区景观与居住环境评价比较　表 5

地区	华北地区		华东地区		华南地区	
	满意率≥ 50%	较差率≥ 10%	满意率≥ 50%	较差率≥ 10%	满意率≥ 50%	较差率≥ 10%
中心绿地景观	●		●		●	
组团绿地景观	●	▲	●		●	
建筑外观	●		●		●	
自然草木水体		▲	●		●	
雕塑水体等人工景观		▲		▲	●	
小区入口或中心标志		▲	●		●	
安全 · 防范	●	▲	●		●	
物业服务			●		●	
环境卫生	●		●		●	
物业收费		▲	●		●	▲
医疗类		▲		▲	●	▲
文娱类		▲		▲	●	
体育类		▲		▲	●	
商业类		▲		▲	●	▲
管理类		▲	●		●	
老人活动类		▲		▲	●	▲

1. 华北地区对景观与居住环境的满意率最低，只有对中心绿地景观、组团绿地景观、建筑外观、安全防范及环境卫生的满意率达到 50% 以上。居民对各项整体上评价较低，除中心绿地景观、建筑外观、物业服务和环境卫生外，其他各项评价较差率均超过 10%。

2. 华东地区处于三大地区的中间水平，居民对景观与居住环境的满意率较高，其中除了对雕塑等人工造景和相关服务设施中医疗类、文娱类、体育类、商业类、老人活动类评价较低，较差率高于 10%，其他各项评价满意率均达到 50% 以上。

3. 华南地区满意率最高，对各项评价的满意率均超过 50%，居民仅对物业收费、医疗类、商业类、老人活动类评价较低，较差率高于 10%。

三大地区景观与居住环境评价中华北地区评价最低，居民对住宅区物业管理、相关公共服务设施、雕塑等人工造景和自然景观的评价都较低。华东地区居民仅对相关公共服务设施和雕塑等人工造景较为不满，华南地区评价最高，对景观与居住环境的各项评价满意率均超过 50%。

（二）三大地区室外环境与设施评价比较（表 6）

1. 华北地区对室外环境与设施的各项评价满意率最低，居民仅对中心绿地与设施、小型坐凳休息场地、儿童游戏场、草地、坐凳、告示栏、指示牌、垃圾收集点这七项感到满意，满意率达到

三大地区室外环境与设施评价比较　表 6

地区	华北地区		华东地区		华南地区	
	满意率≥ 50%	较差率≥ 10%	满意率≥ 50%	较差率≥ 10%	满意率≥ 50%	较差率≥ 10%
中心绿地与设施	●		●		●	
组团绿地与设施		▲	●		●	
院落绿地与设施		▲	●		●	
中心广场		▲	●	▲	●	
大片集体健身场地		▲		▲		▲
小型坐凳休息场地	●	▲	●	▲	●	
儿童游戏场	●	▲		▲	●	
步行路		▲	●		●	
住宅单元入口		▲	●		●	
游泳池		▲		▲	●	
网球场		▲	●		●	
门球场			●		●	
羽毛球场				▲	●	
篮排球、小足球场				▲	●	
草地	●		●		●	
坐凳	●	▲	●		●	
亭廊花架		▲	●		●	
告示栏、指示牌	●		●		●	
底层住户小院		▲	●		●	
停车场库、汽车（有）		▲	●		●	▲
停车场库、汽车（无）		▲	●	▲	●	▲
自行车摩托存放点		▲	●		●	
垃圾收集点	●		●		●	

50% 以上。对其他各项评价较低，较差率超过 10%。

2. 华东地区对室外环境与设施的各项评价较高，除大片集体健身场地、儿童游戏场、游泳池、羽毛球场、篮排球、小足球场等五项外，其他各项满意率均达到 50% 以上。居民对中心广场、大片集体健身场地、小型坐凳、休息场地、儿童游戏场、游泳池、羽毛球场、篮排球、小足球场等室外活动场地及停车场库还有进一步的要求，其评价较差率高于 10%。

3. 华南地区对室外环境与设施满意率最高，除对大片集体健身场地、停车场库的评价较低，对其他各项满意率都较高，除大片集体健身场地一项外，其他各项满意率均超过 50%。

三大地区室外环境与设施评价中华北最低，华东次之，华南最高。三大地区对大片集体健身场地、停车场库的评价都较低。

（三）室外环境与设施改善需求比较（表 7）

1. 华北地区对室外环境与设施未来改善的需求较迫切，除住宅单元入口、自行车和摩托车存放点、垃圾收集点三项外，对室外环境与设施有“大一些、多一些”需求的各项均超过 30%，对未来改善需求“近一些”超过 10% 的选项有儿童游戏场、步行路、停车场库、自行车摩托车存放点、垃圾收集点。希望“好一些”选项超过 30% 的有中心绿地与设施、组团绿地与设施、院落绿地与

三大地区室外环境与设施未来改善需求的比较 表 7

地区	华北地区			华东地区			华南地区		
	大一些 多一些 ≥ 30%	近一些 ≥ 10%	好一些 ≥ 30%	大一些 多一些 ≥ 30%	近一些 ≥ 10%	好一些 ≥ 30%	大一些 多一些 ≥ 30%	近一些 ≥ 10%	好一些 ≥ 30%
中心绿地与设施	●		●	●		●			
组团绿地与设施	●		●	●		●			
院落绿地与设施	●		●	●		●			
中心广场	●			●					
大片集体健身场地	●			●			●		
小型坐凳休息场地	●			●	●				
儿童游戏场	●	●		●		●			
步行路	●	●	●			●			
住宅单元入口			●			●			
游泳池	●					●			
网球场	●				●				●
门球场	●						●		
羽毛球场	●					●	●		
篮排球、小足球场	●						●		
草地	●		●			●			
坐凳	●			●					
亭廊花架	●		●	●		●			
告示栏、指示牌	●		●			●			
底层住户小院	●					●			
停车场库、汽车（有）	●	●		●	●		●		
停车场库、汽车（无）	●	●			●	●			
自行车摩托存放点		●	●		●	●			
垃圾收集点		●	●		●	●			

设施、步行路、住宅单元入口、草地、告示栏 · 指示牌、自行车摩托车存放点、垃圾收集点等 9 项。

2. 华东地区在未来改善需求中认为应“大一些、多一些”超过 30% 的有各项活动绿地及设施，各项室外活动场地、坐凳、亭廊花架和停车场车 · 汽车（有）。希望“近一些”选项中超过 10% 的有小型坐凳休息场地、网球场、停车场库、汽车、自行车摩托车存放点、垃圾收集点。除中心广场、大片集体健身场地、小型坐凳休息场地、网球场、门球场、篮球场、小足球场和停车场库、汽车（有）外，其他各项都有超过 30% 的需求，希望他更“好一些”。

3. 华南地区对未来改善的需求最少，对未来改善需求中要求“大一些、多一些”选项超过 30% 的仅有大片集体健身场地、门球场、羽毛球场、篮球场、小足球场和停车场库、汽车（有）。对未来改善需求认为应“好一些”超过 30% 的仅有网球场一项。

华北地区对室外环境与设施未来改善的需求最高，然后依次为华东地区、华南地区。三个选项中希望“大一些、多一些”的呼声在三个地区都是最高，其次是“好一些”，最后为“近一些”。

原载于：《研究报告》

我国城镇住宅实态调查结果及住宅套型分析

何建清

2003~2004年，国家住宅与居住环境工程技术研究中心组织完成了全国除西藏、四川、贵州、重庆、中国台湾、海南以外的26个省（包括自治区和直辖市）、105座城市（另包括少量建制镇）的城镇住宅实态调查。本次调查是为了解城镇居民的居住状况以及住宅相关配套设施状况，调查内容包括住宅概况（建成年份、住宅层数、套型、建筑面积等）、住户人员构成（包括成员关系、年龄、性别、每周居住天数等）、相关概况（厨房、卫生间、阳台、屋顶）、能源消耗量、设备配置概况五大部分[①]。

调查采用了用户问卷的形式，通过专家调查和委托调查结合的方式进行。调查共获取有效问卷383份，其中198份位于严寒和寒冷地区，185份位于夏热冬冷、夏热冬暖和温和地区。问卷数据分86组，有效数据32000多个。需要说明的是，本次调查样本是以单套住宅为基本单位的，不是以家庭户为基本单位的。另外，受时间、经费等客观因素制约，本次调查结果反映的，只是所获取的有效样本的相关信息，通过对这些信息的统计分析，可以看出我国城镇居民近年居住实态的基本状况。

本文抽取其中住宅概况、住户人员构成和相关概况三个部分的主要实态调查数据进行分析和比较。文中采用的图表和分析数据当中，所有数值区间中的低限数值，除年代外，均不包含在该数值区间之内。

一、城镇居民目前正在使用的住宅多建于福利分房制度改革以后

调查显示，仅有 1 户住宅建于 1970 年。建于改革开放初期 1979~1984 年、有计划商品经济时期 1985~1991 年的住宅很少，分别占调查样本总数的 1.6% 和 4.4%。建于 1992 年实行社会主义市场经济以后的住宅占绝大多数，其中建于 1992~1998 年的住宅占 38.2%，建于 1999 年福利分房制度改革以后的住宅超过半数，占 55.5%（图 1）[②]。

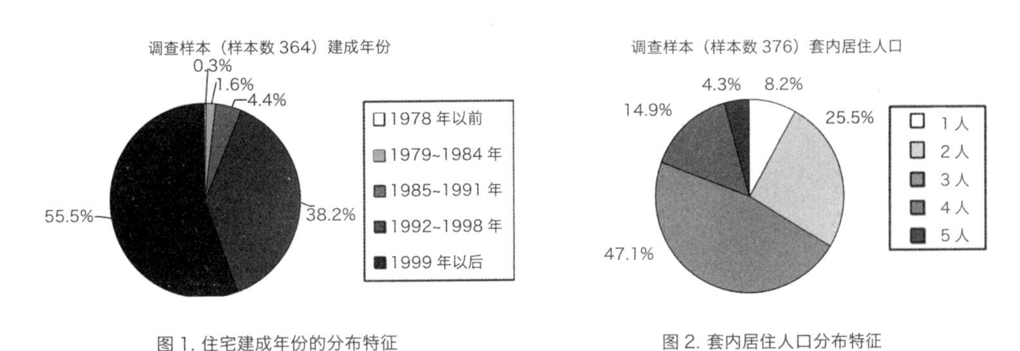

图 1. 住宅建成年份的分布特征　　图 2. 套内居住人口分布特征

二、住宅套内平均居住人口不足 3 人

调查样本的套内平均居住人口 2.84 人。2005 年底，国家统计局全国 1% 人口抽样调查结果显示，城镇居民家庭的平均人口 2.97 人[③]。尽管在统计口径上有差异，即国家统计局是以家庭为单位统计的，而本调查是以单套住宅为单位进行统计的，但两种调查结果均显示，我国目前无论是家庭平均人口还是套内平均居住人口，均已降至 3 人以下（图 2）。

调查样本中，住宅套内居住人口最多为 5 人。按分类样本占总样本的比例进行排序的结果是 3 人最多，占 47.1%，居住成员的关系多为夫妻带独生子女；2 人其次，占 25.5%，居住成员的关系多为夫妻无子女；4 人占 14.9%，居住成员的关系多为夫妻带双子女，或夫妻带独生子女和一位老人；1 人占 8.2%，年轻人居多；5 人占 4.3%，成员关系以三代家庭成员为主。

三、住宅形式以多层和小高层为主

从调查结果可以明显看出，我国住宅建筑层数以多层和小高层为主，分别占到总样本数的48.8%和44.8%，低层和高层住宅比例很少（图3），其中，南方城镇的住宅建筑层数、居住密度明显高于北方城镇，且以小高层和高层居多。

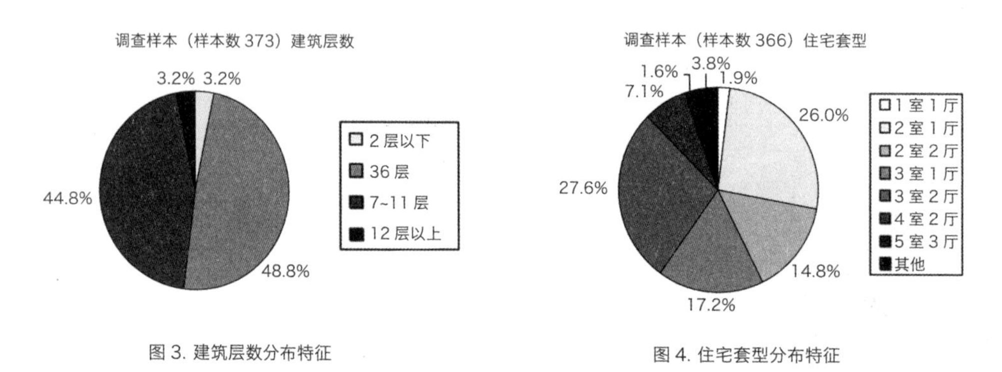

图3. 建筑层数分布特征

图4. 住宅套型分布特征

四、住宅套型以2室1厅和3室2厅居多

从住宅套型来看，调查样本中以3室2厅和2室1厅套型居多，占总样本比例为27.6%和26.0%，两种套型之和超过总样本的一半以上；其次为3室1厅和2室2厅套型，分别占总样本的17.2%和14.8%，4室2厅套型也占有以一定比例，为7.1%（图4）。

从卧室数量来看，显然3室套型最多。如果将3室无厅、3室1厅、3室2厅、3室3厅的样本数量加在一起，将超过总样本的45.0%。而从住宅的建成年代来看，3室套型多为福利分房制度改革以后住户自主购买的住宅，属于典型的居住条件改善型住宅套型。

五、住宅建筑面积集中分布在70m² ～ 120m²之间

调查样本中，住宅建筑面积（不含阳台面积）分布特征的统计排序是90m² ～ 100m²最多，占13.5%，其余依次为70m² ～ 80m²、80m² ～ 90m²、100m² ～ 110m²、110m² ～ 120m²、60m² ～ 70m²、120m² ～ 130m²、180m²以上、60m²以下和130m² ～ 140m²、140m² ～ 150m²（图5）。面积分布在

$70m^2$ ～ $120m^2$ 之间较为均匀，其他区间并不均匀。这种分布特征表明，有 60.2% 的住宅建筑面积集中分布在 $70m^2$ ～ $120m^2$ 之间，与上述住宅套型分析结果（3 室 2 厅和 2 室 1 厅套型居多）基本吻合。

如以 $90m^2$ 划分界限，那么调查样本中，$90m^2$ 以下中小户型住宅仅占总样本数的 37.5%，$90m^2$ 以上大户型住宅则占到总样本数的 62.5%（其中 $90m^2$ ～ $120m^2$ 住宅占 35.4%，$120m^2$ 以上住宅占 27.1%）。

从平均值来看，有效样本的总平均建筑面积为 $111.11m^2$。多层住宅样本的平均建筑面积为 $113.4m^2$，小高层住宅样本的平均建筑面积为 $101.36m^2$，小高层住宅比多层住宅少 $12.04m^2$。

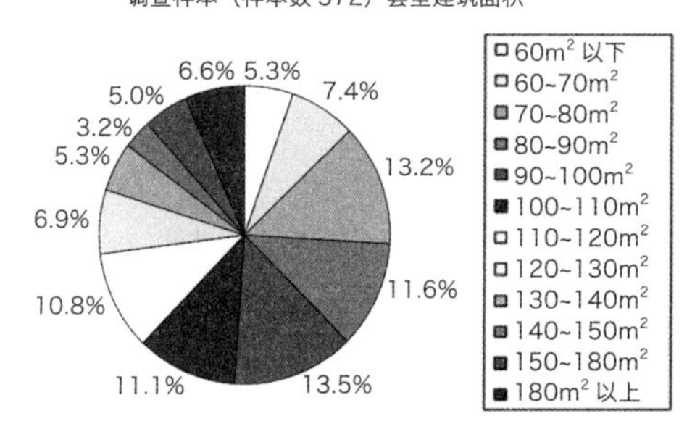

图 5. 套型建筑面积分布特征

调查样本（样本数 372）按面积分类的人均建筑面积

	90m² 以下	90~120m²	120m² 以上
人均建筑面积	28.31	38.39	53.28

图 6. 按面积分类的人均建筑面积比较

六、小户型和大户型的人均住宅建筑面积相差一倍

将住宅建筑面积划分为 $90m^2$ 以下、$90m^2$ ～ $120m^2$、$120m^2$ 以上三个区间进行统计的结果表明：$90m^2$ 以下住宅的人均指标为 $28.31m^2$，$90m^2$ ～ $120\ m^2$ 住宅的人均指标为 $38.39m^2$，$120m^2$ 以上住宅的人均指标为 $53.28m^2$（图 6）。也就是说，$120m^2$ 以上超大户型的人均指标，几乎是 $90m^2$ 以下中小户型人均指标的两倍。

七、小高层住宅比多层住宅的小户型比例大

如果把多层住宅和小高层住宅的相关指标分别进行比较的话，那么，多层住宅中 $70m^2$ ～ $120m^2$ 之间的分布较为均匀，小高层住宅中只有 $80m^2$ ～ $90m^2$ 和 $100m^2$ ～ $120m^2$ 的比例相当。并且，$90m^2$ 以下小户型在小高层住宅中所占的比例大于多层住宅，为 43.3%，而多层住宅为 36.7%，小高层住

宅比多层住宅高出6.6%；90m^2~120m^{2}户型在多层住宅中占38.4%，在小高层住宅中占33.7%，多层住宅比小高层住宅高出4.7%；120m^{2}以上户型在多层住宅中占24.9%，在小高层住宅中占23.0%，多层住宅比小高层住宅高出1.9%（图7）。

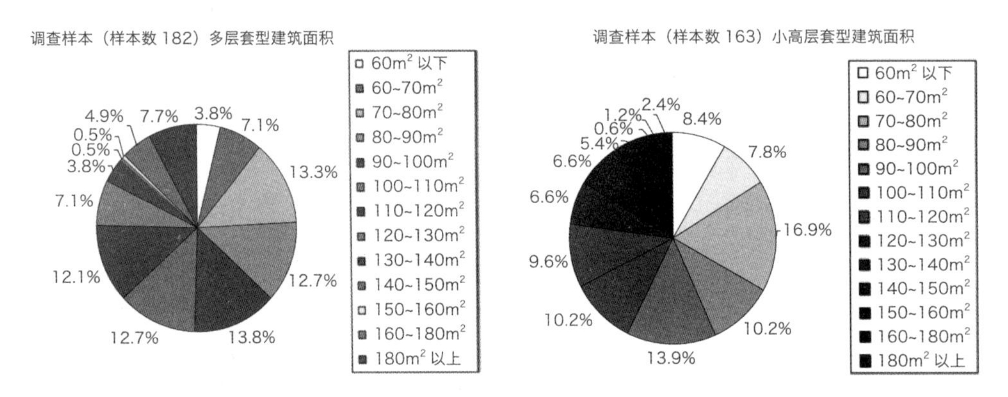

图7（a）．多层、小高层住宅建筑面积分布特征

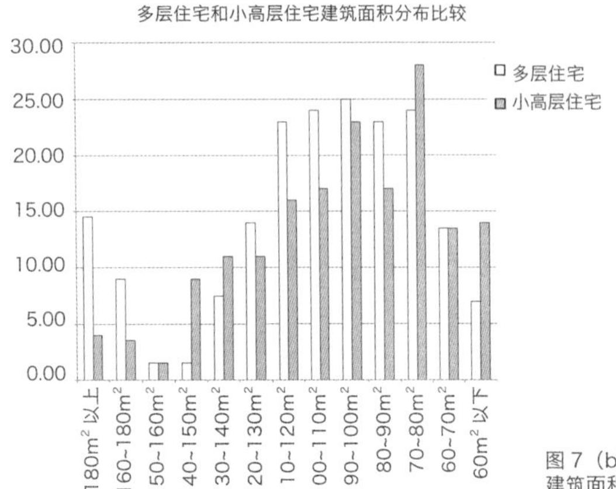

图7（b）．多层住宅和小高层住宅建筑面积分布比较（Y轴单位%）

八、卫生间面积达标而个数未达标

调查样本中，有64.3%的住宅仅设有一个卫生间,30.4%的住宅设有2个卫生间，5.3%的住宅设有3个及3个以上的卫生间，其中：第一卫生间的平均使用面积3m^{2}以下的占17.4%，3m^2 ～ 6m^2

的占 59.4%，6 m^2 以上的占 23.3%，平均使用面积 5.48 m^2；第二卫生间的平均使用面积 3m^2 以下的占 22.8%，3m^2 ～ 6 m^2 的占 56.7%，6 m^2 以上的占 20.4%，平均使用面积 4.95m^2（图 8）。

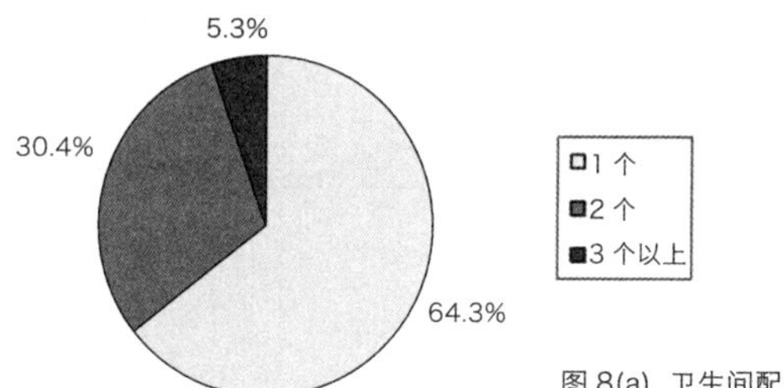

图 8(a). 卫生间配置个数分布

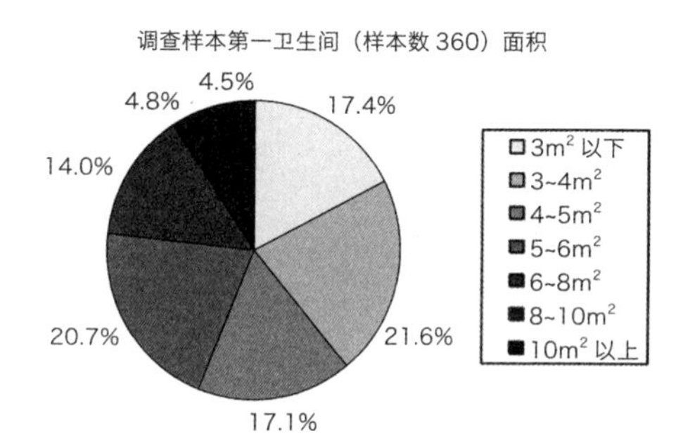

图 8（b）. 第一、第二卫生间使用面积分布特征

如果对应以 3 室居多的改善型住宅套型来看，现有住宅卫生间的面积指标已可以满足布置三件洁具和一台洗衣机的要求，但卫生间个数的配置标准有待提高。

九、绝大多数厨房以操作功能为主

调查样本中，使用面积在 6 m^2 以下的占 41.2%，其中以 4m^2 ～ 6 m^2 的最多，占 29.5%，6m^2 ～ 10 m^2 的占 38.8%，其中 6m^2 ～ 8 m^2 的占 25.4%；10 m^2 以上的仅占 20%（图 9）。厨房样本的总平均建筑面积为 8.34 m^2。

这种情况表明，我国城镇住宅厨房的设计，主要还是考虑操作功能，没有考虑就餐功能，就餐所需空间往往独立于厨房之外。

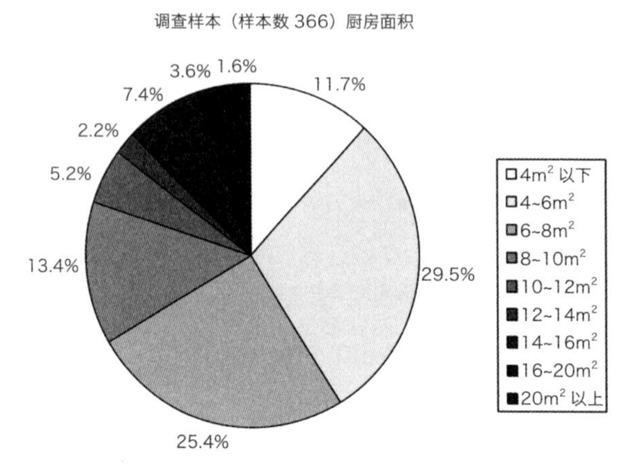

图 9. 厨房建筑面积分布特征

十、阳台已成为城镇住宅不可缺少的使用空间

调查样本中，无阳台的住宅占 4.7%，有阳台的住宅占 95.3%。多数住宅只有 1 个阳台，占 55.1%。有 2 个阳台的住宅占 35.9%，有 3 个以上多个阳的住宅占 4.2%（图 10a）。

与阳台相连的室内空间在数量排序上依次为起居厅、主卧室、厨房、次卧室、餐厅、卫生间、其他空间。当仅设有 1 个阳台时，阳台大多与起居厅相连；设有 2 个阳台时，阳台与室内空间的连接情况呈现多样化趋势，除与起居厅相连外，与厨房、卧室和餐厅相连的比例较大（图 10b）。这说明阳台连起居厅，是我国城镇居民乐于接受的空间布置方式。

从面积来看，单个阳台和第一阳台面积在 4m² 以下的占 32.7%，4m² ～ 8m² 占 54.6%，8m² 以上占 12.7%，平均为 6.08m²；第二阳台面积在 4m² 以下的占 52.6%，4m² ～ 8m² 占 40.6%，8m² 以上占 6.8%，平均为 4.77m²，比第一阳台小 1 .31m²（图 10c）。当阳台计入建筑面积时，如果一户有 2 个阳台，就意味着将多出 10m² 以上的建筑面积。

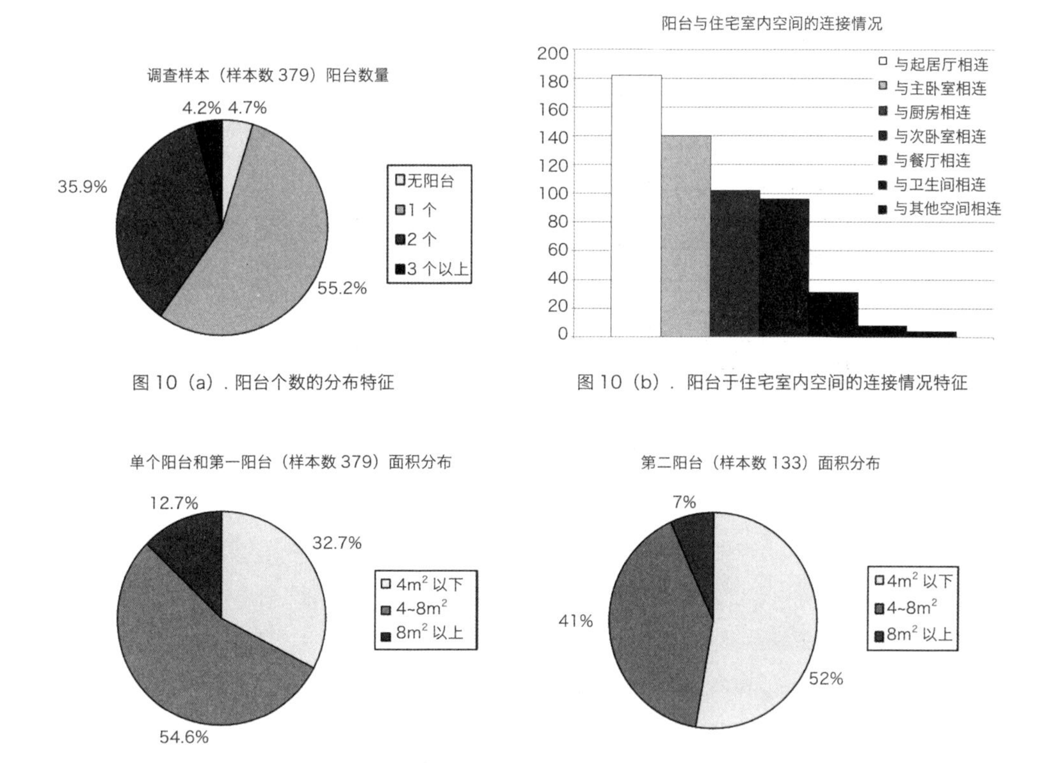

图 10（a）. 阳台个数的分布特征

图 10（b）. 阳台于住宅室内空间的连接情况特征

图 10（c）. 第一阳台和第二阳台的面积分布特征

十一、结论

住宅建筑面积的关联指标很多，其首要关联指标是套内居住人口。而居住人口的情况目前较为复杂，即使居住人数相同，所需的居住空间数也不完全一致。同时，住户对居住标准的选择，既受物质因素的影响，又受心理因素的影响，因此居住空间会有拥挤、适中、宽裕等使用状态，即使居住空间数相同，但面积上仍然会有差异（图 11）。

由此可见，以人为本，对住宅建筑面积进行约束，是社会住房保障制度的出发点。当社会保障能力较弱时，可采用相对较低的人均建筑面积标准，为低收入者提供基本居住空间，以有效降低社会总成本；当住户经济承受能力较弱时，也可选择较低的人均建筑面积标准，待经济承受能力增强后再加以改善。如果忽略居住人口与住宅套型、建筑面积的合理匹配，忽略住宅使用过程中的空间

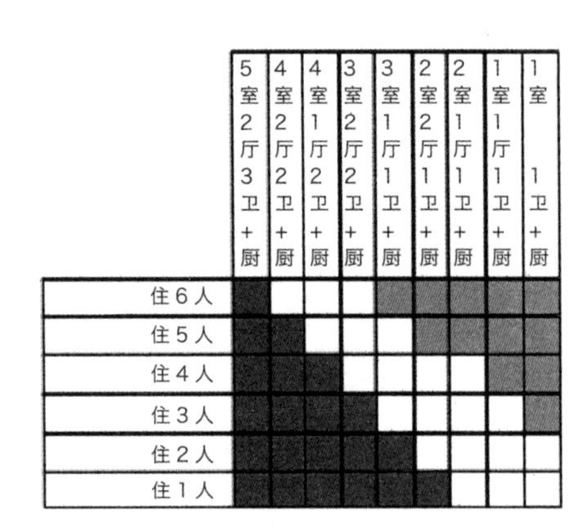

图11.居住人数与居住空间的基本对应关系（图中红、黄、蓝三色区域，分别代表居住空间的拥挤、适中、宽敞三种使用状态）

2020全面建设小康社会居住目标

250
200
150
100
50
0

全面建设小康社会居住目标（人均住宅建筑面积按 $35m^2$）
城镇最低收入家庭住宅保障（人均住宅建筑面积按 $20m^2$）

6人　5人　4人　3人　2人　1人

图12.根据“全面建设小康社会居住目标”估算的住宅建筑面积

需求变化，就无法实现合理化设计和节约型设计。

建设部政策研究中心在2004年完成的“全面建设小康社会居住目标”提出，到2020年，我国城镇居民人均建筑面积 $35m^2$，每套住宅平均面积在 $100m^2$ ～ $120m^2$ 左右。城镇最低收入家庭人均住房建筑面积大于 $20m^2$，保障面要达到98%以上，达到“应保尽保”的保障水平[④]。以此标准计算，采用高标准时，仅有供2人及1人居住的住宅建筑面积在 $70m^2$ 以下；采用低标准时，除供5人以上居住的住宅外，其余住宅建筑面积均在 $80m^2$ 以下（图12）。

随着国家对住房市场宏观调控政策的相继出台，我国城镇的住宅供应结构、住房消费、住宅套型设计必将日益趋于理性和合理，住宅设计人员要更加关注住宅设计的细节和定量指标，用好城镇的居住用地和居住空间。

注释：

① 调查表内容参见国家住宅与居住环境工程技术研究中心，住宅实态调查表。

② 我国住宅建设发展的阶段划分，国家住宅与居住环境工程技术研究中心编，中国建筑设计研究院科学技术丛书——住宅科技，北京：2006。

③ 中华人民共和国国家统计局，2005年全国1%人口抽样调查主要数据公报，http://www.stats.gov.cn/tjgb/rkpcgb/qgrkpcgb/t20060316_402310923.htm,2006年3月16日。

④ 慈冰，全面建设小康社会居住目标．中国建设报・中国楼市．2004.11.17.

参考文献：

[1] 国家住宅与居住环境工程技术研究中心. 2003-2004 年城镇居民住宅实态调查 [R].2004.

[2] 国家“十五”科技攻关计划项目“小城镇绿色住宅产业技术研究与开发”课题组，小城镇住宅实态调查数据分析报告 [R]，2006.

[3] 国家住宅与居住环境工程技术研究中心. 中国建筑设计研究院科学技术丛书——住宅科技. 2006.

[4] 中华人民共和国国家统计局，2005 年全国 1% 人口抽样调查主要数据公报 [OL]，http: //www.stats.gov.cn/tjgb/rkpcgb/qgrkpcg b/t20060316_402310923.htm,2006 年 3 月 16 日.

[5] 中华人民共和国国家标准 GB 50096-1999 住宅设计规范（2003 年版）[S]. 中国建筑工业出版社，2003.

[6] 建设部，发展改革委，监察部，财政部，国土资源部，人民银行，税务总局，统计局，银监会，国办发 [2006]37 号《关于调整住房供应结构稳定住房价格的意见》[OL]，新华网，http://news.xinhuanet.com/newscenter/2006-05/29/content_4616608.htm,2006 年 05 月 29 日 17:33:54.

[7] 慈冰. 全面建设小康社会居住目标 [N]，中国建设报 · 中国楼市. 2004.11.17.

原载于：《住区》，2006 年第 3 期

住宅平均日热水用量研究与分析

张磊 陈超 梁万军

按照《建筑给水排水设计规范》规定，热水供应系统应该以最高日生活用水定额计算热水负荷，并选用加热设备，以满足最不利情况下的供水要求。但在《民用建筑太阳能热水系统应用技术规范》GB 50364-2005 中明确规定，进行太阳能热水系统设计时，应按照平均日热水用量计算集热系统的热水负荷与集热器面积。

这是因为，太阳能是一种间断性的热源，太阳能热水系统所提供的热量是全天集热量的累积，不能以瞬时值来计量。单纯依靠太阳能提供每一天的生活热水用能，在考虑经济的前提下是不现实的。最高日用水量在一年内出现的次数不多，如果按这种极端情况确定系统的集热面积，会使收集的热量在大部分时间内被浪费，即浪费了投资。参照国内外太阳能热水系统成功运行的经验，应按照平均日热水用量计算太阳能热水系统所能提供的热量，配置集热器的面积，按照最高日生活用水定额设计选择辅助加热设备，依靠辅助热源保证最不利的用水要求。

居民的平均日热水用量在现行规范中并没有规定，该数值需要大量的实际工程统计才能得到，目前尚没有专门的部门进行这项基础工作。笔者结合本单位进行的住宅实态调查与国外调研数据，试对此设计参数进行分析研究。

1. 实态调查数据统计

2003 ～ 2004 年，国家住宅工程中心专门针对居民的平均日热水用量在全国范围内开展了对 383

户住户和 13 个使用集中热水的小区的实态调查，整理有效数据如下：

1）使用家用热水器住户的热水用量

从入户调查表中挑选使用热水器的居民热水使用实态调查表，共有有效表格 268 份，各户人均冷水用量及不同用量分布比例，见表 1。

居民人均冷水用量实态统计表　　表 1

冷水用量 (L/ 人 · d)	5～85	86～100	101～110	111～130	131～150	151～180	181～200	201～300	300 以上	合计
户数	69	20	20	13	25	33	19	41	28	268
所占比例 (%)	25.75	7.46	7.46	4.85	9.33	12.31	7.09	15.3	10.45	100

根据《建筑中水设计规范》中住宅建筑分项给水百分率的规定：沐浴占 29.3%~32%。《建筑给水排水设计规范》中规定设置有大便器、洗脸盆、洗涤盆、洗衣机、热水器和沐浴设备的住宅最高日生活用水定额为 130~300L/ 人 · d，而设置有自备热水供应和沐浴设备的住宅热水用水定额为 40~80L/ 人 · d，经计算，热水占生活用水的 30.77%~26.67%。可以确定住宅热水用量约占生活用水的 30%，得出居民实际的人均热水用量及不同用量分布比例，见表 2。

居民人均热水用量实态统计表　　表 2

热水用量 (L/ 人 · d)	1.5～25.5	25.8～30	30.3～33	33.3～39	39.3～45	45.3～54	60.3～90	60.3～90	90 以上	合计
户数	69	20	20	13	25	33	41	41	28	268
所占比例 (%)	25.75	7.46	7.46	4.85	9.33	12.31	7.09	15.3	10.45	100
	45.52				28.73			15.3	10.45	100

以居民日用水量不大于 200L（共 199 户，占填表户 74.25%）的调查数据作为计算依据，计算居民的平均日用水量为 111L/ 人 · d，折算出平均日热水用量为 33L/ 人 · d。

2）使用集中热水住户的热水用量

（1）北京亮马明居为高档住宅，共有 437 户，入住率 65%，户均 4 人，所有住户均使用集中热水，热源为附近饭店提供的蒸汽，小区内设置换热站，热水运行成本 30 元 /t，热水单价 11 元 /t。经过计算，居民平均热水用量为 43L 人 · d。居民 2003 年的热水用量见表 3。

北京亮马名居 2003 年热水用量统计表

表 3

	1月	2月	3月	4月	5月	6月	7月	8月	9月	10月	11月	12月	平均
m^3	1350	1351	1392	1400	1405	1406	1519	1738	1506	1544	1550	1584	1478.8
m^3/人·月	1.19	1.19	1.22	1.23	1.24	1.24	1.33	1.53	1.33	1.36	1.36	1.40	1.30
L/人·d	38	42	40	41	40	41	43	49	44	44	45	45	43

(2) 北京宏源公寓为涉外商住公寓，共 342 户，入住率 60%，户均 3 人，所有住户均使用集中热水，热源为小区燃气锅炉房，运行成本 26 元 /t，热水单价 10 元 /t。经过计算，居民平均热水用量为 48L/ 人 · d。居民 2003 年的热水用量见表 4。

北京宏源公寓 2003 年热水用量统计表

表 4

	1月	2月	3月	4月	5月	6月	7月	8月	9月	10月	11月	12月	平均
m^3	766	912	1093	1201	738	870	497	639	866	987	1315	791	889.6
m^3/人·月	1.24	1.48	1.77	1.95	1.19	1.41	0.81	1.03	1.41	1.60	2.14	1.28	1.44
L/人·d	40	53	57	65	39	47	26	33	47	52	71	41	48

(3) 云南红塔金典苑住宅小区，采用的是以楼栋为单位的集中热水供应系统，选取其中一个系统进行统计，该系统共服务 96 户，入住率 90%，户均 3 人，所有住户均使用集中热水，热源为太阳能，热水运行成本 2.73 元 /t(其中冷水价格 1.83 元 /t)，热水单价 2.73 元 /t。经过计算，居民平均热水用量为 51L/ 人 · d。居民 2004 年的热水用量见表 5。

云南红塔金典苑住宅小区 2004 年热水用量统计表

表 5

	1月	2月	3月	4月	5月	6月	7月	8月	9月	10月	11月	12月	平均
m^3	330	384	375	357	430	510	480	460	385	363	401	357	402.7
m^3/人·月	1.27	1.48	1.44	1.37	1.65	1.96	1.84	1.77	1.48	1.39	1.54	1.37	1.55
L/人·d	41	53	47	46	53	65	60	57	49	45	51	44	51

(4) 兰州路桥大厦是商住两用的公寓，共 60 户，入住率 100%，户均 3 ~ 4 人 (按 3.5 人计算) ，所有住户均使用集中热水，热源为太阳能，热水运行成本 2.00 元 /t （其中冷水价格 1.50 元 /t) ，热水单价 2.00 元 /t。经过计算，居民平均热水用量为 72L/ 人 · d。居民 2003 年的热水用量见表 6。

兰州路桥大厦 2003 年热水用量统计表

表 6

	1月	2月	3月	4月	5月	6月	7月	8月	9月	10月	11月	12月	平均
m^3	440	460	400	390	400	380	400	300	350	360	450	400	394.2
m^3/人·月	2.44	2.56	2.22	2.17	2.22	2.11	2.22	1.67	1.94	2.00	2.50	2.22	2.19
L/人·d	79	91	72	72	72	70	72	54	65	65	83	72	72

（5）常州金禧园小区为普通住宅，共61 2户，入住率100%，户均3人。共有452户住户使用集中热水，其中全部使用集中热水的住户312户，同时使用家用热水器的住户140户，只按照全部使用的住户，即按照936人计算居民平均热水量（计算出的数值高于实际热水用量）。热源为小区电热水锅炉，平常季节采用低谷电蓄热的技术，夏季采用中央空调废热回收制热水，全年运行成本与热水收费持平，热水单价18.5元/t。经过计算，居民平均热水用量为47L/人·d。居民2004年的热水用量见表7。

常州金禧园小区2004年热水用量统计表　　表7

	1月	2月	3月	4月	5月	6月	7月	8月	9月	10月	11月	12月	平均
m^3	1431	1446	1486	1401	1215	1246	1238	1306	1456	1231	1239	1357	1337.7
m^3/人·月	0.78	0.79	0.81	0.76	0.66	0.68	0.67	0.71	0.79	0.67	0.68	0.74	0.73
L/人·d	49	55	51	50	42	44	43	45	52	42	44	47	47

（6）北京万泉新新家园为普通住宅，共1144户，入住率100%，户均4人，全部使用集中热水，热源为小区燃气锅炉房，热水运行成本24.9元/t，热水单价15.5元/t。经过计算，居民平均热水用量（按照两年的平均值计算）为44L/人·d。居民的热水用量见表8、表9。

北京万泉新新家园2003年热水用量统计表　　表8

	1月	2月	3月	4月	5月	6月	7月	8月	9月	10月	11月	12月	平均
m^3	7011	6016	6218	8700	6419	7545	7108	3169	6381	4916	7068	5930	6373.4
m^3/人·月	1.53	1.32	1.36	1.90	1.40	1.65	1.55	0.69	1.39	1.07	1.55	1.30	1.39
L/人·d	49	47	44	63	45	55	50	22	46	35	51	42	46

北京万泉新新家园2004年热水用量统计表　　表9

	1月	2月	3月	4月	5月	6月	7月	8月	9月	10月	11月	12月	平均
m^3	4353	6647	8610	6149	5726	4986	4765	4740	4454	5316	6859	7480	5840.4
m^3/人·月	1.0	1.5	1.9	1.3	1.3	1.1	1.0	1.0	1.0	1.2	1.5	1.6	1.28
L/人·d	31	52	61	45	40	36	34	33	32	37	50	53	42

2. 简算居民最高日用水量与平均日用水量的比值

按照《室外给水设计规范》中规定的居民生活用水定额进行计算，根据不同的给水分区以及城市规模，这一比值的范围为：1.20～1.43。取值的趋势是使用人数越多，比值越小，比如特大城市比值最小，在1.2～1.29之间，大城市比值居中，在1.28～1.33之间，中、小城市比值最大，在1.28～1.43之间。

住宅小区的使用人数较少，所以应适当选取大的比值1.4，以适应全国不同地区不同规模住宅小区的实际使用情况。

3. 平均日热水用量计算

《建筑给水排水设计规范》规定“有集中热水供应和沐浴设备的住宅，最高日热水用水定额为 60 ～ 100L/ 人 · d”，“有自备热水供应和沐浴设备的住宅，最高日热水用水定额为 40 ～ 80L/ 人 · d”。如按照最高日用热水量与平均日用热水量的比值为 1.40 计算居民的平均日用热水量，则有集中热水供应和沐浴设备的住宅，平均日热水用量为 43 ～ 71 L/ 人 · d，有自备热水供应和沐浴设备的住宅，平均日热水用量为 29 ～ 57 L/ 人 · d。

根据调查数据分析，当采用局部热水供应系统时，居民的平均热水用量为 33 L/ 人 · d。当采用集中热水供应系统时，按照系统运行效果较好的 6 个小区分析，即使是组合使用用水器具（淋浴器、洗面器、洗涤池、洗衣机）最多的路桥大厦，居民的平均热水用量也只有 72 L/ 人 · d，其余 5 个小区的用量均在 40 ～ 50 L/ 人 · d 之间。

4. 德国实测数据统计

根据德国实测数据的统计，热水用量按 40 L/ 人 · d (60℃) 设计，平均每户 3 个人，实际消耗是 45 L/ 人 · d，而不是 120 L/ 户 · d。根据系统集中的程度，如集合住宅可以按照 30~35 L/ 人 · d (60℃)，高层住宅可以按照 20~30 L/ 人 · d (60℃) 进行太阳能设备的规划。

下图是 2000 年希尔顿的 ZfS 有限责任公司针对不同的目标建筑物计算出了不同的热水用量。

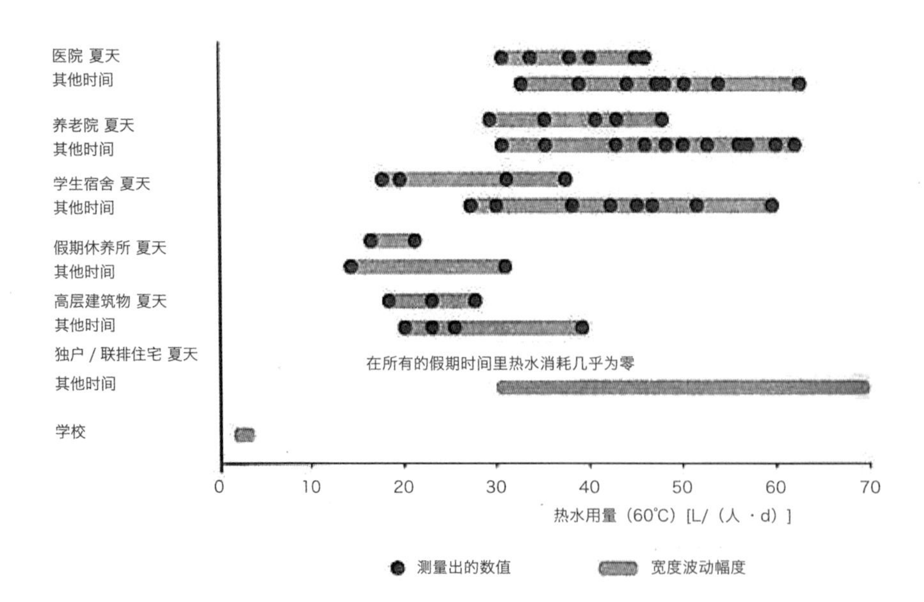

5. 小结

综合上述研究分析，计算太阳能热水系统中集热系统的热水负荷时，建议可以参照各地用水习惯和特点，当采用局部热水供应系统时，居民的平均日热水用量取 30 ～ 40 L/ 人 · d，当采用集中热水供应系统时，居民的平均日热水用量取 45 ～ 60 L/ 人 · d。

参考文献：

[1] M.Norbert Fisch:*Konzept-Technologien-Projekte*.Wiesbaden:Viewegt Teubner Verlag.2001.

原载于： 《给水排水》，2006 年第 9 期

住区心理环境健康影响因素实态调查研究

仲继寿　赵旭　王莹　于重重　李新军　贾丽　曹秋颖

一、健康住宅试点建设历程

根据世界卫生组织的定义，所谓健康就是在身体上、精神上、社会上完全处于良好的状态，而不是单纯地指疾病或体弱。中国专家将健康住宅理念定义为：在满足住宅建设基本要素的基础上，提升健康要素，保障居住者生理、心理、道德和社会适应等多层次的健康需求，促进可持续发展，营造舒适、健康的居住环境。因此，健康住宅可以直接释义为：一种体现在住宅和住区内的健康居住环境，它不仅包括与居住相关联的物理量值，如住区及住宅空间，空气质量，热、声、光、水、电、气和景观等物理环境量，也包括与社会环境相关联的主观心理要素，如交往、安全环境、健身、文化和公共卫生环境以及环境卫生、物业服务和社区保险等。

自1999年底，中国国家住宅与居住环境工程技术研究中心（以下简称国家住宅工程中心）联合建筑学、生理学、卫生学、社会学和心理学等方面专家就居住与健康问题开展研究，相继发布了具有中国特色的研究成果，并开展了以住区为载体的健康住宅建设试点工程，以检验和转化健康住宅研究成果，受到了国内外社会各界的深切关注。

2002年至目前，国家住宅工程中心已在全国35个城市实施了41个项目为健康住宅建设试点项目，试点面积超过2000万m^2，并有11个项目竣工验收，成为中国健康住宅示范工程。试点项目不仅涵盖了中国所有气候特征区域，试点城市也从特大城市、大、中城市发展到县级城市，住宅类型包括了独户住宅、低层和多层住宅、高层住宅，并能满足不同经济、支付能力的居住需求，起到了显著的示范作用。通过 7 年的实践，健康住宅试点工程已经成为研究开发和技术集成的平台，健康住宅试点项目建设对项目所在地乃至全国的住宅建设起到了极大的推动作用。

二、健康住宅实态调查研究

健康住宅试点工程实态调查主要根据下列四点，确定住宅建设健康影响因素，并编制住区健康现状实态预调查表。

(1) 根据多年来健康住宅研究成果，总结出相关影响要素；

(2) 健康住宅技术要点所涉及的各种影响要素；

(3) 健康住宅验收时居民体验调查所反映的主要问题要素；

(4) 试点工程预调查的经验。

初步调查工作于 2006 年年初展开，按不同地域气候特征、不同经济发展水平、不同生活方式，选取了 9 个高、中、低不同定位档次的住区，共计约 1200 多户作为调查样本。采取实地走访方式，针对当地住宅建设存在的缺陷、当地居民反应强烈的问题进行了调查统计。结果显示出居民对于声、光、热、水、空气质量等居住环境健康因素反映较多，但问题都很分散。另外，尽管调查问卷中社会环境健康性方面的内容较少，但在走访交谈过程中，居民对于加强邻里交往、提高安全防范、减轻心理压抑等方面都有很强烈的需求。

配合国家自然科学基金项目"居住建设健康影响规律及评估研究"(50578152/E0801) 的开展，国家住宅工程中心于 2007 年 10 月至 2008 年 10 月期间进行了内容更广、更全面的居住与健康实态调查。在调查问卷中特别增加了社会环境健康性方面的内容，如邻里关系、居住安全感、私密性保护等。涉及心理健康方面的主要调查内容：视觉环境、私密性保护、交往空间、健身设施、文化娱乐设施、公共配套设施以及健康物业服务。本次调查细化了各考察问题点，体现出逻辑性和关联性，问题设置也更接近于大众易理解层面。

（一）基本信息统计

本次住区居住健康调研主要统计了全国 7 个健康住宅示范工程和其他住区，有效居民调查问卷共 2364 份，有效率达 91%。鉴于 80% 的调查数据集中于北京地区，为了降低气候、经济、人文等区域特征对分析结论的影响和分化，调查统计主要以北京地区为主。表 1 中的数据汇总了北京金地格林小镇、沿海赛洛城、奥林匹克花园（一期）、当代万国城 MOMA 国际公寓、三环新城以及北京其他住区，有效居民调查问卷共 1764 份，有效率为 93%。

2007 ～ 2008 年度居住健康课题调研小区（全国）　　表 1

城市	小区名称		调查日期		回收问卷	有效问卷	有效率	调查方式
北京	金地格林小镇		2007 年	10 月 21 日	185	177	96%	现场调研
北京	沿海赛洛城		2007 年	10 月 15 日	161	146	91%	现场调研
北京	奥林匹克花园		2007 年	11 月 4 日	184	168	91%	现场调研
北京	万国城 MOMA		2007 年	10 ～ 11 月	151	122	81%	物业调研
北京	三环新城		2008 年	4 月	136	120	88%	物业调研
苏州	胥香园		2008 年	5 月	124	99	80%	物业调研
山西	长治综合小区		2008 年	4 ～ 6 月	510	443	87%	物业调研
网络调查			2008 年		60	31	52%	网络调查
北京	三环新城	居住满意度调查	2008 年	7 月 14 日	224	202	90%	现场调研
		铁路噪声调查			78	71	91%	现场调研
		社区医院业主调查			108	101	94%	现场调研
		社区医院医生调查			11	11	100%	现场调研
北京	综合小区		2008 年	10 月 1 日～ 7 日	723	704	97%	现场调研
汇总					2655	2395	90%	

（二）关于心理健康保障

调查表从居住建设的角度将居民心理健康的影响因素划分为五个，分别是私密性保护、邻里交往、安全防范、视觉环境和压抑感（图 1）。统计表明，与其他心理健康影响因素相比，人们很在意住区的安全防范环境。随着年龄的增长，人们从对私密性的保护需求向邻里交往的需求发展。不同的学历对安全防范和邻里交往的关注度具有较明显的差异。

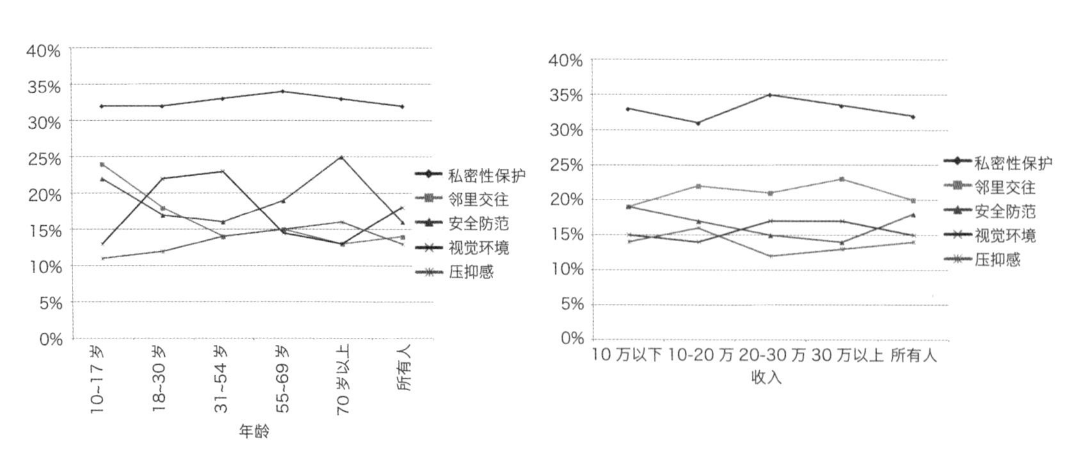

图 1. 心理环境影响因子（一）

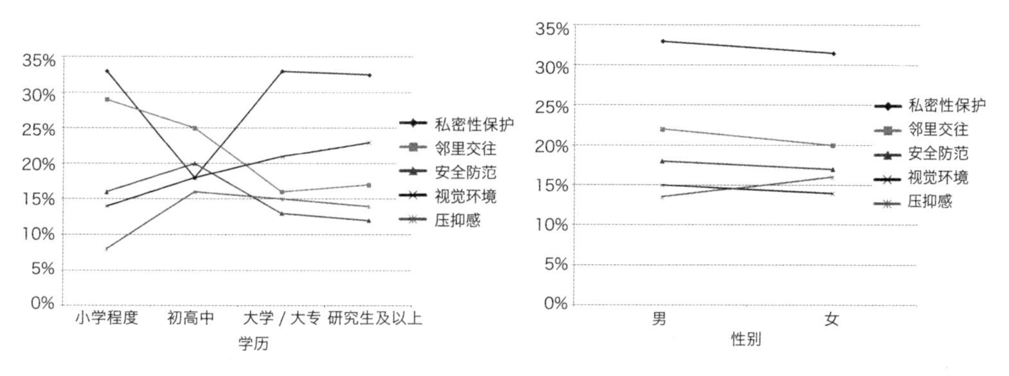

图 1. 心理环境影响因子（二）

1. 关于压抑感

为了解居住在不同类型住区的社区居民在居住过程中是否产生过压抑感以及是哪些因素导致了情绪压抑，我们设计了专题进行调查。调查结果显示，4% 的居民表示经常有，42% 的居民偶尔有，45% 的居民表示从未有。具体分析结论归纳如下：

1）关于是否存在压抑感

（1）不同年龄人群的关注差异性

经常产生压抑感的人群以老年人居多。老年人的生活相对来说更单调一些，与人交流的心理需求更强，孤独感和边缘化的感觉使他们容易产生压抑感。偶尔产生压抑感的人群以 18 ～ 30 岁的年轻人为主。可能因为年轻人心理还处于成长期、不够成熟稳定，工作和生活中的诸多不确定因素也带来了不安定感。

从未产生过压抑感的以 31 岁以上的人群居多。可能因为这部分人群心理已成熟，懂得采取各种方式缓解、释放压力。

（2）不同收入人群的关注差异性

收入水平越高，压抑感越低。收入水平的提高，降低了物质生活的压力，生活品质得到相应提升。包括自我价值的实现带来了成就感和满足感，拥有更多的方式来调节身心状态，释放了来自工作生活的压力。

（3）不同住宅类型和住宅楼层居住人群的关注差异性

高层居民产生压抑感的概率更高，并随居住楼层的增加而增大。高层居住的客观条件降低了居民邻里交往和外出活动的主观意愿，不利于身心的放松和压力的释放，更易产生孤独感和压抑感。

2）导致情绪压抑的原因

导致居民情绪压抑的原因很多，是否由于居住环境而导致压抑值得深入研究。结合以往的实践经验，重点分析了以下六条可能的影响因素，包括住区楼栋密集、私密性差、住区缺乏安全感、邻里交往少、缺乏户外活动、住区整体环境差（图 2）。可以看出，导致情绪压抑原因的因素比例分配比较平均，专家分析，造成情绪压抑的原因对于不同的人群可能会有不同理解，不存在唯一选项，压抑感的最终形成是多方面综合作用的结果。

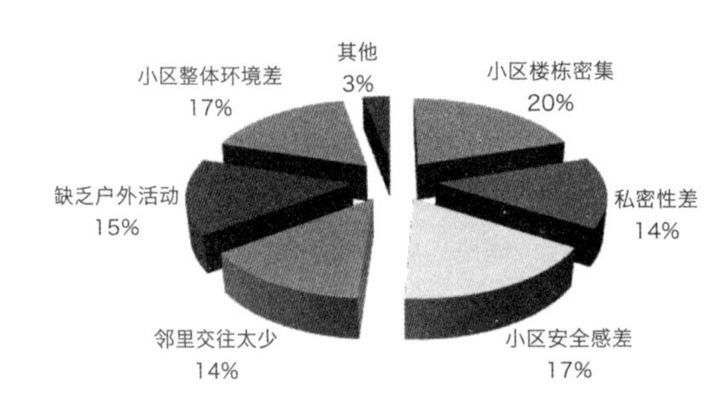

图 2. 导致情绪压抑的原因

（1）不同年龄人群的关注差异性

对于 55 岁以上的老年人来说，邻里交往太少是产生压抑感的最主要因素。老年人的生活逐渐脱离主流社会，生活变得单调；家庭内部交流减少增加了邻里交往的心理需求。因此，邻里交往缺乏会导致老年人产生压抑感。

55 岁以下的中年人和年轻人产生压抑感的原因主要是住区楼栋密集、整体环境差和私密性差。视觉上的拥挤感会引起心理上的压抑感；整体环境状况不好会引发居民对住区的不满心理，从而产生居住压抑；私密性保护不好时，居民私人生活的方式和规律受到外界干扰，会造成心理压抑。

（2）不同收入人群的关注差异性

低收入人群更容易因缺乏邻里交往而产生压抑感。低收入人群缓解压力、调节心情的途径较少，而邻里交往成为其中重要的方式之一。因此邻里交往的缺乏更容易引起低收入人群的压抑。

（3）不同住宅类型和住宅楼层居住人群的关注差异性

随着居住楼层增高，私密性差和户外活动的减少导致的情绪压抑受到了更多的关注。

2. 关于居住安全感

在生理健康和心理健康及其环境保障的诸多影响因素中，居民对居住安全感的关注度更高。调查居住安全感的影响因素被设计为：住区安全防范设施、物业保安服务、无障碍设计、公共设施安全性、私密性保护和道路交通安全。

在与居住安全相关的影响因素中，住区安全防范措施和物业保安服务受到了居民较高的关注，其次是住区道路安全和住区公共设施安全。不难推测，人们只有在人身安全得到保护的前提下才可能关注私密性保护和无障碍设计。而中国规范对于住区无障碍设计的强制要求也会降低了其关注度。有趣的现象是，对于私密性保护和公共设施安全性，女性更关注后者，而男性的关注度差不多。

居民安全感是心理健康的重要因素。在社区建设中，应建立应对各种突发公共事件的应急预案和处理机制，完善住区预警系统。住区规划应强调道路交通设计，采取适宜的人车分流措施，建立齐全的道路标识。

3. 关于私密性

按照环境心理学的理论和概念，人人都希望有控制、有选择地与他人或外界环境交换信息，私密性需要的就是对这种控制机制和功能的需要，它是人的基本行为的心理需求之一。列入调查的私密性保护影响因素包括噪声、视线、户内行为等（图 3）。

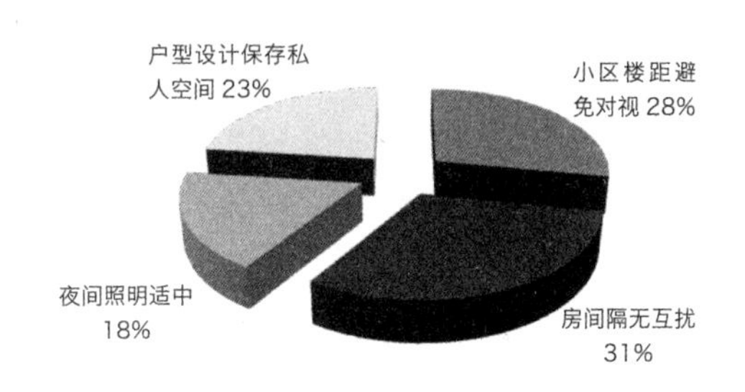

图 3. 影响私密性的因素

调研数据统计表明，在私密性保障方面，房间隔声效果受到最广泛的关注。近年来北京居住人口急剧增长，高层高密度住区成为主要的住区空间形式，户间对视对私密性的影响受到了居民的关注。

1）不同年龄人群的关注差异性

老年人对房间隔声无互扰和夜间照明适中更加关注。年轻人对户型设计中的私人空间关注度更高。

2）不同收入人群的关注差异性

收入水平越高，越关注户型设计中的私人空间领域。

3）不同住宅类型和住宅楼层居住人群的关注差异性

高层住宅居民更关注房间隔声无互扰和住区楼距避免对视两个因素。

4. 关于邻里交往

随着市场经济体制改革的深入与城市化进程的推进，中国正经历着一场全面而深刻的社会变革。住宅建设迅猛发展，城市住区的物质条件得到了显著提高，但居住环境的社会人文质量却未能得到改善。居民的住区意识淡薄，邻里关系淡化和邻里交往危机日益严重，所形成的种种不和谐事件不断引发社会关注。

为了进一步了解北京住区邻里建设的相关信息，本次调查特设立四个专题针对邻里交往进行调研，分别是居民相互交往意愿度、和邻居保持联系的主要途径、和邻居经常打交道的场所以及交往空间环境的关注因素。

1）和住区其他居民交往意愿度

交往意愿度与个人的生活习惯以及性格等个性因素有关，在调查中除18%的居民表示无所谓以外，只有9%的居民表示不太愿意与其他居民交往，21%的居民表示非常愿意，52%的居民比较愿意。绝大部分居民还是希望与其他居民建立和睦友善的关系，并希望通过邻里之间的交往以及住区归属感的建设来满足自身的交往需求。

（1）不同年龄人群的关注差异性

55岁以上的老年人交往意愿很强烈，非常愿意的比例远高于其他人群，比较愿意的比例仅略低于其他人群。不太愿意进行邻里交往的以31~54岁的中年人为主。

（2）不同收入人群的关注差异性

中等收入人群交往意愿比低收入和高收入的人群更为强烈。

（3）不同住宅类型和住宅楼层居住人群的关注差异性

高层住宅居民交往意愿较低。

2）和邻居保持联系的主要途径

住区中居民之间保持联系的主要途径包括串门聊天、小孩子一起玩耍、体育健身、参与文化娱乐活动、参与物业组织的社区活动、社区网络聊天等。

调查显示，体育健身、小孩玩耍以及参与文娱活动是目前最基本的社区居民交流方式；随着网络的逐渐普及，利用社区网络聊天也成为近年来接近主流的新兴邻里联络方式；传统的串门聊天形式的使用频率在逐步降低。现代住区的生活方式使居民对他人的私人空间和生活方式都保持了高度的尊重，居民更愿意在公共场所进行交往活动。

（1）不同年龄人群的关注差异性

体育健身和参与文化娱乐活动是55岁以上的老年人采取的最主要的与邻居保持联系的途径；

中年人更喜欢通过与儿童共同玩耍的途径保持与邻里的联系；

年轻人更愿意运用社区网络聊天。

（2）不同住区的关注差异性

作为模拟美国生活方式的北京大型社区，沿海赛洛城以小户型为主，居民目前主要为18~30岁的上班族，家庭结构比较简单。社区居民认为参加物业组织的社区活动是保持邻里联系的主要途径之一，年收入10万以下的低收入群体对社区网络聊天途径的关注度最高。其他住区则均认为与儿童一起玩耍更重要。

（3）和邻居经常打交道的场所

调查表中将四类居民之间最可能进行相互交流的场所进行了统计。数据显示，住区公共活动场所占37%、楼层门厅占27%、电梯口占22%、组团公共活动设施占14%。与之前的调查比较可以看出，人们更愿意选择住区公共场所与邻居打交道。当然，楼层门厅和电梯口也是居民最有可能碰面的地方。

①不同年龄人群的关注差异性

老年人多选择在住区公共活动场所交流。老年人与其他居民的交往意愿强烈，现代住区生活模式的建立使邻里交往活动绝大部分在公共场所进行，而不像以前在居民家中进行。

对于年轻人来说，进出住宅的电梯口是他们邻里活动较多的场所。

中年人在楼层门厅和组团公共活动设施内进行的邻里交往活动相对更多。

②不同收入人群的关注差异性

收入越高，选择在住区公共活动场所和组团公共活动设施邻里交往的越多。

③不同住宅类型和住宅楼层居住人群的关注差异性

高层住宅居民较少在住区公共活动场所和组团公共活动设施进行邻里交往活动，多选择在电梯口和楼层门厅进行，而且居住楼层越高，居民与邻居打交道的场所选择为电梯口的越多。

（三）关于老年住区建设

鉴于城市老龄化问题日益突出，而老年人在生理及心理方面都有着不同于中青年的特点。调研在居住环境保障和社会环境保障的各个方面都以年龄为变量进行调查，旨在分析目前老年人对住区硬环境及软环境的需求，为后期老年住区的规划设计及运营管理提供现实依据。

1. 针对心理健康保障，老年人更注重安全防范、邻里交往以及住区归属感

在心理健康关注方面调查中，约 33% 的老年人选择了“安全防范”。图 4 表明，各个年龄段的人群对安全防范都十分关注。老年人由于生理上的老化与病变，行为意识与动作不协调，可控制的环境范围变小等都会影响其对安全防范的关注度。

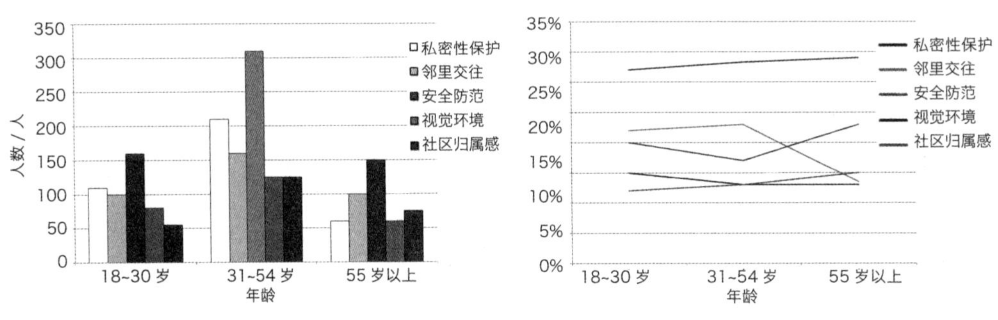

图 4. 老年人关注的心理环境健康影响因素

排在第二位的受关注因素是“邻里交往”，其关注度是 22%，这与中青年人的表现明显不同，中青年人所关注的第二个重要方面为私密性保护。交往是人们进行社会生活的方式，对于老年人来说，这更是他们寻求精神安慰的寄托。老年人在住区内的停留时间最长，闲暇时间也最多，无论是独居养老还是与子女同住，老年人更希望通过与邻里交往来满足精神和感情上的需求。

排在第三位的关注因素是“住区归属感”，约有 16% 的老年人选择了这一项，并有随年龄增长而增加的趋势。

2. 近半成老年人表示经常或偶尔存在压抑感，邻里交往太少是老年人产生压抑最主要的原因

调查显示，接近 50% 的老年人表示从未有过压抑感，约 40% 的老年人表示偶尔会有压抑感，5% 左右的老年人表示经常会有压抑感。而在导致情绪压抑原因的调查中，老年人与中青年人不同。近 1/4 的老年人认为邻里交往过少是产生压抑的主要原因（图 5、图 6）。

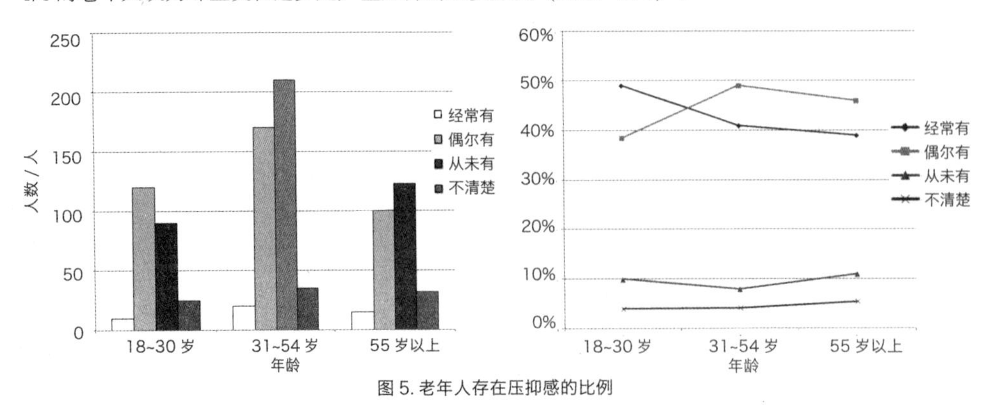

图 5. 老年人存在压抑感的比例

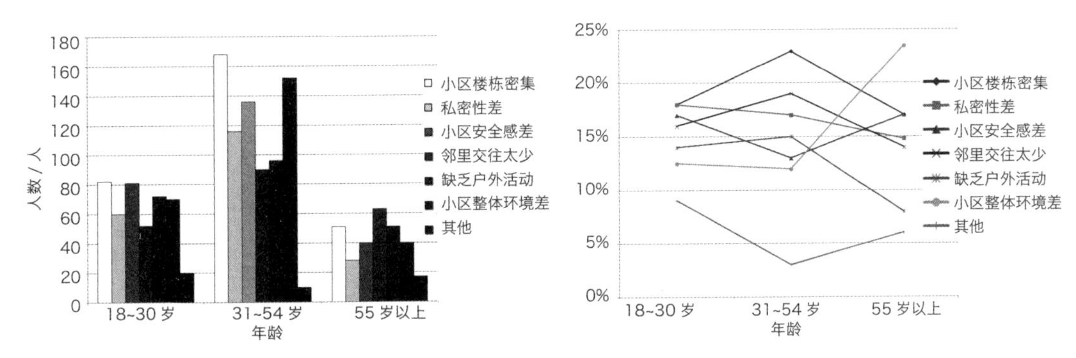

图 6. 老年人产生压抑感的原因

除邻里交往以外，17% 的老年人认为，住区楼栋密集和缺乏户外活动是老年人产生抑郁感的重要原因。可以认为，由于住区楼栋密集，楼间距小，容易造成视觉上的拥挤感，引起心理上的压抑感。而老年人有充裕的时间参加活动，且户外活动是老年人与其他人交流的主要途径，因此，十分关注住区的建筑密度和空间尺度。

3. 老年人与邻居保持联系的最重要途径是体育健身和参与文化娱乐活动

在与邻居保持联系途径的调查中，体育健身排在第一位，约有 34% 的老年人选择该项，而选择该项的中青年人仅有 22% 左右（图 7）。

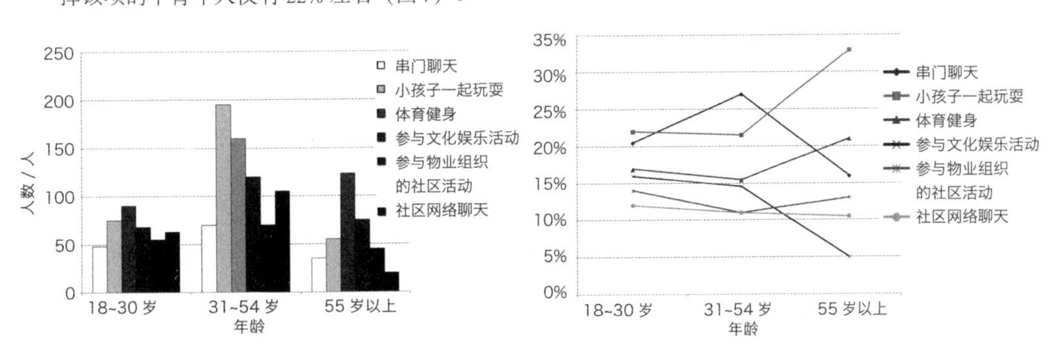

图 7. 老年人与邻居保持联系的途径

调查结果显示，约有 21% 的老年人选择通过参与文化娱乐活动来保持与邻居的联系。随着居民年龄增长，社区网络聊天这一途径的关注度降低，老年人关注比例仅有 5%，年轻人这一比例则高达 15%。

4. 相比中青年人群，老年人更关注健身设施的实用性和选址的合理性

在健身文娱设施的调查中，老年人关注的因素与中青年人显示出明显的不同，约有 $^1/_4$ 的老年人最为关注健身设施的合理性，22% 的老年人关注文化娱乐设施的齐全情况，20% 的老年人关注健身设施的安全性（图 8）。根据调查结果，老年人比中青年人更加关注健身设施选址的合理性。因此，老年住区建设时不仅要选择合理的健身设施配置，在选址方面也要更多地考虑老年人活动特点。

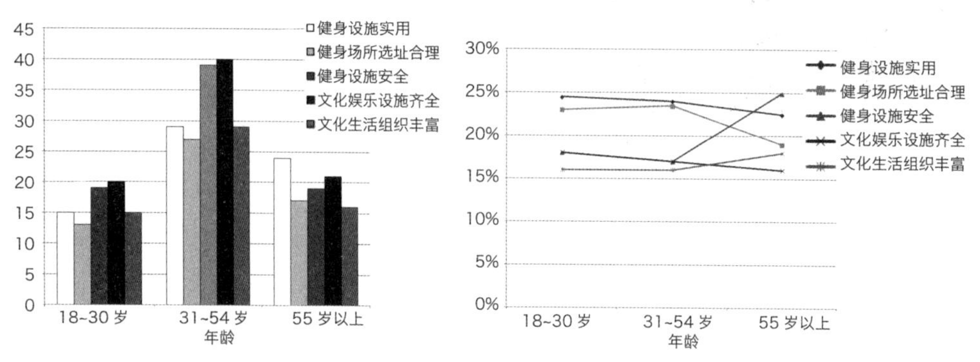

图 8. 老年人对健身文娱设施的关注因素

5. 针对住区公共场所设计，公共场所卫生环境、住所到公共场所距离和公共场所椅凳数量为主要关注点

调查结果显示，公共场所的卫生环境受到了各个年龄段人群的首要关注，随着年龄的增长，对“公共活动场所椅、凳数量”以及“住所到住区公共场所距离”的关注程度略有上升，比例分别为 23% 和 20%，而对景观环境的关注度明显下降（图 9）。环境卫生的保障是所有住区居民普遍关注的基本问题。老年人出行以步行为主，距离过远会使老年人体力消耗过大，另外在休闲活动中，老年人需要经常休息，充足数量的椅凳对老年住区是非常必要的。而公共场所的景观问题老年人并没有特别要求。

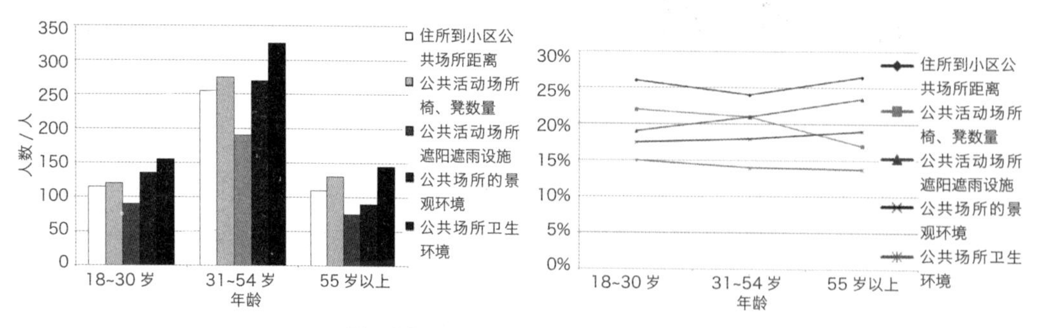

图 9. 老年人对住区公共场所设计的关注因素

（四）关于全高层住区建设

由于全高层住区为楼层在10层以上的住宅，居住人口多，居住密度大，因此，高层住宅的居民与其他类型住宅的居民在居住环境和社会环境的需求上体现出了不同的特点。

1. 居住楼层越高，对私密性保护的关注度加强，住区归属感关注度降低

居住楼层越高，一方面楼外的树木或周边景观不再能够起到阻隔楼间视线的作用，使居民的私密性难以得到很好的保护；另一方面，高层住区密度大，容易产生对视，也会影响私密性的保护（图10）。

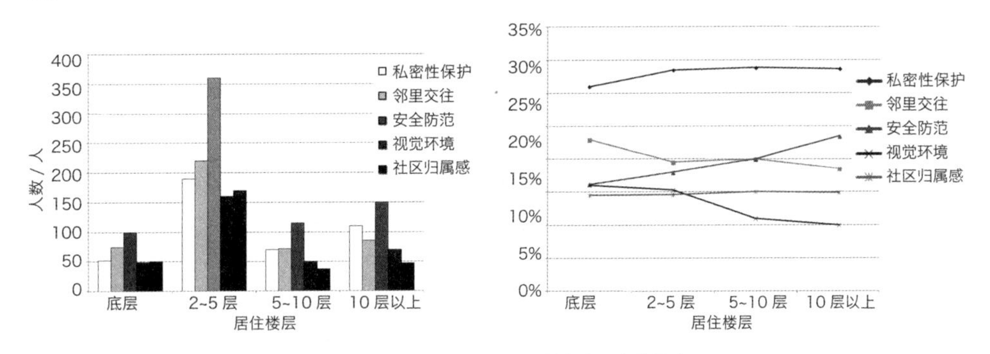

图10. 居住楼层对居民心理环境健康因素的影响

居住楼层越低，对邻里交往和住区归属感的关注度越高。可以看出越重视邻里交往的居民，也会越重视住区的归属感，这两个因素是相互作用的、相互联系的。现代住区内居民之间的交往活动基本在住区内的公共交往空间进行。因此居住在低楼层的居民因为外出行动方便更愿意与邻里交往，住区归属感也随之提升。而居住楼层越高，到公共空间交往所花费的时间和精力也就越多，因此降低了居民的交往意愿，住区归属感关注度随之下降。所以在高层住区建设中，为了保障居民私密性并提升住区归属感，楼栋间距一定要适宜，以避免产生对视现象；另一方面针对高层居民不方便到住区公共场所活动的现状，可考虑在楼层间设置小型公共交流空间，主动创造条件促进交流。

2. 全高层住区居民产生压抑感的概率较高，产生压抑感的原因集中为住区楼栋密集、私密性差和整体环境差

调查结果显示，高层住宅居民中，经常感到压抑的人群比例为5%，偶尔感到压抑的比例高达50%，而且居住楼层越高，产生压抑感的概率越高，该比例均远高于其他两种住宅类型的居民（图11）。针对产生压抑感的原因的进一步调查显示，高层住宅居民对私密性的关注度最高。

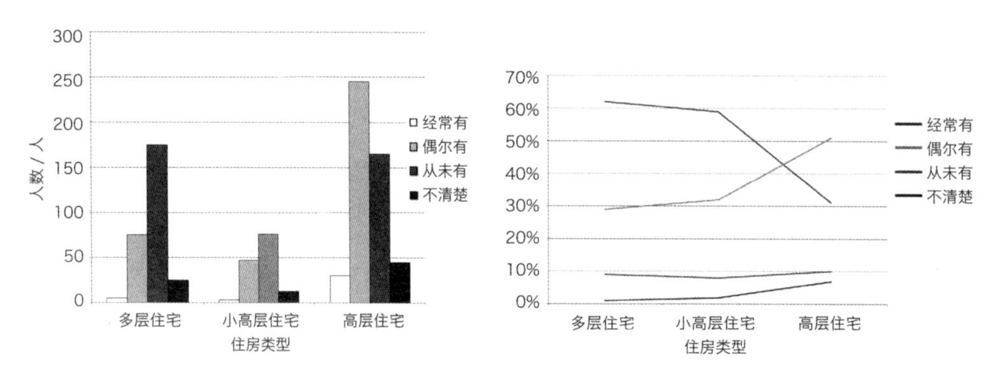

图 11. 高层住宅居民产生压抑感的概率

3. **全高层住区居民与其他居民的交往意愿偏低**

与其他两种住宅类型的居民比起来，高层住宅居民交往意愿较低。在与住区其他居民交往意愿的调查中，高层居民表示比较愿意的占 52%，非常愿意及不太愿意的均占 11%（图 12）。

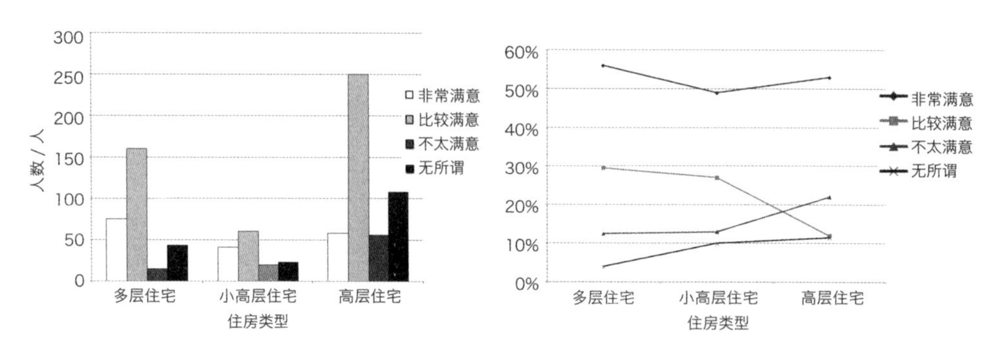

图 12. 高层住宅居民与其他居民的交往意愿

4. **全高层住区居民与邻居保持联系的主要途径是体育健身以及儿童游玩，对串门聊天的关注度相对较高**

调查表明，体育健身是多层住宅和高层住宅居民与邻居保持联系的主要途径，有超过 $^1/_4$ 的高层住宅居民选择了该项。

与邻里保持联系的次要途径就是“和小孩一起玩耍”。无论何种住房类型，儿童玩耍都是保持邻里联系的主要途径，而孩子玩耍的同时也提供了促进邻里交往的机会，因此成为各种住房类型居民保持邻里联系的主要途径。

在调查结果的趋势曲线中我们发现，高层住宅居民与多层和小高层居民相比更愿意通过串门聊天的方式保持邻里联系，这与前期结论相同（图 13）。

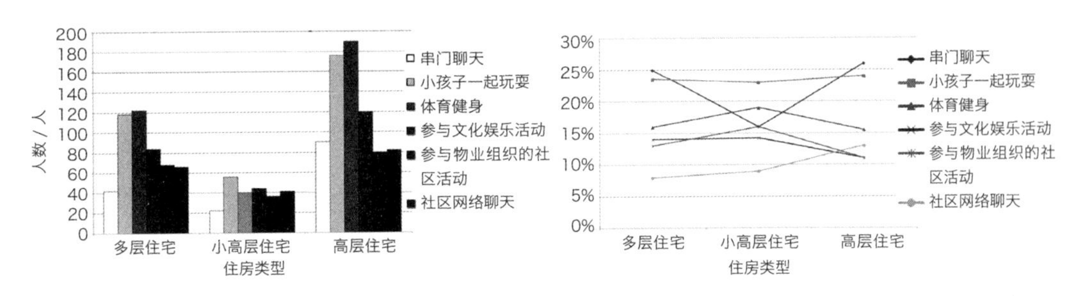

图 13. 高层住宅居民与邻居保持联系的主要途径

5. 全高层住区居民和邻居打交道的场所多选择在电梯口和楼层门厅

根据调查结果趋势可以看出，高层住宅的居民在电梯口进行邻里交往活动的比例高达 36%，高于多层住宅居民的 11% 和小高层住宅居民的 25%; 而在住区公共活动场所进行邻里交往的比例只有 16%，远远低于多层住宅的 46% 和小高层住宅的 38%。由于高层住宅居民对电梯的依赖度较高，单元内的楼层门厅和电梯口自然成为居民交往最方便的场所（图 14）。

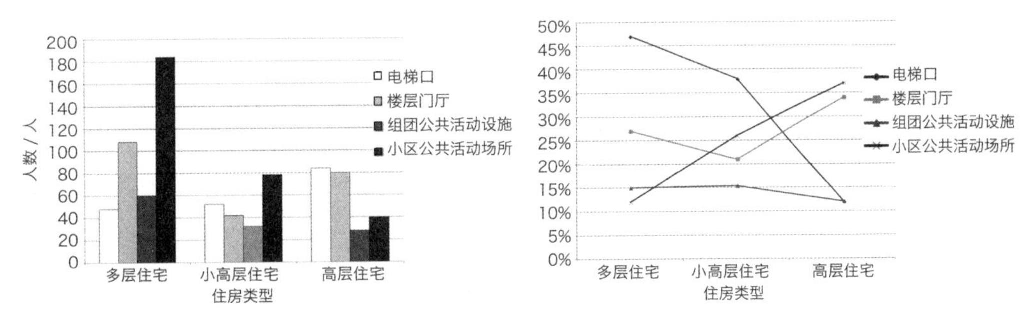

图 14. 高层住宅居民和邻居打交道的场所

（五）关于经济适用房建设

由于经济适用房居住人群普遍为低收入人群，且住房基本为小户型，调研数据不仅涉及三环新城和百环家园两个经济适用房住区，还综合了低收入和小户型居住人群对于住区室内外环境要求的调研数据。在心理健康方面，由调查结果可以看出安全防范受到了各收入水平居民的普遍高度关注，其中低收入和高收入人群更为关注，其关注度均达到 34%。

邻里交往受到低收入水平居民更高的关注，选择该项的低收入人群占23%。

在调查中我们发现，住区归属感表现了和邻里交往相反的趋势，低收入和高收入人群的关注度要低于中等收入群体。出现这一现象的原因可能是住区归属感本身定义比较模糊，部分被调查者在填写问卷过程中并不很清楚住区归属感的实际定义及内涵，造成结论出现分化。

对于私密性保护和视觉环境，中等和高收入人群比低收入人群更加关注。中高收入人群年龄普遍较轻，而受教育程度普遍偏高，这一群体一方面思维更为活跃，对外界的环境和信息反映强烈，更偏爱现代化的生活方式，更加追求视觉上的美感；另一方面，他们在自我价值认同很高的情况下，更强调保持自身生活的独立性、不愿受到外界的干扰（图15）。

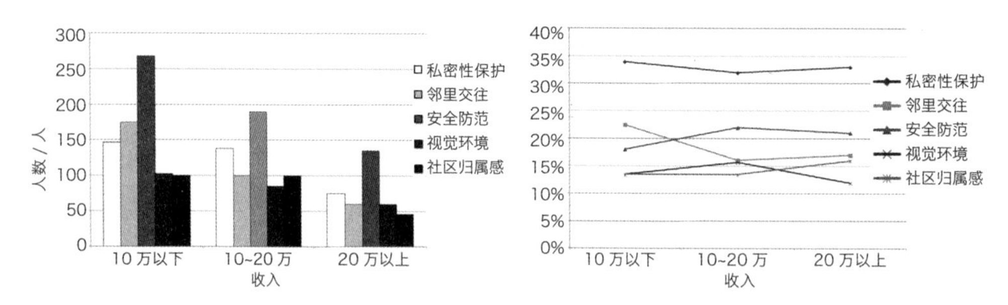

图15. 不同收入人群对心理环境健康影响因素的关注

在个案研究中，我们注意到，三环新城在生理健康方面最关注的依次是：安全防范33%、私密性保护20%、邻里交往19%、视觉环境和住区归属感14%。随着我国经济发展，人们之间的竞争越来越激烈，城市人口构成更为多元，社会环境剧烈变化，这些都是社会的不安定因素，降低了人们的安全感，而这种安全感的缺乏会造成情绪上的焦躁不安，直接影响着人们的心理健康。因此，安全防范是人们的基本需求，受到的关注较高。

私密性保护因素受到了第二位的关注，我国目前大力倡导依法治国，隐私权的保护受到了人们越来越多的关注。现代社会中人们安全感的下降使得自我防范、自我保护意识增强，人们希望在自己的住宅中保持自己生活的规律性，能够自由地放松休闲而不受干扰。三环新城住区作为经济适用房，内部均为高层建筑，人口密度大，因此私密性的保护尤为受到重视。

邻里交往这一因素受到了第三位的关注。中华民族的良好传统之一则是邻里和睦，在人们注重私密性保护的同时，仍需要通过与人交流释放压力、调解精神状态，得到情感上的共鸣，从而保持心理健康的良好状态。但工作竞争的不断加剧以及交流内容的局限性使人们将人际交往的重点转向了居住社区的邻里之间。

住区归属感也受到了较高关注。随着市场经济体制的不断发展完善，居住组织的“单位制”在不断动摇瓦解，城市人口由以前的“单位人”向“住区人”转变，人们之间的关系由以前的工作同质向收入、文化和爱好同质的联系方式转变。良好的住区归属感可以增强居民之间的交流联系，形成强烈的地区认同，消除大城市生活中普遍存在的孤独感、漂泊感，有助于保持其心理健康的良好状态。

三、结论

中国健康住宅研究在国际经验的基础上取得了快速的发展；开展的全国范围的健康住宅试点建设工程具有创新性；基于研究成果与建设经验的中国健康住宅建设技术标准和专项研究成果具有开放性和可操作性。

根据以上调查统计和分析，可以看出，不同年龄、收入、学历以及居住在不同住宅类型、楼层的居民，针对同一个影响因素，既具有共性关注点也具有个性关注点，而正因为这种关注度共通性和差异性的普遍存在，导致人们对居住健康的定义也不尽相同，我们的研究才更具有现实意义。

值得一提的是，本文统计的实态调研结果，由于样本量的限制，存在局限性和不确定性；以试点平台为基础的实态调查表需要不断完善；随着居民体验调查和健康住宅性能检测数据的增加，人们将会不断揭示住宅建设健康影响因素及其规律，为人类健康居住做出努力。

参考文献：

[1] 国家住宅与居住环境工程技术研究中心．健康住宅建设技术规程（CEES179：2005)[S]．2005．

[2] 王若军．市场调查与预测 [M]．北京：清华大学出版社，2006：46-100．

原载于：“第五届世界养生大会”2009，中国澳门

上海市低收入住房困难家庭居住生活行为的研究

周晓红　龙婷

1998 年，城镇住房制度改革开始，住房供给由“福利分配”转为“市场购买”，对于无法通过市场解决住房问题的低收入家庭，国家提出由廉租房来解决。2005 年后，国家相继出台政策，要求各地尽快“落实廉租房制度，保障城镇低收入家庭住房需求”。不但确立了廉租房建设在当前经济形势下的重要地位，同时也将廉租房作为一项长期的制度固定下来①。2008 年，为拉动经济，国家计划投资 9000 亿用于建设保障性住房，廉租房制度进入实际操作阶段。

但是 2000 年后，随着住房商品化的深入，国家开始淡化对住宅设计标准的控制，面积越做越大，理论研究、技术标准等也都针对大户型展开，小户型特别是以低收入住房困难家庭居住特征为基础的设计标准、技术要求等严重不足，廉租房建设在技术层面上缺乏可靠的理论支撑。

本研究围绕上海市享受廉租房政策家庭（后简称廉租家庭）的居住生活行为特征，通过居民对居住空间满意度的主成分分析，把握影响居民居住评价的主要生活行为，明确廉租房设计需要解决的主要问题。

我国对廉租住房设计有着较严格的面积限制，因此很难做到如大户型那样的面面俱到。抓主要矛盾，在有限的条件下，最大幅度提高居民满意度，才是廉租房设计的关键。

一、对象选择

20世纪90年代，上海市政府为了城市开发，对老城区进行推光式改造，同时在城郊配套建设居住区，安置动迁居民。本调查对象就是此类居住区中享受廉租住房政策的家庭②。由于历史原因，上海市住房困难家庭多居住在棚户简屋等集中的老城区。本研究没有直接以他们作为调研对象，有如下考虑：

1. 棚户简屋面积狭小，设备老化且多设施不全。居住基本功能尚未解决，以它们为对象进行的评价调查与需求分析，其结果数据可能偏低。本次所调查住房均建于20世纪90年代中期，距目前通行的普通住宅设计标准较为接近，对它的评价应该更接近于城镇低收入家庭对新的紧凑型廉租房设计的真实需求。

2. 上海市廉租住房实物配租数量极少，且分布零散，房型多样，调查分析有一定难度。本次所调查的住房最初都是公有住房，且因是安置房，所以格局紧凑，标准不高。在最初的资金来源、设计标准、分配方式上，与廉租房政策类似，其研究可以反映廉租房设计上存在的问题。

二、既有研究

国内对低收入家庭居住问题的研究多见于各大院校的硕博论文。袁朝晖以上海市住宅建设发展的过程为线索，基于文献调查，总结了上海市低收入家庭居住发展的历史沿革[1]。王鹏分析了上海市虹口区低收入家庭在城市中的分布形态，指出越靠近上海老城区，低收入家庭的分布密度越高[2]等。上述研究都是对上海市低收入家庭住房发展状况的宏观论述，尚无针对廉租家庭居住生活行为的基础研究。

三、调查概要

2008年11~12月，我们对上海市宝山区呼玛、通河地区的廉租家庭做了入户调查。该地区为配合旧城改造而建的动迁安置区，建成于1995年前后。当时按住户的住房面积与家庭构成，进行合理的分配，但多年后添丁进口，部分家庭人均居住面积下降，成为廉租房租金补贴的对象。

调查采用室内照片拍摄、居住平面绘制、访谈等方式。调查内容包括家庭基本情况、住房情况[③]以及廉租家庭的生活行为、对各行为空间的满意程度、存在问题等进行访谈（表 1）。调查共计 68 户，其中 8 户为无房户，未计入本文统计，有效样本 60 个。

访谈调查内容　表 1

	调查内容
家庭基本情况调查	人口构成、职业、收入等
住房情况调查	前住房情况、搬迁原因、产权所有、租金等政策补贴金额、搬家意愿等
生活行为调查	就餐情况（日常位置、来客款待位置等） 待客情况（位置、频度等）
行为空间评价调查	就餐空间满意度与就餐行为重要度（5 分制） 待客空间满意度与待客行为重要度（5 分制）

注：满意度评价（5 分制）：5- 非常满意：4- 比较满意：3- 一般：2- 不太满意：1- 非常不满意
重要度评价（5 分制）：5- 非常不重要：4- 不太重要：3- 一般：2- 比较重要：1- 非常重要

家庭构成（单位：户）　表 2

人数 类型	3 人	4 人	5 人	6 人	小计
核心户	32	4			36
主干户		4	4		8
联合户				8	8
其他户		4	4		8
小计	32	12	8	8	60

注：家庭构成类型定义
核心户：指一对夫妻和其未婚子女所组成的家庭；
主干户：指一对夫妻和其一对已婚子女所组成的家庭；
联合户：指一对夫妻和其多对已婚子女所组成的家庭；
其他户：核心户或主干户中包括 1 名未婚侄（外甥）亲属的家庭。
另：调研中有 4 户核心户，4 户主干户为无房户，未计入此表。

户型与建筑面积（单位：户）　表 3

建筑面积 户型	35-45 (m^2)	46-55 (m^2)	56-60 (m^2)	小计
1 室	8			8
1 室 1 方厅	24	8		32
2 室		8		8
2 室 1 方厅		8	4	12
小计	32	24	4	60

注：表中面积为建筑面积，包括阳台面积，但不包括天井面积，或用天井改做房间的面积。

功能空间平均使用面积（单位：m^2）　表 4

	方厅	卧室 1	卧室 2	厨房	卫生间	阳台
调查平均值	7.75	13.41	10.75	4.66	2.94	3.87
普通住宅标准	＞12	＞10	＞6	＞4	＞3	—

注：普通住宅标准根据《住宅设计规范（2003 年版）》GB50096-1999 的相关条文抽取。

四、家庭构成和住房属性

调查对象的家庭人口构成虽仍以核心户为中心（占总数的 60%），但主干户、联合户、其他户等多代混居的大家庭所占比重（占总数的 47%）明显较高（表 2）。调查对象的住房建筑面积在 $35m^2$～$60m^2$ 之间，户型以 1 室 1 方厅为中心，有 1 至 2 间卧室，为较典型的紧凑型小户型住宅（表 3）。与普通住宅设计标准相比，所调查住户卧室、厨房的平均使用面积均高于普通住宅设计标准要求，卫生间使用面积基本接近，方厅则较小或没有，平面格局为明显的“大卧小厅（或无厅）”（表 4）。

五、居住生活行为

岩井一幸等在《住の寸法》中列举了居住者主要居住生活行为[3]。本研究抽取其中中国廉租家庭可能的生活行为16项，比较行为发生部位（表5），发现如下问题：1）住房内个人、公共、劳动等生活行为相互交叠，互相影响，出现很多非常规的空间使用方法，如子女在厅、阳台内学习、就寝等；其中，主要卧室的情况最为严重。2）主要的烹饪、个人卫生行为分别发生于厨、卫，但部分洗漱功能由厨房承担。虽然在面积上，调查住房符合国家与地方对廉租房的设计要求，但是在使用中，各生活行为在同一空间交叠发生、相互干扰的问题仍很严重。

居住生活行为（单位：户） 表5

生活行为＼部位	方厅	卧室1	卧室2	厨房	卫生间	阳台	天井	其他
就寝（主人）		●						
就寝（子女）	▼	▼	▼			▼	▼	
就寝（父母）			▼			▼	▼	
就寝（其他）	▼		▼					
生涯学习（看书）	▼	●	▼					
生涯学习（写东西）	▼	◆	▼			▼		
子女学习	▼	◆	▼			▼	▼	
整装		◆			◆			
入浴（淋浴）					◆			
入浴（盆浴）					◆			
洗漱				◆	◆			
更衣（主人）		●			▼			
更衣（子女）		●	▼		▼		▼	
更衣（父母）		▼	▼					
更衣（其他）			▼					
就餐（家庭内部）	◆	◆		▼				
就餐（亲朋聚会）	▼	▼						
待客（亲朋）		●						
待客（一般客人）	◆	◆		▼				
家族团聚	▼	●						
看电视（主人）	▼	●	▼					
看电视（子女）	▼	◆	▼				▼	
看电视（父母）		▼	▼					
洗涤	▼				◆	▼	▼	
晾晒（晴天）						◆	▼	▼
晾晒（雨天）	▼			▼	▼	◆	▼	▼
生鲜放置				●				
冰箱放置	▼	▼		▼				
烹饪		▼		●				
储物	◆	●	▼	●	▼	●	◆	

▼ 1-20户；◆ 21-40户；● 41户以上

注：1）有47%的住户的就寝行为中存在两代合住或幼年异性子女合住现象；2）晾晒行为中，有20%的住户晴天挑晒至室外，有7%阴天晾晒至公共楼道；3）烹饪行为中，有7%住户的烹饪准备行为在大卧室内进行。

六、居住空间满意度的主成分分析

要提高廉租家庭居住水平，首先需了解他们对现居住条件的评价。目前国内评价分析常采用集计、算均值、比较的方法，而不考虑指标间的相互关系，无法对比较模糊的指标结构进行准确分析。本研究采用主成分分析确定指标影响权重，结合评价指标综合分析。

（一）分析准备

调查时，请被调查者按 5 分制，对各行为空间的满意程度打分，得到行为空间满意度（调查值）[Si，i=1，2，…，m（样本数）]。

考虑到有些行为即使无法满足，也不会妨碍日常生活（如整装，多数被调查者回答无整装空间，但因无人化妆，所以有没有整装空间并不很重要）。为了还原居民对各行为空间的真实评价，本研究增加了被调查者对生活行为重要性的 5 分制评分，得到生活行为重要度（调查值）(Ii，i=1，2，…，m)[④]。

以 Ii 为修正值，廉租家庭的行为空间满意度（计算值）(Ei，i=1，2，…，m) 为：

Ei=Ii*Si(i=1，2，…，m)

（二）主成分分析模型与方法

主成分分析是统计学的分析方法之一，常用于解决经济学、社会学中多变量、复杂系问题。主要思路就是将原来众多具有一定相关性的指标重新组合成新的互相无关的几个综合指标，再根据需要从中抽取主要综合指标，尽可能反映原指标的信息。通常是将原 P 个指标 Xp 作线性组合，形成新的综合指标 Fp，称为第 p 主成分，数学模型为：

$F_1=a_{11}X_1+a_{21}X_2+\cdots+ap_1X_p$

$F_2=a_{12}X_1+a_{22}X_2+\cdots+ap_2X_p$

……

$F_p=a_{1m}X_1+a_{2m}X_2+\cdots+a_{pm}X_p$

其中，a_{1i}，a_{2i}，…，a_{pi}（i=1，…，m）为 X 的协差阵和的固有值所对应的特征向量；X_1，X_2，…，X_p 是原始变量经过标准化后的处理值，本研究中为 Ei。

（三）行为空间满意度的主成分分析

计算各行为空间平均满意度（计算值）以及满意度总平均值（图 1）。为得到更典型的计算结果，本研究抽取行为空间平均满意度（计算值）< 满意度总平均值，即不满意程度高的生活行为作为本次主成分分析的原始变量，共得到 8 个变量。

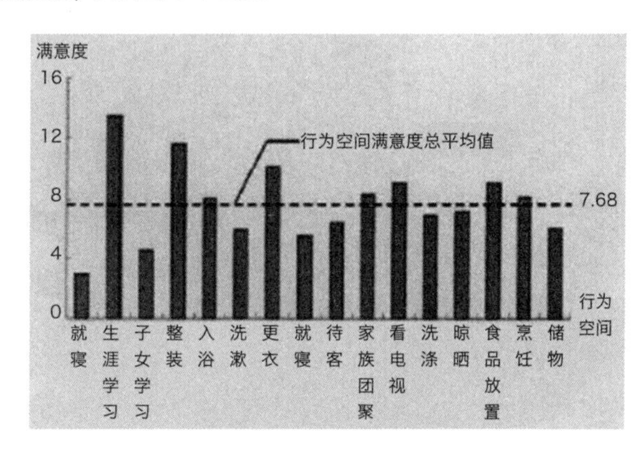

图 1. 行为空间平均满意度（计算值）

X1- 就寝　X2- 子女学习　X3- 洗漱　X4- 就餐　X5- 待客　X6- 洗涤　X7- 晾晒　X8- 储物

对上述变量进行主成分分析。通过方差分解主成分提取分析，提取主成分对应固有值大于 1 的前 m 个主成分，共得到 3 个主成分 (p=3) 及 3 个主成分的初始因子负荷矩阵（表 6）。

行为空间主成分负荷　　表 6

生活行为变量	第 1 主成分	第 2 主成分	第 3 主成分
就寝	0.94	-0.11	0.21
洗漱	0.87	0.16	-0.03
洗涤	0.71	-0.36	-0.18
储物	-0.47	0.32	0.41
就餐	0.10	0.89	-0.12
待客	0.48	0.55	-0.31
子女学习	0.20	0.47	0.81
晾晒	0.21	-0.41	0.69
固有值	2.69	1.75	1.50
累积寄与率（%）	33.60	55.44	74.15

就寝的个人性行为和洗漱、晾晒的卫生、劳动性行为在第 1 主成分上有较高的负荷，说明该成分反映了上述行为的信息；而就餐、待客在第 2 主成分上有较高的负荷，说明该成分反映了社会性行为的信息；第 3 主成分则反映了储物、洗涤的信息，这 3 个新变量 (F1，F2，F3) 可以代替原来的 8 个原始变量。

用因子负荷除以主成分固有值的平方根，得到 3 个主成分各变量对应的系数，建立主成分数学模型。以主成分固有值占固有值总和的比重，分别计算各变量在主成分综合得分中的权重，得到居住空间满意度的综合得分模型：

$$Y=0.28X_1+0.33X_2+0.27X_3+0.20X_4+0.19X_5+0.08X_6+0.11X_7+0.03X_8$$

在该模型中，变量对应的系数即为行为空间评价对居住空间满意度的影响权重。它们按照子女学习、就寝、洗漱、就餐、待客、晾晒、洗涤、储物的顺序影响逐渐减弱。

七、综合分析与评价建议

（一）综合分析

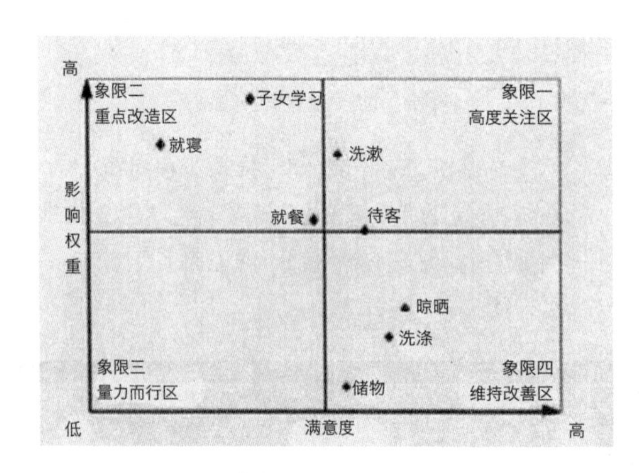

图 2. 满意度与影响权重的象限图

以 8 个变量的满意度平均值为横轴，影响权重为纵轴绘制象限图（图 2）。子女学习、就寝、就餐的影响权重较高，满意度较低（象限二），急需得到改善；晾晒、洗涤、储物的权重较低，满意度相对较高（象限四），在资金不足、面积紧张的情况下，可以暂时维持现状，仅做小改善。

1. 对廉租家庭来说，子女学习、就寝、就餐条件的改善最重要，也最迫切。个人性行为空间如子女学习、就寝空间的确保要比公共性行为空间如就餐、待客空间要求强烈。

“就希望有间小孩的房间……小孩学习就不敢说话、看电视，怕影响她学习”；“自己做了一张木板，下面安上 4 个轱辘，白天推到大床下面，晚上拉出来，铺上被褥就当作孩子的床”。这些家庭虽然在动迁时，按照家庭人口分到住房，但因添丁进口等原因，正面临着子女学习、混寝等问题，长大的子女急需拥有自己独立的房间（图 3）。

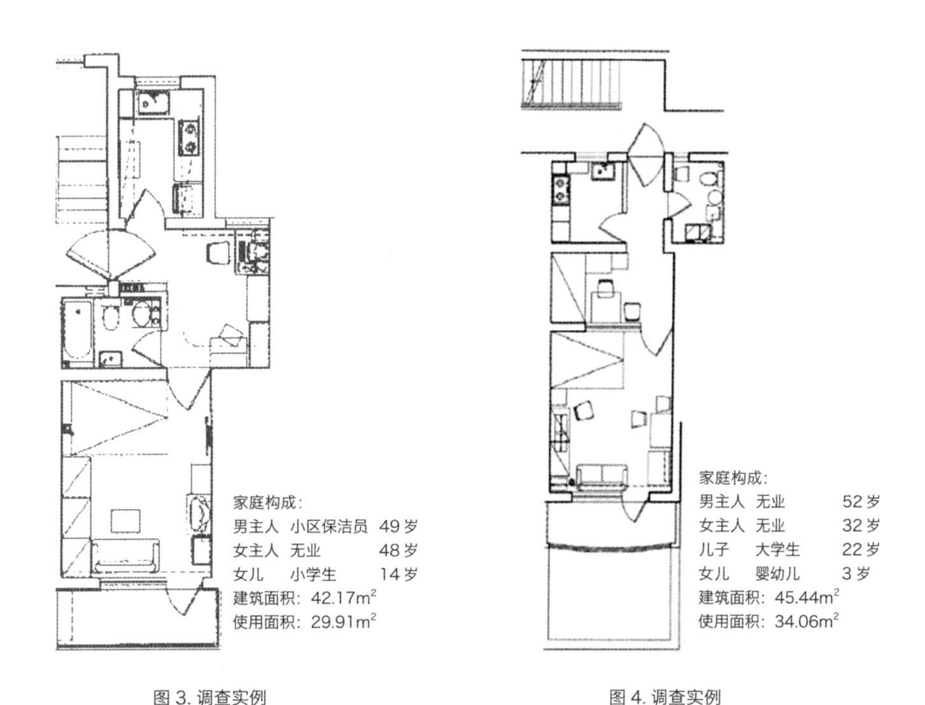

图 3. 调查实例

图 4. 调查实例

方厅在解决廉租家庭“寝食分离”上发挥了很大作用，得到了大家的肯定。但当分寝和就餐相矛盾时，就餐空间往往被牺牲。廉租家庭普遍使用折叠桌椅以节省空间，“没有正式放餐桌吃饭的地方”，“人多了，就只能将桌子拉到房间中央”，“人多坐不下。坐下了，旁边也没法过人”等，反映出就餐行为在此类小户型住宅中的尴尬境地（图 4）。

相对于就餐来说，廉租家庭对亲朋好友来访、款待来客显得很无奈。“都知道我们家房子小，所以不来这里聚会”，“本地没多少亲戚走动”，“穷，没人来”等，受经济条件、社交圈子影响，对公共性行为空间的需求受到压抑。

2. 个人性卫生行为如洗漱位置的确保要比劳动性行为如晾晒、洗涤的要求强烈；对它们的不满往往由分寝引起。

调查实例的厨房、卫生间平均使用面积接近或超过普通住宅设计标准。交房时，或预留了厨卫设备的位置（毛坯房），或已配置了简单的厨卫设备（陶制便器面盆、水泥制水槽、水泥操作台等粗装修），因此，廉租家庭对厨房、卫生间的微词相对较少，多认为“（面积大小）尚可”。但为解决混寝问题，有些家庭将阳台与卧室打通，改成学习角和子女就寝空间，本设于阳台的洗衣机只

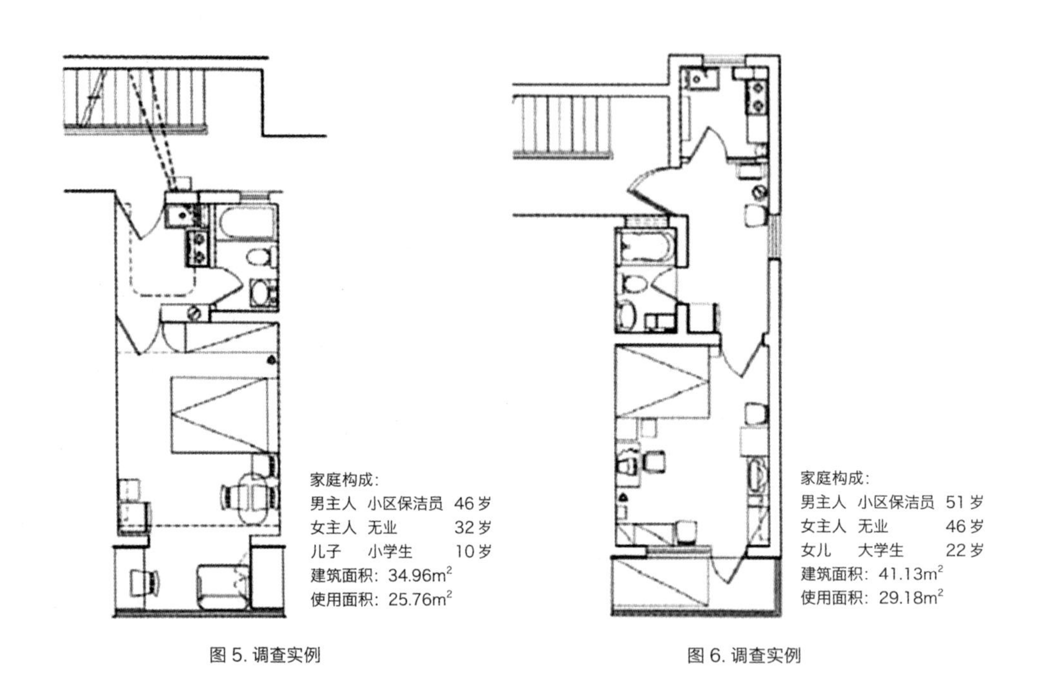

图 5. 调查实例

图 6. 调查实例

能挪到卫生间，卫生间洗面盆或被取消，用厨房水槽代替，或被挤至角落，无法使用。此外，阳台成居室后，阴雨天衣物晾晒也成了问题，“没办法，只能挂阳台”，“挂卫生间”，“（室内）走道”阴干，甚至移到户外公共走道（图 5）。

由于要分寝，住在首层的家庭多将主卧室外面的天井连带阳台改成次卧室，不但牺牲了原卧室正常的采光和通风，晾晒空间也被挤占（图 6）。

3. 廉租家庭对储物空间的需求并不主要。

廉租家庭对储物的态度差别较大。有些家庭想方设法增加储藏面积，“能做柜子的地方都做了柜子”，“东西到处塞，哪里有地方就塞哪儿”（图 3）。有些则刻意控制储物量，“没地方放，不敢买东西”；“没钱，不太买东西”，“不用的马上扔掉”等（图 6）。

廉租家庭对储物空间的评价较分散，评价的高低除了与空间大小有关，可能还与生活习惯、人口构成等有关，较为复杂，对它的研究留待今后进行。

（二）评价建议

1. 寝室分离

20 世纪五六十年代日本战后住房匮乏，根据需求，日本首先解决的是住户“寝食分离”问题。与此不同，我国城镇住房困难问题应首先解决家庭成员分寝、子女生活空间独立的要求，即强调“寝室分离”。1 室或 1 室 1 厅虽然能够暂时缓解两口之家的一时之需，但长远来看，他们既不太可能随人口增加，顺利地被调配到更大的廉租住房中去；也不太可能很快脱贫致富，自行解决住房问题，一度满足要求的廉租家庭很可能再次沦为新住房困难户。因此，应尽量减少 1 室户的建设数量。

同时，廉租家庭的人口构成虽然以核心户为中心，但和普通家庭相比，主干户、联合户等大家庭较多，因此，廉租房建设还应适当增加 3 室的比例。

2. 公私分离

在满足寝室分离的前提下，应确保就餐等公共性行为空间的专有，尽量做到寝食、甚至是公私行为的分离。廉租房建设使用的是社会资金，对户型建筑面积与设计标准的严格控制在所难免，因此，对行为空间分离的努力也应根据地区经济发展水平循序渐进，量力而行。

寝室分离、寝食分离、公私分离，这个过程既是卧室功能单纯化，面积缩小的过程，也是公共空间不断充实，面积扩大的过程。在建筑面积一定的情况下，“大厅小卧”应该是廉租房平面格局的稳定形态。

八、小结

在廉租家庭住房内，个人性、公共性、劳动性生活行为交叠，相互影响严重，直接引发居民对住房的不满。其中，子女学习、就寝、就餐空间的改善要求最为迫切，且对确保个人性行为空间的需求要强于公共性行为空间。因此，廉租房设计应首先保证“寝室分离”，以 2 室为中心，减少 1 室数量，增加 3 室；逐步做到“寝食分离”、“公私分离”，实现“大厅小卧”。

（本课题得到上海市浦江人才计划项目基金的资助）

注释:

① 上海市廉租房政策包括租金补贴、实物配租、租金核减。至 2005 年底，上海市受惠于廉租房政策家庭 4.5 万余户，其中租金补贴 1.8 万户，实物配租 311 户。

② 本次调查对象均为租金补贴家庭。

③ 对住房所有关系、租金、搬家愿望等住房情况的分析另行撰文讨论。

④ 廉租家庭对行为空间满意度（调查值）以低取值为主。为强化这种倾向，生活行为重要性的评价取值与重要性成反比。

参考文献:

[1] 袁朝晖. 上海城市住房保障问题与低收入家庭住宅设计的发展策略 [D]. 上海同济大学建筑城规学院. 2008.

[2] 王鹏. 上海市低收入家庭居住问题研究 [D]. 同济大学建筑城规学院. 2007.

[3] 岩井一幸，奥田宗幸. 住の寸法 [M]. 第 2 版. 东京：彰国社，2007.

原载于：《建筑学报》2009 年第 8 期

北京低收入者居住需求研究及对廉租房建筑设计的启示

周燕珉　王富青

廉租房是用来提供给城市低收入者中住房困难家庭租住的社会公共住宅。当前为解决城市低收入者住房困难问题，中央政府制定了以廉租房为核心的住房保障政策，同时也明确了近年的建设投资规模和实施规划。全国大中城市陆续公布了廉租房的建造计划，廉租房建设开始进入全面展开的阶段。

由于我国的廉租房建设刚刚起步，相关的规划设计经验积累少，面对大量的建设需求，急需对廉租房的设计展开深入研究。本文对廉租房的楼栋形式及户型类型展开研究，以北京市低收入者为调研对象，采用“入户访谈”和“问卷访谈”的调研方法，研究低收入者不同年龄、不同家庭结构的生活特点和居住需求，从中总结出有关廉租房建筑单体设计的要点与启示，可以为政府相关部门和设计单位提供参考。

一、调研概要介绍

当前北京市的廉租房政策主要面向拥有本市户口的符合申请租住廉租房条件的家庭，然而随着近年来廉租房对象的逐步扩大，笔者认为有必要包含对外来人口及本市处于廉租房与经济适用房之间的夹心层居民居住需求进行调研。因此本文的调研对象在以当前享受廉租房政策的北京市民为主的基础上，还包括城中村及本市住房困难家庭。

在试调研中，笔者了解到北京市的低收入者主要集中在以下城市区域中：老北京旧城危改区、北京旧城更新区、倒闭的国营单位居住小区以及外来人口密集的城中村等四类区域。针对调研对象的特点，笔者在前两类区域调研了廉租房租住者或廉租房政策享受者的居住情况和居住需求；在后两类区域调研了其他住房困难低收入者的居住情况和居住需求。1）老北京旧城危改区：调研选取了原宣武区果子巷，该地点地处老城区内，居民房屋破败、人口密集、基础设施缺乏，往往10多平方米的小平房内住着一家三口或更多。2）北京旧城更新区：调研选取了西城区的德胜街道，该街道的城市建设已经进行了大量更新。廉租房的租住者在原处已经很难从市场上租到与租金补贴相匹配的房子，因此多数搬往昌平区、顺义区、海淀区西北角等较为偏远的地方，或者搬入还未拆迁的旧城区、城中村，租住较为便宜的平房。3）倒闭的国营单位居住小区：调研选取了原国营北京棉纺织二厂职工小区。该厂已经倒闭，陈旧的居住小区居住着当年纺织厂辉煌时期的职工家庭，经过2~3代人的发展，小家庭往往已经成为大家庭，原本狭小的居室变得更加紧张。4）外来人口密集的城中村：调研选取了海淀区八家村，该村地处城乡接合部，随着北京市城区的快速扩大，已经成为城中村。八家村因相对便宜的房屋租金，聚集了大量周边打工的外来人口，居住密集，人均面积十分紧张。

调研主要由两部分组成，即“低收入者家庭的入户访谈调研”和“廉租房租住者问卷访谈调研”。下文将从这两个调研角度分别总结分析。

二、入户访谈调研总结与分析

入户深访调研一共有12户：分别为原宣武区果子巷廉租房租住家庭5户、京棉二厂居住区住房困难低收入家庭5户以及海淀区八家村外来低收入家庭2户。通过与调研对象的深入访谈以及入户的观察，从中可以总结出低收入家庭对居住改善的期望、当前面临的住房困难情况以及居住需求等几个方面的问题。

1）低收入者对新建廉租房充满期望。目前享受租金补贴的家庭在城区越来越难找到与租金补贴相匹配的房子，住户期望新建的廉租房能位于城区，改善居住条件的同时不影响孩子上学和家人工作，能真正有一个安身之所。

2）租金是租房时考虑的第一因素。政府提供的租金补贴只能到城市边缘或者城中村去租住小面积的平房。有部分调研对象反映：平时还需要节省部分补贴的租金用于日常生活开支。由于无力额外支付房租，因此只要房屋租金不超过政府的补贴，房屋条件稍差也能接受。

3）希望廉租房能满足基本生活。多数调研对象认为廉租房是政府为困难群众建设的社会公共性住宅，不能有过高的要求，新建的廉租房只要能满足基本的居住生活条件就可以，只是希望建设地点不要太远。住房功能希望包括睡觉、做饭、吃饭、存放物品、孩子学习等。

4）希望能安排下足够的床位。多数家庭长期以来一家人挤在一个狭小的屋内，难以布置下足够的床位，不能保证家庭成员最起码的私密性要求。生活中存在着孩子年龄很大了还和父母一张床，老人和年轻夫妇不能分室就寝，夫妇中因一位病残需要分床但无法做到，来了客人无法留宿等问题。

5）希望能给孩子一个独立的空间。多数调研对象认为孩子的学习成长是改变家庭境况的希望，保证孩子有良好的学习环境最为重要，因而希望家里能有一个独立卧室给孩子，或者能有机会隔出一个小间放下孩子的床和书桌，而大人可以暂时将就。

6）希望有一个独立厨房。可以保证卫生、安全，更主要是为了减少邻里矛盾。调研的人家基本都有过使用公共厨房的经历，不愉快的记忆十分深刻，认为公共厨房是引发邻里矛盾的主要因素，因此只要家里有一个可以放煤气灶和洗刷的地方，就不愿意去使用公共厨房。目前多数家庭的厨房为临时搭建，卫生状况很差。

7）希望能解决洗澡难题。目前因屋内拥挤且没有地漏等基础设施，家里不能洗澡，去公共澡堂洗澡费用太高，公共卫生间脏乱且不私密，因而洗澡成了生活中的大难题。调研中也了解到部分特殊家庭如有智障孩子的异性单亲家庭，因孩子不能独立去澡堂洗澡，而单亲家长又不能陪同前往，以致有的调研对象整个冬天都不能洗澡。

8）希望廉租房室内能有一个多用途房间。调研中可以看到狭小的室内空间对生活的容纳已经到了极限，无法承担更多的生活变化，调研对象希望屋内能有一个面积相对稍大的房间，既可以用作卧室，也可以作为用餐、接待客人的空间。多数家庭以餐桌为中心，餐厅空间兼有用餐、看电视、招待客人、家人聚会等功能；同时餐桌和餐椅为活动折叠式，收起后晚上可以作为睡觉的空间。

9）希望社区多组织和开展活动。认为社区活动有利于邻里交往、增进了解和相互关照，低收入家庭更需要彼此的帮助以应对生活的困难。

10）希望留有放置日常家用电器的空间。调研中了解到多数家里有电视机和电冰箱，形式多为20世纪90年代或之前的老式电器，多为早年购入或者亲戚家置换新电器后赠送的。

11）希望考虑设置劳动操作及存放劳动工具的空间。入户时观察到部分低收入家庭通过为邻里提供服务赚取少量生活费用，家里放置了修补衣服的缝纫机以及用来卖早点的三轮板车和餐柜。在将来的廉租房中，这些劳动工具需要有存放的地方，希望能保证搬家后不影响他们继续从事小买卖生意。

12）希望廉租房有配套设施，愿意在自己熟悉的环境中生活。多数被访者希望廉租房的地点交通方便，买东西便利；最好能和老邻居们居住在一起，可以交流和相互照应。

三、问卷访谈调研数据的统计与分析

问卷访谈调研在西城区的德胜街道和原宣武区的果子巷展开，调研对象均为享受廉租房政策的家庭，共访谈了 33 户。调研采用了访谈的形式，主要原因是在试调研中发现了诸多问题，如被访问人不识字、年纪大、眼花看不见字等，因而采用了访谈的方式完成问卷的有关内容。

问卷由三部分组成：第一部分是调研对象及家庭基本信息，包括家庭各成员的学历、健康状况、工作类型和常利用的交通工具等；第二部分是居住房屋的基本情况，包括目前租住房屋的类型、房间数、总面积、床位数量和布置方式、家用电器类型、来客情况；第三部分是调研对象的居住需求，包括室内面积分配选择、卫生间和厨房是否可以共用、客厅设计开敞与否、邻里交往意愿、对各室阳光的优先分配意向、租金与朝向选择的关系等。通过问卷的统计分析可以看到，调研对象在家庭基本信息、居住状况及居住需求等方面反映出如下特点：

1）年龄结构整体偏大。调研对象中 50~59 岁之间占 40%，60 岁及以上占 18%，步入老龄的人数比例较高且将快速增加（图 1）。调研中了解到有部分低收入者结婚晚，已到中年才结婚生子，可以推想这种现象的结果就是孩子还未能自食其力时，父母已经步入老年，家庭的境况更趋困难，孩子也较难得到良好的教育。多数调研对象身体上存在一些问题，其中 36% 有较严重的慢性疾病或身体残障（图 2）。因此，综合年龄结构和身体健康的实际状况，在廉租房的设计中需要考虑无障碍设计，或为无障碍改造做好预备工作。

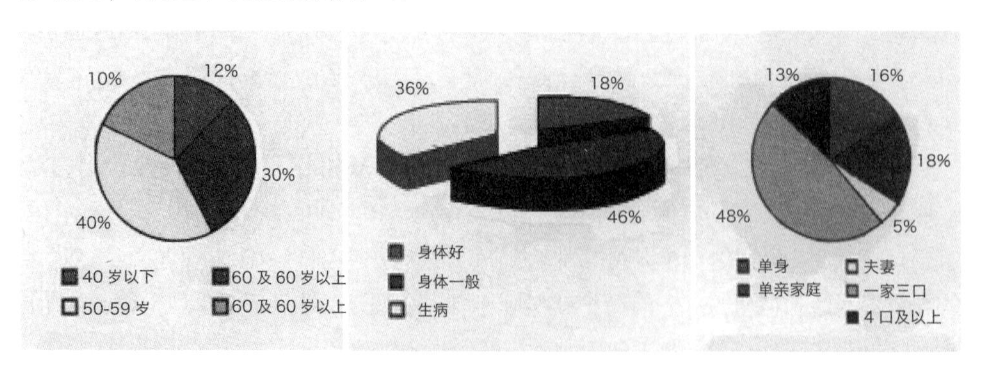

图 1. 访谈居民的年龄结构分析　图 2. 访谈居民的身体状况分析　图 3. 访谈居民的家庭结构比例

2）户均人口少。调研对象中家庭人口在 3 人及以下的占 87%，其中单亲家庭占 16%，两人户家庭占 23%，两人户家庭中单亲家庭占 18%，夫妇家庭占 5%（图 3）。这对户型设计及各类户型的比例配置有着重要的意义。

3）节约租金补贴用于日常生活。85% 的租户租了一间房，面积多数在 $20m^2$ 以下（图 4、图 5）。可以看到即使有租金补贴，但由于生活费用紧张，低收入者多数想通过节省房租补贴来用于其他生活开支。实物配租的廉租房，虽然租金便宜，但需要低收入者用本已十分紧张的生活费支付房租，因此户型一定要紧凑合理，在满足基本生活的前提下节省面积以降低租金。

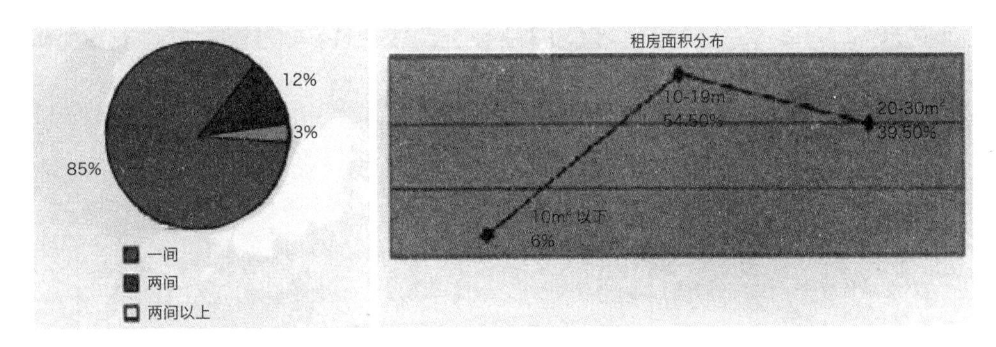

图 4. 访谈居民租住的房屋间数分析

图 5. 访谈居民租房面积的分布规律

4）在城区与其他家庭合租一套房。在访谈中了解到，由于孩子上学以及自己打工均在城区，调研对象中 45% 的家庭租住了城区楼房一套住宅中的一间（图 6）。他们宁可在城区挤着住，也不愿意到郊区租住租金较低、面积可稍大的房子。由此，廉租房户型类型不仅需要考虑家庭结构的差异，还要考虑建设地点与城区的距离，如在城区或离城区近的廉租房，在实际使用中可能会出现小居室住大家庭的可能性，因此，其设计需要考虑在小居室内解决多种居住方式的问题。

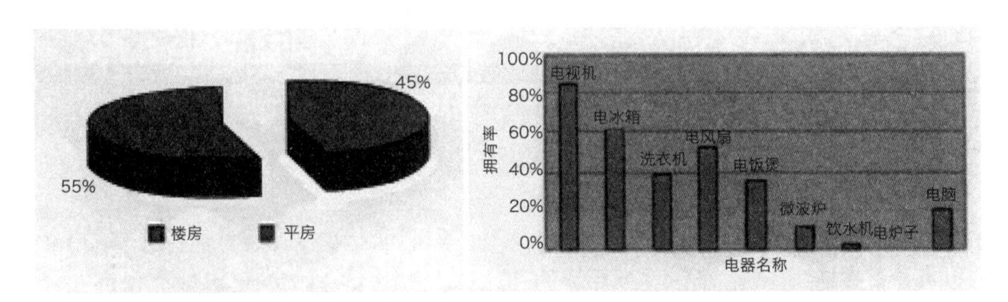

图 6. 访谈居民租住房屋的类型

图 7. 访谈居民日常家用电器的拥有率

5) 保有日常家用电器。统计可以看到多数家庭有电视机和电冰箱，还有一定比例的其他电器（图7），但是这些电器多为旧电器。在廉租房设计中要考虑日常家用电器的摆放位置，而且其位置尺寸要考虑放下老式电器的可能性。

6) 家庭人数影响户内空间的面积分配。调研中发现不同人口数量的家庭对客厅和卧室面积分配的选择有较大差异，人口较多的家庭比人口较少的家庭更多选择把面积分配给客厅（表1）。因此户型设计时要特别注意大户型和小户型中各空间面积分配的差异。

家庭结构与户内面积分配选择的关系　　表1

家庭结构类型	客厅和卧室差不多大	客厅面积大一点	卧室面积大一点
家庭人口≤2人	43%	43%	14%
家庭人口≥3人	37%	58%	5%
原因分析	人口较多的家庭多数希望客厅面积大，原因可能是人数较多，家里需要较大活动空间。同时访谈也了解到人口较多的家庭希望客厅可以承担较多的功能，如用作卧室、吃饭、家庭聚会等。		

7) 82%的家庭希望有独立厨房和卫生间（图8）。主要原因是独立厨房可以避免邻里矛盾，而且卫生安全；独立的卫生间可以解决洗澡难题，同时可以保护隐私。

8) 家庭人数影响客厅朝向和空间形式选择。人口较多的家庭多数希望客厅开敞且向阳（表2、表3）。访谈中了解到家庭人口较多时，公共活动空间的需求高于部分家庭成员卧室独立性的需求，认为户内需要一个面积较大且开敞的交流空间。

家庭结构与客厅设计形式选择的关系　　表2

家庭结构类型	客厅可封闭	客厅开敞
家庭人口≤2人	57%	43%
家庭人口≥3人	47%	53%
原因分析	从表中可以看到，人口较多的家庭多数希望客厅开敞，反映了对公共活动交流和可容纳其他生活变化的要求大于卧室独立性的要求。	

家庭结构与阳光分配选择的关系　　表3

家庭结构类型	卧室优先需要阳光	客厅优先需要阳光
家庭人口≤2人	50%	50%
家庭人口≥3人	32%	68%
原因分析	人口较多的家庭多数选择客厅优先有阳光，与上述“家庭结构与客厅设计形式”的统计结果有密切联系，人口较多的家庭对客厅的重视明显高于卧室。	

9) 老人多数希望卧室有阳光。原因是老人需要在卧室内午休，阳光有利于卧室卫生，身体健康。适合单身老人或老人夫妇居住的零室户或一室户，其设计需要考虑老人的生活特点。

10) 老人多数希望能有公共交流空间。访谈时了解到多数老人需要聊天、娱乐消遣的公共活动间，而中青年对象多数认为可有可无。但是问到如果需要收取一定的使用租金时，多数人认为可以不设公共活动间，主要担心增加支出，影响日常生活。

11）只要租金便宜，近半数家庭可以接受非南向房屋，认为如果北向或东西向房屋能比南向便宜较多，是可以接受的。尤其是东西向的廉租房，这与入户调研时了解到的租金为第一考虑因素是一致的（图9）。

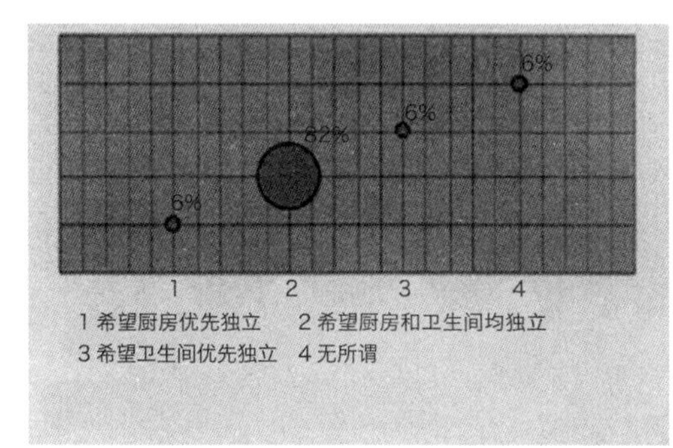

图 8. 访谈居民对卫生间和厨房独立性的要求

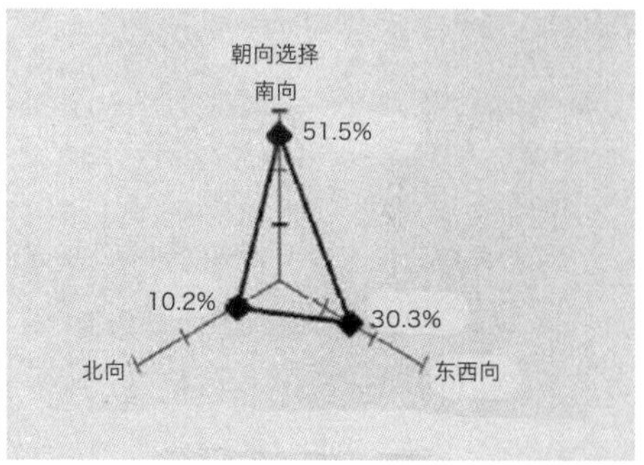

图 9. 非南向房屋租金可以便宜时居民选择户型朝向的比例

四、对廉租房建筑设计的启示

通过入户访谈和问卷访谈调研，分析总结了这些家庭对居住改善的期望、面临的实际居住困难以及他们的生活特点和居住需求，这些成果对廉租房的设计均有较大的启发意义：

1. 户型面积要经济合理，以满足基本生活需求为目标

租金是低收入者租房时的第一考虑因素，户型面积与租金直接相关。合理配置户型的面积与功能，既能为低收入者提供品质较好的房屋，同时也可以减轻租金负担。户型类型与面积的匹配关系需要综合相关政策标准、人体工学原理、低收入者居住的普遍特征等因素进一步深入研究。

2. 设计户型及确定各户型的比例时需要多因素综合考虑

户型的划分需要考虑低收入者的家庭结构、健康状况，还需要考虑建设地点离城区的距离。从上述调研分析可以看到，一室户和二室户是主要需求户型。但是各种户型在建筑单体中的配比需要因地制宜，依据实际家庭类型构成比例设计。

3. 通过租金差异平衡不同朝向廉租房的需求

楼栋设计中可以考虑设置东西向户型和适当考虑设置北向户型，由租赁环节来调节不同朝向户

型的租金与需求关系，租户可根据自身经济实力选择朝向。政府可以适当利用东西向或北向建造住宅，提高容积率，节约土地，降低成本。

4. 户内格局及面积分配要科学合理

1）设计独立厨房。在经济条件允许的情况下，尽可能设计独立厨房。如果建设资金不足而设置公共厨房，应合理控制共同使用的户数，如2~4户左右，并且厨房的台面和储藏橱柜要进行分隔，使每户均有清晰的区域。

2）设计可以洗澡的空间。如果经济条件允许，建议为每户设计独立的卫生间。如果经济限制每户不能有独立卫生间时，需要设计一个可以洗澡的男女分区的浴室空间。同时需要考虑设计一个可以由护理人员帮助洗澡的空间。

3）根据户型分配户内各空间面积。从调研结论可以看到，家庭人口数量对户内面积分配有较大影响。如为单身或2人家庭设计的零室户或一室户，因其家庭人口少，公共活动空间的需求相对较少，其客厅面积可以与卧室相当；而二室户因使用人数较多，其客厅面积需要比卧室大。

4）优先保证孩子卧室独立。户型中的卧室优先设计成为孩子卧室。卧室面积可以较小，但是要保证安静和私密，给孩子一个较好的学习环境。卧室的设计需要考虑放置书桌、书架或电脑桌的可能性。

5）设计一个弹性空间。廉租房室内空间高度集约，户内十分需要一个可以容纳生活变化的弹性空间，可以兼顾就寝、用餐、接待、储藏、娱乐等功能。在户型中的客厅、大卧室、大阳台可以发挥“弹性”功能，在设计时需要认真研究弹性空间与其他空间的连接关系以及尺寸与家具布置的关系，注意尽量减少固定的隔墙。

6）考虑多方式布床的可能。为满足分床睡的要求，廉租房户型内需要考虑多方式加床位的可能性。在设计中要注意卧室、客厅以及阳台墙面和墙垛的尺寸。例如阳台的长边净尺寸如果能大于2m，将阳台封闭后，就可以布置临时床位。

7）预留家电位置。廉租房户内设计要考虑日常家用电器的摆放位置，特别是电视机和冰箱。尺寸需要参考老式电器，避免因设计放置新式小、巧、薄电器而实际无法安放老式电器。

5. 要考虑老人和残障人士的居住需求

1）考虑无障碍设计。具体包括：公共交通的无障碍设计，如入口空间、楼道、楼电梯等部位；户型内部空间的无障碍设计，主要考虑面向单身老人或老人夫妇的零室户和一室户；无障碍户型在建筑单体中的位置，如建筑底层布置无障碍房间，离电梯较近的房间设计成为老人户型等，以及无障碍户型在楼栋中的比例大小。

2）设置老人公共活动室。在经济条件允许的情况下，建议为老人提供适当面积的公共交流空间。考虑到老人使用的便利性，提高公共参与性，以及增加公共活动室的多功能性，其设置位置在人流集中的空间附近，如一层靠近出入口的位置。到老龄化比例较高时，老人活动室可以兼作老人的照料室，可集中照看孤寡病残老人。

6. 设置存放劳动工具的空间

考虑部分作小买卖的居民存放劳动工具的需求。为了出入便利，卫生安全，该空间易设置在廉租房的底层、地下室或者单建储藏小屋。通过保留低收入者日常经营活动的方式，尽可能避免因住楼房而导致生活品质降低的现象发生。

综上，本文在明晰廉租房楼栋及户型设计中主要矛盾的基础上（如户型格局、面积分配、房间朝向等），采用调研分析的方法，对廉租房的建筑设计作了初步探索，总结出一些对廉租房建筑单体设计的启示。虽然样本数量有限，但其中反映了一些十分有意义的信息，可以为进一步的深化研究提供基础。廉租房的设计研究是一个系统工程，笔者从低收入者的需求出发做了一些设计研究的尝试，但是还有许多方面需要研究，如廉租房的小区规划、公共设施配套、工业化建造等，需要各个相关专业领域的有识之士共同努力。

原载于：《建筑学报》，2009 年第 8 期

第三章
标准与规范

与住宅设计相关的标准、规范、技术规程、措施和各种标准图集，是指导住宅建设发展的两个重要支撑体。无论是与住宅设计相关的标准、规范的编制，还是各种图集的出版，都可以看作是住宅建设发展道路上的一个个路标。这些路标有力地说明，国家对住宅建设在整个经济建设中重要地位的确认程度以及人们对住宅的安全性、住宅设计与建设中体现的“以人为本”基本观念的认识，都在不断地深化发展。其中，住宅设计规范就是一个极有代表性的例子。1986年颁布施行的第一本住宅设计规范，内容简明，大多属于基本规定。第一次修编后，于1999年颁布施行的设计规范就进一步体现了“以人为核心”的指导思想，增加了大量新内容，并批准为强制性国家标准。此后，在住宅建设大发展和市场化的大背景下，住宅在居民日常生活中的重要地位不断提升，而实践中也产生不少法律纠纷，例如住区改建中新建筑遮挡原有住宅建筑的采光问题、儿童从阳台栏杆摔出去造成伤亡事件等。这时，住宅设计规范不仅是设计人员应遵循的技术文件，也屡次成为法庭辩论中使用的法律依据。住宅设计规范的重要性已经远远超出了住宅设计的范畴。

涉及住宅建筑的技术规程、要点和措施等技术文件是标准化体系中的辅助文件，也是推荐性的技术文件。它们往往采用解释、详细规定和具体做法等方式进一步规定了某些标准规范的技术条款内容，便于使用者理解标准规范的要求，从而正确合理地应用标准规范。此外，当某些技术问题暂时还不适宜制定为标准规范，或不宜采用标准规范去硬性规定执行时，制定为技术规程、要点或措施不失为一种较灵活又切合实际、符合科学规律的办法。它们虽然是推荐性技术文件，但其编制过程也同样有一套严格程序，所规定的条款必须是合理、科学、经济等行之有效的措施，因此可以作为住宅建设的指导和参考文件。

图集是以图为主的出版物。与住宅建筑相关的图集有两大类：一类是标准图集；另一类是资料图集。二者性质不完全相同，但同样非常重要。前者是国家或地方根据国家或地方标准规范编制的标准图集，可以很方便地提供给设计人员在设计中直接选用。而后者则是供设计人员参考的，属于工具书。它包含了国内外大量工程实例，基本上不是为了直接选用。当然，资料图集也包括一些根据标准规范编制的“基本规定”、“计算指标”、“计算公式”，还包括诸如模数、人体尺度、制图图例等通用的规定，但这些内容也多偏重于采用图表、例图等方式表达，一目了然，便于查阅和参考。有些国家技术情报工作十分发达，他们编辑出版的资料图集大多三年左右就修订一次，大量更新工程实例，一些基本规定也会随着标准规范的修订而及时得到修改。我国在这方面还没能做到及时修订，因此，不能及时反映标准规范的变化，在参考引用时必须十分注意。在参考引用国外设计时，更要注意国外与我国在相关标准规范上可能存在的差异。

从以上的论述中可以清晰地看到，我国住宅设计相关的标准、规范的编制和各种图集的出版是伴随着住宅建设的蓬勃发展而发展的。标准、规范的数量由少到多，由简到繁，既适应了建设需要，也做到与时俱进，适应了全球经济要坚持可持续发展和低碳生活的趋势。我们从上述的一些标准、规范中也会看到某些内容会出现重叠重复，甚至也会发生矛盾，这正是标准、规范需要在实践中不断修编的原因。在多年之后，对某些标准、规范进行更大的调整乃至删减、合并也完全有可能，这才符合事物的发展规律。住宅具有很强的地方性，因为它要适应当地的地理、气候、人文的特点，因此，地区性的标准设计图集也是极其重要的组成部分，也在住宅建设中发挥着重要作用。20世纪末编辑出版的《华北地区民用建筑构造图集》就是一套得到华北地区，乃至西北和东北地区广泛采用的图集。

一、标准和规范

1.《住宅设计规范》

这是最重要的规范之一，也是伴随着改革开放、与时俱进、不断修订的一本规范——从《住宅建筑设计规范》GBJ 96-86到《住宅设计规范》[GB 50096-1999、GB 50096-1999（2003年版）、GB 50096-2011]。

《住宅建筑设计规范》GBJ 96-86 是新中国成立以来第一本住宅设计规范。在此之前，有关住宅设计规范只是在 1955 年国家建筑工程部技术司主编的《建筑设计规范》中有所涉及，而且是与公寓、宿舍、旅馆作为居住建筑同列于一章中的，因此，条文划分不够清晰，其内容又因参考了苏联的各种相关建筑设计标准，虽然结合国情作了调整，仍有许多不足之处。1983 年中国建筑设计研究院组织了 11 个省市设计院和高等院校编制住宅设计规范，于 1986 年完成。这个规范解决了一些住宅设计中的基本问题，例如面积标准、功能空间布置、公共部位的要求和室内环境的保证等，在全国住宅建设领域内规范住宅设计、提高设计水平发挥了积极作用。在编制过程中，开展了广泛的调查研究，收集了大量图纸和资料，进行了必要的科学测试工作，并参考了国外相关资料，因而成果科学合理并体现了当时国家住宅建设的方针政策，因而获得 1988 年建设部科技进步三等奖。

1996 年《住宅建筑设计规范》进行修编，于 1998 年完成，并更名为《住宅设计规范》。修编后的规范强调“以人为核心”，在大量居住实态调查的基础上，提出了住宅设计技术要求，并根据适用、安全、环保、经济、节能等要求，增加了大量相关专业的新内容，突出了住宅设计中多专业的综合协调性，形成了较完整、系统的技术文件。《规范》经审定认为“符合我国当前实际情况并兼顾了今后的发展，达到了国际同类先进水平”。

根据规范在执行中发现的问题，还发布了 2003 年局部修订版，对某些涉及安全的条文做了进一步修改。例如，关于阳台栏杆的净高问题，要求封闭阳台栏杆也要满足同样要求。窗台的净高度或防护栏杆的高度均应从可踏面起算，保证净高 0.90m。此外，对房间电源插座的设置数量，各种线路的集中布线等都提出了新的规定以适应家电设备逐步普及的新形势。

本规范发布执行十年来，在我国住宅商品化全过程中发挥了巨大作用。但由于住宅市场的快速发展和住宅品质的巨大变化，一部分条文已不适应当前情况，需要修改和补充新内容。在此期间，由于颁布了一些新法规，也修订了一些相关法规，在内容表述和指标方面都有发展变化，这就要求本规范也应对相关条文进行调整，避免执行中的矛盾。此外，为落实建设节能省地型住宅的国家政策，贯彻高度重视民生与住房保障问题的精神，也需要对《住宅设计规范》进行修订，以正确引导中小套型住宅设计与开发建设。

新的《住宅设计规范》GB50096-2011 编制完成后，于 2011 年 7 月 26 日颁布，并自 2012 年 8 月 1 日起实施。规范中对技术经济指标的计算做了较多的修改，把原来的 7 项指标简化为 5 项，采用统一的计算规则。这有利于方案竞赛、工程投标、工程立项、报建、验收、结算以及销售、管理等各个环节的工作，可以有效地避免各种矛盾。规范增加了“住宅楼总建筑面积”这项指标，便于规划设计工作中经济指标的计算和数值的统一。

规范还修订了住宅套型分类和各房间最小使用面积；扩展了节能、室内环境、建筑设备和排气道等方面的内容。《住宅设计规范》通过一次次修编，其内容日臻完善，完整性和系统性正逐步增强。

2.《住宅建筑规范》GB 50386-2005

鉴于当前住宅建设量的与日俱增，需要占用大量土地和资源，就必须把节约用地和资源提高到十分重要的位置。一些资料表明，我国目前开发的住宅占地多，耗能多，而我国又是一个人口众多、人均土地和能源占有量较少的国家，土地和能源的消耗如果不加扼制，不利于国家的可持续发展。为此，国家提出要建设节能省地型住宅，《住宅建筑规范》就是在这种背景下进行编制的。这是一项全文强制性规范，要求严格控制住宅建设全过程中对节地、节能、节水、节材以及环境保护的要求，因此规范条文有较强的系统性，既体现住宅建设的政策要求，又对住宅建筑的目标、功能、性能及指标等提出了各个层次的要求。规范的内容包括：总则、术语、基本规定、外部环境、建筑、结构、室内环境、设备、防火与疏散、节能、使用与维修等。规范的科学性、完整性和协调性，对落实“四节一环保”的措施会起到重要作用。

3.《住宅建筑模数协调标准》GBJ 100-87， GB/T 50100-2001

在我国，建筑模数的研究工作起始较早。早在20世纪50年代就根据苏联的建设经验，进行建筑模数的研究并肯定了以3M为主的模数系列。20世纪70年代初期，我国提出了建筑工业化的口号，于是再度开始建筑模数的研究，并于1973年编制了《建筑统一模数制》，确定了模数数列和定位线的技术要求。

1984年在经历“文革”后，我国进入经济建设发展的新时期，中国建筑设计研究院主持对《建筑统一模数制》的全面修订工作，完成了《建筑模数统一协调标准》，并同时完成了《住宅模数协调标准》和《建筑楼梯模数协调标准》。这是我国首次学习国际ISO组织的“TC59标准”系列，运用国际模数协调原则和方法、结合我国实际应用的产物，具有一定的先进性和实用性。

1997年由于住宅建设的迅速发展，住宅产业化和住宅建筑体系成为技术发展的关键和重点，模数协调原则的应用也必然成为住宅产业化和住宅部品标准系列化的重要前提。但原标准是以砖混结构和大板结构模数协调标准来确定模数系列的，具有一定的局限性，显然已不能满足新形势下的要求。因此，在随后的《住宅建筑模数协调标准》的修编工作中，提出了模数网格、定位线和公差配合等概念和原则方法，对原标准作了全面修改，体现了对国际ISO标准创新性的应用，对今后我国住宅设计、部品生产、施工安装等的标准化产生了重要影响。

4.《住宅厨房及相关设备基本参数》GB/T 11228-1989， GB 50096-1999 和《住宅卫生间和相关设备基本参数》GB/T 11977-1989，GB 50095-1999

过去，厨房和厕所的面积标准低，设备极为简陋，卫生条件差。进入 20 世纪 80 年代，随着住宅建设的发展，厨具、厨房设备和卫生间的设备生产形成了空前繁荣的市场，住宅中厨房和卫生间的空间也在扩大，无论对住宅设计，还是建筑设备的商品化生产，都急需一套基本参数进行协调。

《住宅厨房及相关设备基本参数》的编制目的在于充分利用厨房空间，组织炊事操作秩序，根据人体工效学原理确定合理的尺度,为住宅厨房改革和商品化成套厨房家具进入千家万户创造条件。在这项标准中规定了 4 种典型布置的住宅厨房最小宽度，规范了厨房家具和设备的外形尺寸和连接尺寸并规定了竖向和横向设备管线区。《住宅卫生间及相关设备基本参数》的编制目的与内容也是类似的。

此外，与上述标准相配合而编制的标准还有：《住宅厨房模数协调标准》JGJ/T262-2012 和《住宅卫生间模数协调标准》JGJ/T263-2012。

5.《住宅建筑技术经济评价标准》JGJ 47-88

1984~1987 年编制的这项标准是我国第一本住宅技术经济评价标准。其内容包括评价指标、评价指标计算、评价方法等。标准的特点是把住宅技术经济效果以建筑功能效果与社会劳动消耗之比来衡量，把指标的定量与定性结合起来进行评价，体现评价指标项目按其重要程度进行加权运算，采用指数法解决了综合定量评价的问题，从而在促进住宅标准经济评价工作和提高住宅设计水平及综合效益方面发挥了积极作用。

6.《老年人居住建筑设计标准》GB/T 50340-2003

20 世纪末期，我国人口老龄化的发展趋势日趋明显。为适应这种发展变化，及时满足社会建设需要，为老年人居住建筑的建设提供科学、合理的依据，已十分迫切。《老年人居住建筑设计标准》就是在这种形势下制定的。

标准编制之前，一些设计科研单位已在老年人建筑领域进行了多方面的调查研究，例如进行了老年人住宅内事故、老年人基本尺度和室内设备的适应性实态调查；完成了老年居住建筑示范工程设计；编制了老年人居住建筑设计导则和老年人居住建筑设计手册等。此外，在“老年人住宅与相关设备”问题的研讨中，把老年人居住需求划分为“家庭供养型”和“社会供养型”两大类型，分别提出它们不同的特征和设计理念。这些都为《老年人居住建筑设计标准》的编制准备了较好的条件。这项标准不仅从基地与规划设计、室内设计、建筑设备、室内环境等方面提出了技术标准和技术经济指标，更着重提出老年人居住建筑设计中应特别注意的室内设计技术措施，成为本标准的一大特色。

在此之前，还编制并颁布施行了《老年人建筑设计规范》JGJ122-99。

老年住宅有别于普通住宅，是以老年人为特定居住对象的，有很强的针对性。在社会实践中，让老年人从普通住宅中搬出来，住进为老年人专门购买或租用的住宅，存在多方面的实际问题，同时开发商是否愿意开发建设这类住宅，开发后由谁来经营管理，也有待研究和尝试。这与我国城市老年人的养老方针有密切关系，更与老年人住宅的发展方向有关，例如老人住宅如何纳入正常的建设项目中去，是简单地在住宅小区中插建一些，供居民购买，还是将老年人住宅组成公寓型建筑供出租使用，还是由一定部门经营管理，都需要进一步研究。这是《老年人建筑设计规范》和《老年人居住建筑设计标准》虽然颁布已久，但并未充分得到贯彻执行和发挥作用的重要原因。

7.《民用建筑设计通则》JBJ 37-87， GB 50352-2005

第一版《民用建筑设计通则》是在20世纪80年代编制并于1987年完成和颁布执行的。在此之前的30多年里，我国一直缺乏一本有权威性的、规范各类民用建筑设计的技术规则。《通则》对民用建筑设计中的共性问题，如适用、安全、卫生等提出了各项规定。其内容有：总则、城市规划对建筑的要求、建筑总平面、建筑设计、市内环境要求等。20世纪90年代以后，我国基本建设掀起高潮，各种类型的民用建筑，包括住宅建设，在规模、数量、内容和高度等诸多方面都发生了质的变化，原有通则的条文、规定已远远满足不了发展的需要。21世纪初，《民用建筑设计通则》进行了全面修订。

新版《民用建筑设计通则》强调了以下几项原则：应贯彻可持续发展的战略，正确处理人、建筑与环境的相互关系；应坚持保护生态环境，防止环境污染；应以人为本，满足人们在物质和精神两方面的需求；应贯彻节地、节能、节水、节材的国策；应方便残疾人、老年人这一弱势人群，提供无障碍设施等。

8.《城市居住区规划设计规范》GB 50180-93，2002年版，2006年版

《城市居住区规划设计规范》GB 50180-93是我国第一本居住区规划设计规范，也是与住宅建设息息相关、密不可分的重要规范。由于城市居住区建设的迅速发展，不仅规模大，其建造模式、住宅类型、建筑组合方式、室内外环境要求等，都有较大变化，为此，93版《城市居住区规划设计规范》于20世纪末进行修编，并于2002年完成和颁布施行。

修编的主要内容包括：增补老年人设施及停车场（库）；适当调整分级控制规模、指标体系和公共服务设施的部分内容；进一步完善住宅日照间距的有关部门规定；与相关规范进一步协调，提高了条文措辞的严谨性。

规范还根据当前社会发展状况，提高了一部分标准，对涉及法律纠纷较多的条款提出了更严格的限定条件。2006年对《城市居住区规划设计规范》再次进行了修订。

9.《民用建筑绿色设计规范》JGJ/T 229-2010

本规范为国家行业标准。

“绿色建筑”和“绿色设计”是20世纪末、21世纪初提出的新理念。建筑活动是人类对自然资源和环境影响最大的活动之一。在我国正处于经济快速发展阶段，资源消耗总量的迅速增长和环境污染形势都十分严峻，必须牢固树立科学发展观和可持续发展的理念，大力发展低碳经济。对建筑行业来说，发展绿色建筑就是要求在建筑全寿命周期中，在满足建筑功能的同时，最大限度地节能、节地、节水、节材与保护环境。建筑设计是建筑全寿命周期的一个重要环节，它主导了建筑从选材、施工、运营、拆除等各个环节对资源和环境的影响，因此，绿色设计就显得格外重要。例如在设计中，片面追求小区景观而过多地用水，就不符合绿色建筑理念，这在北方缺水地区尤其突出。又如为了达到节能的单项指标而过多地消耗材料，也同样不符合绿色建筑理念。从另一方面看，降低建筑功能和适用性，虽可减少资源消耗，也并非绿色建筑所提倡。因此，节能、节地、节水、节材、保护环境与建筑功能之间的矛盾必须放在建筑全寿命周期内统筹考虑与正确处理。这是本规范编制的目的和追求的目标。《民用建筑绿色设计规范》的编制与实施，使我国民用建筑活动提升到坚持国家可持续发展的高度，意义重大。

绿色设计主要通过绿色设计策划方式进行，其中包括前期调研、项目定位与目标分析、绿色设计方案、技术经济可行性分析等内容。最终应该达到现行国家标准《绿色建筑评价标准》GB/T 50378或其他绿色建筑相关标准的相应等级或要求。规范有六个有关章节对绿色设计的内容提出了具体要求，分别为场地与室外环境、建筑设计与室内环境、建筑材料、给水排水、暖通空调、建筑电气。

二、技术规程、要点和措施

1.《健康住宅建设技术规程》（CECS 179：2005； CECS 179：2009）

本技术规程是在2004年一项有关健康住宅的研究课题成果的基础上编制的。目的在于贯彻健康住宅建设理念，指导健康住宅（住区）的建设工作，建立健康住宅评估体系、技术体系和建筑体系，提升健康住宅（住区）的环境品质。规程认真总结了试点工程的实践经验，从我国住宅建设的现实出发，适度地考虑了若干前瞻性问题，成为一本有关城市健康住宅的专用标准，它的颁布实施将在最广泛意义上确保居住者的健康要求。

2009年12月1日起施行《健康住宅建筑技术规程》2009年版。

2.《全国民用建筑工程设计技术措施》

这是一套大型的、以指导民用建筑工程设计，特别是以住宅工程设计为主的技术文件，由建设部工程质量安全监督与行业发展司组织，中国建筑设计研究院主编，内容全面，形成《规划 · 建筑》、《结构》、《给水排水》、《暖通空调 · 动力》、《电气》、《建筑产品选用技术》、《防空地下室》七个分册。规程突显四个特点：第一，紧扣规范，围绕正确执行和贯彻规范，尤其是强制性条文，提出相应的措施，加强技术人员对规范的深层次理解，以便更加准确和有效地贯彻执行；第二，针对工程设计中的“通病”提出正确处理的解决措施；第三，关注当前工程建设中的新技术、新产品的应用，解决在应用和选用中遇到的实际问题；第四，在一定程度上结合地域特色和地方特点，尽可能加大使用覆盖面，以便有效地服务于全国的建筑工程设计工作。

这套技术措施还不属于正式的技术规程，因此没有相应的标准编号，但由于其明显的实用性，得到全国各地设计、施工、科研部门的积极反响，发挥了较好的指导作用。

三、资料图集

1.《建筑设计资料集》（1964，1981；中国建筑工业出版社）

该图集的第一、第二集编辑出版于20世纪60年代，是新中国成立后出版的第一套建筑资料设计图集，20世纪70年代又编辑出版了第三集。这一集的内容侧重于建筑构造。

图集先后重印过六次，发行量高达20多万套，设计人员几乎人手一册，不可或缺，被誉为广大建筑设计人员的“良师益友”，也被戏称为“天书”，在建筑设计工作中发挥了很大作用。

2.《建筑设计资料集》（第二版）（1994）

在改革开放的新形势下，我国的建设事业蓬勃发展，建筑科技日新月异，人们的社会生活多姿多彩，使用了20多年的原版资料集已显陈旧，无法满足工作需要。这时，我国各类建筑的标准规范，包括城市居住区规划设计规范均已陆续编制施行。1987年，在建设部领导的支持下，部设计局和中国建筑工业出版社共同主持下，开始了编辑工作。经过全国50余家承编单位和100多位专家、学者的共同努力下，《建筑设计资料集》（第二版）于1994年编辑完成并陆续出版。与原版资料集相比，第二版资料集的内容得到大大充实和丰富，形成了由10个分册组成的大型工具书。以下展示的是与住宅相关的片段内容，从中可见一斑。

1）规划——住宅群体组合方式

(1) 成组成团组合; (2) 成街成坊组合; (3) 整体式组合; (4) 规划实例——英国哈罗新镇。

2) 住宅建筑体系——SAR

3) 各种类型的住宅平面

(1) 梯间式住宅; (2) 走廊式住宅; (3) 独立单元式住宅; (4) 组合单元式住宅。

4) 各功能空间平面布置示例

(1) 起居室、客厅、过厅、餐室典型平面布置示例; (2) 厨房平面类型示例; (3) 厨房最小尺度; (4) 卫浴平面示例; (5) 人体活动与卫生设备组合尺度。

3.《住宅设计资料集》(1999)

《住宅设计资料集》是第一套为住宅设计编辑的专集，编辑于1997年，于新中国成立50周年之际出版发行。住宅设计资料集的出版也为住宅设计在工程设计中的地位的变化做了一个注解。过去在工程界也曾经流行过“住宅是小儿科”的说法，认为只有大型工程才能显示设计水平，因而在一部分设计人员中，对住宅设计的研究深度是远远不够的。其实，在住宅领域需要不断深化研究的课题十分广泛。中、低收入人群的住宅建设数量是最大的，而从标准和规范的限定来看，能创造出优秀作品并不容易。从居住者角度看，由国家或企事业单位分配住房的政策已经发生根本变化，住宅成了个人财产中极为重要的组成部分，人们对住宅设计的要求也日益提高，不只希望居住面积增加，而且对功能质量要求也越来越苛刻。《住宅设计资料集》正是在这样的背景下应运而生。资料集共有五个分册，即《建筑设计》、《结构设计》、《设备设计》、《装饰设计》和《工程施工》。应该说，装饰设计和工程施工两个分册是在总结《建筑设计资料集》的经验之后对设计资料集编辑工作的一项突破，装饰设计分册不仅为住宅各个空间的室内设计提供了丰富实例和资料，还包括了不少彩色图片；而工程施工分册几乎涵盖了当前主要施工技术，做到了图文并茂。

四、标准图集

工程建设标准设计是工程建设标准化的重要组成部分，也是工程建设的一项重要基础工作，是贯彻执行工程建设标准、促进科技成果转化和推广的重要手段，对保证和提高工程质量、合理利用资源、推广先进技术都具有重要作用。标准设计和标准图集的大量推广和采用也为建筑设计和建筑施工节省了大量人力资源。

几十年来，标准图集的编制有一个漫长的发展变化过程。主要反映在标准定型单位的不断缩小。

早在20世纪50年代初，我国就开始编制标准设计。当时主要参照苏联的经验对住宅和工业厂房编制标准设计。住宅都采用按标准单元组成标准住宅楼栋的方法编制通用图集。这种标准设计灵活性小，在推广应用上受到一定影响。

进入20世纪80年代以来，我国住宅建设蓬勃发展，住宅标准设计的研究编制工作也在全国各地广泛开展。这一时期住宅设计方法出现了新的变化和改进，住宅的定型单位由整个楼栋开始缩小到几个住宅套型组成的住宅单元，建筑师在套型设计上也投入了较大的精力进行设计和推敲，住宅设计水平有了迅速的提高。住宅标准设计图集的编制开始注重模数化、系列化、标准化与多样化的问题。例如由中国建筑设计研究院通过对砖混住宅系列化的科研项目，于1986年组织全国十几个设计单位编制的《全国通用城市砖混住宅图集》就显示了这种发展趋势。图集不仅包括了24个分册的试用图集，还有构件生产工艺及设备图集、砖混住宅体系施工机具装备图集，是一个全面配套的“全集”。在住宅标准设计方面，也不采用标准的楼栋平面，而是采用套型和典型单元平面，例如内梯式（包括直梯和横梯）、外廊式、跃层式等。设计人员可根据当地条件，利用套型和典型单元平面去组织自己需要的住宅单元和建筑物，立面的形式就更不给予限定，由设计人员发挥自己的创造力去解决。

20世纪90年代，住宅配套标准设计图集不断推出新的成果，完成了一系列图集，已经成为标准图集中的一个大家族，包括住宅方案、住宅功能空间、住宅建筑配件以及各项专题图集，如《老人居住建筑》（04J923-1）、《建筑无障碍设计》（03J926）、《钢结构住宅》（05J910-1～2）和一系列小城镇住宅图集等。除此之外，属于构造详图、做法的标准图就更不胜枚举了。

1.《多层住宅建筑优选设计方案》（97SJ903）

这本图集是在收集20世纪90年代中期不同地区、不同特点的住宅工程设计和优秀方案的基础上进行编制的。除了常规的布置外还包括了一些有特点的方案，如大空间、顶层退台、顶层跃层式等。住宅及进深采用以3M为建筑模数的参数系列，层高控制在2.7m和2.8m，小开间为1.8m～4.2m，大开间为4.5m～6.6m，房间进深为3.3m～6.6m，适用于量大面广的普通住宅。

2.《住宅厨房》、《住宅卫生间》（01SJ913，01SJ914）

住宅厨房和卫生间是住宅内最复杂的功能空间，因而被称为住宅的心脏部位，设计好坏最能反映住宅的品质。本图集采用整体设计原则，将厨卫设备设施以模数协调方法整合于功能空间之内，达到综合、配套、隐蔽的要求，提高其产业化水平。厨房设备按单排、双排、L形和U形布置，列出了典型实例，并配有水、暖、气、电线路布置图。卫生间也有多种的布置图和线路图。二者还考虑了轮椅使用者必要的转动空间需要。

与住宅设计有关的主要标准图集目录　　表1

	图集名称	图集编号
1	多层住宅建筑优选设计方案	97S903
2	住宅厨房	01SJ913
3	住宅卫生间	01SJ914
4	住宅门	01SJ606
5	排气道	02J916-1～2
6	住宅建筑构造	03J930-1
7	住宅节能标准设计图集 外墙外保温建筑构造（一）（二）（三）	02J121-1 99J121-2 99(03)J121-3
8	外墙内保温建筑构造	03J122
9	平屋面建筑构造（二）	03J201-2
10	太阳能热水器选用安装	06J908-6
11	智能化住宅小区	00SJ904-1
12	老年人居住建筑	04J923-1
13	建筑无障碍设计 小城镇住宅系列图集:	03J926
14	传统特色小城镇住宅	05SJ918-1～8
15	小城镇住宅建筑构造	05SJ919
16	小城镇住宅构件及构造	05SG332
17	小城镇住宅给水排水设施选用与安装	05SS907
18	小城镇住宅采暖通风设备选用与安装	05SK510
19	小城镇住宅电气设计与安装	05SD604
20	钢结构住宅（一）（二）	05J910-1～2
21	《民用建筑设计通则》图示	

《住宅设计规范》局部修订的前前后后

林建平

一、修订背景和工作过程

国家强制性标准《住宅设计规范》GB 50096-1999 于 1999 年 3 月发布，6 月开始实施。当时正逢我国全面停止福利分房、商品住宅建设持续快速发展之时，住宅设计质量受到全国上下的空前重视。《住宅设计规范》的实施无疑对提高住宅设计质量和规范住宅设计市场发挥了重要作用。然而，随着时间的推移，规范的某些条款已显滞后。越来越多的意见、咨询和案件纠纷都反映了规范的若干内容急需修订、补充的迫切性。为了保证国家标准的权威性和先进性，中国建筑设计研究院提出申请修订，并于 2002 年 4 月获得建设部批准，列入计划。

2002 年 5 月，由 10 个单位参加的编制组提出了征求意见稿，由各参编单位协助在当地召开征求意见和专题论证会，并将书面意见反馈集中到主编单位。经过反复商讨，各种不同意见取得相对一致后，2002 年 8 月基本完成了规范局部修订意见的送审稿，9 月召开了审查会。来自天津市房地产管理局、广州市建委、深圳住宅局、中国建筑科学研究院等部门和北京、天津、上海、重庆、广东、湖北、辽宁、山东、河南、黑龙江等地从事住宅建设的管理、科研、设计、教学工作的专家代表对局部修订送审条文逐条进行了热烈、认真、细致的讨论和审查，一致通过《住宅设计规范》局部修订送审稿，要求编制组根据审查意见再对规范的内容作进一步修改补充，形成报批稿，上报主管部门审批。建设部于 2003 年 4 月 21 日批准并发布公告，局部修订的《住宅设计规范》的实施日期确定为 2003 年 9 月 1 日。

二、修订的主要内容

3.2.4 条原文：无直接采光的厅，其使用面积不应大于 $10m^2$。

3.2.4 条修改为：无直接采光的餐厅、过厅等，其使用面积不宜大于 $10m^2$。

条文说明不需修改。

3.6.1 条原文：普通住宅层高不宜高于 2.8m。

3.6.1 条修改为：普通住宅层高宜为 2.8m。

条文说明不需修改。

3.7.3 条原文：低层、多居住宅的阳台栏杆净高不应低于 1.05m，中高层、高层住宅的阳台栏杆净高不应低于 l.l0m。中高层、高层住宅及寒冷、严寒地区住宅的阳台宜采用实心栏板。

3.7.3 条修改为：低层、多层住宅的阳台栏杆净高不应低于 1.05m，中高层、高层住宅的阳台栏杆净高不应低于 1.10m。封闭阳台栏杆也应满足阳台栏杆净高要求。中高层、高层住宅及寒冷、严寒地区住宅的阳台宜采用实心栏板。

条文说明修改为：根据人体重心稳定和心理要求，阳台栏杆应随建筑高度增高而增高。封闭阳台没有改变人体重心稳定和心理要求，因此，封闭阳台栏杆也应满足阳台栏杆净高要求。对中高层、高层住宅及寒冷、严寒地区住宅的阳台要求采用实心栏板的理由，一是防止冷风从阳台灌入室内，二是防止物品从栏杆缝隙处坠落伤人。此外，中高层、高层住宅及寒冷、严寒地区住宅封闭阳台的现象普遍，透空的栏杆难以封闭。

3.9.1 条原文：外窗窗台距楼面、地面的净高低于 0.90m 时，应有防护措施，窗外有阳台或平台时可不受此限制。

3.9.1 条修改为：外窗窗台距楼面、地面的净高低于 0.90m 时，应有防护措施，窗外有阳台或平台时可不受此限制。窗台的净高或防护栏杆的高度均应从可踏面起算，保证净高 0.90m。

条文说明修改为：没有邻接阳台或平台的外窗窗台，如距地面净高较低，容易发生儿童坠落事故。本条要求当窗台低于0.90m时，采取防护措施。有效的防护高度应保证净高0.90m，距离楼（地）面0.45m以下的台面、横栏杆等容易造成无意识攀登的可踏面，不应计入窗台净高。

6.5.2条6款原文：卫生间宜作等电位联结。

6.5.2条6款修改为：设洗浴设备的卫生间应作等电位联结。

条文说明不需修改。

6.5.4条原文：电源插座的数量，不应少于表6.5.4的规定。

电源插座的设置数量　　表6.5.4

部位	设置数量
卧室、起居室（厅）	一个单相三线和一个单相二线的插座两组
厨房、卫生间	防溅水型一个单相三线和一个单相二线的组合插座一组
布置洗衣机、冰箱、排气机械和空调器等处	专用单相三线插座各一个

6.5.4条修改为：电源插座的数量，不应少于表6.5.4的规定。

电源插座的设置数量　　表6.5.4

部位	设置数量
卧室、厨房	一个单相三线和一个单相二线的插座两组
起居室（厅）	一个单相三线和一个单相二线的组合插座三组
卫生间	防溅水型一个单相三线和一个单相二线的组合插座一组
布置洗衣机、冰箱、排气机械和空调器等处	专用单相三线插座各一个

条文说明不需修改。

6.6.2条原文：建筑设备管线的设计，应相对集中，布置紧凑，合理占用空间，宜为住户进行装修留有灵活件。

6.6.2条修改为：建筑设备管线的设计，应相对集中，布置紧凑，合理占用空间，宜为住户进行装修留有灵活性。每套住宅宜集中设置布线箱，对有线电视、通信、网络、安全监控等线路集中布线。

条文说明不需修改。

三、本次修订中，经过讨论，不需修订的条文及理由

1. 关于 1.0.3 条，有的意见认为，本规范对层数的划分不明确，执行中与相关规范的协调存在一定困难。编制组认为修订层数划分牵扯面太大。问题不在《住宅设计规范》本身，它目前与民用设计通则是一致的，如修改，会与消防要求矛盾较大。故同意维持原条文，在全面修编时再考虑。

2．关于 4.16 条，有的意见认为，条文对设电梯的层数和高度要求过于严格。在广东、深圳一带，由于住宅底层架空很流行，而且层高较高，希望突破 16m 的高度限制；而在重庆地区，三峡移民住宅由于建设资金紧张，希望多建 7 ～ 8 层不设电梯的住宅。编制组专门在这些地区进行了调查和征求意见，发现本条文列入工程建设强制性条文以来，各地执行情况越来越好。即使是上述提出问题的地区，坚持执行规范的意见仍占多数。当年编制规范期间已经对此充分论证，实际上目前要求修改的意见比编制规范期间要少得多，没有理由修订。因此，不同意作修改。

3．关于对其他条文的修改意见中，多数是属于要求补充规定的。例如，关于对住宅要求设 380V 动力电线的规定、关于增加对空调住宅的节能要求等。编制组认为此类问题不算突出，目前特别制定相关规范的时机还不成熟，经验也不足，拟在今后全面修订时解决。

4．需要特别说明的问题是，从规范日常咨询、解释和各类案例处理情况看，各方面对统一面积计算的呼声最高。很多意见认为，《住宅设计规范》中关于技术经济指标的计算最为科学、合理，应列入工程建设强制性条文，要求各个方面统一执行。编制组在具体分析时发现，该问题比较复杂，目前对多项有关规定的统一协调虽然十分必要，但超出编制组本次修订的任务范围。因此，在征求意见稿中，未提出修订意见，且在进一步征求意见中，也未收到关于该条文的反馈意见。

四、关于 2003 版《住宅设计规范》

根据建设部2003年4月21日发布的公告，明确《住宅设计规范》的“局部修订的条文及具体内容。将在近期出版的《工程建设标准化》刊物上登载”（已在《工程建设标准化》2003 年第 3 期发表——编者注）。但中国建筑工业出版社在 2003 年 8 月出版了一个 2003 版，其中将规范的强制性条文采用黑体字，将局部修订的内容划了底线，二者均未做任何说明，因而产生了一定混乱，使读者弄不清局部修订了什么内容，半年来不断向主编单位询问。在此，也有必要说明情况，加以澄清。

原载于：《工程建设标准》，2004 年第 2 期

从新编《住宅设计规范》展望我国住宅发展趋势

林建平

《住宅设计规范》GB50096-2011已于2012年8月1日开始实施。该规范原有三个版本：《住宅建筑设计规范》GBJ96-86；《住宅设计规范》GB50096-1999；《住宅设计规范》GB50096-1999(2003)版。本次修编形成了第四个版本。由于(2003)版只是局部修订（改了7条），可以说，本次修编是针对1999版的全面改写。改写过程中，编制组对规范十来年的执行情况进行了全面总结分析，发现《住宅设计规范》1999年版开始实施的时间，正是我国开始全面实行住宅商品化制度的时候，也是我国正式提出“推进住宅产业现代化，促进住宅建设方式转变”的时候。这一时期，我国住宅设计的诸多变化与住宅产业化的发展有着密切的联系。具体报告如下。

一、从住宅的属性分析出发，明确了住宅的三大属性，加大了《住宅设计规范》中性能化的设计指标的比例

编制组在调查时发现，对《住宅设计规范》中的许多异议其实是对住宅重要属性认识不清的问题，住宅的以下三种属性对解决住宅设计问题十分重要，一定要区别对待才能顺利解决。

（一）产品属性

我国住宅从福利制走向商品化以后，这一属性得到重视。把成套商品住宅作为最终产品的观念得到各方认可。按照产品标准制定住宅标准的呼声极高，反映在“性能认定制度”、“测量、检测规范”、“买卖、索赔合同”等开始采用国际先进的性能标准制定方法。但在目前情况下，这些标准的执行具有一定难度，虽然在房地产合同纠纷中提出双倍赔偿的案例很多，但实际执行的例子极其罕见。这说明目前把“住宅”当成“纯商品”是不够全面的。

（二）工程建设项目属性

大家最熟悉的道理是房子不能运输到外地卖，其“接地性”是显而易见的。美国、日本等发达国家已经有一定比例的住宅是根据订单从工厂运到熟地安装的成品住宅，所以这些国家的成品住宅标准越来越接近性能标准。但我国的住宅建设（通常不叫住宅生产）过程，是多项系统工程的实施过程。从设计、施工、验收到交付使用实行全过程控制。所以我国目前最重视的是工程建设技术标准，更多地采用技术规范、规程，所谓的配方标准。《住宅设计规范》就属于工程建设技术标准。

（三）社会及环境属性

产品和工程建设项目都是有明显边界的，但社会及环境属性没有明确的边界。买住宅很重视左邻右舍的社会层次、开发商的信誉、周围的交通状况、环境景观条件等等。这些方面的属性很难采用量化技术指标。需要采用共同生活原则、公约、管理条例、环境控制规范等标准，较多采用国际上目标标准的执行办法。《住宅设计规范》在这些方面的规定，目前只能原则规定，其操作性相对较差。

通过以上分析，编制组一致认为：1999 版《住宅设计规范》部分不适用的条文主要是与我国住宅商品化进程不相适应造成的。因此，本次修编，对原规范中的配方式标准条文做了适当修改，大量增加了性能化指标的规定。并与住宅的性能评定标准进一步协调。

二、坚持根据“家庭”居住生活需求设计“房子”的核心设计理念，提出了符合住宅产业化发展方向的基本要求

“住宅”在《住宅设计规范》中始终被定义为：“供家庭居住使用的建筑”。本次特意增加了

如下说明：本定义提出了住宅的两个关键概念："家庭"和"房子"。申明"房子"的设计规范主要是按照"家庭"的居住使用要求来规定的。未婚的或离婚后的单身男女以及孤寡老人作为家庭的特殊形式，居住在普通住宅中时，其居住使用要求与普通家庭是一致的。作为特殊人群，居住在单身公寓或老年公寓时，则应另行考虑其特殊居住使用要求，在《住宅设计规范》中不需予以特别考虑。

在对定义的论证中，编制组还对"别墅"和"成套住宅"两个词也作了定义和说明，虽然条文中最终回避了这两个词，但成套住宅的概念对住宅设计的影响至关重要。

成套住宅：独门独户，分户界限明确，至少包含卧室、起居室（厅）、厨房和卫生间等基本空间的住宅套型。

说明：《住宅设计规范》中规定住宅应按套设计，而且规定了以上的套型基本空间组成。我国住宅统计中有成套率的概念，把共用厨房、厕所的住宅列为不成套住宅。由于本规范 5.1.1 条规定了"住宅应按套型设计，每套住宅应设卧室、起居室（厅）、厨房和卫生间等基本功能空间。"而且该条文属于强制性条文，但在 5.1.2 条中又规定"由兼起居的卧室、厨房和卫生间等组成的住宅最小套型，其使用面积不应小于 22m^2。"所以，本次征求意见中最尖锐的意见是"自相矛盾"、"条文相悖"。意见指出，前者要求 4 个空间，后者允许最小套型可以是 3 个空间。最终编制组发现是对"基本功能空间"的定义的认识问题。编制组在 5.1.2 条说明中明确："基本功能空间不等于房间，没有要求独立封闭，有时不同的功能空间会部分地重合或相互'借用'。当起居功能空间和卧室功能空间合用时，称为兼起居的卧室。"这也从理论上解决了开敞式厨房存在的合法性质疑。

通过以上分析，编制组认为：这十余年期间，我国住宅设计理念的转变与住宅产业化的发展方向是一致的。因此，本次修编新增了基本规定："3.0.6. 住宅设计应推行标准化、模数化及多样化，积极采用新技术、新材料、新产品，积极推广工业化设计、建造技术和模数应用技术。"

三、住宅套型空间设计规律有序变化，更加有利于住宅的工厂化生产

1999 版《住宅设计规范》在对 87 版进行修订时发现，当时在实现小康住宅居住目标的建设过程中，市场对住宅套型空间面积的要求有剧增倾向：

1987 年版在严格控制平均每套建筑面积不大于 50m^2 的同时，提出最小套型使用面积不小于 18m^2。当时，对套数增长的预期更为强烈，采用了控制平均上限和极端低限指标的方法。按不同使用对象和家庭人口构成设计的套型分为小套、中套、大套。小套使用面积为 18m^2 ～ 29m^2；中套为

$30m^2$ ～ $44m^2$；大套为 $45m^2$ ～ $65m^2$；但是这三种套型标准的适用时间很短。

各年代套型面积增长统计 表 1

年代区段	1950~1959	1960~1969	1970~1979	1980~1989	1990~1999	平均
平均每套建筑面积 (m^2)	57.44	63.83	67.14	78.91	93.29	81.47

1999 年版提出取消一室无厅小套型，并打破平均每套建筑面积的控制指标。当时把最小套型使用面积提高到 $34m^2$。

将住宅套型分为一、二、三、四类，各类最小使用面积分别为 $34m^2$、$45m^2$、$56m^2$、$68m^2$。

本次 2011 年版的修编却发现：家庭人口小型化，住房消费理性化，居住生活社会服务水平提高等因素，使得居住生活模式变化趋于平稳，采用标准套型设计的手法更加容易实现。

另一方面，《住宅设计规范》以“使用面积”作为确定套型面积规模的规定，进一步得到普遍认可。通过以上论证，编制组明确提出：

1）最低套型面积标准存在量变到质变的关系，没有一定的面积规模，将难以保证其“成套”而变成非住宅。

2）住宅的 4 个必备“空间”不是 4 个必备“房间”。从理论上允许卧室和起居厅，厨房和餐厅等为“共享空间”。规定了“兼起居的卧室”最小为 $12m^2$；使最小套型标准压缩到 $22m^2$。

3）坚持用“使用面积”确定标准，明确 $22m^2$ 的最小套型面积是普通商品房的最低设计标准。

四、新的设备系统进入住宅空间的矛盾有所缓和，相关标准协调取得成效

1999 版将 1987 版的《住宅建筑设计规范》修改为《住宅设计规范》，当时的期望是改变过去住宅的设计仅仅是土建设计的落后观念。本次修编，更加明确了这种改变的重要意义和现实需要：

1. 进一步打破行业垄断，跨行业的标准协调步入正轨。燃气工程、电讯工程、信报箱工程等过去有相关行业专项标准的，经过长期磨合，本次修编开始统一要求“与住宅工程同步设计、同步施工”。

2. 高新技术产品与住宅建筑一体化设计要求明确。太阳能利用、建筑节能、绿色建筑等专项工程建设技术规程与《住宅设计规范》的关系明确，设计原则与具体技术条款分步实施。

3. 建筑产品与建筑空间不协调的严重问题已经引起各方高度重视。空调机安装、容纳担架电梯

配置等设计问题正在专题研究解决。

4. 本次对第 8 章“建筑设备”的修改量大，整章原共有 37 条，现增加到 54 条，“综合设计”改为了“一般规定”一节，原有 5 条强制性条文增加到 24 条，体现了住宅设计从建筑专业设计向各专业全面协同设计的发展方向。

五、预测

住宅设计的专业化要求大幅提高，BIM 的普遍应用对提高住宅设计水平有重要影响。

住宅设计方法受到住宅产业化发展影响的两种可能走势：一是方案设计与施工图设计进一步明确分工，可能出现专门做施工图设计的专业设计公司；二是设计人员减少到施工现场进行图纸交底的过程，转而增加到住宅部品生产企业（车间）进行交底的程序和环节。

原载于：《住宅产业》2013 年第 1 期

第四章
技术研发与创新

住宅建设水平的不断进步和提升，有赖于住宅科技的持续发展和推进。在我国住宅科技发展历程中，先进理念和技术的创新从没间断过，并在紧紧跟随世界前进步伐的基础上，寻找适应中国不同发展阶段的住宅发展和建设模式，例如，研究和实践新的住宅体系，住区的规划设计、住宅单元功能空间组合，以及在技术发展驱动下对住宅产业化的推动和我国政策影响下的保障性住房建设。同时，住宅产品正在不断创新。近 30 年来，在住宅套型、厨房、卫生间、照明、遮阳、太阳能利用等方面的研究成果为住宅设计和建设开发了大量的新产品，提供了新的工程做法。大型科研设备的开发建设则是住宅科技研发不可缺少的手段。例如近年刚刚建设完成并投入运行的住宅实验塔，可用于开展多层、高层和超高层住宅的足尺实验研究和开发，为我国住宅的科技研发提供了前所未有的良好工作条件。本部分将对住宅技术研发与创新中的关键技术点、技术发展趋势和住房政策影响下的住房建设做简要介绍，并筛选了有代表性的文章供读者阅读。

目前，较大的骨干设计研究机构和高等院校拥有较强大的科研人才、较先进的硬件设备和丰富的信息资源，集中承担着住宅科技的研发工作，近 30 年来成果累累。大量的住宅设计人员承担着繁重的设计任务，没有太多精力投入研究开发工作，但在住宅建设实践中，研究人员和设计人员通过充分的沟通和交流，使得新的理念和新的工程做法在实际工程中得以试用，从而总结出不少研究成果。

一、住宅结构体系

建筑结构体系是支撑整个建筑的骨架和基础。这里所说的住宅结构体系并非像通常所指的砖混结构、框架结构、钢结构、混凝土砌块住宅体系等单纯建筑结构。更多是指与住宅功能设计相融合的结构体系，因而成为住宅建筑体系中必不可少的重要组成部分，对实现住宅的建筑功能和经济指标起着关键作用。例如，20 世纪 60 年代，西方提出“支撑体”理论，进而发展为“开放建筑”理论。80 年代，清华大学的张守仪教授首次把 SAR 的理论介绍到了国内，鲍家声教授也对中国式的开放住宅进行了研究，并进行了一系列的工程实践。90 年代，日本吸收了 SAR 理论方法提出 SI 住宅，解决了日本住宅从数量到高质量的过渡。综合西方 SAR 理论和日本 SI 住宅发展经验，我国开始研究适宜的 CSI 住宅（中国支撑体住宅，包括支撑体和内装体）。选载和推荐的文章可以使读者对我国住宅结构体系的发展有系统的了解，并对未来的发展趋势做出判断。

二、规划设计

规划设计的任务是对住区的布局结构、住宅群体、道路交通、各项公共服务设施、绿化用地以及市政设施等进行综合配置。新中国成立初期的住区规划大多按照西方“邻里单位”的思路进行，上海的曹杨新村就是一个成功的实例。当时国际上也出现了一些公认的较成功的例子，例如英国的哈罗新城、瑞典斯德哥尔摩的魏林比居住区等。但是后来，在学习苏联经验的过程中，曹杨新村规划受到不公正的“批评”，认为那是资本主义的东西，要学习苏联的“城市街坊设计”方法。今天看来，二者并没有本质的差别，思路也是一致的。住区规划设计的目的无非是为了给居民的物质生活和精神生活创造一个合理的整体布局和良好的居住环境。

我国住区规划的总体布局一般都按照二级结构（居住区—居住小区、居住区—居住组团）或三级结构（居住区—居住小区—居住组团）构成。居住区既可以泛指不同规模的生活聚居地，也可以特指被城市干道或自然分界线（如河流、林带等）所围合的区域，它们大多要与居住规模相对应，以便配置完善的公共服务设施。

住区规划中很重要的一项是住宅群体的组合。住宅群体布局要考虑日照、通风、间距等各种要求，还要在环境、安全、便于居民出入等方面创造良好的条件。我国多数居民在生活习惯上都较重视居住朝向，大多喜欢南北向的布局，即使是南方地区也是如此。广东人也有“有钱难买向南居”

的说法。我们的住宅单元设计也大多是按照南北向排列考虑其房间组合的。因此，在住宅组团布局中多以南北向行列式布置为核心，采用少量东西向或其他朝向的住宅围合成建筑群体的外部空间。欧美国家要比我国有较大的自由度，因而建筑布局更加灵活。

住区的公共服务设施，如托幼、中小学、商店、社区管理机构等，则可以在总体布局中，按照居住区、居住小区、组团的不同等级配套布置，既要与居民有便捷的联系，又要保持一定的距离，以减少对居民的干扰。居住区的主要道路至少要有两个出入口与城市道路相连，内部道路不需过于畅通，以减少过境交通穿越。此外，更需要有优美的绿化布局等组成良好的外部环境。

随着建设规模的不断发展，城市生活与设施的变化趋于多样化和复杂化，机动车的数量在住区正迅速增加，这一切使得居民对住区的要求和住区规划的内容也一再发生变化。规划设计规范标准的不断完善，更进一步为住区规划做出了详细的规定和一系列经济技术指标，例如各项用地的分配比例、建筑的容积率等等。规划师和建筑师的任务，就是在苛刻的规划条件下，能够构建出最理想的布局。只有结合每个住区的不同位置、地块形状、地形地貌等具体条件和建筑设计要求构思住区的整体布局，才能使各个住区具有鲜明特色，从而显现城市的性格和多样化的面貌。

随着改革开放的步伐，我国住宅建设的发展规模是空前的，各地新型住区星罗棋布。我国进行的多次全国性的小区规划建设竞赛和评比，大大促进和提高了住区规划建设的水平，虽仍会良莠不齐，但大批优秀的住区实例已然层出不穷。近 30 年来，住区规划基本上已经形成了一种较为成熟的模式，但是随着时代的进步、发展和生活方式的不断改变，必然还会出现更多的新要求和新问题。住区建设必然要与时俱进，在建设中更好地体现“可持续发展”的理念，对今后新住区的规划建设和旧区改建，则必须不断探索新的发展途径。例如，如何对待提高建筑密度、节约土地、能源、用水、建材等资源和创造更优质的环境之间的矛盾，实现可持续发展，实现“生态良性循环”，就是亟待研究的重要课题之一。

此外，由于上述的住区规划的编制方法通过《城市居住区规划设计规范》基本确定下来，在分级控制规模、指标体系和公共服务设施等方面都有了明确规定，这为全国的住区规划建设的规范化、科学化无疑起到了促进作用，提高了住区规划建设的整体水平。但从另一方面看，《规范》对发展和探索规划模式多样化等方面又有一定的“约束”，容易造成城市住区面貌“千人一面”，抹杀地方特色，忽视新区、旧区、气候、人文等的不同特点。这也是亟待研究探讨的又一重要课题。

总之，住区规划也是一项需要不断创新发展的科学，只有不断加强住宅科技的投入，调动规划师、建筑师和开发建设单位的积极性，才能把住区规划设计的水平不断提升到新的高度。

三、功能空间

每一个住宅单元都是由多个功能空间组成的，各个空间均有自己的使用功能，如起居厅、卧室、厨房、卫生间等。但这里所说的功能空间并不一定是四面封闭的房间，因为在住宅单元里，有些空间可以是开敞的，例如起居厅、厨房，乃至封闭的阳台，有些空间可能是部分重叠的，也就是在不同使用条件下可以互相借用，例如介于厨房和起居厅之间的餐厅就是如此。

关于各种功能空间，《住宅设计规范》中都有相关的规定。首先，《规范》规定“住宅应按套型设计，每套住宅应设卧室、起居室（厅）、厨房和卫生间等基本功能空间”，以满足一个家庭日常生活的基本需要。这在我国是对住宅标准的一个提高或进步。新中国成立初期的一个阶段，我国建造了不少所谓“合理设计、不合理使用”的住宅和“筒子楼”式住宅，形成大量合用厨房、厕所的合住住户，造成许多住户之间的矛盾纠纷，这是家庭与住宅套型不匹配导致的。

其次，《住宅设计规范》还对不同功能空间面积的最小值都有具体的规定。如何理解这些功能空间最小面积的规定呢？确定这些最小面积的依据中，最重要的至少有两个方面。一个依据是来自技术层面，即通过对人们在特定功能空间的活动需要以及人体工学尺度的分析。比如，最小套型的厨房面积不应小于 $3.5m^2$，否则就会使炊事活动感到不便。另一个依据则来自政策，即来自国家对现阶段小康社会目标所确定的内涵。因此《住宅设计规范》所确定的就是现阶段量大面广的普通住宅应达到的标准，它不仅反映了居民的居住需求的合理性，反映了现阶段国家和居民的经济能力，同时也体现国家的相关政策。所以必须在设计中执行。

不过，同样面积的功能空间是否满足需要，与设计也有密切关系。一般来说，一个正方形面积在布置家具时，要比长方形更好用。一个住宅套型的优劣，不仅与是否达到标准有关，更取决于各种功能空间的组合关系和每个空间的布局如何，例如，平面布局是否合理紧凑；功能分区是否清晰（包括公私分区、动静分区、洁污分区）又相互联系便捷；各个空间尺度是否适宜，使用方便等等。

下面两个住宅单元平面就是很好的例子。

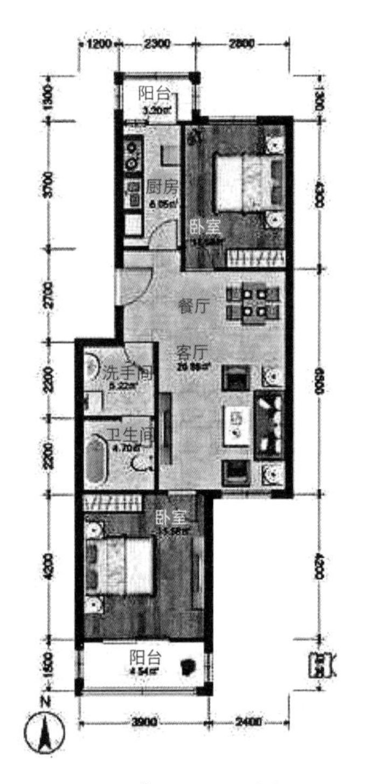

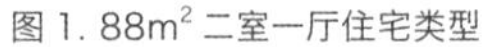

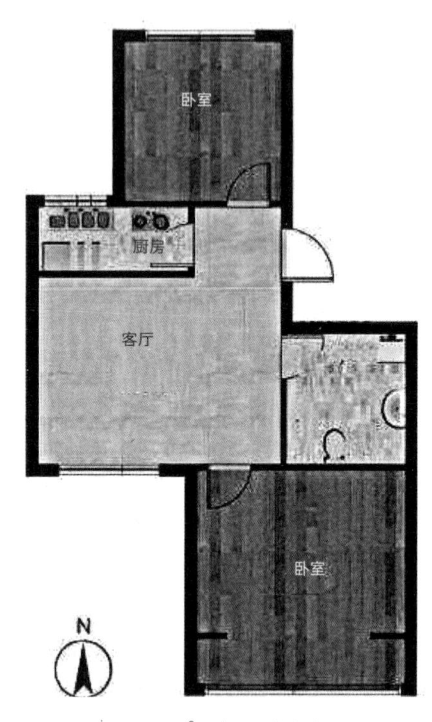

图 1. 88m² 二室一厅住宅类型

图 2. 72m² 二室一厅住宅类型

左图为 88m²，右图为 72m²，二者都属于二室一厅的住宅类型。左图的客厅较大，但由于从次卧室到主卧室要穿行整个客厅，形成一条相当长的交通路线，从而影响了客厅的使用。右图中，虽然两个卧室间也需要一条交通路线相联系，但距离稍短，客厅的大部分空间不受穿行的影响，常被称之为“口袋式”空间，非常好用。所以，尽管左边的方案比右边的方案面积要大，却不如右边的方案紧凑，空间使用效率也不如右边方案高。如果右边方案再将客厅增加几平方米作为餐厅，会比左边方案更受住户的青睐。

根据我国的国情和住房政策，国家提倡住宅建设以中小套型为主，这是符合国家经济能力和大多数居民经济条件和生活要求的，也与我国当前“小康社会”发展目标相一致。为了设计出优秀的中、小套型住宅方案，需要设计人员充分发挥自己的创新精神，精打细算，巧妙构思，不仅满足居民的对生活和居住环境的要求，又符合“可持续发展”的新观念。

不过，《住宅设计规范》确定的最低标准是一个固定值，反映的是政策上的或技术上的一个底线，但不要忘记人自身还有对环境的适应能力。例如，《规范》规定最小套型的厨房面积不应小于 3.5m²，这并不意味着对于一个 3.4m² 的厨房，人们就完全无法在里面做饭而拒绝接受。这也说明，标准的“合理性”、“舒适度”也是相对的。因此，对于那些为低收入群体提供的保障性住房就会有略低于《住宅设计规范》的另外一些相关标准，它适应低收入群体的经济能力，也与政府提供住房的能力相适应。与普通住宅相比，人们会感到有些狭窄或拥挤，但绝对可以适应和接受。

四、住宅产业化

住宅工业化内容主要包括三个方面，即：设计标准化、构件工厂化和施工机械化。设计标准化是基础。1953 年“一五”期间，中国就开始学习苏联标准设计方法。标准设计主要包括面积标准的确定、标准图的制订以及建筑体系的选用。但是由于生产力水平较低，住宅建设长期得不到重视，所以经过近三十年的实践，住宅工业化仍然处于很不完善的阶段。

1992 年，“住宅产业”的概念被首次提出，并被定义为“生产、经营以住宅或住宅区为最终产品的事业，同时兼属第二和第三产业，包括住宅区规划设计、住宅部品（含材料、设备和构配件）系列标准的制订、开发、生产、推广、认证和评定、住宅（区）的改造、维修和改建以及住宅（区）的经营和管理”。从新中国成立初始，我国便开始了住宅工业化及技术以及住宅部品标准化的研究，并以此为基础，逐步推动住宅产业化的发展。1999 年国务院颁发了《关于推进住宅产业现代化提高住宅质量的若干意见》的通知（即 72 号文）并颁发《商品住宅性能认定管理办法》，在全国试行住宅性能认定制度。2005 年发布国标《住宅性能评定技术标准》，把住宅性能分为适用性能、环境性能、经济性能、安全性能、耐久性能五个方面，在全国范围对住宅项目开展了住宅性能进行综合评定工作。同时，对厨卫全装修、高层住宅建筑体系，以及装配式内装等技术的研究和实践也在积极地开展着。

选载和推荐的文章介绍了与住宅产业化发展相关的住宅各领域发展情况，以及在国家政策的引导和国家综合国力发展的影响下，住宅产业化发展的不同阶段和趋势，机遇与挑战。另外，《中国现代城市住宅》和《住宅科技》这两本书中也对住宅产业化的发展做了较为详细的介绍。

五、住宅商品化与住房保障体系

1980年，邓小平提出要在我国进行城镇住房制度改革，指出要走住房商品化路线，至2000年，时任建设部部长俞正声宣布住房实物分配在全国已经停止，中国关于住房市场化改革的探索整整用了20年时间。此后，中国的房地产业正式进入市场化发展阶段。

随着改革开放政策的实施，由计划部门下达住房建设指标，企业和机关单位进行福利分房的方式逐步被市场经济模式所取代。但后来，地方政府通过对土地使用权的出让，将自身利益获得与房地产开发商结合起来，导致了房价的非理性增长；与此同时，住房被认为是一种致富手段，掀起“炒房”热潮，一些实业资金纷纷转投到房地产开发事业上来，使房价持续上行，一线城市更是房价暴涨。房价与居民年收入之比，世界银行的标准是5:1，联合国制定的标准是3:1。发达国家中美国是3:1，日本是4:1，新加坡是5:1，最高的是悉尼8.5:1，而我国的比值是（20～30）:1，其中北京、上海、杭州等地是40:1，城市居民中具有购买普通住房能力的群体日益缩小。

这种现象使我们不得不重新思考，仅靠市场是不能够解决所有人的住房问题的，必须“两条腿”走路，缺一不可。一条腿是住房商品化，由市场决定，另一条腿是住房保障体系，应该由政府负起责任。由市场提供的商品住房和由政府提供的保障性住房将构成相对完整的供给体系。早在1994年，在《国务院关于深化城镇住房制度改革的决定》（国发[1994]43号）中便指出要“建立以中低收入家庭为对象、具有社会保障性质的经济适用住房供应体系和以高收入家庭为对象的商品房供应体系”，并且在《国务院关于进一步深化城镇住房制度改革加快住房建设的通知》（国发[1998]23号）也提出“停止住房实物分配，逐步实行住房分配货币化；建立和完善以经济适用住房为主的多层次城镇住房供应体系”，但在多年的执行中，保障性住房的建设并未受到应有的重视。

住房市场的非理性发展使得无力购买商品住宅的群体不断壮大，这也就意味着依靠政府实行住房安居工程的任务日益加大。2007年以来，我国政府不断出台了一系列关于解决城市低收入家庭住房问题以及加快推进保障性住房建设等方面的相关政策，使得住房开发建设逐步走向良性发展。2007年国务院颁发《国务院关于解决城市低收入家庭住房困难的若干意见》（国发[2007]24号），首次明确提出把解决低收入家庭住房困难工作纳入政府公共服务职能。文件指出，要加快建立健全以廉租住房制度为重点、多渠道解决城市低收入家庭住房困难的政策体系。24号文对中国房地产业发展是一个标志性文件。同年住房和城乡建设部联合相关部门相继发布了《廉租住房保障办法》、《经济适用住房管理办法》，随后陆续颁布了一系列住房政策，如2008年“国十三条”中第一条便指出要“加大保障性住房建设力度。争取用3年时间，解决近750万户城市低收入住房困难家庭和 240 万户林区、垦区、煤矿等棚户区居民的住房问题，并积极推进农村危房改造。”2008 年 10 月 17 日的国务院常务会议进一步提出意图通过国家的投资建设，增加保障房数量，从而影响市场，降温房地产业，使住房回归“公共性”。2010 年 6 月 12 日，由住房城乡建设部等七部门联合制定的《关于加快发展公共租赁住房的指导意见》正式对外发布，《公共租赁住房管理办法》自 2012 年 7 月 15 日起施行。同时，中国第十二个五年计划确定 2011 ～ 2015 年全国要建设 3600 万套保障性住房。

在这个过程中，政府以及公众对商品房和保障性住房的认识和理解是一个逐步深化的过程，也是一个逐步调整变化的过程。从新加坡和中国香港等地的公共住房政策中也不难发现，要想使低收入人群和住房困难户充分得到保障，根据被保障人群家庭成员的组成、收入和住房等情况，进行更细致的划分是必然的。目前，我国保障性住房有多种不同的分类和名称，例如廉租房、经济适用房、两限房、公共租赁房以及自住型商品房等，涵盖了对最低收入家庭和“夹心层”的保障，并且保障性住房采取租赁和出售两种形式，未来还会出现多种形式。例如，在 2014 年 4 月住房和城乡建设部发布通知，“共有产权住房、推进廉租房和公租房并轨运行，将成为今年住房保障工作的重点。北京、上海、深圳、成都、淮安、黄石将成为共有产权住房试点城市。”多层次和多形式的保障性住房建设力求覆盖更多的住房困难家庭，这也反映了政府主管部门在这个领域的思考与实践也处于不断调整和改善之中。

从技术层面来讲，保障性住房和商品住房因投资方、建设方、使用方和运营管理方的不同，在规划设计和建造技术上有着不同的特性。中央政府制定的保障性住房建设标准，既要符合国家的财政能力，又要保证居民的最低生活要求。其次，是要正确建立住房建设、分配和经营管理体系，才能正确落实这项涉及千家万户切身利益的大事，真正实现“住有所居”。

住房商品化后，住宅建设得到迅速发展，社会大众对住宅品质和居住环境的要求不断提高。1999《住宅设计规范》GB50096-1999 发布之时，正值全国停止福利分房，商品住房建设进入全面加速阶段，《住宅设计规范》的发布对全面提高住宅建设水平，提升居住环境起到了不可忽视的作用。2003 年根据市场对住宅发展的需要，完成了《住宅设计规范》的修编，并于同年发布了《居住区绿地设计规范》，2006 年修编了《城市居住区规划设计规范》。标准规范的发布和升级进一步规范了商品住宅的建设，提升了住宅品质和居住环境，居民的居住条件得到明显改善。

然而，面对量大面广、时间紧任务急的保障性住房建设任务，以及针对保障性住房建设的政策、土地、资金、管理、规划、设计、建设等各方面的问题，人们往往感到困惑。例如，对于“面积标准”的政策性规定。七大部委于 2007 年联合发布的《经济适用住房管理办法》中明确要求经济适用住房单套的建筑面积控制在 60m^2 左右。根据 2010 年《关于加快发展公共租赁住房的指导意见》，成套建设的公共租赁住房，其单套建筑面积要严格控制在 60m^2 以下。2011 年 9 月 20 日国务院常务会议要求，公租房建筑面积以 40m^2 左右的小户型为主。单纯的以“面积标准”规定全国的保障性住房建设，显然是不全面、不合理的。

面对困惑，住房和城乡建设部于 2011 年主办了主题为“以人为本，安居乐业”的首届保障性住房设计竞赛。部分省市也相继主办了保障性住房设计竞赛，例如，深圳的“一 · 百 · 万”（“一户 · 百姓 · 万人家”）设计竞赛，旨在通过竞赛梳理保障性住房在政策、规划、建设、管理整个链条中存在的问题，并找出解决问题的思路。另外，各地均依据中央的政策，研究并制定了符合当地社会经济发展水平的建设技术导则，开展实地调研和课题研究，建设示范项目，住房和城乡建设部也认定了保障性住房建设试点城市，从政策执行到建造技术对全国做出示范。

选载和推荐的文章，使读者了解商品住宅和保障性住房在住房政策和建设方面的研究、实践和发展，专家学者以及社会大众对保障性住房规划建设的不同见解，以及香港的保障性住房发展模式对我国的借鉴意义。

SAR 住宅和居住环境的设计方法

张守仪

SAR，全名“Stichting Architecten Research”[①]，是荷兰的一个建筑研究协会。主要以其研究的一套设计方法而著称。这个协会源始于 1964 年，当时荷兰的住房问题紧张，无论从数量上或质量上都不能满足要求，所以荷兰建筑师协会邀请了一些建筑师开会讨论，并酝酿成立研究协会，以从事改善大规模住宅设计和建造方法的研究。这个研究协会原定为期两年，开始时只有 8 个建筑师事务所参加，后来由于工作开展，研究协会由临时的改变为永久的，到 1975 年其成员数目已发展到 53 个，并且除建筑师事务所外，还包括了施工、制造、投资、开发以及住房合作社等企业事业单位。其他研究单位如技术物理研究所、预制品企业研究会等也参加了工作。它在荷兰是很有影响的。比如 1977 年 11 月荷兰提出了新模数制—NEN2880，其中许多主要原则都是 SAR 的研究成果。

不仅如此，因为 SAR 较早地提出了一整套设计理论和方法，反映了当代住宅设计中带有普遍性的问题和科研新动态，即居民参加设计，争取灵活性和设计方法科学化等，又经过十余年来不断地研究探索，SAR 这一小小流派在国际上已逐渐为人们所关注。近年来在国外书刊中常有涉及。在理论方面，除荷兰外，SAR 的主要创始人哈布瑞根 (J.Nikolas Habraken) 现任美国麻省理工学院建筑系主任，在那里继续从事 SAR 研究，并为研究生开设 SAR 课程。在工程实践方面，在荷兰、比利时、英国、法国、德国等国都已经有了按照 SAR 的理论和方法或受了它的启发，部分地采用其方法而修建的工程，规模从少量的试验楼到成片的小区都有，类型也多种多样。取得了一定的经验，也发现了一些问题。

一、基本理论和背景

1965年，当时SAR的指导哈布瑞根在荷兰建筑师协会会议上首次提出了将住宅的设计与建造都截然地分为“构架（support)”与“可分开的构件(detachable unit)”两个范畴的设想，并且出版了一套题名为《构架与人（supports and people）》的书，引起了建筑师们很大兴趣，成为SAR的理论基础。所谓构架，指建筑的基本结构。所谓可分开的构件，英译本中有时也写作填充构件(Infill unit)，指后安装的不承重的构件。但是这两个词的含意与人们通常说的结构与装修或灵活隔断的概念是不同的。后来一些介绍SAR的材料中都曾反复申明：一般所谓结构与填充构件，仅只是一个结构上是否受力的概念，而SAR提出构架与可分开构件的设想，其实质是建立在居民参加设计，并且要有决定权的基础之上。SAR将住宅设计如何分段做出决定的过程(a decision-making process)以及关于决定权的问题，作为重要研究课题。从决定权的角度看，构架是由工程组织者来决定的，居民无法过问，而可分开构件的运用，也就是住户的布置，则应由住户决定，工程组织者不得干预。哈布瑞根认为，如果不明确居民的决定权，会造成兵营化、单一化；而如果没有工程组织者的决定权，又会造成混乱和放任自流。只有把二者结合起来，才能产生有人情味的居住环境。再从生产的角度看，构架是为了某一特定工程，即具体的地点、条件而设计的，在工程完工时即告结束。而可分开的构件，包括隔墙、装修、设备等等则是作为工业产品，到处可以通用，其地点和主顾都是未知数。可分开构件一般是工业化产品，但也不排斥传统做法，比如砖墙也可以用，关键是可分开的构件要由居住的人自己来选用，布置或是取消，其建造过程不因工程完工而结束。随着时间的转移，生活方式的改变，新技术的可能与家庭的变化，居民可按照其意愿加以改造。哈布瑞根认为，必须把居民的需要放在第一位，要与那种把居住空间“矿物化”，即全都安排好固定化的观念决裂。

在1976年出版的《方案：构架的系统设计》一书序言中，哈布瑞根叙述了他当年提出将住宅设计分为构架与可分开构件两个范畴的设想的历史背景。他说：荷兰是一个高密度的国家，有强烈的城区建设的传统，把房屋仅看作个体来考虑几乎是不可能的。在荷兰没有空间，去做你自己的事情，房屋总是成片建造。建连排住宅或公寓式住宅是常规，独立的小住宅只是特例。但尽管如此，荷兰建筑的风格中却包含着强烈的个性，个人自由一贯受到尊重。同时，又始终认识到在社会上的与体型上的相邻关系的重要性。因此，人们必须合作。在历史上，荷兰城市的发展可看作是将自由的个体组织到强有力的统一体中的创造力的标记。再加上较为和谐的社会结构，使荷兰建筑师们得以在其职权范围内，早就涉及建筑环境的质量问题了。然而第二次世界大战之后，人口增长很快，为了解决房荒，政府在20世纪60年代曾鼓励发展工业化体系。这种高度集中的标准化的结果导致了在大片城区建起了单调划一的房屋。建筑师们受到震惊。他们虽然感到对环境质量负有责任，却无能为力。受政府各种规定以及工业化体系的限制，他们的希望与现实间的裂缝越来越大。SAR 就是在这种情形下，为克服这一问题所做的一种努力、建筑师们应探讨一种新的途径以发挥工业化的潜力使之能用来提高居住生活的质量。

那么，症结到底在哪里呢 ?SAR 在经过调研之后认为是在工业化建设过程中失去了居民作为积极参与者这一好传统。而过去无论设计什么形式什么大小的住房，其责任与决定权本来都是清楚地分成两部分，一部分问题由居民自己决定，另一部分问题则必须遵守整个邻里或地方当局的各种有关规定。纵观历史发展，从无数丰富多样的形式中都可找到这种个人与社区间良好的平衡。正是基于这种认识，SAR 提出了把构架与可分开构件分开的设计方法。这样，建筑师的工作就不再是先做好一个典型住户平面，再重复拼凑组成房屋，而是只设计一个构架。构架的设计必须符合建筑面积标准等各种条件，为住户的设计留有广阔余地。同时，建筑师也要事先做出各种可能变化的住户平面，不过目的只是为了便于评价构架设计的好坏，和供居民参考或选用，而不是决定它。

要实现上述设想，就必须有一套规定和方法，作为各方面专家与居民等共同工作的基础，使构架与可分开构件在分别设计分别建造的情况下能够相互配合无间。

二、设计方法

SAR 设计方法是以其最早提出想法的年代命名的。其中 SAR65 是最基本的，用于个体住宅，SAR 73 用于总体布置。

1. SAR65 设计方法

SAR65，是将平面按区 (Zone)、界 (Margin)、段 (Sector) 的概念来设计的一种方法，目的是可以确定构架的尺寸，同时又能保证住户平面的灵活性。

房屋沿进深方向分为几个区，靠外墙有天然采光部分为 α 区，靠内部没有天然采光的部分为 β 区，公共交通廊为 γ 区，各住户私用的室外部分为 δ 区。在两个区之间为界，如 α 区与 β 区之间为 α β 界等等 (图 1)。

按规定，α 区中布置居室、厨房和住户入口；β 区布置卫生间。α β 界是户内各房间之间不确定的边界，即房间的进深可以灵活延伸；α β 界还用来布置壁柜和作为户内通道、楼梯之用。为此，相应地在承重横墙的 αβ 界的位置处留有墙洞，而横墙的其他位置都不留洞。αγ 界与 αδ 界是住户不确定的外墙边界，也可以灵活。

所有纵向隔墙只能设在界内，不许设在区内。因此房间进深最小等于 α，最大可达 α+αβ+αγ 或 αδ，还可以有中间几种尺寸。这样，就可以根据居室和厨房布置家具的需要来确定 α 区与相邻两个界的尺寸 (图 2)。同理，也可以分析卫生间、壁柜以及户内通道和楼梯的需要，确定 β 区与相邻两个界的尺寸 (图 3)。

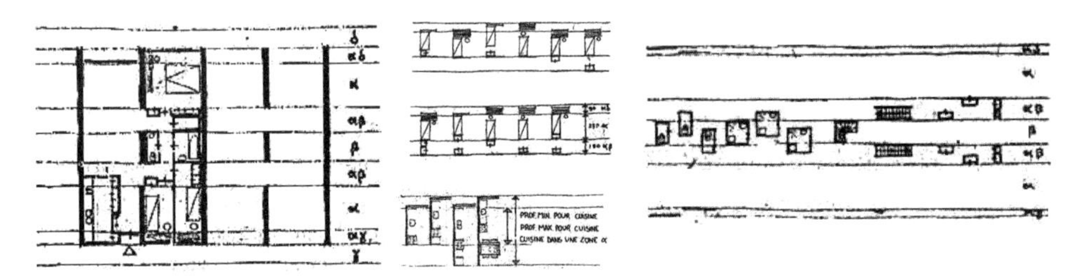

图 1~ 图 3.SAR65 设计方法

在房屋进深的几个区和界的尺寸分析确定后，还要研究开间大小。SAR 规定 : 宽为一个结构开间，深为一个区加上两边的界的这样一块面积称为一个“段”(图 4)。段是由一个或两个功能空间组成的。比如一个段可包括一个大房间，或是两个大房间，或是小房间加入口等。所以研究开间大小即段的宽度时，应根据房间家具布置的要求与再分隔的方便。图 5 表明 360cm 的开间可再分隔为 120cm+240cm，150cm+210cm 或 180cm+180cm。一个段再分隔为两个空间并利用上下界的灵活性，可做出多种方案。

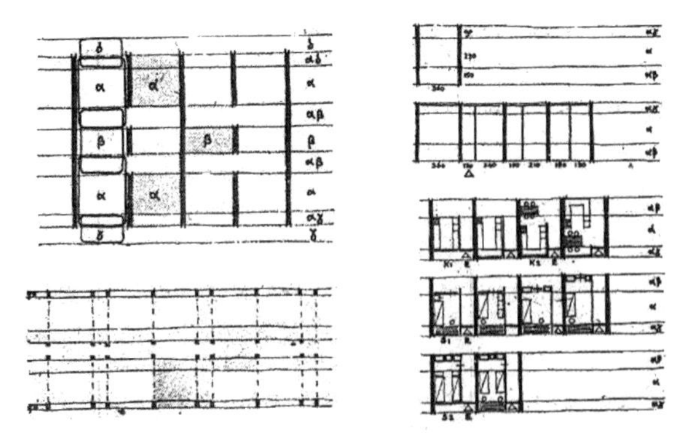

图 4，图 5.SAR65 设计方法

几个段组成一个住户，成为段群。住户包含段的数目不同，可以分出不同大小(图6)。设计住户时，应先列出需要哪些房间，分析哪两个房间可以设在一个段内，并研究几个段之间的关系，有哪些可能组合的基本方案(图7)。

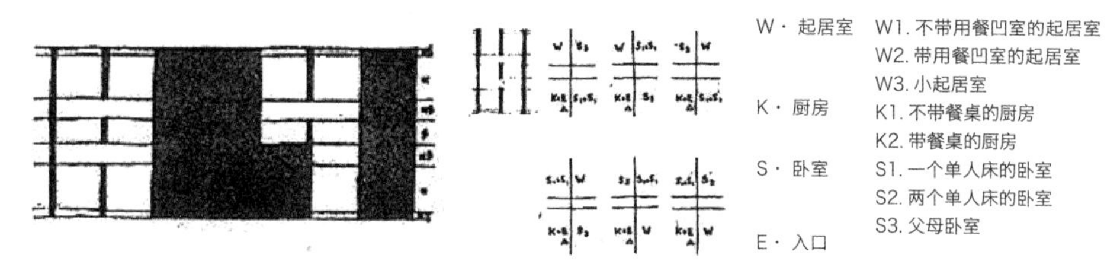

图6，图7.SAR65 设计方法

如果每个相应的段所包含的房间相同，段的组合也相同，虽然小有变化，仍属于同一基本方案，只不过是不同的次方案，如图8。但如果房间或关系改变，就作为两个不同的基本方案(图9)。

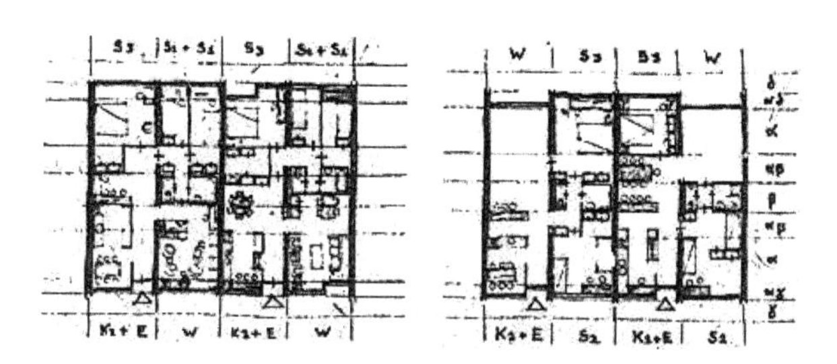

图8，图9.SAR65 设计方法

一个构架上有若干个住户，也就是说构架是由段组成。构架的设计要考虑住宅的面积标准，考虑一栋构架中包括多少个段。同时，构架是小区规划中的重要组成部分，必须在小区规划中考虑决定，如前所述，构架中各个区、界、段的尺寸是固定的，横墙在 α β 界上留洞的位置是固定的。另外，楼板上设备留洞的位置也是固定的。

SAR65 设计方法可用于任何层数任何类型的住宅，其区、界、段的划分可根据平面类型而异，但设计原则是一样的。上面的例子是最典型的长外廊式住宅。

SAR 采用国际通用的以 30cm 为扩大模数的网格，又将 30cm 再分为 20cm 与 10cm，成为宽窄条相间的一种特殊的模数网格。在平面上，SAR 规定所有隔墙的连接处必须在 10cm 的窄条里（图10）。此外，SAR 研究了一整套模数制度，规定了水平方向与垂直方向的各种构件交接的模数尺寸关系，保证可分开构件能在构架上灵活安装，同时又使构件规格尽量统一和减少。

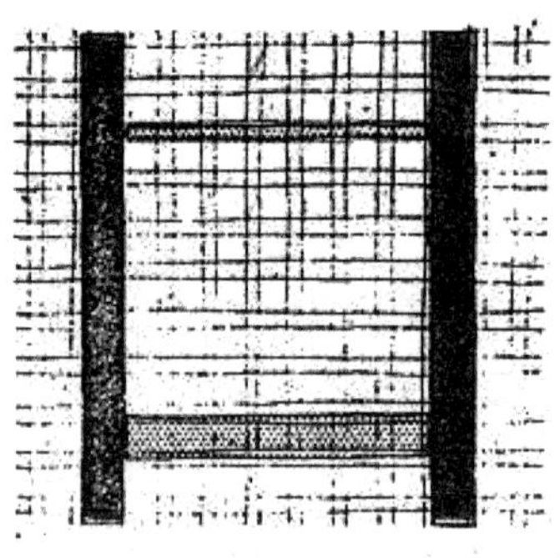

图 10.SAR65 设计方法

在 SAR65 基础上，还可以利用计算机辅助设计，进行住户多方案的分析比较，称为 SAR70 设计方法，这种方法曾在 1976 年伦敦召开的第二次国际工程与房屋设计的计算机学会上做过介绍。

2. SAR73 设计方法

SAR73 是一种关于居住环境的设计方法。早在 1968 年，SAR 事务所就提出有必要研究住宅以外的环境问题，认为环境和个体设计一样，也可以分为两个范畴，即有些方面要由集体决定，有些则应由使用者负责。到今天，更进一步看出了规划中还存在许多没有解决的问题。比如究竟是什么人对什么问题负责？这个责任能否转移？什么需要早决定？什么可以迟些？什么可以变动，什么不许变？在规划过程中怎样做决定又怎样评价方案的好坏？如此等等。这些在规划和环境设计中提出的问题，没有任何现成的设计方法能够解答。传统的设计方法都是静止的，而当前需要的是探索一种新的能动的方法，要有多样化和灵活性，要使规划能科学地分阶段进行，分阶段做决定，并能评价阶段方案的好坏。

SAR 提出了“小区生活基本单位 (Living Tissue)”这个新概念。提出在规划与房屋设计之间应增加一个“小区单位”设计的阶段。这阶段的主要对象仅限于住宅最邻近的环境范围，即居民一离开家就接触到的，甚或是在住宅里面也会受到影响的、密切关联着日常生活的这么大小的范围。这个范围的设计应该作为独立的阶段，其决定必须在公开的过程中，由有关各方面共同做出决定，并且要以“协议”的形式确定下来。

在“小区单位”设计阶段，首先要研究“主题 (Theme)”。每个居住环境都有其特定的主题，才使之能有别于其他环境。这些主题一般都有其历史背景，是在若干世纪漫长的岁月中逐渐形成的。这就是说，每个居住环境的房屋与空间，总是以其特定的方式交织在一起，从而形成人们可以认识的一种空间的模式。“基本单位”阶段的工作，就是要研究并决定房屋与空间在尺度上、位置上如何交织在一起的基本形式。这种基本形式就称为“单位模式（Tissue model）”。

1973年，SAR对荷兰12个已有的小区进行调研，并用单位模式的手段作了分析。这12个小区各有特色，有历史性的，也有新建的。图11是1972年新建成的葛斯蒂因贝尔格(Geestinberg)实验小区，它的特色是车道与人行道分开；住宅虽然用大型预制构件建造，但做到了多种组合变化，并且利用花园小棚屋在房前的不同位置，使整个街区的立面有进有退，自然地使道路空间有宽有窄，从而形成一些转角和小广场。

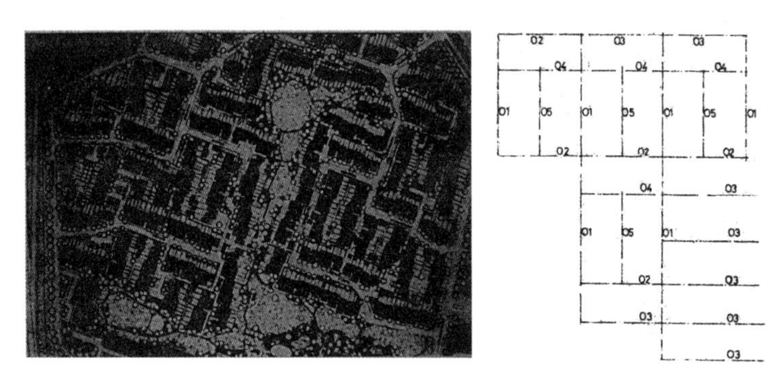

图11，图12.SAR73设计方法

这样一个变化丰富的小区，从总平面图上是不容易看出它的主题的。所以分析时先要画出道路网。图12是经过整理后程式化了的道路网方案。图中01是南北走向的人行道;02是东西走向的主要车道，南边是住宅，北边有与之成直角的街道和房屋端部;04则是沿北边为住宅，南边有与之成直角的街道和房屋端部;03是两边都是房屋的东西走向的道路，大都是供人行的;05在两排房屋的后面;06是主要的汽车入口。这样画出道路网后，就可以比较清楚地看出有两个主题，一种是由01与02形成的方块，另一种是由03形成的行列式布置。这两种主题以不同的方式组合，构成整个小区。

图13是进一步分析得出的单位模式图：深色部分称B区，是房屋；白色部分称O区，是空间；介于二者之间的灰色部分称OB界，是房屋的未定边界，即房屋外边可以在OB界内进退，有一定的灵活性。就这样再对各种剖面关系、道路空间系统、公共建筑与活动场地分布等都逐一加以分析，都可找出其典型模式和一定范围的灵活性。

经过对12个小区的调研，使SAR73设计方法更清楚更具体了。把这个方法用于新规划时，只要把对已建小区调研的程序反过来就可以了。也就是说，反过来先设计单位模式，按一定的程序和要求做出决定并制订协议，然后各方面再按照协议分别进行具体的设计。协议是由包括模式和说明的一系列文件组成的 (图 14)。

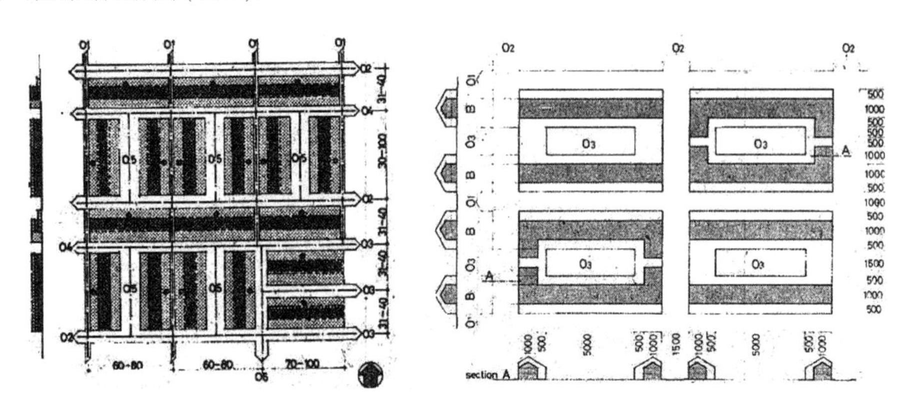

图 13，图 14.SAR73 设计方法

1973 年下半年，SAR 应海牙市政府要求调研高密度地区的土地利用问题，从而又探索出一条用单位模式来对规划的密度、造价和环境质量进行比较的方法。具体步骤是先设计一定数量的单位模式，并计算出各种模式标准的平均的密度、造价和游戏场面积等数字。规划时，只要做“填充草图 (infill sketch)”，即把选用的某一模式填入规划方案中，就可以很快得出本方案的有关指标，供方案的评价和比较之用 (图 15~ 图 18)。

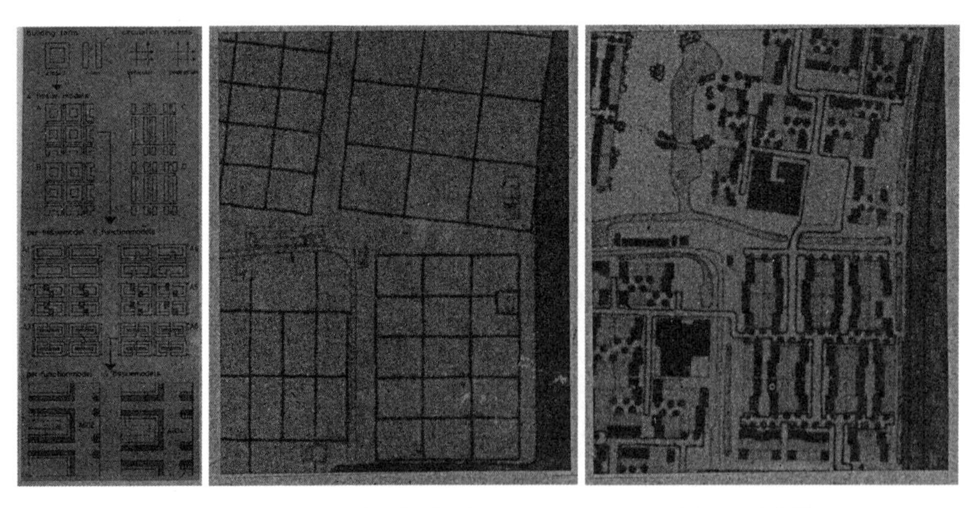

图 15. 各种典型单位模式　　图 16. 填充草图第一步　　图 17. 填充草图第二步

	编号	总户数	户/公顷		层数	人行道	游戏场	封闭式建筑	开放式建筑	停车面积	房屋下停车	主要街道停车	过街停车	后院停车	社区场院	无花园住宅	室外有装修的公共场地（每户）		总造价（每户）	
			1	2													1	2	3	4
6	A12	1961	69.5	101.6	3-4		⊕	△			●	●	●		是	50%	64	38	607	544
	B7	3761	66.0	96.4	3-4	⊕		△			●	◆	●		是	50%	71	43	617	550
3	A4	3509	61.5	96.0	3-4		⊕	△				●	●		是	50%	87	38	578	507
	A6	3357	89.8	87.2	3-4		⊕	△				★	●	●	否	50%	102	72	593	522
	B3	3317	88.0	85.0	3-4	⊕		△					●	●	否	50%	102	71	597	522
3	A5	3112	84.5	79.8	3-4		⊕	△		●			●		否	50%	113	81	614	533
	B5	2985	82.3	76.5	3-4	⊕	⊕	△				◆	●		是	50%	104	70	608	524
4	D7	3074	53.9	78.8	3-4	⊕			△		●	★	★		是	42%	82	49	643	562
	C7	3030	53.2	77.7	3-4		⊕		△		●	★	★		是	42%	81	48	644	501
2	G5	2637	46.3	67.6	2-3	⊕			△	●		▲	★		是	42%	119	80	633	539
	C6	2500	45.6	66.7	3-4		⊕		△				●	●	否	42%	124	84	640	544
1	C4	2385	45.3	66.2	3-4		⊕		△			▲	◆		是	42%	139	100	636	599
	D15	2458	43.0	63.0	3-4	⊕	⊕		△			▲	◆		是	42%	131	90	633	551
	C5	2435	42.7	62.4	3-4		⊕		△	●			◆		否	42%	130	88	633	550
	D2	2392	42.0	61.3	3-4	⊕			△				●			42%	134	91	638	534
7	D15	2361	41.4	60.4	2-3	⊕	⊕		△			◆	◆		是	16%	135	90	639	555
	D1	2355	41.3	60.4	2-3	⊕			△				●			16%	130	87	637	550

注：1. 包括 $18hm^2$；2. 不包括 $18hm^2$；3. 包括地价；4. 不包括地价。

图 18. 填充草图的各项指标

综上所述，SAR 73 设计方法的一个新贡献是提出了单位模式这个规划设计的手段。单位模式是规划方案的基础。单位模式可以贯彻一定的设计标准、主题思想、体型环境，同时又因为采用了与个体建筑设计中相类似的区和界的方法，可以在具体设计时有一定范围内的灵活性。在小区的整个设计过程中，单位模式必须作为一个设计阶段，由有关各方面共同决定，并且订立协议。

三、实例：荷兰帕本德莱希特小区

1977 年建成的帕本德莱希特 (Panpendrecht) 小区是在住宅与环境方面都较多地实现了 SAR 理想的范例。在荷兰杂志的介绍中，曾誉之为朝着这个新方向前进的里程碑。这个小区第一区工程共包括 123 个住户，是受政府补助的工程，建筑师为范 · 德尔 · 维尔夫 (Van der Werf)。

帕本德莱希特小区按照 SAR 设想分总图设计、土地利用设计、单位设计、构架设计和构件布置设计几个阶段进行工作。在单位设计中，最吸引人的部位是重复出现的从 23m×23m 到 27m×31m 的庭院，外面由一到四层的住宅包围。此外还有附带停车位置的汽车路和将车道与庭院相连接的步行小道。这三种空间与房屋交织在一起，形成小区单位的主题 (图 19、图 20)。

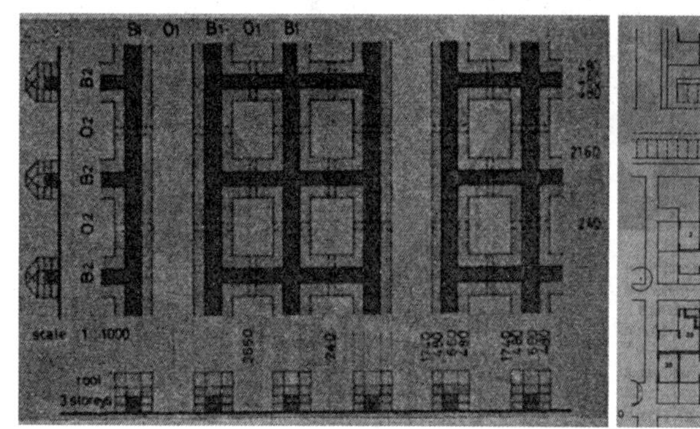

图 19. 小区单位模式

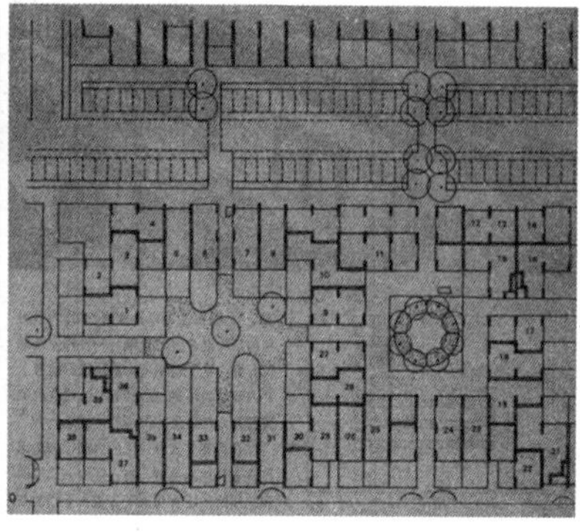

图 20. 小区的部分总平面图

由 20 ~30 户所包围的庭院是紧挨着住家的公用场地，儿童可以在这里玩，邻居们在这里进行接触。庭院中要为不同年龄居民的活动提供设施，是一个不同于社区中心等其他场所的有自己特色的空间。步行小道是封闭的，有顶的 (过街楼)，其主要功能是从车道通向庭院，再进入住户，也为散步和骑自行车提供了方便，还可以作为救火车、救护车以及送牛奶、送邮件等进入庭院的通道。步行小道与相对来说是较大的庭院相对比，其较窄的 (约 5m)、有顶的风格成为另一种引人入胜的空间。第三种空间即将停车设在路边的街道，是为了节省停车用地，并使庭院中没有汽车穿行，减少儿童的危险和噪声与气味。这些就是住宅外部功能与环境的基本设想。

图 21. 已建成的框架

住宅按构架的原则设计（图 21），钢筋混凝土结构。钢筋混凝土墙的断面是 20cm×170cm，两墙间留洞 310cm，整个体系建立在 480cm 网格上。承重墙在同一方向连成一线，这样就造成了两种构架，一种是南北向的房屋为横墙承重，进深 11.3m，另一种是东西向房屋，纵墙承重，进深 9.61m（图 22）。构架的空间尺寸是由建筑师根据市政府制定的住宅面积标准决定的，原来计划分隔成 2~5 室的住宅共 108 户，在与居民商量安排之后，最终建成了 123 户。

房屋高度是根据太阳角度决定的。为此，庭院南边的住宅高度不超过一层，外加屋顶。在设计获得官方批准，并取得住房补助方面的同意后，就开始修建构架。在构架的修建过程中，就可以与将来居民进行讨论。居民是由本工程的主顾帕本德莱希特住房协会选定的。先由协会与居民商量，把构架上所有住宅的位置都安排确定之后，建筑师才开始与每一家居民谈话，要告诉他们哪些是固定的，哪些是可以选择的，并作为顾问帮助居民把户内的分隔与构件的安排都设计好。本工程中可由居民选择的有：户内隔墙的位置、立面的形式、设备的位置和在六种颜色的外墙板中挑选一种。

在构架上安排住宅的办法，创造出了许多种住宅类型，有一层的、二层的和三层的，还有从廊子先进入上层的双层户。123 户住宅各不相同，反映了居民的愿望。建筑师体现了他开始时的意图，即必须给每家都设置独用的室外空间，在一层的花园，或是在二层的平台，平台面积约 20m²。平台的设置配合多种形式的立面给整个小区带来很富有生活气息的外貌（图 23）。

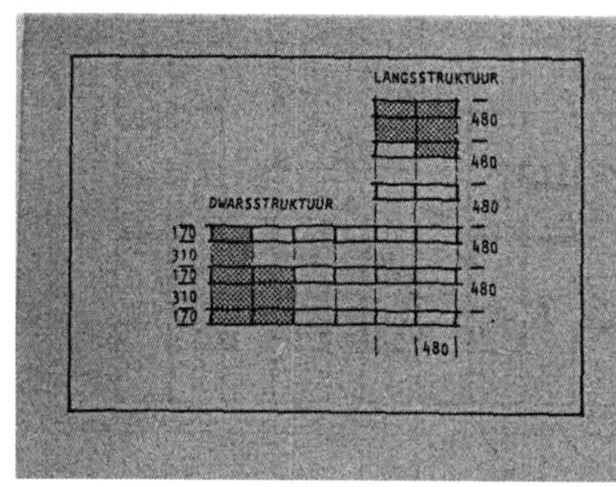

图 22. 构架平面图

图 23. 帕本德莱希特小区的外貌

帕本德莱希特小区的实践证明，即使在工业化成片建造的、并且是受政府补助的小区建设中，只要建筑师经过不懈的努力，运用 SAR 的方法，灵活执行了住房及城市规划部所制订的各项规则，就能够突破惯常的许多限制和影响，创造出亲切良好的居住环境；并使居民对自己住宅的安排有发言权和决定权，得到过去只有独家小住宅才有的好处。这在荷兰出租住宅的历史上是仅有的。另外，采用构架设计的方法，便于将来的改建和节约改建费用。所以虽然在当前这种方法还很难为人们所接受，而从长远看，却可以避免几乎是无法解决的房屋更新问题。总之，帕本德莱希特小区被认为是很有价值的实验，无疑会对将来新的小区建设产生重要影响。

注释：

① Stichting 是荷兰法律规定的一种协会组织形式。这种协会是为着实现某一共同目的而建立的，它的活动有一个委员会主持，委员会有权委任和增选新成员。其他参加协会的人只是作为捐献者或支持者，没有选举的权利。

参考文献：

[1] SAR: Levels and tools SAR

[2] N.J.Habraken、*VARIATIONS: The Systematic Design of Supports*，W.Wiewel 译 . Cambridge： MIT Press.

[3] SAR 73: The Methodical Formulation of Agreements Concerning the Direct Dwelling Environment, MIT Press.

[4] DOSSIER: SAR, Technigues and Architecture Oct. 1976.

[5] Tou Van Raoij: MOLENVILIET Open House 2/1978 pp2-11.

[6] LIVING TISSUES: Open House 2/1978 .

原载于： 《世界建筑》，1980 年第 2 期

从支撑体住宅到开放建筑

鲍家声

我从1984年在北京香山参加中国现代建筑创作研究小组筹备会开始，直至今天整整十年。这是我们小组发展壮大的十年，也是我从支撑体住宅的研究走向开放建筑研究的十年，在1985年武汉召开的第一次小组学术讨论会上，我介绍了支撑体住宅的思想和时间探索，在今年小组成立十周年之际的学术讨论会上，我提出了走向21世纪可持续发展的开放建筑的新主张，它是我支撑体住宅思想的发展和延伸，各种类型的建筑都应该也可以按照支撑体住宅的哲学思想去认识和设计，这一年我正是坚持这样的思想去观察建筑现象，思考建筑问题，研究它的理论并努力去实践。

可喜的是，支撑体住宅理论产生于欧洲，但实践更多的却在我国，并已在国际上产生了巨大的影响。今天在我国各地提出的“灵活住宅”、“适应性住宅”、“大开间住宅”、“可移动的隔墙住宅”以及更通俗的“壳子房”、“毛坯房”、“半成品住宅”等都是这一思想的探索、发展和实践，而且越来越顺应当今我国住宅建设的需要，受到居民普遍的欢迎，为居民搬进新居又重新改造装修的劳民伤财的苦衷找到了切实可行的解决途径，也为适应住房体制改革实现住宅建设三负担的原则找到了相配套的住宅建设生产方式。

开放建筑是一个新的命题，它是对建筑发展规律和内涵的新的认识和新的领悟。1992年国际建筑师大会提出创造持续发展的建筑环境，它不仅意味着建筑环境要与自然环境协调发展，而且也意味着要适应社会生活形态的发展变化。建筑形态与社会发展形态有着千丝万缕的互动关系，但是长期以来，建筑设计活动却忽视千变万化的社会生活形态的变化，把建筑环境的主体、使用者——人，排斥于建设过程之外，采用静态的设计思维，把建筑物设计成一种终极性的产品，完全定型化空间造成使用上一系列的弊端，不能适应使用者现时多样化的要求，也不能适应社会生活形态历时性的变化，更不能适应当前市场经济条件下房地产市场发展的需要。鉴于此，我们有必要反思传统的建筑设计理论和方法，建立新的建筑哲学观，建筑不仅仅是凝固的音乐，而且还应该是一个动态的、有生机的、可持续发展的空间形态。所以，我们提出开放建筑，即以系统的动态的观点来考察建筑环境，研究建筑形态和社会生活形态的互动关系，研究静态的建筑空间如何适应动态的社会生活形态的变化要求，它是面向社会发展过程的新的建筑创作思想。近几年的创作活动中，我就是这样去探索实践的。我们设计的图书馆、医院、银行、高层住宅、高层综合体等都是开放建筑的思想体系的产物，我创办的东南大学开放建筑研究发展中心工作室也是我们自己建的开放建筑“实验室”。

原载于：《世界建筑导报》，1995 年第 2 期

住宅内装部品体系与结构体系的发展

娄霓

一、开放建筑的发展

20 世纪 60 年代，西方提出了住宅建设新概念，即“支撑体”理论，之后又发展为“开放建筑”理论。这个概念引进中国后，鲍家声教授就对中国式的开放住宅进行了研究，并在 1984 年完成了“无锡支撑体住宅”项目。20 世纪八九十年代出现的适应性住宅、大开间住宅也是根据开放住宅的理论进行的设计实践项目，例如 1991 年建成的北京华威 23 号住宅（北京市建筑工程设计公司周逢、张念曾、周佩珠设计），2004 年建成的深圳蛇口花园城三期（华森建筑设计有限公司岳子清、单浩、尹小川设计），2008 年建成的重庆玛雅上层住宅（众成禾盛建筑设计咨询有限公司李海乐设计），直至 2011 年我们在北京建成“SI 住宅”示范项目——雅世合金公寓（国家住宅工程中心刘东卫、衡立松设计），可以说开放建筑理论在中国的发展经历了实践——研究——反思——再实践的过程。在这个实践和研究的过程中，中国的结构体系和内装体系得到了极大推动和发展。

二、20 世纪 80 年代——初期实践

1981 年清华大学的张守仪教授首次把 SAR 的理论介绍到了国内，但在此之前国内就已经出现

了将“住宅的适应性”作为一个研究方向的趋势。比如说1979年的“全国城市住宅设计方案竞赛”，在获奖的151个推荐方案中，装配式的大板方案有44个，现浇大板的方案有33个，砌块的有14个，框架轻板的20个，砖混方案37个。从参赛获奖的比例上就可以看到建筑师对于工业化住宅体系的向往和当时政府在政策上的提倡和支持。

值得一提的是，20世纪80年代中国还处在改革开放初期，经济水平有限，在住宅结构体系运用方面比较单一。这个阶段的住宅结构形式多采用砖混结构，即承重砖墙加混凝土预制板结构，这种结构可以通过多种设计方法增强住宅的适应性，如空间的多向联系、空间的多功能和空间的灵活划分等。砖混结构灵活划分的可能性虽不及框架结构，但很长一段时期内在我国住宅建设中发挥着巨大作用，一定程度上满足了对空间适应性的需求。当时砖混住宅作为全国最广泛采用的结构体系，住宅工业化基本思路在砖混住宅体系的发展中得到较好的体现，楼板、楼梯、过梁、阳台、风道等大量构件均已预制化，形成了砖混住宅结构的工业化体系。

在此期间，国内还进行了盒子卫生间的实验研究与产品开发，形成了系列化的卫生间模块产品，如玻璃纤维增强水泥卫生间、钢丝网水泥卫生间等，这些是我国最早的住宅内装部品。与此同时，我国住宅内装部品中的设备部品等也开始出现，但由于刚刚起步，其范围也仅局限于厨房、卫生间的洁具用品，如厨房所使用的洗涤池大部分是水磨石产品。

在此阶段，灵活隔墙在国内没有成熟的工业化部品，一般在现场湿法作业砌筑，虽然不承重，但实际很难改动，建筑管线的竖管穿主体结构楼板布置，水平与竖向管线均裸露在室内。另外砖混结构开间尺寸一般只有3m～4m左右，在一定程度上限制了建筑平面布置与空间灵活分隔的要求。

三、20世纪90年代——发展阶段

进入到20世纪90年代，我国在结构体系的应用方面取得了较大进展，比如说1985年的“住宅设计方案的竞赛”中入选的大开间、可变式等适应性住宅就有20个，占到了入选方案总数的20%。可以说大开间、灵活分割、标准化已经是这类住宅的共有特点了，所以也可以体现出随着人们对住宅装修内部空间的个性化追求以及家庭人口结构和需求的变化，传统的砖混结构由于受到建设高度的限制，而且开间尺寸也比较小，已经不能满足当时人们对住宅的追求了。

在这段时间内，钢筋混凝土框架结构体系、框剪结构体系、剪力墙结构体系等在住宅结构体系中应用比例逐渐增大。从1995年的住宅设计竞赛中可以看到，高层化已经成为当时城市发展的趋势了，在这个阶段这种现浇的混凝土结构体系应用量逐步提高。钢筋混凝土的框架或者说是框剪结构可以获得比较大的室内空间布局，建筑师可以利用较大的空间进行比较随意的功能空间的布置和划分。但是这种结构体系存在室内露梁、露柱的现象，所以只在我国南方和沿海城镇住宅中应用得比较多。后来人们也针对这个框架结构提出了新的体系，即“预应力混凝土大板大开间住宅结构体系”。这种体系可以为每一个单元提供 60m^2 ～ 110m^2 范围内无梁、柱的可自由分割的空间。表 1 反映出了该结构体系在全国的分布状态，一个是跟抗震烈度有关系，此外和层数及建筑类别有关系。在住宅当中现浇混凝土结构体系的用量是比较大的，钢结构因为造价以及施工队伍、设计队伍不够普及等原因，应用量比较小。这个阶段的结构体系给建筑创造了比较大的设计空间，隔墙体系主要是朝着轻质化的方向发展，轻质的墙体尤其是轻质板材的开发丰富了当时的体系，而且避免了原有预制墙体重量比较大、运输不方便的问题。当时还试制并发展了多种新型材料的轻质复合墙板，如 GRC 复合墙板、ALC 墙板、薄壁混凝土岩棉复合外墙板等，并在大量工程中应用。

三大城市住宅统计表　　表 1

城市	1~9 层住宅			10 层以上住宅		年代
	砌体结构	框架和框剪结构	剪力墙结构	框架和框剪结构	剪力墙结构	
# 北京	22%	34%	44%	13%	87%	2000~2005 年不完全统计
# 北京	23%	34%	43%	10%	90%	1988~2005 年不完全统计
北京				*3%	*97%	截至 1986 年
上海				*43%	*57%	截至 1986 年
天津				*2%	*98%	截至 1990 年

注：1）* 为 8 层及以上住宅数据；2）# 数据来自北京市的 226 个案例统计。

在轻质石膏砌块隔墙以及 GRC 墙板施工的这个阶段，墙板施工仍是以现场湿作业为主，施工工法简单，精度不易保证。

由于住宅的建筑设计技术体系还不完善，比如说管线的布置，填充体与主体结构的连接，住宅中填充体的灵活布置技术，以及管线的更替和管线与结构体的关系等，如建筑物的填充体当中存在竖向管线埋入墙体、水平管线埋入结构楼板的不合理现象，这些都给后期的管线更替和房屋的改造造成了比较大的困难。

20 世八九十年代期间，我国采用的模板现场浇注的结构体系，如内浇外砌住宅、框架结构住宅等都得到了比较好的发展，但是 20 世纪 80 年代提出的比如工厂生产现场装配的大板住宅结构体系因为交通运输以及工厂用地经营成本等原因，市场逐渐萎缩，直至消失。在此期间由于缺乏行业的规划和标准等依据，再加上市场并没有形成比较规范的运营状态，所以住宅的内装部品应用也都非常有限。20 世纪 90 年代我国在住宅部品方面取得的一些进展，见表 2。

内装部品　　表2

部件	20世纪80年代	20世纪90年代
厨房台面	水磨石产品	大理石产品
洗涤池	陶瓷制品	不锈钢、多槽洗涤池等
橱柜	没有橱柜产品的概念	出现整体橱柜产品、多为进口产品
排油烟机	第一代排油烟机	换代产品，排烟力更强，具有低噪、节能、易清洗的特点
水管	铸铁管	UPVC、不锈钢管、铜管
玻璃钢制品	档次较低产品	压克力浴缸等制品

四、21世纪的创新和实践

（一）结构体系实例

进入到21世纪，可以主要总结为两点：结构体系向工业化、标准化方向发展，内装体系向装配化、整体化方向发展。下面介绍几个结构体系的例子。图1是国内都比较熟悉的以万科为主研发的装配整体式的住宅结构体系，实际上是从日本引进来的，但它有一个国产化的过程。这个体系是以预制混凝土构件为主要构件，经装配、连接、结合部分现浇而形成的混凝土结构。它的梁、柱、剪力墙都是现浇的，作为承重结构体系。楼板为预制楼板加现浇叠合层的半预制体系，外墙、楼梯、阳台均为预制构件；而内墙、楼梯间墙、分户墙则采用加气混凝土砌块，内隔墙采用轻钢龙骨双面石膏板系统。卫生间部位采取降板现浇的同层排水系统方式。楼板根据设计为设备管道预留洞口，并预埋不锈钢套管。照明线路管和弱电线管布置在叠合楼板层内。现在已经有规范了，它可以做到外墙是预制，内墙是现浇，而原来只是主体结构现浇，围护结构预制。总的设计原则是将设备系统完全与主体结构脱开。

另一个例子是远大的可持续建筑（图2）。它是一种装配式的钢结构建筑，现场没有湿作业也没有焊接，全部是螺栓连接。当时在世博会上做了一栋示范楼，宣传说一天可以搭建六层。因为它是一种框架结构，所以室内空间相对比较灵活一些，墙体和门窗的位置都可以改动，房间的功能也比较容易改变。

下面这个例子示范工程并不多，但是因其结构体系比较成熟，而且规范即将出版，所以在这里也介绍一下：轻钢空间错列桁架结构体系（图3）。空间桁架的两端支承在房屋外围纵列钢柱上，不设中间柱；桁架沿房屋横向柱轴线隔层设置，在相邻柱轴线则交替布置。相邻桁架间，楼板一端支承在楼层下桁架的上弦杆，另一端支承在楼层上相邻桁架的下弦杆，垂直荷载由楼板分别传到两桁架的上下弦，再传到外围的柱子上。在这种体系中，整层高的桁架横向跨越建筑两外柱之间的空间，在建筑平面上只有横向的外柱而没有内柱，以实现较大的空间，居住单元所要求的灵活性可通过安

1
2

图 1. 装配整体式住宅结构体系
图 2. 远大的可持续建筑

排桁架交替在各楼层的平面上错列的方法达到。在建筑布置上就可以实现比通常的柱距更大一倍的空间布局，这也是从国外引进来的一种理念。

下一个例子是我们在北京雅世合金公寓中用到的一种结构体系——配筋砌块砌体剪力墙结构体系（图4）。实际上就是用中间带孔洞的砌块，然后人工砌筑，砌筑以后在里面插钢筋，浇筑混凝土，形成类似于剪力墙结构体系的一种砌体结构体系。另外砌块作为工业化定型产品，可以确保建筑物的建造精度，更加适用于工业化内装的精度和建造需求，这也是雅世合金公寓（图5）最终选用这种结构体系的重要因素。同时采用大开间理念，配合先进的SI住宅集成技术，实现了建筑空间的灵活设计和装配式内装建造，满足一个家庭在不同时期的居住需求的改变（图6）。

在这个工程中砌块墙体是结构的主要墙体，参与受力，同时也可以提供大开间的概念。另外它可以提供清水的立面，直接可以外露，效果不错，耐久性也比较好。

（二）住宅内装部品及其体系

在目前这个阶段，内装部品发展的最大特点就是出台了对各类部品的质量认定体系，新技术不断涌现，很多旧部品被政府明文淘汰，也提出了部品集成的概念。随着国家住宅产业化的加速发展，住宅的内装部品向成套化、集成化和定型系列化的方向发展，未来工作的重点应该是提高安装效率，内装部品要达到与建筑模数的协调统一，而且能够协调与各类结构体系的施工建造。比如说在厨卫部品方面，我们提出了整体设计的概念，设计中综合考虑建筑物的平面布局、面积尺度、设备的配制、管道的布置以及装饰装修等环节。另外就是对应的竖向管道井区和水平管线区以及管道墙的开发，目前国内也进行了多方面的研发，提高了住宅的厨卫设备、设施以及配管、布管的合理性，也提高了集成程度。

下面以批量化生产的工业化产品和装配化施工安装建造方式为主线介绍几种目前业成型的住宅内装部品及其体系。

1. 隔墙体系

目前我国的隔墙制品大概可以分成三大类：轻质砌块墙体、轻质条板隔墙、有龙骨的隔墙。砌块类隔墙和条板类隔墙的应用面目前还是比较大的，因为它造价低且易于施工，不需要很高技术水平的工人。在20世纪90年代产品的基础上，目前市场上还出现了高强度蜂窝状纸芯做填充的条板隔墙和以木塑复合材料制成的空心条板隔墙（图7）。但是这类隔墙在与设备管线的综合施工当中需要剔凿和湿作业，会带来施工精度不易控制、材料浪费的问题，剔凿以后也必然会导致隔音差。

龙骨类隔墙易干集成、维护、维修以及安装，安装精度比较高，但因造价比较高，所以目前还

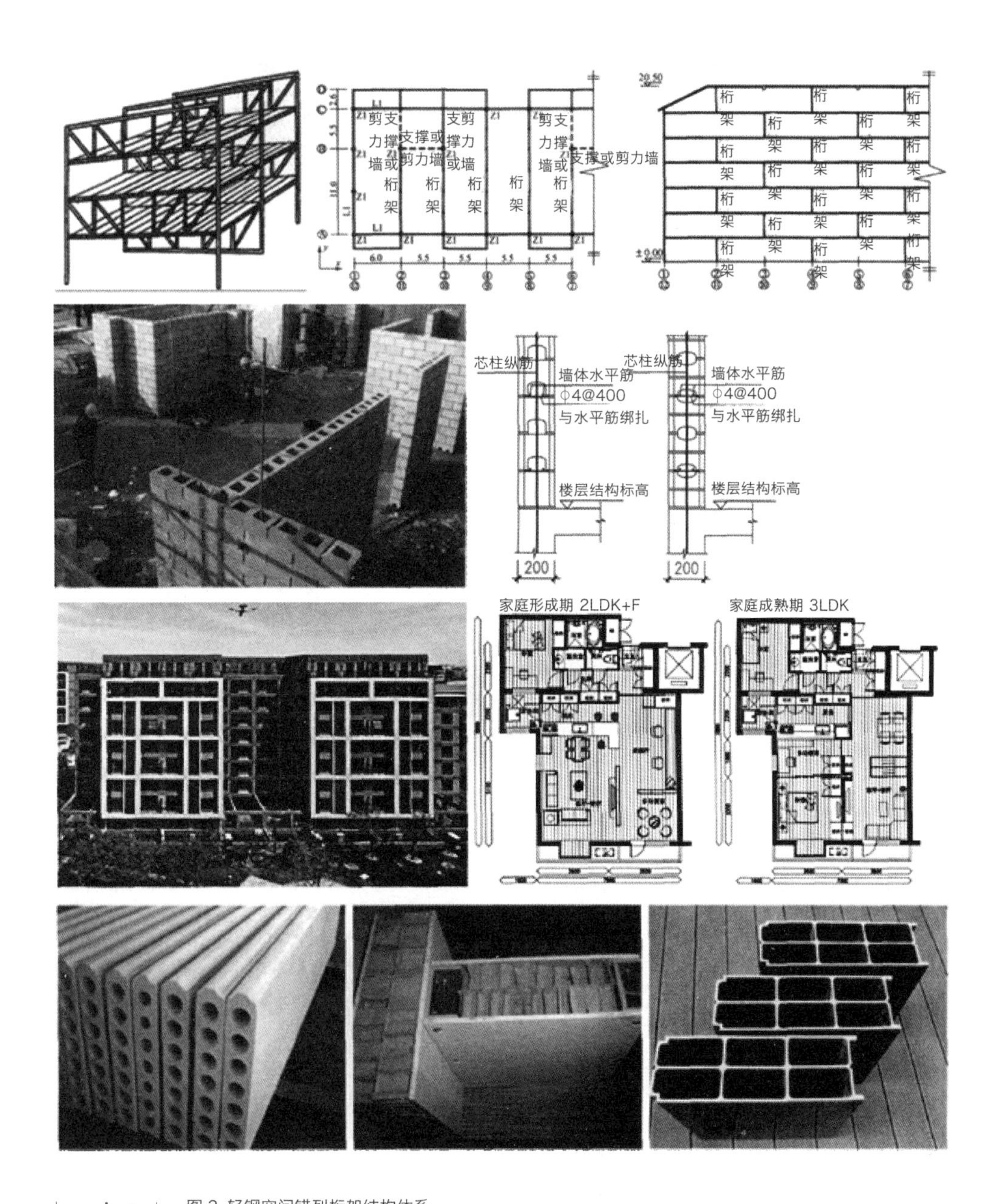

3 图 3. 轻钢空间错列桁架结构体系
4 图 4. 配筋砌块砌体剪力墙结构体系
5 6 图 5，图 6. 雅世合金公寓
7 图 7. 各类隔墙

主要应用于工业化的住宅和公建中。我们在对隔墙体系进行技术选型的时候应该注意考虑以下几点：1) 安装装配过程中干作业占多大比例？2) 维护和更替是否方便？3) 是否能跟其他部位比如吊顶、地面、门套和窗套等实现比较良好的配合？4) 建造成本是否具有优势？目前在中国实现第 3 条还需要一定的努力。第 4 条实际上是目前我们做产品选型主要的考虑因素——造价。这两条都与模数化和通用性相关，如果我们能较好地确定内装部品的模数协调原则就更有条件实现通用性，实现部品的配套和通用接口的问题。但是这不仅取决于技术层面上的努力，还取决于政策的引导。

2. 吊顶

在国内，吊顶一般用在公建当中，传统住宅在客厅和卧室当中不设吊顶，只在厨房和卫生间才设置。但是要实现内装的装配化施工，在住宅的室内设置吊顶是非常重要的环节之一，因为在工业化的住宅当中进行管线和主体的分离设计和施工时会有大量的水管和电管需要在吊顶的空间内进行排布。吊顶一般是采取龙骨类的材料加上覆面板的方式（图 8)，但是一旦应用在居室当中，吊顶的高度和室内净高就存在一定的矛盾，因此就需要选择一种低空间的吊顶方式，尽量将吊顶的高度控制在 10cm 以内。应该说架空吊顶是一种能够实现干式装配作业的住宅内装部品体系，它的优势在于能够把各类的管线综合排布，并且集成采光、照明、通风等功能。其装配程度较高，而且材料是可以回收利用的，但是由于造价的原因目前只在工业化住宅中有所应用。

3. 架空地面体系

架空地面体系（图 9）在我们的示范工程中得到了实践，这个体系在日本的集合住宅中应用得很普遍。有几个特点：一是地面的水平调整比较容易实现，因为它是通过一些支撑点来实施的，不必为基层提前做找平的工作；其次，它的施工比较快捷，省时省力，因为它是属于工厂化率比较高的产品，所有的螺栓、地板承压条、上层承压密度板都是标准规格的产品，现场能够实现完全的干法施工；第三，布线排管比较方便，因为底下是架空的，所有的管线在底下能够实现比较随意地穿行；最后一个特点就是它即铺即用，比较方便。因为架空地面，使地面有空气层，可以防止地板受潮变形，另外可以避免因为变形发生的声响。架空地面由可调节高度的螺栓支撑，另外可以根据工程设计的需要选择地板采暖。但是它在地面和墙体连接处需要安装地板的承压条，并且调整架空的高度。另外它可以和较为成熟的住宅卫生间同层排水技术配合，实现足够的架空高度，同时为实现住宅设备管线的集成排布以及后期的维护维修提供比较好的条件，避免为了维修来剔凿楼板和墙体的做法。但是，目前架空地面体系在国内应用还比较少，而且没有专门的生产厂家，是依靠引进日本的产品来实施的；在施工安装方面也没有专门的技术人员，需要开展技术培训；而且它的综合成本比较高，这些都成为推广这种体系的阻力。我们在做地面系统选择的时候，实际上应该关注的是设备选型、

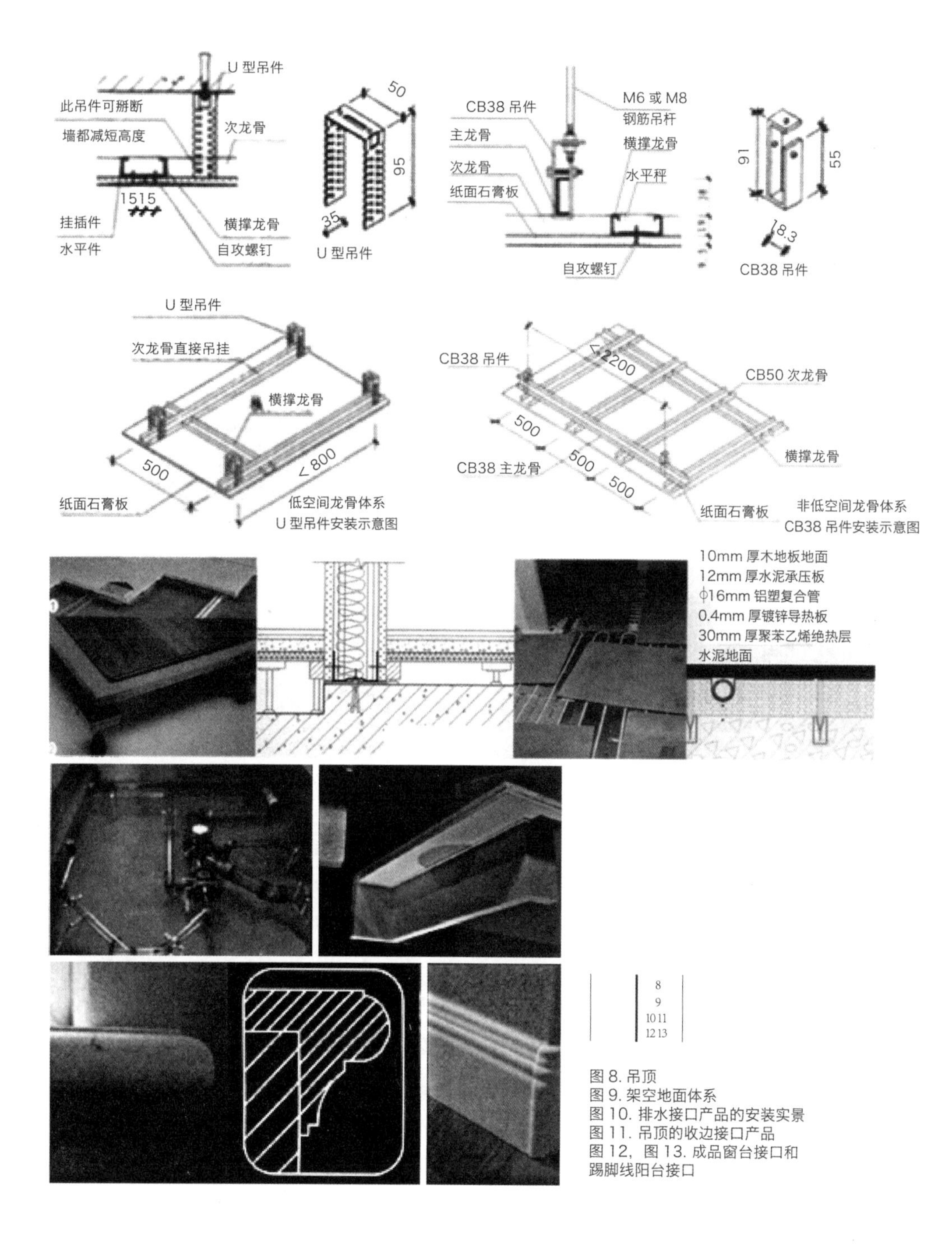

图 8. 吊顶
图 9. 架空地面体系
图 10. 排水接口产品的安装实景
图 11. 吊顶的收边接口产品
图 12，图 13. 成品窗台接口和踢脚线阳台接口

层高和造价等多方面的因素，虽然我们在示范工程中应用了，但是架空地面这种构造在我国到底应该如何应用，在什么范围内应用，还是值得去探讨的。首先它需要占用室内的净高，可能需要提高层高来解决问题，这就会导致造价提高。其次因为它是架空的，在地面有管线布置的空间其优势比较明显，比如在卫生间，但是在居室内如果不采用地板采暖，它的优势相对就很弱了。在示范工程中我们也尝试了直接铺地做法的干式采暖构造方法，可以比架空地板节约大概 7cm 高度。但不管是用架空地板还是直接铺地的做法都需要进行地板的散热量、承压性能、材料的有害气体挥发性实验的研究和测试。

4. 卫浴

整体卫浴间是一个整体的工业化产品，它与传统卫生间的最大区别就在于工厂化的生产。原来的施工需要预埋各种管线和现场安装各种设施，这些都可以转变为在工厂里生产来实现卫生间功能的独立。另外，整体卫浴间科学的设计与精致的做工相辅相成，在结构设计上追求最有效地利用空间。

我国整体卫浴间基本上形成了比较成熟的技术体系和完善的规范标准，已广泛应用在酒店公寓还有交通运输等行业，但是在住宅中的占有率还比较低。整体卫浴没有快速、大面积发展起来，存在几个方面的原因：1) 它毕竟是住宅产业化的一种产物，而我国住宅产业化的发展仍然处于初级阶段；2) 整体卫浴引入到我国的时间比较短，目前具有一定规模和品牌的整体卫浴企业只有远铃、海尔、科逸和有巢氏，在我国的卫浴市场没有形成很强的认知度；3) 我国住宅的商品化时间比较短，住宅的个性化装修需求比较强烈，因为整体卫生间产品种类比较少，它与个性化的装修之间还存在差距。

5. 接口类部品

内装部品里比较关键的是内装的接口类部品。部品体系可以减少现场的作业量，最关键的因素就是各类内装接口类部品的开发和应用。比如说住宅厨卫中的管线，当前设计中存在一些比如说接口不到位、不配套的问题，从而使得住户在对厨卫产品的选择和安装方面受到比较大的限制。内装接口类部品的使用和应用可以加快建造的速度，同时为维护和更替提供一些条件，实现室内空间的灵活变化。

图 10 是一种排水接口产品的安装实景，在国外应用还是比较成熟的，但在国内不是特别多。当采用降板同层排水时，它设置在结构楼板上，可以直接接到排水立管上面。通过这个构造，装置就可以使得同层的各类器具的排水管能够比较随意地在卫生间和厨房中进行布置和后期调整。图 11 是一个吊顶的收边接口产品，可实现吊顶较为美观的收边；而如图 12，图 13 所示，利用该类成品窗台接口和踢脚线阳角接口，窗台更加易于清理，踢脚线阳角能够实现圆滑处理。

这类产品中国都有，但是应用量却不大，主要是我国城镇住宅广泛采用的混凝土现浇，工艺中存在的建造误差较大，而这与在工厂精细化品质控制下生产的内装部品的生产误差难以协调。与此对应，一是需要现场误差可调整型的接口产品，二是需要通过新技术、新工艺提高主体结构的建造精度。综上所述，目前我国的住宅内装部品体系与国外还存在一定的差距。

五、结语

改革开放以来，中国的结构体系与内装体系都有比较大的变革和提升，工业化和装配化的水平以及建造质量都有大幅的提高，但是限于经济水平、人口水平、建设流程、政策引导等方面的原因，目前还存在很多问题。以内装体系为例，我国住宅内装部品体系目前主要存在以下问题：1) 住宅的内装部品和建筑之间缺乏协调；2) 在现有的设计流程下，住宅的内装设计不能够比较早地介入到建筑设计当中去，因此就失去了进一步精细化的可能性，这与现在的住宅开发模式、设计模式，还有建筑师的地位和设计收取的费用等有比较大的关系；3) 国产五金件的品质不够好；4) 在引进国外的内装部品和技术体系的时候会出现国内水土不服的现象，产业配套上缺乏支持，政策上也缺乏一定的引导；5) 部分的内装部品体系和技术体系应用比较少，缺乏实践验证。这些都需要大家共同去努力。

原载于：《建筑技艺》，2013 年第 2 期

低层高密度住宅与多层住宅方案的设想

聂兰生　夏兰西

住宅设计的目的在于为使用者创造一个舒适、合用的室内外空间环境。在此前提下再进一步考虑节地、节能以及结构、施工等工程技术条件。舍弃主要的目的，片面地强调其中某一项，都会带来难以克服的后患。

近年来由于大规模地进行住宅建设，城市用地日呈紧张，住宅层数也不断增加，节约了部分用地，但也给居民的生活使用带来不便。不设电梯的住宅层数不宜过多，否则应付了一时住房急需，一个时期之后，也许会出现更为严重的管理与使用上的矛盾。住宅层数增加的目的在于节约用地，为此我们试做了一组低层高密度住宅与多层住宅方案，以期达到“层数不加（指多层住宅），密度不减，绿地增大”的效果，本文结合方案就建设与发展低层与多层住宅中的一些问题提出几点看法与设想。

一、低层高密度住宅的建设与发展

三层住宅始建于20世纪50年代，此后兴建的不多。在住宅层数不断增加的趋势中，1980年，天津建成了第一批北向台阶式的三层住宅。参照日照斜线作的北向台阶，可以达到提高密度降低层数的目的。缺点是构造比较复杂，管理不善时容易出现搭建现象。但如果三层的低层高密度住宅相当于五层条形住宅的用地，四层可以达到六层的密度，住户少上两层楼，施工、管理上费点事也并非是不行的。

在天津，这种住宅诞生不久，有褒有贬是自然的。不能说低层高密度住宅是解决大城市住宅问题的最佳手段；也不宜断言这是一种没有前途的开历史倒车的产物。决定住宅的类型和层数，要因时、因地、因环境条件而异。大城市中建设住宅以低层高密度为主体当然是不适宜的。这类住宅基地面积大，排距之间空地少，相对地减少了可能的绿化面积。相反，尽管高层、多层住宅周围阴影区较大，但也并非是寸草不生的不毛之地，管理得当可作为宅旁绿地。虽然上层住户不好利用，但树木可以形成微小的人工气候，改善环境条件。此外从组织群体空间上考虑，一个住宅区如果全部采用低层高密度住宅，和目前的多层住宅区一样，在空间轮廓上也是单调和呆板的。低层高密度住宅有自己的短处，也有长处，使用时能否扬长避短，为当前的城市住宅增加一个新的品类呢？

第一，层数低使用方便，宜老宜小。第二，与成片的多层住宅交错布置，可以形成高低起伏，疏密有致的空间布局。第三，由于层数低，用于软土地基是经济的。天津有些地段建筑层数到四层以上就得采用桩基，在这种情况下，如果大面积地建造多层住宅，不如采用低层高密度住宅，对于施工、结构、投资和建设周期都是有益的。第四，有利于抗震。以砖石结构为例，按抗 8 度设防考虑时，四层的外墙需加抗震柱，如果在四层以下，则施工上、经济上都能收到较好的效果。第五，在中小城市和大城市的郊区兴建这类住宅更为适宜。仅此数点，可以认为这一住宅类型是有生命力的，应该让它存在和发展下去。至于设计本身的缺点可以通过实践逐步完善，不应因噎废食。天津地震后兴建了大量的新住宅区，多在五、六层之间，只有长江道、柳州路两处建成了一片低层高密度住宅。由于出世不久，不像原有的四、五开间方案那样成熟，因而有些非议是可以理解的。但我们认为应该认真地去研究它，改进它，使之与多层住宅一样，成为一种成熟的住宅类型并得到广泛应用。住宅区中采用一部分低层住宅，不仅打破了目前“一样齐、一般高”的空间布局，也为使用者多提供一种住宅类型，多一个可供选择的余地。

从另一个角度分析，中国的 10 亿人口中有 8 亿住在农村，城市人口只占五分之一，百万人口以上的大城市为数不多。节约用地只在大城市和某些中等城市中引起了注意，而对一些小城市、集镇、农村的居住用地的节约，尚未引起人们足够的重视。以一个省为例，如以人口来衡量规模，2000 万人口的省份算作中等，200 万人口的省会便算作大城市了，仅占人口的十分之一。省会一级的居住用地，当然严格地按国家标准控制，省会以下的地区逐级放松，到了县、镇一级的建房用地限制就更少了。控制大城市用地的意义是多方面的，但对于数倍于大城市人口地区的节约用地问题，更不可忽视。这些地区目前又多以低层低密度的方式进行建设，如何提高这类低层住宅的密度，要早日提到设计和研究的日程上来。

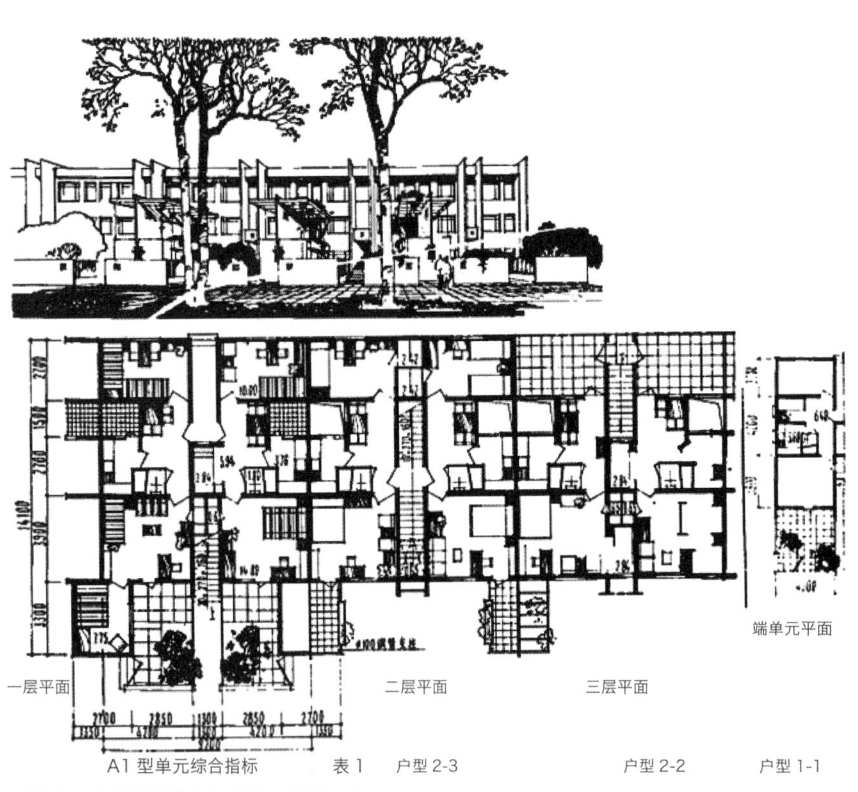

A1 型单元综合指标　表 1

平均每户建筑面积 m^2	49.17	一室户	33.3%
平均每户使用面积 m^2	28.60	二室户	50%
建筑系数	58%	三室户	16.7%

户型 2-3	三室户	二室户	户型 2-2		户型 1-1	
建筑面积 m^2	60.84	51.27	建筑面积 m^2	51.27	建筑面积 m^2	40.20
使用面积 m^2	36.17	31.26	使用面积 m^2	30.84	使用面积 m^2	21.26
建筑系数	59%	61%	建筑系数	60%	建筑系数	52.8%

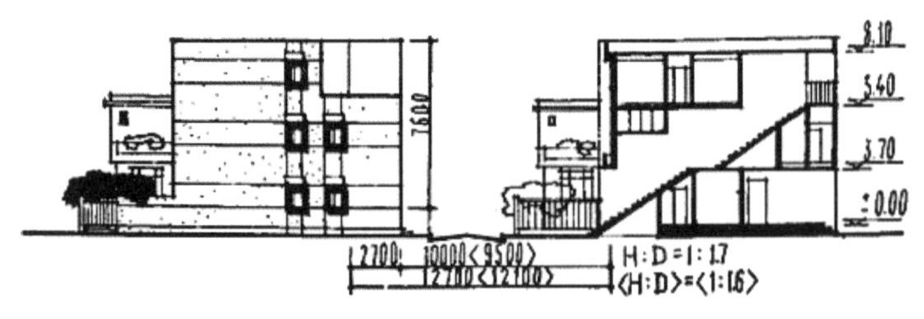

1
2

图 1.A1 型住宅设计方案平面与透视
图 2.A1 型住宅侧立面及剖面

图 1 ～图 4 为试做的 A1、A2、A3 型低层高密度住宅方案。A1 型为内天井式前后两侧台阶式三层住宅方案（图 1 ～ 2）；A2 型为两侧台阶前后小院式住宅方案（图 3）；A3 为东西向住宅。采用了加大进深，充分利用阴影区的办法，缩小了间距，提高了密度。A1、A2 两方案的特点是：（1）南侧伸出的一层房间，自然形成了一个小院落，较好地组织了底层的庭院空间；（2）用伸出的一室构成三室户，压缩了住宅的面宽；（3）所有台阶的屋顶都作为该层住户的平台，扩大了各户的室外空间；（4）单跑式直梯方案构造简单，楼梯上下的空间可以充分利用，提高了利用系数（表 1、表 2）；（5）由于两侧台阶都在阴影区内，在满足底层日照的前提下做到缩小住宅间距（图 2），节地效果明显；（6）结构简单，构件类型少，有利于施工。A1 型内墙纵横贯通，亦适用于地震区。

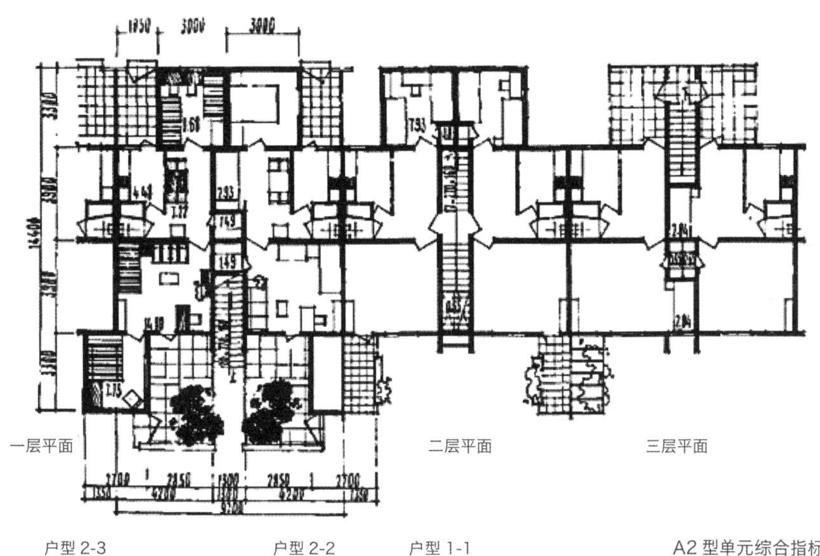

	户型 2-3 三室户	户型 2-3 二室户		户型 2-2		户型 1-1
建筑面积 m^2	58.60	49.03	建筑面积 m^2	49.03	建筑面积 m^2	41.28
使用面积 m^2	36.33	31.51	使用面积 m^2	27.37	使用面积 m^2	21.90
建筑系数	62%	64%	建筑系数	56%	建筑系数	53%

A2 型单元综合指标　　表 2

平均每户建筑面积 m^2	48.04	一室户	33%
平均每户使用面积 m^2	27.73	二室户	50%
建筑系数	57.7%	三室户	17%

图 3. A2 型住宅设计方案

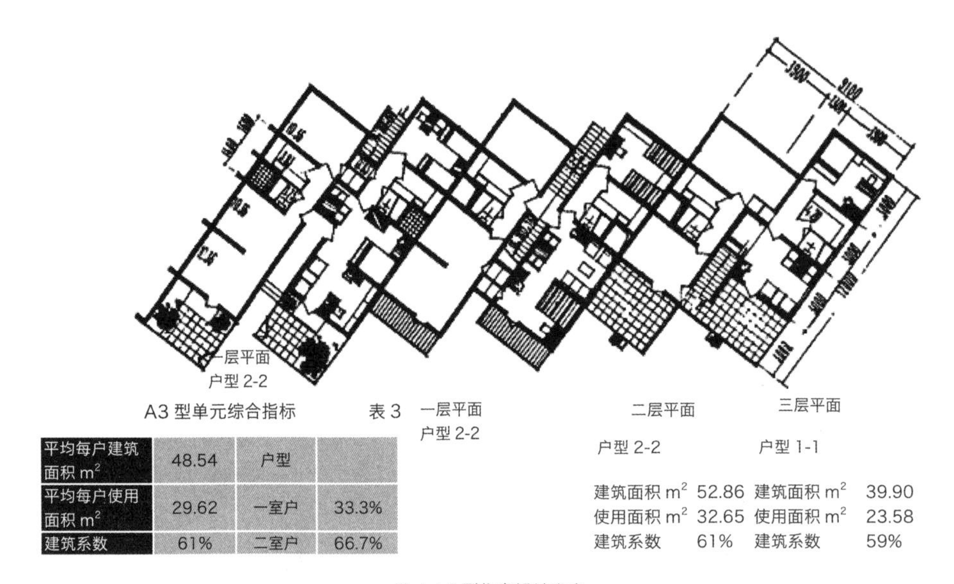

A3 型单元综合指标　　表 3

平均每户建筑面积 m²	48.54	户型	
平均每户使用面积 m²	29.62	一室户	33.3%
建筑系数	61%	二室户	66.7%

图 4.A3 型住宅设计方案

在平面设计上考虑到一层的二室户日照条件不如二层，方厅内多一个 2.84m² 的凹室，虽然不能弥补日照的不足，但缓和了分房的矛盾。三层的一室户每户均有一凹室，可放下一张单人床。一户凹室在南，采光通风良好，一户凹室设于方厅内，宜于分室，住户可根据需要选择。一小厅、一凹室、一个大平台的一室户，辅助面积多，方便使用，远近皆宜，建筑面积未增加，但改善了一室户的居住条件。

A2 型一层设前后两个小院，后院面积虽小，但作杂务用颇为方便，亦可保证南向庭院的整洁。各户设两个对外出口，相应地解决了各室之间的穿套与干扰问题。分户入口设于南向的大间，宜于起居，小厅在其后，与现行的先厅后室的布局形式略有不同。同样标准的住宅，提供多种类型的平面，供使用者挑选，以便适应人口结构不同的家庭和方式各异的生活习惯。

A3 型为东西向住宅方案，每户拥有三个相同的使用空间。南向的厅与室隔作半墙，宜厅宜室，可分可合，住户可根据需要自行安排。退层在南向，为三层的一室户提供一个理想的室外空间。

二、多层住宅方案的设想

多层住宅仍然是目前广为采用的一种形式，今后相当一个时期还要大规模建造。从长远的使用效果考虑，层数的增加应该有所控制。三十年来城市住宅的层数有增无已，从解放初期的 1 ～ 3 层到目前广为应用的 5 ～ 6 层，最近则陆续出现了 7 层住宅。事实上 4 层以上的住宅就不受欢迎了，这是尽人皆知的。之所以做到 7 层，无非是为了节约用地，这也是不得已而为之，使用者也只好勉为其难而住之，总不能算作一个令人满意的解决办法。一栋 7 层住宅，5 ～ 7 层是不受欢迎的层数，占住户的 40%，应该引起人们的关注。但这还不是多层住宅的最高层数，8 层、9 层乃至更高也时有所见。多层住宅应该保持其本身的特点：层数适中，既方便使用又节约用地，否则变成不带电梯的高层住宅，便失去了多层住宅本身的意义。

近年来在节约用地、降低层数上有不少可取的设想，利用住宅的阴影区用地便是其中之一。我们试做了三种类型的多层住宅方案 B1、B 2、B3。方案的共同特点是小天井大进深，北向退层（图 5~ 图 7）。B1 为北向台阶式 5 层住宅，内墙纵横贯通适用于地震区，天井高只 3 层，可以保证厨房的采光与通风。由于两次退层，3 层相当于 10 层的条形住宅用地，在节地上颇见效果，住户也少受一些攀登之苦。

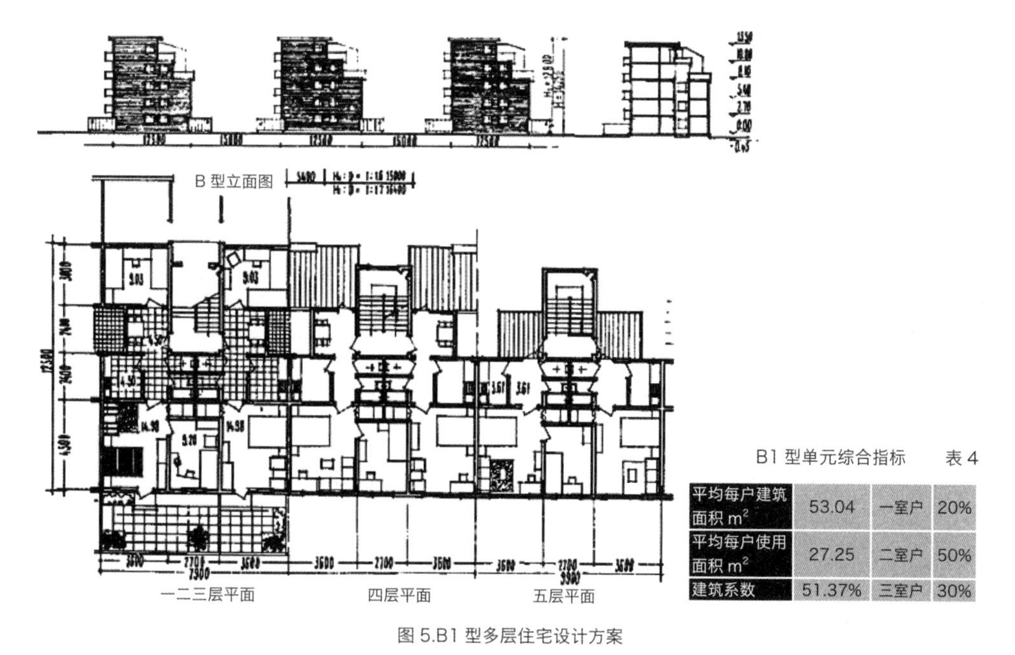

B1 型单元综合指标　　表 4

平均每户建筑面积 m^2	53.04	一室户	20%
平均每户使用面积 m^2	27.25	二室户	50%
建筑系数	51.37%	三室户	30%

图 5.B1 型多层住宅设计方案

B2 型单元综合指标　　表 5

平均每户建筑面积 m^2	57.88	一室户	20%
平均每户使用面积 m^2	29.69	二室户	40%
建筑系数	51.32	三室户	40%
		总户数	10

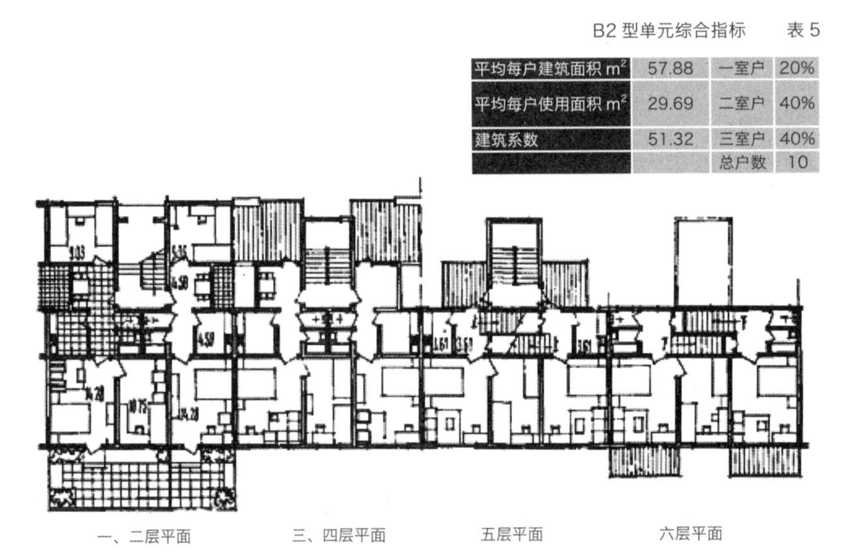

图 6.B2 型多层住宅设计方案

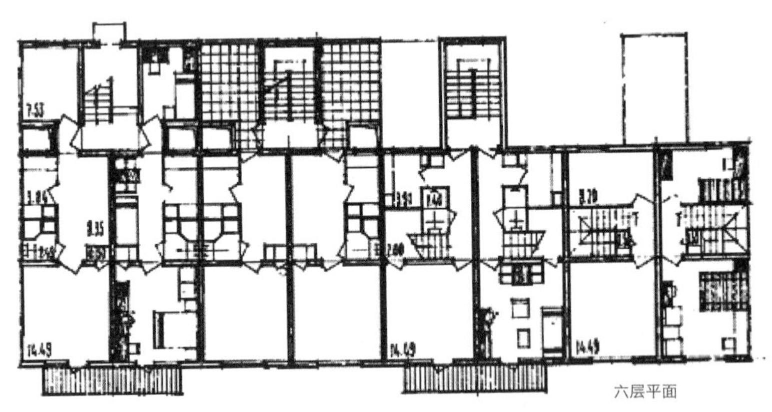

B3 型单元综合指标　　表 6

平均每户建筑面积 m^2	53.83	一室户	20%
平均每户使用面积 m^2	27.76	一室半户	60%
建筑系数	52	三室户	20%

户型 1.5-1.5		户型 1-1		户型 3-3	
建筑面积 m^2	51.05	建筑面积 m^2	40.65	建筑面积 m^2	75.36
使用面积 m^2	26.66	使用面积 m^2	19.17	使用面积 m^2	39.68
建筑系数	52%	建筑系数	47%	建筑系数	53%

图 7.B3 型多层住宅设计方案

B2、B3 型为退层与局部跃层相结合的住宅方案（图 6、图 7）。为了减少使用者往返楼层的负担，把 B2 型住宅方案的最顶一层改为跃层，虽为 6 层，公用楼梯仅做到 5 层。B3 型方案面积略小，每户的面宽也小，仅为 3.9m，有利于节约用地。跃层用于 3 室户为宜，如下层作起居室用，上层作卧室则更为理想。这类方案的构思是以 2 室户为基础，退 1 间成为 1 室户，跃 1 层便为 3 室户，做来顺理成章，不感牵强。单元内各种户型互有短长，便于分配。1 室户面积小，但北向有较大的平台，居于中层条件较好；3 室户居于顶层，但房间多，面积大。顶部跃层增加了两部小楼梯，结构施工虽然复杂了些，但从长远利益考虑是值得的。

三、各类住宅用地的比较

住宅的层数降低之后，是否能达到规定的密度指标，有没有足够的绿化用地，是这两类方案能否成立的前提条件。以下以 A1、A2、B1、B2、B3 五种方案为例，测算每户用地，并与面积相同的条形住宅用地作为比较对象，以示其节地效果。

每户用地的测算公式为：B×(D+ C)/n

B：每户平均面宽（m）

C：住宅进深（m）

D：两栋住宅间距（m），按窗台以上建筑高度的 1.6 倍计算。

n：层数。层高按 2.7m 计算。

A：每户平均建筑面积。

1. A1 型住宅方案用地面积测算

A=49.17m^2，设条形住宅 C=10m，B=4.92m

	A（m^2）	B（m）	C（m）	D（m）	n	平均每户住宅用地（m^2）
方案 A1	49.17	4.85	8.3（注）	12.2	3	33.14
条形住宅方案	49.17	4.92	10	12.2	3	36.34

注：由于一、二层在阴影区内。C 值按三层部分计算进深间（图 2）。

2. A2 型住宅方案用地面积测算

A=48.04m^2，设条形住宅 C=10m，B=4.8m

	A（m^2）	B（m）	C（m）	D（m）	n	平均每户住宅用地（m^2）
方案 A2	18.01	4.85	8.0	12.6	3	33.30
条形住宅方案	18.01	4.80	10	12.6	3	36.53

测算结果同为三层的条件下，方案 A1、A2 较条形住宅用地节约将近 10%。

3. B1 型住宅方案用地面积测算

$A=53.04m^2$

	A（m^2）	B（m）	C（m）	D（m）	n	平均每户住宅用地（m^2）
方案 B1	53.04	4.95	7.1（注）	20.48	5	27.30
条形住宅方案	53.04	5.30	10	20.48	5	32.30
条形住宅方案	53.04	5.30	10	37.76	9	28.12
条形住宅方案	53.04	5.30	10	12.08	10	27.60

注：跨度按五层部分计算。

4. B2 型住宅方案用地面积测算

	A（m^2）	B（m）	C（m）	D（m）	n	平均每户住宅用地（m^2）
方案 B2	57.88	5.94（注）	7.1	24.80	6	31.58
条形住宅方案	57.88	5.78	10	24.80	6	33.52
条形住宅方案	57.88	5.78	10	33.44	8	31.38
条形住宅方案	57.88	5.78	10	37.76	9	30.42

5. B3 型住宅方案用地面积测算

	A（m^2）	B（m）	C（m）	D（m）	n	平均每户住宅用地（m^2）
方案 B1	53.83	4.68（注）	8.9	24.8	6	26.29
条形住宅方案	53.83	5.38	10	24.8	6	31.20
条形住宅方案	53.83	5.38	10	37.76	9	28.55
条形住宅方案	53.83	5.38	10	46.4	11	27.58

注：跃层式的第五、六层为一户所用。如进深、跨度不变，则将面宽平均到各层中去。即：4.95×6/5,3.9×6/5，为表中计算面宽。

B 型各类方案用地节约，同为 5 层，可节地 15% 左右，B1 型 5 层相当于条形住宅的 10 层用地。B2 型 6 层相当于条形 8 层用地。B3 型则相当于 11 层的用地。假设一个住宅区内采用 A1、B1 型两类住宅，各占其半，则平均层数仅为 4 层，相当于条形住宅 6.5 层的密度，尚可节约用地 10% 作绿化用。如用 A2、B3，平均层数是 4.5 层，相当于条形住宅 7 层的用地，亦能再节地 10%，由此可见提高层数并非是唯一有效的节地手段。

以上试作方案缺点是台阶多，施工、管理都较麻烦，外墙多，热损失大。方案是否可行，是否符合当前的住宅建设实际，应该通过实践的检验。

原载于：《聂兰生文集》，2011 年，P97-103.

从居住区规划到社区规划

赵蔚 赵民

一、引言

城市规划是一项注重理性和工具的学科，由于城市规划的直接对象是城市物质空间，因此，在价值判断上倾向于以单位土地使用所能获得的最大收益为标准。虽然收益的内涵很广泛，可以包涵经济、社会人文、生态环境等多方面的收益，但社会人文方面的收益其滞后性很强，观察与衡量的指标也复杂。因此，在城市规划学科的传统中，社会人文方面的资源配置问题历来处于十分次要的地位。过分忽视和远离人群的需要，或过分强调规划中科学的理性价值，其可预计甚至不可预计的种种后果，往往在规划的实施过程中逐步表现出来。

而城市的发展演变是人类对自身的居住环境从不自觉到自觉的一种调控过程。正是在这个人类不断发展自身和生存环境的过程中，人类与生存环境之间彼此交互作用，形成了各自相异的社会关系，因此城市规划从其产生初始就不可避免地带有其社会方面的属性。规划专业人士已渐渐认识到这些问题，但由于规划后续及规划反馈机制的缺位，致使规划界短期内无法通过本专业自身来解决这些问题，因而有必要通过社会学等相关专业的导入，借鉴其研究的理论和方法体系，帮助完成从认识到实践的转变。

二、概念的界定与辨析

（一）住宅区、居住区

在城市规划中，相关的概念包括住宅区、居住区（规范用语）。住宅区虽然不是城市规划法中的规范用语，但在规划领域出现频率很高，在城市规划专业系列教材《城市住宅区规划原理》中，对于住宅区的定义是：城市中在空间上相对独立的各种类型和各种规模的生活居住用地的统称，它包括居住区、居住小区、居住组团、住宅街坊和住宅群落等。同时，住宅区也含有一定的社会意义，包含了居民间的邻里交往关系等。

书中对居住区的定义为：是一个城市中住房集中，并设有一定数量及相应规模的公共服务设施和公用设施的地区，是一个在一定地域范围内为居民提供居住、游憩和日常生活服务的社区。而且，居住区在城市规划中是一个有特定规模的概念——3~5 万人口、$50hm^2$ ～ $100hm^2$ 用地面积。

这两个概念在表述上是一种包含的关系，并无本质的不同，因此，在下文中简称为住区。城市规划中的住区规划虽然在原则上应包括物质与非物质两个组成部分，但从实际编制操作来看，物质规划部分一直是住区规划的核心，对非物质层面因素的考虑较浅，关注的焦点是人的普遍行为及其活动的场所，而非人群间的互动。更为关键的是，规划师始终将社区中的成员作为客观规划对象之一，而非具有主观能动性的社区发展参与者。此外，规划师在住区规划中始终处于高高在上的理性地位，观察规划的对象，有逻辑地思考问题和构思方案，但不会主动听取人们的意见，因为这样会影响规划师理性的逻辑判断。因此住区规划表现的是一种自上而下的理性规划。

（二）社区

社区原本是社会学中的概念，源于德文 gemeinschaft，由德国社会学家 F · 腾尼斯（1887 年）在《礼俗社会与法理社会》(Gemeins haft ungese Uschaft) 一书中提出，英文译作 Community and Society。20 世纪 30 年代社会学家吴文藻先生提出“社区”的概念，后由众多学者在共同讨论中达成共识，将 community 译成“社区”。

社会学中的社区是一个十分宽泛的概念，几乎无法赋之以一个明确的定义。每一个社会学者在研究社区时，都会对自己的研究对象进行一定的限定。但从学术界对社区的 140 多种定义（杨庆 . 1981) 中，基本可以找出一些具有共识的地方，即地域、共同联系和社会互动。并且社区可以认为由地域、人口、区位、结构和社会心理这 5 个基本要素构成。《中国大百科全书》中对社区 (community) 的定义为：通常指以一定地理区域为基础的社会群体。它至少包括以下特征：有一定的地理区域，有一定数量的人口，居民之间有共同的意识和利益，并有着较密切的社会交往。社区与一般的社会群体不同，一般的社会群体通常都不以一定的地域为特征。

城市规划中本来并没有社区的概念，但随着规划师对人类居住环境关注的宽度与深度的发展，及随着规划职业自身在理论及方法论上与相关学科的互补发展，社区的概念和理论被引借到城市规划中。但是社区概念在城市规划和社会学中还是存在一些区别 (见表 1) ，社会学中的社区（以自然意愿形成共同联系），是作为与社会（以理性意愿形成相互关系）相对立的概念进行研究的；在城市规划中，社区多数时候与城市、居住等概念联系在一起，是城市某一特定区域内居住的人群及其所处空间的总和，因此笔者文中的社区特指城市规划中的城市居住社区。

社区作为社会组成的单元，其本身具有相对完整的社会功能。同时由于社区中人口密度较高，人群活动相对集中，产生的冲突及其他问题也相对集中。因此如果不从规划对象的社会根源切入研究、提出解决的方案，将很难真正解决问题。

社会学与城市规划中的社区研究比较 表 1

		社会学	城市规划
研究范围		从农村到都市连续统中的所有类型	城市居住社区
研究重点		社区中的社会关系及冲突	社区中人与人、人与环境的互动
研究要素	地域	有地域概念，但地域界限没有严格限制	研究对象的地域界限明确
	人口	特定时间内的静态人口数量、构成和分布	某段时间（规划期）内动态人口数量，构成和分布，包括对未来人口的预测
	区位	社区自身生活的时间、空间因素分布形式	社区对周边区域的相互关系
	结构	社区内各种社会群体和制度组织相互间关系	社区内各种社会群体、制度组织及五指空间的相互关系
	社会心理	社会群体心理及行为方式，社区成员对社区的归属感	社区成员群体行为方式及共同需求，社区的归属感及共同意识的环境
研究目的		解析社区中的各种现象	建成或改善社区物质环境

三、关于社区发展与社区规划

与社区规划密切相关的一个概念是社区发展。社区发展源于 20 世纪初在英、美、法等国开展的“睦邻运动”，目的是为了培养居民的自治和互助精神。美国社会学家 F· 法林顿 1915 年在《社区发展：将小城镇建成更加适宜生活和经营的地方》一书中首次提出了“社区发展”(Community Development) 的概念。社区发展活动的倡导和深入展开则主要在“二战”后。对于战后需要恢复和重建地区以及一些新兴的发展中国家，仅靠政府力量或市场调节很难有效解决问题，因此组织民间力量、运用民间资源成为一个重要的问题，并逐渐发展成为各种有计划的活动，对社会变迁有重要意义。

综合来看，社区发展体系 (见图 1) 主要涉及：

1. 社区的主体——社区成员的发展；

2. 社区共同意识的培育——有关社区互动的社区道德规范及控制的力量；

3. 社区组织管理机制的完善——维系社区内各类组织与成员关系的权利结构和管理机制；

4. 物质环境与设施的改善——社区的自然资源、公共服务设施、道路交通、住宅建筑等硬件环境。

对于社区发展，各界的共识是，社区发展是一种过程（Sanden，1958，Warren，1978），“通过人民自己的努力与政府当局合作，以改善社区的经济、社会和文化环境，把社区纳入国家生活中，从而对推动国家进步做出贡献”（联合国，1963）。

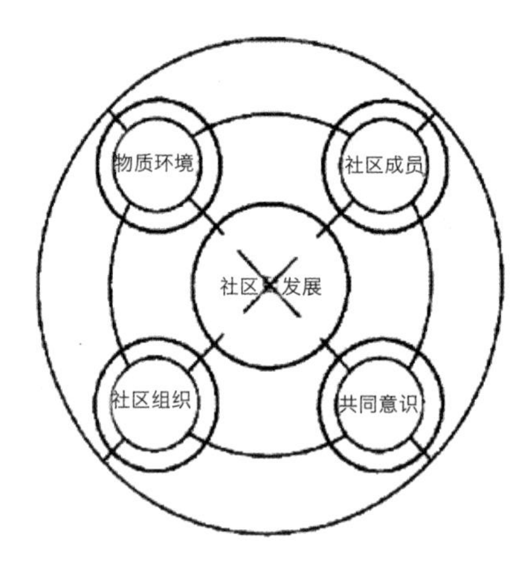

图 1. 社区发展体系

为推进社区发展行动的进行，许多国家和政府纷纷制定“社区发展计划”，希望通过政府有关机构与非政府组织的合作，将社区发展引导到正常的发展轨道上。同时，城市规划学科自身也在检讨基于建筑师理念发展起来的学科缺憾，希望从城市问题的本质出发去理解城市空间布局，社区规划正是在此背景下发展起来的。社区规划由于从产生初始就带有多学科的属性，因此社区规划的研究制定也分别由各学科独立承担。从社区规划的研究与实践来看，其中最主流的学科是社会学，致力于研究各类社区的静态系统①和动态系统②，制定社区发展的总目标及一定时期内社区服务、社区保障、社区工作、社区组织、社区民主、社区环境、社区文明和社区管理等方面的具体行动计划，社区工作者长期与居民进行交流，倾听社区成员的声音。强调规划中的互动过程，以达到在交流的过程中提高居民自治能力和社区参与度的目的。此外还包括社区经济方面的规划、社区物质环境方面的规划等。

四、城市规划领域的社区规划

在我国，城市规划专业对于社区规划的研究和实践相对社会学晚了几十年。我国城市中的住区自 20 世纪 50 年代～ 70 年代，在权力高度集中的计划经济体制下逐步形成了具有自身特色的形式。在计划经济制度下的社区带有明显的单位属性，处于“亚社区”状态③，其社区功能是所属单位高度行政化功能的延伸，社区成员间的耦合表现在单位内部、同事之间，而非表现在社区中。因此，社区规划在计划体制下，国家和政府的调控占绝对主导地位，市场与民间力量几乎没有发挥作用，社区缺乏应有的社会基础和相应的体制支撑，城市规划中的住区规划也是囿于高度行政化的理念，这是城市规划专业自身难以解决的问题。所以从某种意义上来说，这段时期城市规划中没有完整意义上的社区规划。

在计划经济逐步向市场经济过渡时期（20 世纪 70 年代末～ 20 世纪 90 年代初），单位制度依然起着稳定社会的作用，人们对政府和单位的依赖有着很大的惯性，但市场的力量已随着改革的深入而逐步渗透到社会的各个方面，包括城市住房制度的改革、服务业的迅速发展等。对社区的发展而言，经济体制改革意味着市场力量成为政府力量之外的新生力量介入社区，居民对居住地的选择不再拘泥于单位福利分房的有限范围、对社区的服务及中介机构也有了一定程度的选择性。但直至 20 世纪 90 年代中后期，这种变革还不具有较普遍的社会意义。因为在这段时期，住区的建设或更新完善是建立在开发主体利益最大化的基础上的。表现在城市规划中，仍然没有完整意义上的社区规划。

（一）住区规划·社区规划

由于我国的城市居住社区在产生和发育初始就带有特定的社会制度的烙印，计划经济体制下的社区与整个社会间的维系必须通过单位为媒介，单位在很长一段时间内承担着经济与社会的双重职能，社区成员的自我发展和人际交往一直局限于单位内部范围，自治意识和参与意识的培育受到客观条件的限制。因此，城市社区在这个阶段主要存在于单位内，由于缺乏社会基础，社区规划只能停留在理论研究阶段，因而城市规划中对于社区规划的实践一直大体停留在住区规划。

城市规划学科对于社区规划的研究和实践，在西方国家从 20 世纪 50 年代至今已有 50 多年的历史，但在中国的研究和实践尚处于起步阶段。综合而言，与原有住区规划的理念相比，社区规划在社区的地域界定、规划工作方式、核心内容、规划目标、关注层面，以及社区成员的参与度和规划师的角色上存在明显的区别（见表 2）。

住区环境设施的更新完善对社区发展而言固然重要，但很多住区环境方面存在的问题形成于社区发展过程中，牵涉到发展过程中制度设计与社区运行中的社会问题；此外，在考虑住区物质环境设施建设的同时，必须有明确的规划理由及规划的实施支撑体系的依据。因此，就城市规划学科而言，只有从社区物质环境问题的多重根源着手才有可能真正解决好社区空间环境发展的议题。

住区规划与社区规划的比较

表 2

	住区规划	社区规划
地域界定	与行政区划没有直接关系	与行政区划有直接关系
工作方式	自上而下	自下而上与自上而下相结合
人群参与度	居民参与度很小或不参与	在一定程度和限度内进行居民参与
核心内容	社区物质环境设施的规划、更新完善	从本质上满足社区成员的需求 增强社区成员的共同意识与社区归属感
规划目标	以提升社区环境品质为主要目标	以促进社区健康发展为主要目标
关注层面	社区物质环境及设施社区成员的活动方式	社区成员间的互动 社区成员与社区物质环境设施间的互动社区组织运行
规划师角色	置身社区之外的理性规划者	与社区成员有一定的沟通，比较深入了解社区成员的需求， 同时保持规划师的理性

（二）城市规划角度的完整社区规划

如前文所述，社区发展综合了四方面的协调发展，但城市规划学科重点关注的是其中的物质环境设施与社区成员间的互动发展。对城市规划而言，从社区发展系统全局了解其他三方面的形成与发展，是为了使社区的环境设施的更新能更充分地满足社区成员的实际需求，与社区成员、社区组织、社区共同意识协调并进[④]（见图 2），因此城市规划中的社区发展是有内容偏重的，就城市规划学科本身来说，在社区规划中主要需解决的是用地、建筑和空间三方面的问题。而与这三方面相关的非物质环境因素则来自社区外部整个社会环境及社区内部自身系统。

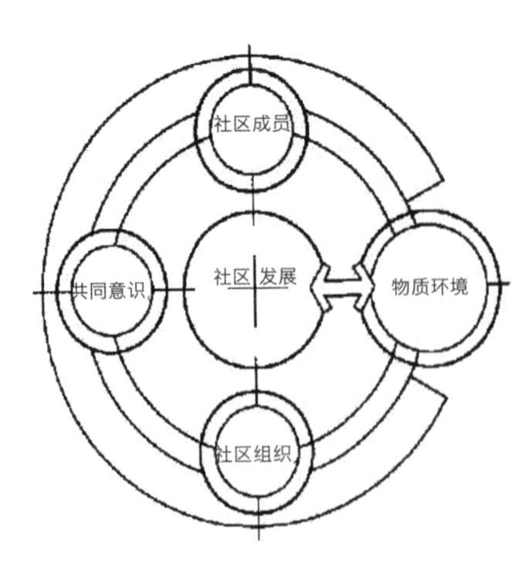

图 2. 城市规划中的社区发展

1. 完整意义上的社区规划（以下提到的社区规划如不特别说明，均指的是城市规划范畴的社区规划）应遵循以下几条原则：

（1）针对性原则。根据社区实际情况采取一定的工作方式，制定有针对性的规划工作路线和方案。

（2）弹性原则。表现在两个方面，其一是非量化方面内容的弹性[⑤]，其二是量化指标的弹性[⑥]。

（3）持续滚动原则。一方面规划具有一定的时效性，一次规划中应包括社区发展的近期和远期目标与策略（内容详细程度可不同），另一方面社区规划应随社区发展而跟踪研究，根据社区结构的发展变化定期修编。

2. 规划内容除用地、建筑、空间本身以外，还可以考虑以下几方面的内容：

（1）发展动力源。从促进社区发展的力量上来看，完整意义上的社区规划应该能够凭借政府、市场、民间三种力量帮助社区健康发展，从这个角度来看，民间力量在社区中刚开始发展，规划中尤其需要考虑培育社区的社会资本。

（2）社区类型。应明确规划社区现在的所属类型，并研究预测社区向哪种类型方向发展。

（3）规划过程。从规划过程与关注的内容来看，完整意义上的社区规划过程应该是：规划师和社区工作者观察从社区成员到社区物质环境设施、社区成员间的互动到社区组织运行等过程，组织一定范围和限度的社区成员公众参与，听取居民的意见，从中发现社区存在的问题，并有针对性地提出解决的策略。强调发掘社区中问题的关键，并通过改善社区环境设施、调整组织机构等途径而有效解决社区中现有的问题，从而提升社区成员的生活品质，使社区有序健康地发展。

（4）人群需求特征。社区成员作为社区活动的主体，由不同年龄、职业、教育程度、健康程度等人群组成，不同人群间的互动特征有显著的差异，由此产生的需求也会不同，社区规划必须对社区的人口结构、人群的划分有明确的概念。

五、结语

目前，政府发展计划中的社区规划主要由民政部门安排、社会学意义上的社区研究由社会学家承担。现行的城市规划法律中并没有将社区规划纳入城市规划编制体系，社区规划在城市规划体系中尚没有合法的地位和相应的规范。虽然城市规划在社区发展问题的实践中尚处于摸索阶段，但多学科的渗透和优势互补必定会有助于社区的健康发展。

注释:

① 指社区的静态结构，是社区自然环境、人口、组织与文化共同组成的复合体。何肇发、黎熙元《社区概论》，1991，P37。

② 指社区的基本结构因素相互作用，促进社区变迁的过程。何肇发、黎熙元《社区概论》，1991，P92。

③ 指中国及其他一些社会主义国家在计划经济年代国家管理地区社会（居民居住地）的一种模式，是指内在价值被严重低估、社会角色不清、社会功能萎缩、社会机制发育不良、居民参与度较低、单一行政化了的社区。徐永祥.《社区发展论》，2000，P69。

④ 由于各学科在自身研究领域对社区问题的关注点不同，根据不同的研究方向的要求，具有不同的目标取向，若在社区发展系统层面不能确立一套被各学科广泛接受的优先目标，各学科间可能出现各行其是，难于协调的局面。

⑤ 社区中设置的内容有一部分属于指令性内容，如社区医院、学校等；另一部分是指导性内容，可根据社区成员的需求调节、规划只需控制内容的设置（或不可设置）原则及兼容性，不需一一说明。

⑥ 对指令性内容可控制其指标下限或上限、实际规模视需求而定；对指导性内容控制其总量，具体内容由市场或社区组织自行调整。

参考文献:

[1] 徐永祥 . 社区发展论 [M]. 上海：华东理工大学出版社，2000.

[2] 何肇发，黎熙元 . 社区概论 [M]. 广州 : 中山大学出版社，1991.

[3] 周俭 . 城市住宅区规划原理 [M]. 上海 : 同济大学出版社，1999.

[4] 康少邦，张宁等 . 城市社会学 [M]. 杭州 : 浙江人民出版社，1985.

[5] 刘君德 . 上海城市社区的发展与规划研究 [J]. 城市规划，2002，3.

[6] James B.Cook. *Community Development Theory*. Community Development publication MP 568-Reviewed October.1994.

[7] 夏学銮 . 社区发展的理论模式. 北京行政学院院报 [J]，2000，4.

[8] 张萍 . 新时期社区建设与城市规划法制保障 [J]. 城市规划，2001，6.

原载于：《城市规划汇刊》，2002 年第 6 期总第 142 期

突破居住区规划的小区单一模式

邓卫

住宅需求是人类的基本需求之一，住宅建设是城市建设的主要方面。改革开放以来，我国住宅建设进入了快速发展期，1979 ～ 1999 年，全国城镇住宅共投资 29181 亿元，新建住宅 52.1 亿 m^2（是前 29 年的 9.83 倍），其中 1999 年住宅竣工量达 5 亿 m^2，高居世界首位。

但在当前我国城市规划的实践中，存在这样一种倾向：凡是居住区规划几乎都采用居住小区的布置手法；政府部门在抓住宅建设工作时，也总是以小区为评优促建、大力推广的对象；即使在高等院校建筑专业的住宅教学中，小区亦成为司空见惯的经典教学模式。对此，人们似乎认为这是天经地义的事情，很少有人加以质疑。然而，居住小区真的是我们必然的唯一选择吗？

居住小区模式可以追溯到 1929 年美国建筑师 C · 佩里提出的“邻里单位”的理论，在广泛采用的同时，原苏联等国提出了“城市街坊”的概念，并在此基础上总结出了居住小区和新村的组织结构。居住小区的概念是 20 世纪 50 年代从原苏联引入我国的，经过多年的实践与发展形成了现在的模式。

一、居住小区模式的特点

不可否认，居住小区自从引入我国以后，对住宅建设的规范化、科学化起到了很好的促进作用，这也正是居住小区具有强大生命力的奥妙所在。作为一种模式，居住小区自然有其特点，它们是：

（一）规模性

根据《城市居住区规划设计规范》（以下简称《规范》），居住区按居住户数或人口规模，可分为居住区、小区、组团三级，各级标准的控制规模，应符合表 1 的规定：

居住区分级控制规模　　表 1

级别	居住区	小区	组团
户数（户）	10000~15000	2000~4000	300~700
人口（人）	30000~50000	7000~15000	1000~3000

可见，小区的通常人口规模在 1 万人左右。而其用地规模则受表 2 中人均用地指标的控制。因此，一般小区的用地规模约为 10ha ～ 30ha，这样，如果小区的容积率为 1.5 ～ 2.0 的话，那么其总建设面积就达到 20 万 m^2 ～ 60 万 m^2，则平均规模约为 40 万 m^2 左右。如此规模岂可谓之“小”区？

居住小区人均用地控制指标（m^2/ 人）　　表 2

住宅层数	大城市	中等城市	小城市
低层	20~25	20~25	20~30
多层	15~19	15~20	15~22
多层、中高层	14~18	14~20	14~20
中高层	13~14	13~15	13~15
多层、高层	11~14	12.5~15	—
高层	10~12	10~13	—

（二）封闭性

为了保证给居民提供一个安全、宁静的居住环境，小区的规划者都尽量做到小区相对封闭，即采取各种技术手段将内外分隔，令小区独立于喧嚣的城市生活之外。例如，《规范》中明确规定：小区道路应“使内外联系通而不畅”。这样，城市道路遇到小区，不是戛然而止，就是绕道而过，总之不能顺畅地穿越通行；或者，将高层建筑沿周边式布置在小区的外侧，内部则安排多层住宅和公共设施，身处其间宛如在井底，虽然安静，却难免有闭塞郁闷之感。

（三）配套设施的自完整性

根据《规范》的要求，小区应配备一套完整的公共服务设施，公建用地比重应为 18% ～ 27%，仅次于住宅用地比重 55% ～ 65%；这些配套公建包括教育、医疗卫生、文化体育、商业服务、金融邮电、市政公用、行政管理和其他八类，详见表 3。这些设施林林总总，几乎涵盖了居民生活的方方面面。

小区等于是城市的缩微版，居民可以足不出区，即解决其生活中的绝大多数需求。

居住小区配套公建设置项目要求　　表3

类别	应该设置的项目	根据情况宜设置的项目
教育	托儿所、幼儿园、小学、中学	
医疗卫生		门诊所
文化体育	文化活动站	
商业服务	粮油店、煤（气）站、菜站、综合副食店、小吃部、小百货店、理发店	冷饮店、服装加工、日杂店、物资回收站、书店、综合管理部、集贸市场
金融邮电	储蓄所、邮政所	
市政公用	变电室、路灯配电室、公共厕所、公共停车场	锅炉房、煤气调压站、居民小汽车停车场、公交始末站
行政管理	房管段	绿化环卫管理点、工商管理及税务所、市场管理点、综合管理处
其他		防空地下室、街道第三产业

二、居住小区模式的缺陷及其给城市建设带来的问题

（一）小区的规模性给旧城改造项目的社会目标造成冲击，对历史文化地段的保护不利

每个城市都有其独到的历史文化传统，这种历史文化的延续性（也可称之为“文脉”）反映在旧城里就形成了各具特色的建筑形式和街巷空间，其中有代表性的即为历史文化地段。它们并不是一个静止的历史断面，而是像某种生命体，虽然缓慢，但却在生生不息地演化更替、推陈出新。从古到今，这种自然更新是小规模、连续性、渐进式、分散型和局部地进行着的。只有这样，城市的文脉才不会在声势浩大、疾风骤雨似的外力冲击下断送。然而，居住小区所具有的规模性恰恰与之矛盾。动辄十几乃至几十公顷的开发规模，如期落成的时间限制，以房地产商为主导的开发机制，使都市旧城改造中文化传承、古迹保护、社区特征等社会目标付诸东流。这并不是说，旧城改造中出现的胡拆乱改、一推二平的错误倾向都要归咎于小区模式。但毋庸讳言，将小区模式应用于旧城改造中，的确从技术上违反了“小规模、连续性、渐进式、分散型和局部地”的基本范式，为那种“大规模、突发性、跳跃式、集中型和整体地”开发行为开了方便之门。于是乎，在一个个小区拔地而起的同时，旧城中的古建、古树、古迹和古风古韵也随之灰飞烟灭。这恐怕不是小区拥戴者所希望看到的。

（二）小区的封闭性割裂了城市系统的完整，给城市交通的组织造成困难，并助长不安定的社会心理

城市是一个复杂的巨系统，也是一个开放的大系统。它每时每刻都与外界进行着物质的、信息的、资金的交流。这种交流不仅发生在城市与城市之间，也发生在城市的各个区域之间。因此，客

观上要求物畅其流、人畅其道。试想，如果城市中的所有居住空间都按照小区模式去布置，那么由于每个小区均追求其自身的独立和封闭，对外界环境采取一种排斥、隔离的态度，势必画地为牢、以邻为壑，人为地割裂了城市系统的完整，与现代城市空间开放性的要求格格不入，尤其给城市交通的组织造成很大困难。

按《规范》要求，外部交通不能引入小区内部，故小区道路不能与城市道路直接、顺畅地相连接。这样，所有的城市交通都只能集中在少数几条城市干道上；再加上每个小区占地都广达十几、几十公顷，且不许被穿越，则城市路网的组织势必稀疏、断续、密度很低。现代交通理论已经证明，对于疏解交通流来说，路网密度高比路面宽度大更重要、更有效。从这个意义上说，小区模式显然与此要求背道而驰。以北京为例，她拥有众多的党政机关、高校院所等大单位，它们高墙深院、各处一隅、自成洞天，可视同为小区的一种特例。因为它们的存在，城市道路只能疏而不密、处处受梗。这也正是尽管北京的道路越修越宽、立交桥越修越多，但城市交通却每况愈下的症结之所在。与之相反，纽约的人口密度、机动车总量都远高于北京，但其交通状况却秩序井然。奥妙就在于纽约是以街坊为基本单元组织城市交通的。

小区的封闭性不仅表现在道路系统上，还体现在物业管理和居民心态上。今天，许多开发商都把承诺小区的物业实行封闭式管理作为广告促销的一大卖点，政府部门也把小区是否封闭作为评价管理优劣的重要方面。因此出现了这样的怪现象：一方面呼吁“拆墙透绿”、空间开放，一方面却鼓励围合成风、壁垒森严。城市居民在这种思潮影响下，不但没有因小区封闭了而舒心畅气，不安全感反倒与“墙”俱增。发展到极致，就是将每家每户都“封闭”在防盗门窗的钢铁防线之内，这几乎成了席卷全国的一道特殊的城市“风景线”。如此普遍的防范心理、排外心态，令人与人之间正常的交往大大受阻，中华民族与人为善、扶危济困的传统美德越来越失去社会基础。其实，社会治“乱”岂是一个封闭所能了得？令人欣慰的是，最近广州市政府决定一律拆除居民楼上的防盗窗，以恢复城市的本来面目。我们期待着下一步将是打开小区的围墙，让城市重新亲切起来。

（三）小区配套设施的完整性与资源配置的市场化趋势相悖，且加大开发成本和居民负担，容易造成社会资源的浪费

如前所述，《规范》要求每个小区都配备完整的生活服务设施，并且这些设施都须在小区完工时一并无偿地提供给各有关部门接收和使用。这种规定是否合理呢？不妨作如下分析：

首先，仔细考察一下小区配套公建的性质，会发现它们可分为三种类型：一是社会公益性质，不以营利为目的，没有特定的受益者，而是面向小区全体居民，例如文化活动站、公共厕所、为小区居民服务的各类行政管理机构的业务用房等；二是社会事业性质，虽不以营利为目的，但有特定的受益者，例如托儿所、幼儿园、中小学等；三是商业、服务业性质，以营利为目的，通过自主经营活动既方便群众、又获取收益，例如商店、饭馆、菜场、门诊所、储蓄所、邮政所、收费停车场等。这三种性质完全不同的配套公建，理应有不同的建设与提供方式：第一类公建属公共品，应计入公共成本由全体居民分摊，并与小区同步建设和使用；第二类公建属社会基础设施，应由使用者和城市政府分摊费用，并根据区域内已有相同资源的容量决定是否在本小区新建；第三类公建属经济实体，应由经营者承担成本，并由市场调节其供给，而无需由小区居民为此付费。目前小区的配套公建统一建设、无偿使用的方式，对于小区居民来说实际上承担了一份额外成本，是不公平的，它也是造成商品房价格居高不下的原因之一。

其次，小区中的许多配套公建，尤其是那些商业服务设施本属于市场供给的范畴，并在市场竞争中决定其存亡兴衰。而在每个小区都强制性地配套，对于城市而言属于重复建设，容易造成低水平建设、低效率利用，结果在很多小区不得不改作它途。例如，北京有些地区已经出现了小学的过剩，可是新建小区还在继续配建小学；有的小区紧邻大型超市，也还得配建商场，实属社会资源的浪费。

（四）以一种模式来规划城市住区，容易造成简单模仿、千城一面，缺乏地方特色

中国幅员辽阔、地域之间千差万别，各地在漫长的发展过程中都形成了自己的居住形式与风格，例如北京的四合院、重庆的吊脚楼、上海的石库门、广州的街坊式风雨廊，它们是历史文化、地理环境、气候条件与风俗习惯综合协调的产物，因此才多姿多彩。而如果地无分南北、城无分新旧都唯小区以蔽之，势必单调生硬、缺乏地方特色。并且，由政府部门介入住宅建设的技术领域，以行政主导的方式推行某一种住区模式，不利于在城市规划中百花齐放、充分发挥设计人员的创新能力。

三、促进居住区规划的多元化

（一）继续丰富和完善小区模式。

实践证明，小区作为一种较成熟的居住方式，有其明显的长处值得借鉴，并得到了社会的普遍认可，不应轻言放弃。它本身有些缺陷并非不可克服，只要认真研究、大胆探索，便可以推陈出新，不断得到丰富和完善。

（二）提倡创新，促进居住区规划的多元化。

创新是规划设计的活力之源。当务之急，是要求规划设计人员解放思想、打破禁锢，从“小区是居住区规划的最佳模式和当然选择”的迷信中走出来，结合当地的实际情况，创造富有地域特色、满足人们生活需求、符合群众审美情趣的多元化的住区新模式。例如：

（1）在人口密度较低的小城市，邻里单元可能是恰当的形式；

（2）在经商气氛浓郁的南方城市，街坊式可能是合理的选择；

（3）在历史文化名城，传统形成的空间格局和肌理应得到尊重和延续，则小型化、以保护为基础、与周边建筑环境相协调的改造方案显然是适宜的；

（4）在特大城市的边缘地带，集生活、工作、休闲、娱乐于一体的大型综合性居住区会是今后的发展方向。

总之，没有哪种模式是放之四海而皆准的万能品。和其他艺术一样，在城市规划和建筑设计领域，勇于创新是百花齐放的前提。

参考文献：

[1] 白德懋. 居住区规划与环境设计 [M]. 北京：中国建筑工业出版社，1993.

[2] 韩秀琦. 当代居住小区规划设计方案精选 [M]. 北京：中国建筑工业出版社. 1997.

[3] 宋培抗. 居住区规划图集 [M]. 北京：中国建筑工业出版社，1995.

原载于：《城市规划》，2001 年第 9 期

市场主导的城中村改造规划设计对策

王涛

我国的土地公有制采取国家所有和集体所有两种形式。现实中，很多城中村位于城市建成区内，甚至有部分还毗邻城市主要功能区，这导致了城中村的土地所有形式常常是国家所有和集体所有两种形式共存，这进一步涉及不同村镇交叉用地的问题。在现阶段的城中村改造中，政府在人力、财力、物力和政策等方面有所局限，随着土地资源的日益紧缺以及城中村土地增值效益的增加，越来越多的房地产公司积极投入到城中村改造中来。本文以市场主导为切入点，针对城中村改造中存在的问题，结合规划设计实践，对该类项目的规划设计提出相关的对策。

一、城中村改造的概念及模式

（一）城中村改造的概念

城中村，是中国大陆地区城市化进程中出现的一种特有的现象。改革开放后的 30 多年间，一些经济发达地区的城市建成面积迅速扩张，原先分布在城市周边的农村被纳入城市的版图，被鳞次栉比的高楼大厦所包围，成为“都市里的村庄”。

目前国内对城中村的定义有多种，其性质归根结底为旧村的一种。而所谓旧村改造，即是对存在年代较久、建设状况较差的村庄进行的改建。根据区位不同，旧村改造分为三类：第一类是城中村改造，主要指对位于城市建成区内已被城市所包围的旧村和政府统一建设的新区所涉及的旧村的改造；第二类是城郊村改造，主要指对位于城市规划区内但目前尚未完全纳入城市建设范畴的旧村的改造，此类地区的村民群体意识还比较强、生活方式也比较接近农村；第三类是郊外村改造，主要指对位于城市规划区外的旧村的改造。其中，第一类和第二类所指的旧村均位于城市规划区内，多是使用集体土地并以村民委员会为组织形式的农民聚落，对这两类旧村的改造均属于传统意义上的城中村改造范畴。

（二）城中村改造的模式

目前，城中村改造主要有政府主导、村集体自行改造以及市场化的公私合作开发三种改造模式。在政府主导的城中村改造模式中，地方政府作为城中村改造的主体和责任人，全面负责城中村改造政策、村民住宅拆迁补偿和村民安置方案、村民安置过渡方案的制定和具体实施。在村集体自行改造模式中，往往是村委会自行筹资开发，完成拆迁安置、回迁建设和商品房建设的全部工作。改造完成后，村集体将多余的房产进行市场运作，形成滚动开发。在市场化的公私合作开发模式中，政府、村委会和开发商三方合作，由政府完成土地转性及户籍调整，由开发商出资完成旧村改造建设，并通过结余土地的增益来平衡投资成本。本文所研究的城中村改造模式即为第三种改造模式。

二、市场主导的城中村改造的主要特征

（一）以村为单位的就地改造方式居多

虽然政府对城中村改造已有一定的规划安排，但由于城市建设的持续性，城中村改造中以就地改造的方式居多，这主要表现在三个方面：①大多数的城中村安置点在短期内不能满足建设条件，难以实现集中安置；②由于多数城郊村村民希望原地回迁，不愿离开自己已经熟悉的环境；③由于各村之间的经济条件差异较大，适合改造的时机也有所不同。由此可见，以村为单位的就地改造居多。

（二）需要通过土地收益平衡支撑城中村改造

虽然城中村改造会获得政府适当的经济支持，但对于建设工程来讲仍然是杯水车薪。因此，在城中村改造中，势必需要集约使用土地，将多余土地进行收益平衡才能完成改造工程。为了保证正常的市场运作，一般需要将土地性质转为国有后才能进入常规的房产开发程序。

（三）需要对局部控制性详细规划进行调整

控制性详细规划（以下简称“控规”）作为城中村改造中规划主管部门的管理依据之一，无疑需要对其进行严格执行。由于城中村改造的权属复杂、矛盾较多，而控规无法在各个方面（短期需求及长期控制之间）做到面面俱到，因此往往在城中村改造可行性报告初步确定后，还需要获得相关部门的认可，并进一步对控规进行局部调整，提供完善的规划设计条件。

（四）需对失地的回迁居民提供生活保障

城中村改造的目的不仅仅是从户籍上将村民变为城市居民，最重要的是引导村民适应城市的生活形态。由于本身的技能原因，村民在城中村改造后将面临一系列生存问题。因此在城中村改造中，往往是通过增加商业出租房或者增加集体物业等方式对居民的日后生活提供生活保障。

三、市场主导的城中村改造的规划设计难点

（一）传统控制性详细规划指标的不适性

由于市场化的城中村改造多是在原地拆迁、原地资金平衡的条件下完成，其控规指标的不适性主要表现在以下几方面：①“一村一策”的实际操作需求，造成规划管理部门在可行性研究阶段对控规指标的需求具有模糊性；②开发单位经过利益平衡后带来了控规指标需求的变化；③城市区域开发强度变化后引起了城市空间环境及基础设施的变化，从而引起控规的调整。

以淄博永流村改造为例，在可行性研究阶段，永流村改造按照村镇集中回迁的原则，以城市道路为边界对 33.6hm^2 的用地进行了整体规划，并提出了综合容积率为 1.2 的初步指标（图 1、图 2）。但是，在实际的规划实施中，由于规划区域位于城市规划未来发展区，规划范围内的用地需要 3 年～5 年的时间才能完成土地性质的变更，且原计划集中回迁的村镇在改造花费的时间上与现实差别较大，这就形成了规划与实施的矛盾，也成为传统控规指标不适性的具体表现。因此，在规划实施中仅能依靠村镇自有的 9.31hm^2 的村民宅基地来完成改造及资金平衡，并在最终的规划方案中将规划容积率提高到 1.8（图 3），而局部开发方式及开发强度的变化，导致规划需要对其周边 1km^2 地块的方案进行修改（图 4）。

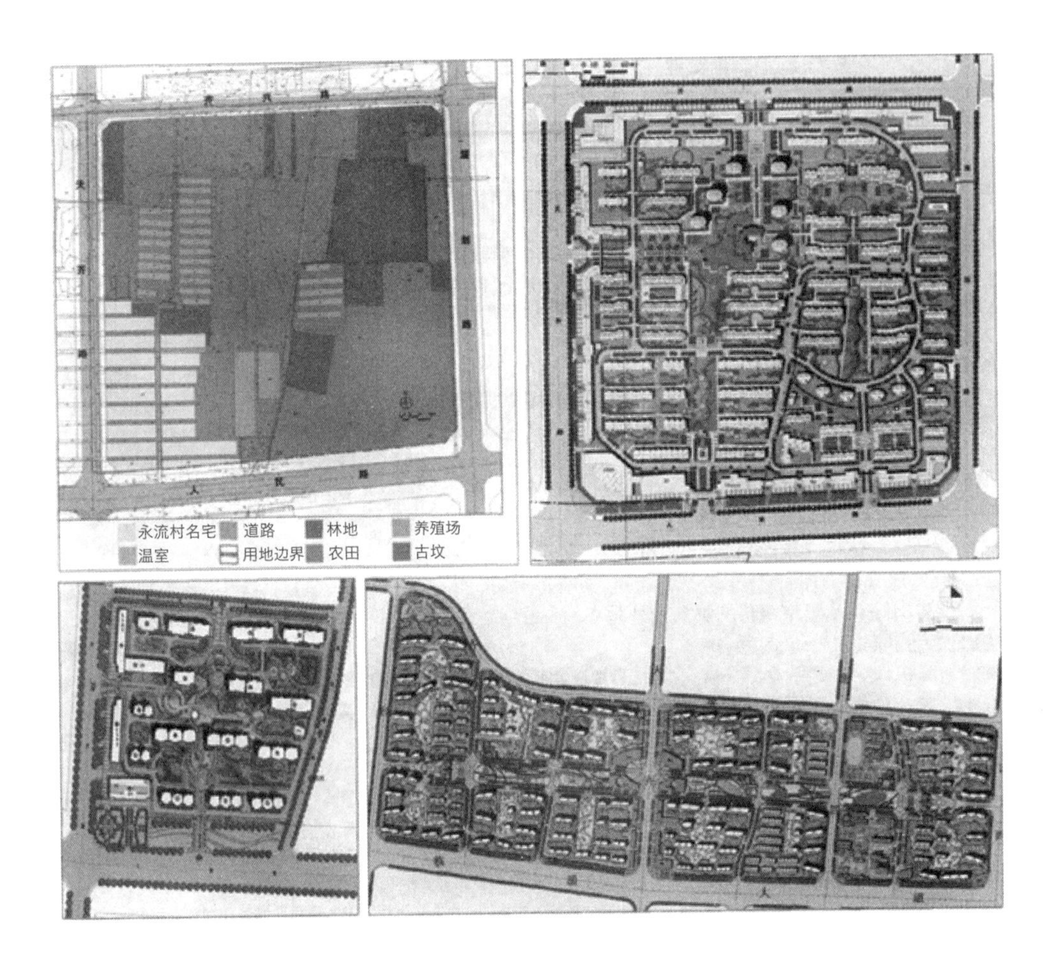

1 2
3 4

图 1. 淄博永流村
图 2. 淄博永流村 33.61m² 的用地控规概念方案
图 3. 淄博永流村 9.31hm² 的村民宅基地规划方案
图 4. 淄博永流村周边 1km² 的用地控规概念方案

（二）规划技术管理规定中部分指标的不适性

由于城中村本身是在按照规划标准建设的城市规划区内自行建设的区域，自其形成时就存在土地属性混杂、与城市管理规定相冲突的问题，加之在城中村改造中必须实现资金平衡，故在规划实施中往往需要对城中村改造提出专项的控制指标，这主要体现在以下几方面：①城中村用地的混杂性造成土地使用效率的降低；②基地周边现状建筑或设施引起了建筑退界的变化；③改造的资金平衡以及对商业用房后期经营收益的需求使开发强度得到增强，进而产生用地属性的复合性，并带来了传统居住区概念的变化；④住宅高强度的开发带来了对周边建筑的日照影响。

以昆明西坝村改造为例（图 5），上述问题均有所体现：①昆明西坝村项目用地仅 20hm^2 左右，现状建筑为 4 层～ 6 层的“握手楼”住宅及 1 层～ 2 层的商铺。在新的规划中，该区域被城市道路划分为 7 块相对独立的地块，且用地边界比较曲折，造成实际可利用土地面积不足，在毛容积率为 4.73 的情况下，局部地块的容积率达到 7.0 以上。②为了营造良好的城市界面，昆明有关规定对沿街建筑高度的控制原则以及建筑需退让无城市道路用地边界的退界要求进行规定（图 6）。但由于回迁住宅均为超高层住宅，且项目周边道路密度较高，若完全按照该规定，则超高层住宅就需要退界 50m ～ 100m，导致项目无法进行，因此在城中村改造项目中对于超高层建筑的这种规定仅能作为非强制性要求来实施。③在高强度开发及分期平衡建设的情况下，不可避免要对住宅用地与公建用地进行混合布局，且由于村民之间熟悉度较高，交流空间将以街道及公共区域为主。因此，相对封闭的传统居住区未来将被半开放的社区所代替。④由于改造区域是城市的局部更新区域，因此规划设计十分注重新建建筑对周边现有建筑的日照影响,同时对未来可能改造的区域也进行了日照分析。

（三）传统规划设计思路的不适性

市场化的城中村改造涉及市政府、区政府、开发商和村集体等多方利益,实施中又存在规划管理、土地管理、政府政策等方面的协调问题，因此简单的“设计条件 - 规划设计方案 - 修建性详细规划 - 建筑设计”的设计流程无法适应市场的需求，而多采用“专项规划 - 设计条件 - 总体规划及建筑概念设计 - 分期修建性详细规划及建筑设计”的流程，以适应以下几方面的要求：①多数回迁居民要求有相对明确的回迁方案，这样他们才会支持拆迁工作；②回迁房区域是否转为国有土地后与商品房区统一开发，以及未来回迁房的产权及管理等问题，各地均有不同的计划安排；③城中村改造是自我滚动的平衡开发，分期的资金平衡及规划的可实施性将成为项目成败的重要标准。

在淄博永流村改造中（图 3），规划初期就通过村民大会先行确定了回迁房的概念方案，并进行了户型配比，同时按照村民意见，回迁区必须在商品开发区的南面展开布局（图 7）。另外，由

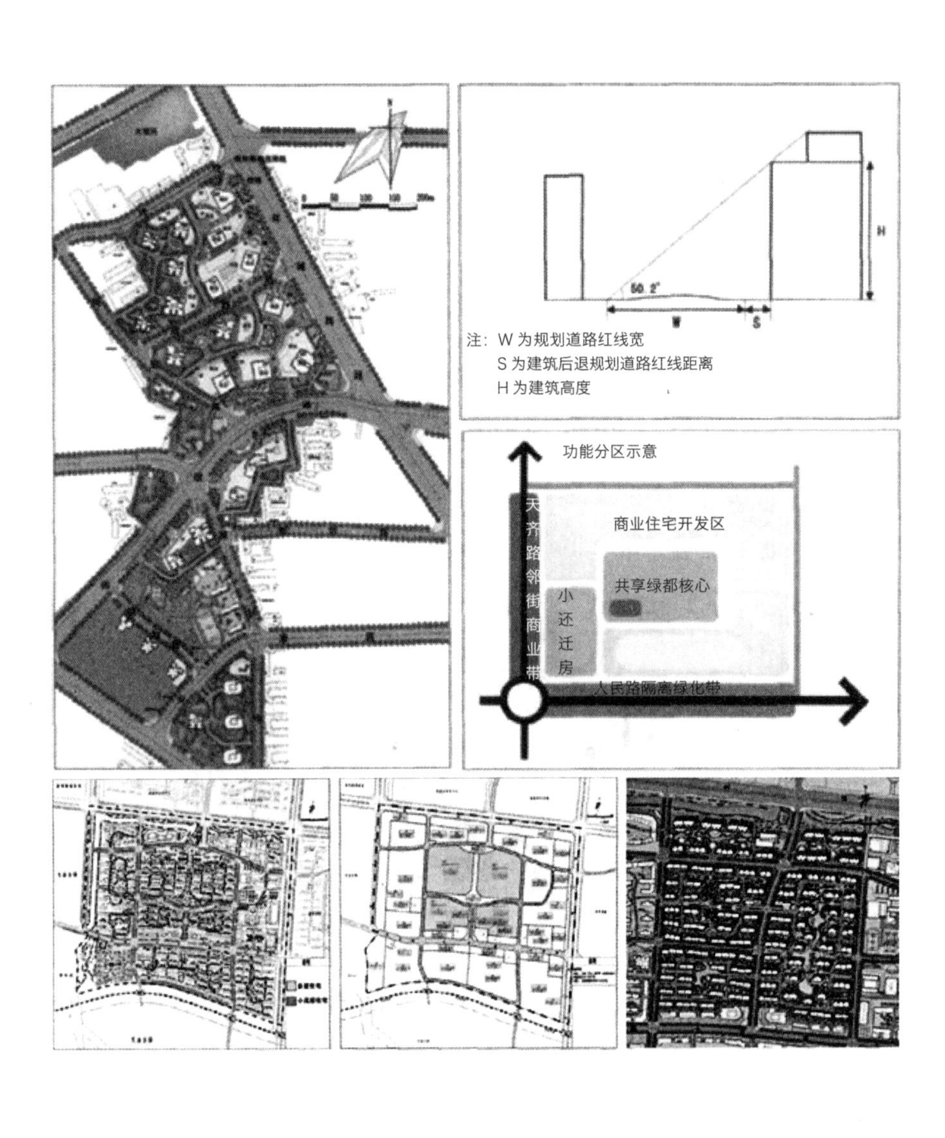

图 5. 昆明西坝村改造规划平面图
图 6. 昆明沿街建筑高度控制图解
图 7. 淄博永流村规划结构示意图
图 8. 淄博马一村、马二村控规概念方案
图 9. 淄博马一村、马二村一期改造区域
图 10. 淄博马一村、马二村一期改造实施控规方案

于永流村的土地还未转为国有土地，城市控规也未完全覆盖到该区域，因此回迁区只能在短期内以集体用地的性质进行先行建设，后续将逐步完成土地的回收，而商品开发区则必须按计划通过转型后才能流入土地市场。这就要求项目必须在初步确定方案后才能提出详细的分期规划控制指标。

四、市场主导的城中村改造的规划设计对策

（一）通过城中村专项规划来保证相关部门制定切实可行的改造政策

城中村的市场化改造往往通过两种途径来完成改造，一是政府积极引导，通过公开招标形式进行自上而下的项目改造；二是村集体自行招商，在获得政府相关部门的认可后，自下而上完成项目改造。无论采用哪种方式，都必须坚持“政府引导、市场主导、村民认同”的原则以获得共赢。因此，在可行性研究阶段由开发单位编制城中村改造专项规划，从经济、政策和城市协调等方面全面分析项目的成本及对周边区域的影响，尤其应在交通及城市基础设施承载力方面做深入研究，了解该项目的最低改造成本及最大承载力，以为相关部门制定相应的“一村一策”提供改造政策。

在淄博马一村、马二村的改造中，相关部门在规划前期对 1.1 km^2 的用地进行了规划研究（图 8），并对各地块提出了初步的控制指标。而在实施中，马一村、马二村将分期进行独立改造，其中一期将利用区域中心的四块用地进行改造（图 9）。在马一村、马二村的城中村改造专项研究中，由于回迁与商品开发需要进行分区管理及分属性管理，因此在方案中通过打通南北向的道路将用地分为东西两侧（图 10），西侧为回迁用地，东侧为商品房开发用地。同时，结合实际需求，将该区域的综合容积率从 1.5 提高到了 1.8。

（二）从城市设计的角度引导市场化城中村改造

城中村改造是城市更新的过程，其改造的成败将对其自身及周边区域带来巨大的影响。因此，设计中应注重对城市层面的分析研究，以公共利益与市场利益的平衡作为基本原则，避免由于市场化引起的利益最大化效应而带来的对公共利益的损害，以及“就项目做项目”的狭隘设计观念。

在淄博马一村、马二村的改造中，虽然已有较完善的控规方案，且方案也通过中心绿地的设置形成了较好的社区公共绿地，但由于该区域由多个开发单位共同开发，因此组团之间权属的不同造成居住区公共绿地缺少明确的开发主体，加上没有集中的公共设施，导致该区域未来绿地的使用和维护都将难以实现。规划应通过“均好”设计，将绿地指标分散到各个组团中，这样既提高了住区

的景观环境，又获得了良好的市场支持（图 8 ～图 10）。

（三）形成规划管理与公众参与并重的机制

城中村改造不仅仅是一个技术问题，还是一个复杂的社会问题。规划设计不仅需要满足相关的技术管理规定及开发部门的需求，更要满足被改造地的居民及周边利益相关者的需求，以保证项目的顺利进行。

在淄博永流村改造中，是由村委会代表村民与开发商联手，并在相关部门的支持下完成该项目的。因此，村民大会在改造前期发挥着重要作用，村民通过村委会与设计单位及相关部门进行项目交流，取得了良好的效果。

（四）以分期开发滚动平衡的思路评价市场化的城中村改造的优劣

任何规划设计都是以实施为最终目的。对于城中村改造来讲，分期开发的资金滚动平衡是决定项目落实的决定性因素，因此规划设计中应加强对经济因素的分析。同时，是否便于进行分期开发和管理、是否能达到收益平衡也将成为改造设计方案好坏的重要标准。

（五）充分运用社区模式打造混合住区

在城中村改造过程中，短期内可能会产生集体用地与国有土地、无偿使用土地与有偿使用土地并存的情况。同时，在居民生活方面，也会存在回迁居民、普通城市居民和富裕城市居民的分区管理问题。虽然改造在短期内对土地价值及社会生活有一定的影响，但从长远来看，却给了我们打造阶层融合、创造活力社区的机遇。

1.“大社区、小组团”的社区模式适用于市场化开发多物业类型的需求。

在城中村改造中，由于品质及客户人群的不同，回迁房与商品开发房之间需要进行适当的分隔，即使是在回迁房之间，由于各村管理方式的不同，各村的回迁区域也需要进行适当的分隔。因此，采用“大社区、小组团”的社区开发模式将适用于多数城中村改造区域，即公共区域将各组团联系为一个统一共享的整体，并提供各组团之间交流的平台；各组团实行独立封闭管理，以保证各区域的相对独立性，并利于未来的管理。

2.“社区中心 - 组团配套”模式适用于市场化开发多层次的居住配套。

在城中村改造中，一般都需要设置适量的村民公共配套物业，作为村民未来经济收入的重要来源。但该类物业往往以临街商业形式出现，其主要功能也仅限于中低档的出租商业业态。另外，商

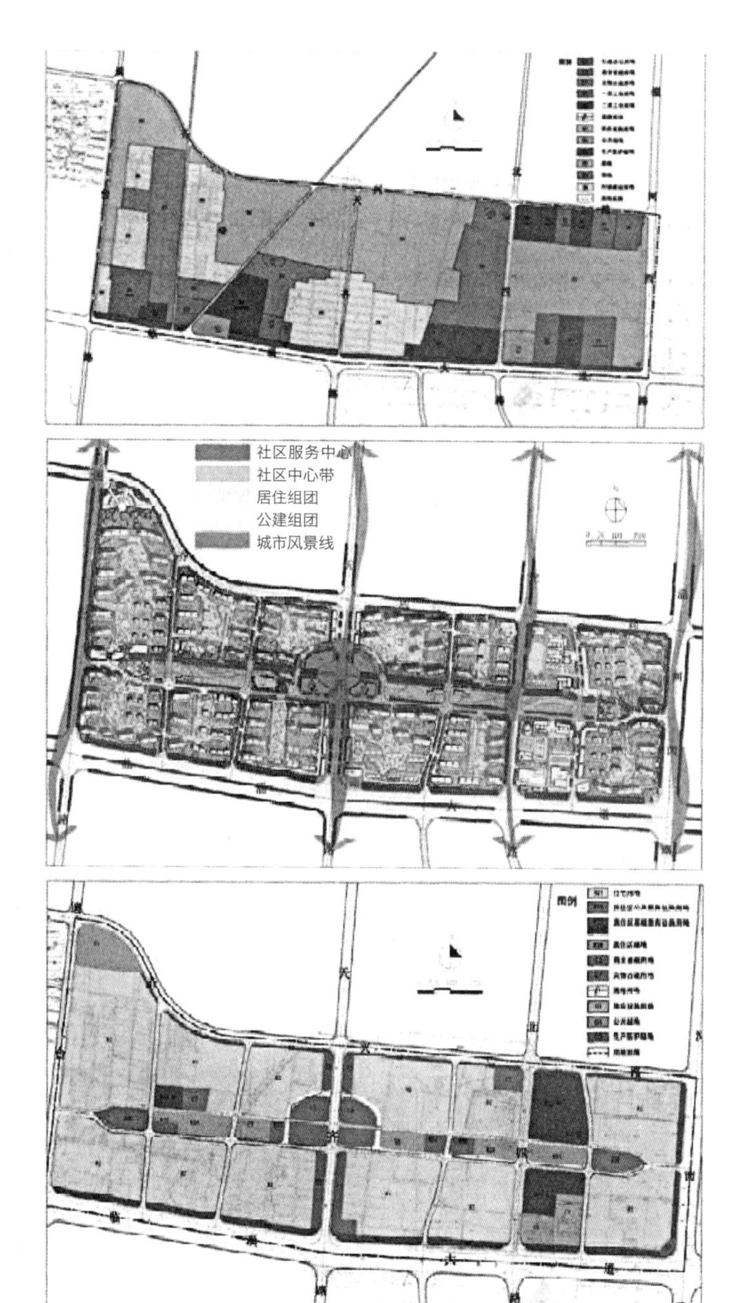

11
12
13

图 11. 淄博永流村 1km^2 控规用地现状图
图 12. 淄博永流村 1km^2 控规用地规划结构图
图 13. 淄博永流村 1km^2 控规用地土地利用图

品开发区需要较高档次的物业配套，以满足市场的需求。因此，通过多层次的社区配套，并根据城市建设的发展进行配套建设，有助于营造良好的居住氛围。

在淄博永流村控规调整方案中，为了满足多个村镇回迁的需求以及回迁房与商品开发房的合理分区，规划构建了组团式的混合社区，通过组团式的规划结构满足分区管理的需求，并通过构建一条东西贯通的公共廊道将各个组团联为一体，形成了既相对独立又整体的城市综合居住社区（图11~ 图 13）。

五、结语

以上对采用市场手段完成的城中村改造项目的总结,均为近几年笔者在工作中做的总结性论证，因具体项目不同，在实际的实施中存在的问题更为多样化，这也是今后工作中需要重点论证和实践的方面。

综上所述，随着我国土地资源的紧缺及城乡一体化的发展，位于城市规划区范围内的城中村，在优惠的旧村改造政策的支持下，成为众多开发商争相改造的重点区域。在城中村实现自我改造的过程中，除了会遇到规划管理方面的问题，还会面对经济、政策以及村民心理上的问题。因此，坚持“政府引导、市场参与、公众监督、因地制宜”的原则，更加注重城市规划的经济性、动态性与社会性，才能真正引导城市建设的健康发展。

参考文献:

[1] 吴明华，仇和 .“昆明新政”两年观察 [J]．法治与社会，2010，(4): 5860.

[2] 葛霆 . 城中村改造中问题与对策研究 [J]．改革与开放，2010，(5): 73-74.

[3] 万艳华，滕苗，曹西强．TFO 视角下的大规模城中村改造问题的认识 [A]．规划创新：2010 中国城市规划年会论文集 [C]．2010.

[4] 昆明市人民政府，昆明市城市规划技术管理规定 [s]．2005.

[5] 淄博市人民政府，淄博市城市规划技术管理规定 [s]．2005.

[6] 阮梅洪，虞晓芳，牛建农，宅基地价值化及其在城中村改造中的应用研究——以义乌经济开发区为例 [J]. 规划师，2010，(9): 98-104.

[7] 陈建军，城市化进程中的城中村问题解读与对策研究——以山西太原市城中村改造为例 [J]．规划师，2010，(S0): 62-65.

原载于：《规划师》2012 年 51 期

中国住宅标准化历程与展望

开彦

一、品质时代呼唤标准化、模数化

中国的住宅建设已进入品质时代，进入到从追求外在环境的舒适、休闲到讲究内在的居住性能质量，特别是在当今提倡中小套型开发的建设模式中。房地产开发需要精明发展、精细化建设，要提倡居住品质，要提高开发效率、降低成本，要对环境保护和资源、能源的合理利用作出理性决策。时代的机遇呼唤标准化和模数化！

世界共同的经验告诉我们：建筑工业化是强盛住宅建设、房地产开发的必由之路，欧美发达国家建设的历史经验无一不是验证了这一个结论。高度关注住宅标准化，推进住宅产业化是我国历史发展的必然。目前，在停滞了近 30 年的我国标准化的进程，将要重新认识，重新崛起！

我们要大力提倡模数协调的制度，要用定制化方式生产，用标准化的理念指导我们行为，从而使房地产开发达到新的境界，迈上新的台阶。

二、工业化与产业化是必由之路

工业化与产业化是住宅建设发展的必由之路，是当前提高效益、解决住宅建设质量的根本出路。我国的房地产开发及住宅建设仍处于粗放型的阶段。生产效率明显偏低，房地产产品性能及工程质量低下，无法满足我国日益增长的住宅质量需求。有数据表明，我国的劳动生产率只相当于先进国家的 1/7, 产业化率为 15%，增值率仅为美国的 1/20。住宅部品产业化水平差距更大。当前，我国商品化供应的住宅部品为 5000~6000 种，而美国已达到 50000 多种；系列化产品不到 20%，不但品种少，质量差，而且同种产品的规格繁多，性能差。普遍达不到现代居住水平的要求，也缺乏与市场经济相协调的住宅产业运行机制。

什么是住宅产业现代化。简单地说，住宅产业现代化就是采用社会化大生产的方式进行生产和经营。也就是生产经营一体化：将住宅建设全过程的建筑设计、构配件生产、住宅建筑设备生产供应、施工建造、销售及售后服务等诸环节联结为一个相对完整的产业系统，实现住宅产供销一体化。在住宅建筑工业化的基础上，为用户提供优良的住宅产品和优质服务。

可以将住宅产业现代化归纳成“六化”，即连续化、标准化、集团化、规模化、一体化和机械化。这看似简单的“六化”，实际是对传统住宅生产与经营方式的彻底“颠覆”。

三、产业化带来深远影响

住宅产业化将给我国的住宅业及其相关行业带来革命性的变化，给住宅产业链的各个环节带来深远的影响；住宅产业化催生了兼有房地产开发职能的住宅产业集团，而住宅产业集团具有一体化生产经营优质适价住宅的优势，将会占领较大的市场份额。规模大、实力强的房地产公司在与产业集团的竞争中生存，已经意识到企业发展必然走依托社会资源整合，标准化和集成化的路子。

国内大型企业运作趋向：国内有实力的跨地区发展的房地产集团企业，诸如：万科、金地、万通地产等为应对多元市场的竞争、提高产品品质、简化运营机制、降低开发成本，开始向国际化集团管理运营模式看齐。加强企业的研究机制，将定制化、标准化和模块化作为企业发展的主打方向。

四、模数化的缺失导致产业化失调

标准化、模数化的工作是政府的职责。在推广和应用模数协调方面贯彻不力，导致住宅产业化长期形不成。开发成本、效率和效益低下。住宅开发及部品生产标准化概念淡薄，模数协调理论早丢到脑后。部品设备无序化生产，技术引进名目混乱。

（一）建筑模数发展历史进程

20 世纪 50 年代末，模数数列及扩大模数研究与应用；20 世纪 60 年代初，拟定了“建筑统一模数制”，并开始在全国房屋建筑中执行；20 世纪 80 年代以后，根据国际标准化组织模数协调 TC95 文件原则，对 1970 年的文本进行了修订和扩充，形成 [GBJ2-86]《建筑模数协调统一标准》。20 世纪 90 年代末，住宅部品大量扩充，部品的生产和安装极大地影响着住宅的品质、生产效率和成本的控制，住宅部品的无序增长急待克服。建标 [2001]171 号《住宅模数协调标准》应运而生，标准强调“协调”，改变了建筑模数以结构为主体的编制思路。

（二）中国模数制发展的特征

我国对模数数列的应用始于 20 世纪 50 年代，受苏联的影响，主要应用限于数列、扩大模数的研究和应用。在住宅生产方面主要限于结构主体，而没有注重数量众多的住宅部品的标准化，模数化的应用研究。长期以来，我国住宅部品产业标准化未得到发展，建筑分模数系列始终未得到长足发展，致使应用水平落后于国外 20 年。摆在我们面前的任务，就是充分应用模数协调的原则方法，指导住宅产品的开发、生产和安装。

（三）模数协调基本概念

模数协调是指一组有规律的数列相互之间配合和协调的学问。生产和施工活动应用模数协调的原理和原则方法，制定符合相互协调配合的技术要求和技术规程，规范住宅建设生产各环节的行为。

1. 关于模数网络

各部位的成千上万种产品将按照不同的生产方式、不同的生产地点和不同的生产时间，按照统一规格尺寸要求进行预生产或现场生产，最后在现场进行安装组合。

各部位部品要按照组合体与组合件、组合件与部品、部品与部品之间要能有组织地、彼此协调地、配合良好地连接在一起。

模数网格设计的目的，不但能保证结构组合件（或现浇混凝土模板）的模数化系列尺寸，最主要的是为结构主体所包容空间（或称可容空间）提供了一个模数化空间，为建筑部品（称之为容纳件）提供了模数化可能。

2. 关于优选尺寸

模数协调原则应用的最大效能之一，就是要充分地对住宅专业部位或者住宅部品的参数系列进行优化选择。在保证基本需求的基础上，实行最少化，以此来保证各种住宅部品和组合品种简化，确保制造业的简易和经济，安装业的方便和效率。

但是，随着居住生活质量的提高，对住宅部品有多样化的要求，不但要品种多，而且要有互换性。这就要求住宅部品实施优选尺寸，使其形成一个优先系列尺寸。

（四）住宅模数协调的目的

模数协调本身不是目的，而是要通过模数协调使住宅生产在各个方面都利益最大化，彼此尽量不受约束。达到五要求：

(1) 实现设计、制造、经销、施工等各个环节人员之间的生产活动互相协调；

(2) 能对建筑各部位尺寸进行分割，使部件规格化又不限制设计自由；

(3) 使用数量不多的标准化部件，建造多样化类型的住宅建筑；

(4) 促进部件的互换性，使部件的互换与其材料、外形或生产方式无关；

(5) 简化施工现场作业，达到成本、效率和效益目标。

（五）模数协调缺失严重后果

(1) 因为缺乏模数协调原则指导下的统一规格尺寸的要求，在开发和引进住宅产品的过程中无章可循、任意性极大，品种多、规格杂乱。据调查统计，7 个新建企业生产的 15 个型号的浴缸，实际就有 7 种长度、8 种宽度和 13 种高度。无标准化可言，严重影响了安装质量。

(2) 因为产品规格尺寸多、缺乏互换性，与建筑设计难以协调。施工安装离不开砍、锯、填、嵌原始施工方法，施工处于粗放型。成品的质量档次始终处于低水平。

(3) 生产工场因得不到统一模数协调尺寸要求，无法安排大批量生产，产品定型长期不能完成。严重影响产品系列化的发展。迫切呼唤部品统一规格尺寸要求的早日出台。

(4) 因为住宅产品规格尺寸的任意性，部品与建筑，部品与部品之间缺少固定模式的配合。接口技术缺乏研究，接口配件不配套、不齐全。成品质量差，不美观。

(5) 建筑设计困扰于寻找不到相应规格的产品。好的住宅设计项目，没有完善品质的住宅部品相配合，那是空想。好的产品没有很好的配合接口，那是粗制滥造。

五、现有模数标准存在问题

我国建筑模数标准的修编完整度不够，空缺很多。大体上标准编制可分为四个层次，一类属于总标准，规定了数列、定义、原则和方法；二类是专业的分标准，分为建筑、住宅、厂房等，专为住宅使用的是住宅模数协调标准；三类是专门部位的标准，表内所列为楼梯、门窗、厨房及卫生间；四类应是住宅专门部位的各种产品或零部件统一规格尺寸的规定，可用产品分类目录的统一规格尺寸加以指定。

四级层次构成了模数协调体系的框架，其中一、二类为原则规定，是制定“标准的标准”。三、四类是应用标准，具体指导工程产品设计、制作加工、销售经营、施工安装、更换改造等方面。

综观我国传统建筑模数标准，存在下列问题：

(1) 传统标准的编制深度、广度有偏颇

对模数的协调认识和应用方法，因受条件局限尚未有充足的理论和实践。特别二类标“建筑模数协调统一标准”，实际上只是对当时通行的大板住宅和砖混住宅做了一些选择上的规定，并没有从原则基础、应用方法、协调原理上阐述，指导意义不大。本次修编主要使用已有标准的名称，做了全局性的改动。

(2) 传统标准中“协调”的含义及表达不突出

模数的关键在“协调”，是讲数与数列之间的关系达到和谐的原则和原理。数列和优化数列（参数）并不是应用的目的，而只有应用这些数列和优化数列（参数），进行互相配合相互制约才能产生最大的效应。传统标准阐述数列、参数、轴线定位多了，而协调的定义、概念和应用少了，以至于与实践应用脱节，不能真正地指导开发、生产和安装，发挥模数的作用。

(3) 应用标准编制的数量不足。

组合建筑物有诸多个专门部位。目前只有楼梯、门窗、厨房和卫生间三类部位模数标准，而大多部位标准尚且缺项。诸如：屋面、吊顶、隔墙、管束、电梯、盒子间、内梯、板材等。而住宅部品材料、设备等分类达数十种，成千上万种部品，目前已做出统一规定尺寸要求寥寥无几。缺口数量颇大。

(4) 传统标准内容、定义和方法已不适应技术发展的需求

传统标准大多在十多年前编制完成的，不同程度地反映原标准已不适应现代住宅建筑技术发展的要求。很多名词术语需要重新定义，补充完善。应增添的应补足，不适应的应当进行调整。新的技术和部品应当反映进来，尚要给各类参数留出空间，提供发展、创新的可能，修编的任务十分繁重。

六、对策与建议

（一）突出重点，循序渐进

新编住宅模数协调标准参照国际标准 TC-59 的有关条文，并重点研究日本、法国等国家的编制思想和方法。力求使我国住宅模数协调标准与国际标准靠拢。

建议采取先易后难、先简后繁；先重点、后全面的逐步推进的方针，使模数协调的概念逐步为各行各业认识，为众多的研究、设计、施工、销售人员所掌握，真正成为工具，发挥模数协调对住宅产业的效用。

（二）克服障碍，通力合作

模数协调是涉及各个工业部门、政府、开发商的多方面，需要克服部门之间的差异，实行通力合作。

建议建立跨部门的全国住宅建筑模数协调发展协会，负责对全国和本行业的模数推广应用和协调工作。在建设部内建立模数指导小组，负责策划和指导日常工作。

（三）开展研究，加强试点

模数协调原则、方法，对大多数人员是陌生的，要加强学习和研究工作，并勇于实践。选择试点城市开展重点推广试行工作，总结经验后，向全国扩散。

建议开展相关技术攻关的研究：大力推广整体卫生间盒子结构；大力采用可拆改、易维修轻质隔墙板的模数系列尺寸及其接口技术的研究，住宅各种配管、排管定型设计、接口技术研究等等。

（四）政府主导，企业主体

政府是主导。领导技术密集型和大型的企业攻关，组织社会化生产，开展部品认证，以及在执行政策、研究课题等方面全面推进，政府不参与这个事情很难做成。企业是主体。企业在推广过程中是重要的积极因素。应当认识到模数化对企业发展是一种动力、是一种工具，能够为我们企业带来好处、带来效益！

原载于：《中华建筑》，2007 年第 6 期

中国住宅建筑模数协调的现状与思路

仲继寿

一、 住宅建筑模数协调的现状

我国从 20 世纪 50 年代即开始模数协调工作的研究，在民用建筑领域已编制了《建筑模数协调统一标准》GBJ 2-86、《住宅建筑模数协调标准》GBJ 100-87、《建筑楼梯模数协调标准》GBJ 101-87 等。其中《住宅建筑模数协调标准》对于减少住宅预制构配件的类型，以达到标准化、系列化、通用化和商品化方面发挥了重要作用。但是，随着时间的推移和住宅产业现代化的兴起，这一标准无论从深度还是广度来说，都已不能满足当前的需要。现行标准存在的主要问题包括以下几个方面：

（1）仅着眼于少数结构类型（砖混结构体系和预制大板结构体系）的构件设计和生产中的模数协调（常用参数和定位轴线），应用面窄，属于模数协调理论应用的初级阶段。

（2）只停留在扩大模数系列的应用方面，缺少对分模数系列应用的标准和协议。在住宅内部各功能空间设计和各类住宅产品设计、生产和安装中缺乏统一的模数协调制度，造成了我国住宅产品的生产原始和混乱无序的状况，因而无法协调各式各样住宅产品的生产和安装。

（3）针对发展住宅产品的分模数研究几乎为空白。由于没有经过细化的模数协调专业标准和产品系列标准，致使结构与空间、建筑与产品、产品与产品之间互相脱节，缺乏良好的模数协调关系；由于缺乏现行住宅产品的分类目录，产品开发、研制仍处于自发阶段，重复开发、低层次发展现象严重，因而无法实现住宅产品的系列化、通用化、成套化和互换性，从而阻碍了住宅建筑的工业化和产业化进程。

(4) 由于缺乏经相关行业和部门认同的住宅模数协调的标准和协议，模数协调不能贯彻于住宅生产的全过程（从设计、生产到安装、验收）以及相关的各个行业和部门，不同部门和行业的产品缺乏良好的接口技术和公差配合。

(5) 与国际标准 ISO 存在差异和较大差距，需要在修订过程中逐步向其靠拢并接轨，以利于我国住宅产业进入国际市场。

因此，对现行住宅建筑模数协调标准进行全面的修订，同时编制住宅模数协调的专业系列标准和产品系列标准，以形成一个内容完整、层次清晰的住宅建筑协调标准体系，已成为当务之急。

二、住宅模数协调标准的修订思路

住宅模数协调标准的全面修订工作是一个系统工程，其本身具有系统发展的规律，必须理顺关系，分清层次。

（一）修订原则

1. 我国模数协调原则和方法的研究与世界先进国家（如法国、日本等）相比落后了近二十年，因此应充分借鉴国际标准和先进国家已有的技术成果，进一步向国际标准靠拢。

2. 着眼于建立住宅建筑模数协调方面分层次、系列化的标准体系，理顺通用标准、专业标准和产品标准之间的关系。

3. 充分反映近年来国内住宅及相关产品模数协调研究方面的最新成果，使标准具有一定的超前性和先导性。

（二）修订工作的主要内容

分以下三个层次进行：

1. 全面修订《住宅建筑模数协调标准》GBJ 100-87，作为建筑模数协调统一标准在住宅中的应用标准或称一般协议。在整理分析国内外住宅模数研究成果的基础上，修订的住宅建筑模数协调标准将分为以下几个部分：

1）专用术语和标准图例：

2）术语：模数、配台、尺寸、公差、装配；

3）协调原则（基本条款）：水平模数、垂直模数、定位坐标系、构成件的基准面与安装基准面，构成件的尺寸与模数公称尺寸、优先尺寸、公差的考虑；

4）优化尺寸系列；

5）设计模数网格：定义、形式与分类、结构网格与装修网格、模数网格协调、网格的间隔、非模数间隔的选择和应用、模数空间与非模数空间、装饰面定位、接合与安装；

6）厨房尺寸模数系列；

7）卫生间尺寸模数系列；

8）装饰面厚度尺寸模数系列；

9）管束及设备间尺寸模数系列。

2. 编制住宅建筑模数协调系列专业技术标准，包括厨房、卫生间、隔墙、门窗、吊顶、屋面、地面、管束等。以厨房为例说明各技术标准的主要内容：

1）适用范围；

2）术语：吊柜、低柜、高柜、工作台面、洗涤池、机具、墙体、排烟道、管束、接口；

3）厨房平面优先尺寸的选择；

4）种类；

5）标准尺寸系列：空间尺寸组织、设备优化尺寸、接口技术；

6）基准面：定位基准面的设定、安装基准网格：

7）公差；

8）模数协调与配合：设备、接口、管道。

又如，配管管束的模数协调与尺寸标准：

1）适用范围；

2）术语：通风管（道）、给水管、排水管、通气管、燃气管、电缆管（井）、管井；

3）种类：以位置可分为：地面、墙壁、吊顶；以组合形式可分为：单一型、复合型；

4）尺寸；

5）基准定位；

6）公差与配合；

7）协调优化尺寸；

8）接口模数尺寸系列。

第一阶段首先编制厨房、卫生间模数协调标准。

3. 编制住宅产品尺寸规格系列标准，包括各种厨卫设备、管道及连接件、门窗、灯具、建筑五金、卫生陶瓷、墙地砖等，形成分类产品目录。

（三）修订目标

住宅建筑模数协调标准作为一般协议就是以住宅通用部件为对象，在设计者、生产商、经销商及施工安装企业之间形成一个共同的语言，目的是为了取得共同的功能、质量和效益，并达到最优化。协议需要共同遵守，并希望从各主要专业部位，如厨房、卫生间、管束等加以规范、深化、修编，以求得不断地完善化和配套化。住宅建筑模数协调标准是住宅产品中最基本的原则和方法，作为一个有益的工具，可启发和调动各方面的主观能动性，具有很高的实用价值，并应能为各方所接受。协议的执行并不以强制手段来保证，在推行中遇到的问题，应通过协商加以解决。一般协议可保证住宅作为最终产品的生产全过程的合理化和集约化。当一般协议的应用深入到各专业部门后，部件（产品）目录就成为最有效的模数协调工具，从而避免矛盾，提高工作效率和经济效益。因此，模数协调的结果应是：

1. 为建筑设计者提供创作的自由，创作出功能良好的住宅作品；

2. 为生产厂商提供统一的模数尺寸指导，发挥各自的竞争能力，创造出具有各自特点，畅销于市场的产品；

3. 为施工安装企业提供安装的便利条件，提高施工质量，减少工时，增加工效；

4. 为住宅开发公司提供质量上乘、性能优良、丰富多样的住宅建筑，提高商品化程度；

5. 为住户提供选择产品、便于改造、更新换代的便利条件；

6. 为质检和监督部门提供统一的验收标准。

三、已有的研究工作现状

（一）现行住宅模数协调的相关标准

现行有关住宅模数协调的主要国家标准如表 1 所示。

其中除建筑模数协调统一标准、建筑楼梯模数协调标准和建筑门窗洞口尺寸系列外，都将进行修编。

现行主要国家标准（与住宅相关） 表 1

标准代号	标准名称	实施时间
GBJ 2-86	建筑模数协调统一标准	1987 年 7 月 1 日
GBJ 100-87	住宅建筑模数协调标准	1987 年 10 月 1 日
GBJ 101-87	建筑楼梯模数协调标准	1987 年 10 月 1 日
GB 5824-86	建筑门窗洞口尺寸系列	1986 年 11 月 1 日
GB 11228-89	住宅厨房及相关设备基本参数	1990 年 1 月 1 日
GB 11977-89	住宅卫生间功能和尺寸系列	1990 年 8 月 1 日

（二）住宅结构体系

目前作为主要发展方向的住宅结构体系列于表 2。

新型结构体系的墙体厚度均可采用模数厚度尺寸系列，为室内空间成为最大模数可容空间打下了基础。大开间灵活住宅也为各种轻质非承重隔墙的应用创造了条件。

目前住宅的主要结构体系 表 2

结构体系	主要特征	适用范围
内浇外砌（挂）结构	分户墙为承重墙，开间 4.8m~7.2m，进深 9m~12m；户内无纵横承重墙，内纵墙集中设置在楼梯间处；楼梯间为混凝土筒体，并作为主要抗侧力构件	抗震设防烈度 8 度以下地区高度 18cm 以下的大开间灵活住宅
钢筋混凝土异型框架柱结构	由“T”形边柱、十字形中柱、“L”形角柱组成的框架；填充墙与柱壁同厚；与砖混结构相比，可增加使用面积 8%~10%；填充墙材料可根据当地保温隔热要求，就地取材	抗震设防烈度 7 度以下地区的多层大开间灵活住宅
底层大空间上部少纵墙钢筋混凝土剪力墙结构	开间 4.8m~7.2m，进深 10m~12m；横墙间距大，内纵墙集中设置；外墙开敞不承重，可采用各种保温隔热的新型建材，门窗洞口可随意设置，立面丰富多彩；结构自重比小开间剪力墙结构减少 1000kN/m^2	抗震设防烈度 8 度以下 20 层以下的高层住宅
砌体结构	主要指混凝土空心砌块、模数黏土空心砖和其他砌块的砌体结构，墙体厚度可采用模数系列	抗震设防烈度 8 度以下地区的多层住宅

（三）WHOS 模数协调的原则和方法

在中日合作的“中国城市小康住宅研究”综合报告中建立了 WHOS（小康住宅通用体系）模数协调的原则和方法。

1. 优化参数系列

提倡扩大住宅开间模数系列，采用 6M 参数系列，具有良好的模数协调关系。

2. 水平方向的尺寸

采用结构面双轴定位（图 1）和结构面内双轴定位（图 2）两种定位方法。结构面双轴定位有利于减少构件内部填充件的型号，便于生产与施工；结构面内双轴定位与现行预制构配件的生产协调，可作为近期的过渡方法。

采用3M结构网格(图3)和2M+1M=3M的装修网格(图4),这样可实现结构和装修网格的协调。

承重墙体采用1M和2M系列，隔墙取1/2M和lM系列，宽度基本尺寸为300mm、600mm、900mm，辅助尺寸为450mm。

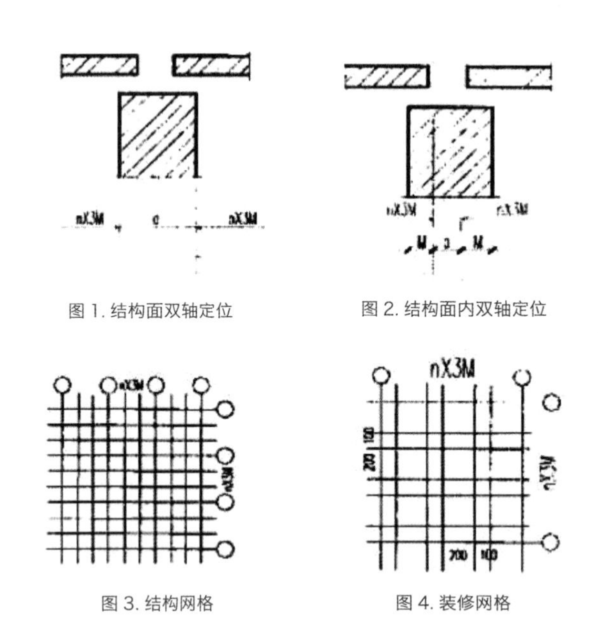

图 1. 结构面双轴定位

图 2. 结构面内双轴定位

图 3. 结构网格

图 4. 装修网格

3. 垂直方向的尺寸

层高采用2700mm、2800mm；定位面分为结构面和装修面，建议采用装修面定位方法，可与目前的施工水平相适应；技术可容空间采用2500mm、2600mm，以lM为基本尺寸，1/2M为部件的调节尺寸。

4. 其他

外墙定位偏内侧，与内墙定位相同，采用1/2M或lM；内部构件的一侧或中线应与装修网格线一致，由于交接关系，允许偏离50mm;非模数空间尽量留在模数化要求不高的空间内，如楼梯间、壁柜或较大的卧室和起居室内。

（四）厨房平面及优选尺寸系列

表3给出了《住宅厨房及相关设备基本参数》GB 11228-89中关于厨房的最小净空尺寸。

厨房最小净空尺寸

表 3

典型布置形式分类	E=4.5M 不设辅助管线区	E=5M 不设辅助管线区	E=6M 或 E=5M 设辅助管线区
单排型	1400	1400	1500
双排性	1700	1800	2100
L 形	1700	1700	1800
U 形	2100	2200	2400

注：*E* 为操作台宽度，M=100mm。

表 4 为 WHOS 厨房平面净空尺寸系列，共 28 种典型平面布置，表中数字为面积（m^2）。

WHOS 厨房平面尺寸系列

表 4

宽（mm）\ 长（mm）	2100	2400	2700	3000	3300	3600
1500	—	—	—	4.50	4.95	5.40
1800	—	4.32	4.86	5.40	5.94	6.48
2100	4.41	5.04	5.67	6.30	6.93	7.56
2400	—	5.76	6.48	7.20	7.92	8.64
2700	—	—	7.29	8.10	8.91	—

（五）卫生间平面及优选尺寸系列

表 5 为《住宅卫生间功能和尺寸系列》 GB 11977-89 采用的卫生间尺寸系列。该标准还根据设备配置数量和水平将各卫生单元划分为一、二、三档。

卫生间尺寸系列

表 5

方向	尺寸系列（净尺寸）（mm）
水平方向	900 1100 1200 1300 1500 1600
长向	1800 2100 2400 2700 3000 900
短向	1100 1200 1300 1500 1600
垂直方向 高度	≥ 2000

注：特殊情况下表中尺寸系列允许有 ±50mm 的调整量。

表 6 为 WHOS 卫生间平面尺寸系列，表中数字为面积 (m^2)，共 22 种典型平面布置，其中带△者，洗衣机不能进入卫生间。

WHOS 卫生间平面尺寸系列

表 6

宽（mm）\ 长（mm）	1200	1500	1800	2100	2400	2700	3000	3300	-3600
1500	—	—	2.70 △	3.15 △	3.60 △	4.05	4.50	4.95	5.40
1800	—	2.70 △	3.24	3.78	4.32	4.86	5.40	—	—
2100	—	3.15 △	3.78	4.41	5.04	5.67	—	—	—
2400	2.88 △	3.60	4.32	—	5.76	—	—	—	—

四、推广与应用

实施模数网格设计与模数协调原则，对于我国建筑工业化的发展是一个质的飞跃。但是由于涉及如建筑、建材、轻工、化工、机械等许多部门和规划设计、生产制造、施工安装、销售流通等行业，而各部门和行业在长期实践中已形成了各自的标准和协议以及产品规格及系列，有的与住宅建筑模数协调的一般协议吻合，有的则距离很大，所以推广和应用的难度很大。

因此，必须学习日本、法国等先进国家的经验，推广和应用住宅建筑模数协调标准的思路仍需要认真考虑。

1. 在《建筑模数协调统一标准》的指导下，首先出台修订的《住宅建筑模数协调标准》。

1）由标准主编单位提出标准草案；

2）成立有各部门和行业参加的全国住宅建筑模数协调发展联合办公室；

3）由联合办公室将标准草案下达至各部门技术委员会和行业协会；

4）在各部门和行业内部广泛征求各方面的意见（包括设计、厂商、施工、安装、流通和监督等）；

5）编制实施细则，同时进行地方或区域性试验推广；

6）根据反馈意见修改标准草案，这个过程可能需重复几轮；

7）形成报审稿；

8）由国家技术监督局审定，发布正式国家标准。

2. 在《住宅建筑模数协调标准》的指导下编制专业技术标准，从厨房和卫生间的模数协调标准开始着手，总结经验后进一步编制其他专业技术标准。

3. 在相关的模数协调专业标准指导下，逐步实现部件的通用化。

1）新部件按通用部件开发；

2）扩大专用部件的应用范围，按通用部件的要求逐步修正为通用部件；

3）对一直使用的部件，经标准化后提高通用性；

4）编制产品目录。

原载于：《住宅科技》，1999 年第 5 期

90m² 的"面积与品质"之争引发出我国住宅发展的核心课题——鉴日本住宅建设与设计特质·寻住宅建设道路

刘东卫

一、当前中小户型住宅设计与建设课题的思考

我国住宅建设自改革开放以来持续高速的发展，成功地解决了城市住房紧缺问题，在解决住房问题上取得了显著的成绩和进步。虽然从总体上来看，我国住宅建设取得了突出成果，但是与发达国家相比还处于"粗放型"发展阶段，住宅的建设与发展中的矛盾日益突出，面临着一些亟待解决的深层次问题。当前在贯彻国务院办公厅转发建设部等九部门《关于调整住房供应结构、稳定住房价格的意见》的有关住宅政策和住宅建设的工作部署以来，针对调整住房供应结构和发展中小套型普通商品住房供应的技术措施推进，各行各界从不同角度和不同层面积极研讨中小户型住宅建设和设计的问题，成为近来社会关注的一个热点。在中国社会结构转型、城市化进程加速及住宅建设可持续发展等宏观背景下，我们应当清醒地认识到，当前中小户型住宅设计与建设的讨论、即 90 平方米的"面积与品质"之争的背后，从其实质上来看触及到了我国住宅发展的核心课题。我们住宅的建设者和设计者，面对这些所提出核心课题，能否在解决认识问题的基础上提出新的解决设想，这是当前中小户型住宅建设和设计的问题的关键所在。

长期以来，由于我们对住宅建设与设计的许多重大问题的认识不足和"头疼医头，脚疼医脚"的习惯做法，严重制约了我国住宅建设的发展，我们必须要重新审视我们当前的住宅设计与建设的思维模式。从日本的住宅建设经验来看，住宅建设不论在什么时代都会面临许多课题，这是住宅建

设担负着“社会公共性角色”的原因。对于住宅建设与设计来说，在任何时期都与社会和经济密切相关，肩负着其他建筑所没有的“历史和社会责任”。20世纪60年代以来，从经济高速增长的社会到向可持续社会转变的历程来看，日本住宅建设历经了与目前中国相仿的大规模建设时期的许多重大课题，与此同时，住宅设计与建设的思考模式也发生了重要的变化。日本的住宅建设和住宅设计的发展中的课题大致可以归结为四个方面，这四个方面的课题与中国目前住宅发展状况对比来看有极其重要的启示作用，从而促使我们深思索中国住宅需求基本满足之后的发展方向。

二、21世纪的大众型可持续住宅建设与设计所面临的课题

（一）住宅建设和设计应关注低收入者的住宅供给和人口老龄化等社会性课题

1. 日本的经验

20世纪以来，政府在《公营住宅法》的基础上实行了持久性的面向低收入的阶层住宅供应体系，这类住宅在对于面向低收入阶层的住宅供给和建设上发挥着重大的作用。日本的住宅政策是以面向低收入者的公共住宅为中心的政策，以租赁方式的“公营住宅”为代表。在面向低收入阶层的租赁方式的“公营住宅”的建设上，除了政府主导的建设，民间不动产企业也利用公共资金来建设并承担一定的任务。日本面向低收入者的住宅政策和供给有着多样化、多层次的公共补助制度、房租补贴制度、住宅融资制度等公共性的辅助措施体系，具有公共性质的保障制度十分完善。国家实行的租赁住宅制度实行建设费补助和房租补助，根据住房者的能力确定其房租的多少。在设计等具体实施方面，有着完善的面积标准（最低居住标准）与设施标准规定、功能和性能要求等方面的技术措施。

针对老龄化社会发展的严峻现实，为了老年人在社会中共同性的生活，整个社会采取相应的措施予以支持。日本的“老龄化社会住宅”并非是要建设“特殊的老年住宅”，是在普通住宅中考虑老年人生活需求建设的住宅。日本全国和各地区制定了老龄化社会的住宅建设计划和公共性的辅助措施，积极推广“适应老龄化社会”的大众型住宅建设与设计方针。

2. 中国的现状

长期以来我国将中等收入与低收入人群住宅供应和开发建设“混为一谈”，面向低收入阶层的住宅供应结构和居民的需求结构不匹配，面向低收入阶层的租赁住宅严重短缺。突出问题是低收入人群的廉租房供应数量极少，缺少建设资金。不仅公共住宅政策缺乏实施措施和现在的实际情况脱节，并且在执行时缺乏规范和明确的标准。

我国人口老龄化具有发展快、人口数最大、超前于经济发展等特点，必将使国民经济和社会发展面临巨大挑战。老年人对经济补助、医疗保健、生活照料和精神文化等方面的需求也日益增长，特别是在住宅设计与建设中缺乏普通住宅中应考虑老年人生活需求的意识，成为住宅建设中亟待解决的课题。当前老龄化社会所带来的居住等方面的问题日趋紧迫，不仅在住宅供给方面，在公共性的政策与辅助措施等许多方面的问题也亟待解决。

3. 启示

住宅建设应肩负起解决上述重大社会问题的社会责任。在考虑调整住房供应结构问题的同时，首先应制定与落实有效的住宅政策与措施，多渠道地发展面向低收入人群的住房供应。满足老龄化社会要求的住宅建设，不仅是与我们每个居住者的切身利益紧密相关的大事，也必将成为影响我国住宅建设未来发展的关键性因素。

（二）住宅建设和设计应关注市场需求与可负担性优质住宅建设的中心课题

1. 日本的经验

为了实现每个家庭拥有一套住宅的目标，日本从 20 世纪 50 代起制定了五年计划来发展住宅体系，并以住宅政策作为社会资本建设的核心内容，来制定集中统一的、有住宅建设实效性的、综合而长期的计划，出台了住宅建设计划法。在第 7 个住宅建设五年计划（1996~2000 年）中，为了充分满足家庭增长的需求，在国家与地方公共团体与民间团体各自承担任务的基础上，制定了各项措施。住宅建设的目标的居住标准包括引导性居住标准（以每户住户专用面积平均 $100m^2$ 为目标），力争在 2000 年使日本全国一半的家庭达到引导性居住标准，且为优质住宅资产的建设而努力。作为日本住宅政策实施主导的、面向普通家庭的公团住宅，在住宅技术标准制定和在全国的普及与引导等方面也做出了很大的贡献。

日本经济的高速发展带来的开发建设热使城市中心区的地价暴涨，由于建设费用的上升和土地价格的高涨，引起了住宅价格的大幅度提高，特别是面向普通家庭的住宅建设面临困境。住宅价格与居民收入相差甚远。为了提供在价格上让普通家庭能承受得起的住宅，采取公共住宅建设引导和鼓励租赁住宅建设等政策措施，长期致力于解决住宅供给的可负担性课题（2006 年日本租赁住宅占到住宅总数量的 40%）。针对面向普通家庭的租赁住宅房源少和居住水准低等问题，对面向普通家庭的住宅实行财政和金融方面的支持，可以利用公共资金建设，并在税制等方面采取优惠措施。

近年来由于社会的家庭少子女化、晚婚化趋势，双职工家庭的增多，独身家庭的增加，老龄化独身老年人家庭的发展，生育高峰时期的青少年成人化等方面的趋势，导致了家庭小型化的发展现状，也引起了家庭数量的急剧增加。日本重视通过居住需求调查统计等来看居住的实态和供给情况，在分析近年来需求状况和市场动向的基础上，住宅建设重视本身的功能及其所能提供的服务，而不十分注重住宅的面积规模，大量且充裕的小规模面积为主的住宅建设较好地适应了市场的需求。同时，随着日本经济的增长和国民生活的富裕，人们的价值观正在向多样化发展，为了满足其不断变化的居住要求，不仅要满足占市场大多数的中等收入普通家庭人们的居住要求，也要符合具有超前价值观阶层的需求。对此类住宅按一定的比例去建设，实施“种类多而数量少”的供给计划。

2. 中国的现状

在中国城市住宅数量基本满足之后，住宅的结构性等许多社会性矛盾突现。中国的住宅 20 年间急速的发展，面向中等收入普通家庭的住宅供给是“市场为主”的开发建设，商品自有住房和出售的公有住房占了绝对比重。国内大量已建成的建筑，包括新建的和正在兴建的建筑，在很大程度上忽视可负担性的、占市场大多数面向中等收入普通家庭的住宅建设等方面的问题，不仅在住宅供给方面，在公共性的政策与辅助措施等许多方面的问题解决日趋紧迫。由于缺乏深入研究，政策的引导和适度的市场干预措施从一定程度上看缺乏可操作性。

3. 启示

我国应从深入研究市场需求出发，制定中长期的住宅建设计划，提出包括居住标准、建设户数和实施措施等方面的住宅建设国标。根据住宅建设计划和住宅政策的目标，通过政府行为、政府资助，面向中等收入普通家庭住宅的开发建设在考虑供给价格的可承受性的同时，通过建设开发及住宅供给方式的多样化和综合性的措施来解决面向中等收入普通家庭住宅市场的需求。

（三）住宅建设和设计应关注地球环境与城市建设课题

1. 日本的经验

战后日本高速发展的城市与住宅建设，带动了整体经济的发展，却同时造成了许多的环境问题。人们反思了面向 21 世纪的地球环境保护课题的同时，思考如何去改善生活环境和提高居住的质量、如何去营造住宅建设和生活方式等问题，住宅建设应符合地球环境保护的共识逐渐形成，即保护地球环境与良好居住环境建设相结合，针对生存环境保护的全球性问题而采取综合性对策。把这种观念引入住宅建设中，成为住宅设计与建设上普遍遵循的课题。在住宅设计和建设中通过研发相关技术与措施，加强绿化，采用雨水浸透技术来保护地下水，控制不可再生性能源的消耗，废除对人体有害的建筑材料和合理利用废弃物等措施。虽然采用以上各项措施会提高建筑成本，但是它们在住宅建设上的应用正在得到社会各界的广泛认同。日本积极倡导这个新观念，确立环境共生住宅导则，以保护地球环境为立足点来节省资源，并达到自然与人工环境和谐共存，创造一个舒适健康的生活环境。以“环境共生住宅”为主体，制定了推动环境共生住宅发展的相关政策，大力提倡采取针对地球变暖的对策和满足高水准居住环境的舒适性与健康性能要求的“环境共生住宅”，并实施了“环境共生住宅示范工程”的资助制度。

日本住宅建设极其重视在街区建设中的作用，住宅建设强调与城市设计和街区设计之间的结合。城市规划是优先发展道路、公园及服务设施等方面的城市基础设施和公共设施，而住宅建设则在街区设计中起到积极的作用。新区建设采用把基础建设与住宅建设有机地结合起来的做法，旧城区在建设住宅的同时也大规模地进行了基础设施和街区景观建设，并建设了老人设施等地区性的公共设施。住宅建设不仅在地区性公共设施建设上起到了很大的作用，而且整体提升了区域和城市的生活环境水平。

2. 中国的现状

我国经济发展速度指标名列前茅，但资源指标处于世界低位，资源消耗大，环境问题严重。随着住宅建设规模和住宅存量规模的不断扩大，住宅的建造和使用已经成为国家资源消耗的重要组成部分，建筑耗能等相关环境问题是危及可持续发展的重大课题。在国家倡导建设资源节约型、环境友好型和谐社会，积极发展“节能、节材、节水、节地”的节能省地型住宅大背景下，我国目前住宅建设总体来看还是强调“狭义的节能节地观念”，并且实质性政策措施的制定滞后，再加上研究与技术短缺，在建设资源节约型、环境友好型环境方面来看是任重道远的。

我国目前的住宅开发建设只是局限在住宅和小区内部视觉上的景观环境营造，不重视地球环境课题，忽视城市与街区建设的关系，“自扫门前雪”是通用的方法。结果是进行商业化大量性住宅开发和设计，大多以短期经济运作为目的，住宅建设既要考虑能否成为能提升区域价值的居住场所，也急需正确地平衡商业性开发利益和城市公共资源之间的矛盾。

3. 启示

在住宅建设可持续发展要求越发紧迫，中国的住宅建设只能走新型发展道路，将走向环境友好型·资源节约型的“质量型”住宅建设的转折期，向“资源消耗少、环境负荷小”的方向发展。正确引导有效利用资源的“环境意识”，提高住宅质量应与建设资源节约型、环境友好型的居住理念相结合。力求在建设在住宅全生命周期中实现持续高效地利用资源、最低限度地影响环境的住区，在注重采用节能、节地等的同时，进一步加强解决环境课题的新技术设备设施的研究。住宅建设应克服城市与周边环境产生疏远感的住宅缺点，保持城市的活力并提高区域的居住质量的意识应成为住宅建设的基本原则。要改变当前的状况，一要加强全社会的环境意识的提高，二要有政策作为保证，三要加速实用技术的整合研究，单靠市场自身的发展是难以达到的。

（四）住宅建设和设计应关注居住生活质量及其品质课题

1. 日本的经验

日本土地少，居住密度高，从居住需求和家庭人口结构的研究出发，住宅的建设与设计以品质的提高为核心。特别是进入20世纪60年代后，日本的住宅总数已超过居民的户数，住宅政策与建设理念随之发生了很大转变，即从原来的“偏重数量”阶段转变为“提高质量”的阶段。日本在住宅生产的各个环节，每个产品、部件都有非常完善的质量保证体系。为了全面提升住宅产品的质量，日本设立了优良住宅部品认定制度，由指定的日本住宅优良部品认定中心对住宅部品进行综合审查。将质量好、性能优、价格适当、售后服务好的住宅部件认定为“BL”部件，在住宅建设中推广应用。在研究户型适度面积的基础上，设计的居住空间的功能合理、布局紧凑、平面利用率高。户内空间考虑生活方式的变化，以“大公室、小私室、多空间”的思路，适应不同家庭人口构成和生活方式的变化对居住空间环境的要求，内部具有根据生活变化的灵活适应性。

日本住宅的设备和技术研究发展是与住宅建设发展紧密联系的，长期以来致力于住宅产业技术开发方面的协调，确定技术开发研究的重点方向和目标，从住宅工业化体系、节能化体系、智能化住宅体系、住宅的多样化体系、降低住宅建设费用的高耐久性住宅体系和环境共生住宅体系，联合各部门协同攻关开始进行住宅技术的开发研究，调动企业开发应用新产品和新技术的积极性，为实现住宅产品规模化商品化生产和供应创造良好的条件。日本高度重视住宅的研发和设计，科研、设计、生产一体化，重点研究如何提高住宅的功能和环境质量。许多国家机构和集科研、设计、试验场、部件加工厂和施工等于一体的大型住宅生产企业，科研设备完善，技术力量雄厚，在研究和试验等方面取得了较好的成果，并建造了各种标准的样板房和试验住宅。

2. 中国的现状

住宅开发建设的“面积大、效率差、品质低”是我国住宅建设中长期存在的问题。由于对市场导向下的住宅建设和设计研究的缺乏，现有的住宅功能与空间尺度不合理，套型面积大而使用空间效率低，同样功能的户型之间面积可以相差数十平方米，造成与市场需求相脱节，资源严重浪费，成为大而不当的住宅。住宅的研发和设计当前处于“粗放阶段”，在很大程度上科研设计还不能为当前的住宅建设提供相应的技术支持。虽然当前住宅的工程质量、功能质量、环境质量都有大幅度改善，但是在包括住宅基本的功能空间方面，尤其是在室内环境质量为主的住宅的综合性能和住宅的综合品质提高方面问题极多，高品质质量需求与住宅的综合质量之间的矛盾一直是住宅发展中的主要矛盾。

3. 启示

我国住宅建设正处于由“数量型需求向数量、质量并重型需求”转化的关键时期，应思索并真正认清“居住的本质是面积还是品质”的问题，应加紧住宅的研发工作，满足家庭构成、生活方式多样化和变化性的要求，注重功能与空间的经济、实用、紧凑、合理。住宅建设总体上要满足住宅的居住性、安全性、环境性、经济耐久性、社会性和舒适性的要求，重点是提高居住品质，全社会对住房的注意要从面积的大小转向住宅的品质。在提高住宅品质方面，要制定得力的政策及措施，准确地掌握现在和将来的住宅需求结构，大力推动提高居住品质的工作，以适应当前的住宅生产与需求。

4. 结语

当前我国的住宅建设不仅仅是战略转变、跨越的问题，要真正实现这一目标，需要政府行为，同样也离不开社会的广泛参与。它需要转化为一系列具体的政策、制度、思想和行动，即将住宅发展的价值取向、政策导向、建设行为等都奠定在这一新的基础之上进行调整。调整不是消极、被动地适应，而是积极地探索、主动地创造。

$90m^2$的“面积与品质”之争引发出我国住宅发展的核心课题，是长期以来影响我国的核心性课题，也是长期以来严重制约我国住宅可持续发展的重大问题。针对我国所面临的严峻的居住课题，满足21世纪人民日益增长的多元化的居住需求，走以品质建设为中心的可持续发展之路，将是我们转型期的住宅建设的必然选择。

原载于：《中国建设报》，2006年11月29日

我国住宅套型及其量化指标的演变

林建平

国务院住房结构调整政策（国六条）的第一条就是“切实调整住房供应结构。重点发展中低价位、中小套型普通商品住房、经济适用住房和廉租住房……”该条文中“套型”是有一定技术含量的专业词汇，各方面对其有不同的理解。

一、“套型”的概念来之不易

“套型”是指住宅建筑的空间组合，表示住宅的大小和房间的组合形式。“户型”是指家庭人口的构成，表示家庭人口的多少和代际关系。由于我国住宅发展的历史原因，“套型”常常被表述为“户型”。“套型”的概念是到 20 世纪 80 年代以后才逐渐建立起来的。

在新中国成立初期到 20 世纪 80 年代初，我国住宅标准中没有“套型”的概念。按照当时的社会主义计划经济分配原则，要求平等地给人民分配住宅。那个年代城市的居住标准是以“每人”为单位确定的，要求人均 $4m^2$ 的居住面积。以“每人”为单位分配居住面积的典型例证是，1958 年 2 月叶祖贵等在“关于小面积住宅的设计探讨”（建筑学报，1958.2）一文中提出，$8m^2$ 的房间可以住 5 人而不是 2 人，因为 8 岁到 13 岁的孩子可以与父母合居一室用布帘分隔。文章特意比较了两种 $8\ m^2$ 房间的不同设计（图 1），说明人均 $4\ m^2$ 的居住面积是很高的居住标准，可以进一步节约。

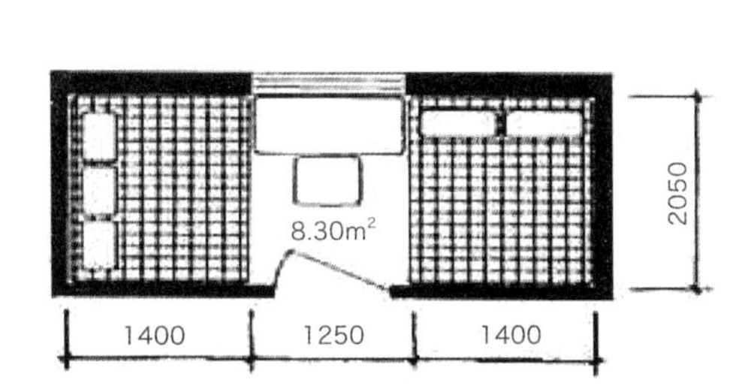

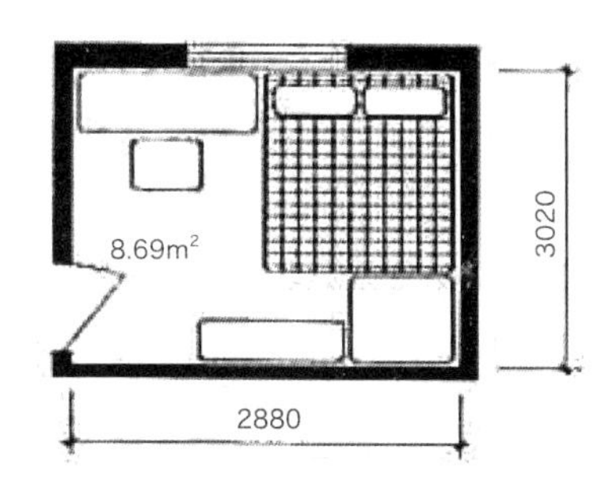

图 1.8m^2 房间的两种布置模式

1962 年 3 月清华大学土木系对 378 户的调查报告 (建筑学报，1962.3) 显示 70 户住在小两室的住房中，
6 口户家庭占 70%，因为这些小两室是由两间房间组成的套间，报告建议“小间的面积宜为 9m^2~11
m^2”。“不是套间的小两室应分配给家庭人口结构复杂些的 5 口户独住或人口少的两户合住”。当
时的设计思想是，每间房间住多少人，而不是每套房住什么样的家庭。

20 世纪 80 年代初，提出小康居住标准时仍然以人为计算单位，要求 1985 年人均达到 5m^2 的居
住面积，2000 年达到人均 8m^2 的居住面积。当时评价住宅设计方案的重要指标是“居住面积系数”，
要求保证较大的卧室面积比例。1982 年编制北方通用大板住宅建筑体系时开始明确提出应把“套型”
作为控制面积指标的基本计量单位和研究重点。研究报告指出：目前，世界各国都以“套”数作为
统计住宅的基本计量单位，“套”数能较确切地反映住宅建设的实际情况。过去，我国主要以 m^2
为单位安排住宅建设计划和进行设计，因此，在住宅设计中，往往只能反映出人均面积指标和平均
的户室比，而难以灵活地适应不同家庭人口构成和要求的变化。目前存在的很多合用户住宅，给住
户带来很多不便。该体系把套型分为四档，即 1~2 人套型、2~4 人套型、4~6 人套型和 6 人以上套型。

1984 年“全国砖混住宅新设想方案竞赛”的设计条件要求设计方案引入“套型”的概念，以
便更加科学合理地对住宅方案进行比较。这次方案反映了住宅单体设计的平面布置合理性、功能实
用性与外部环境优美性，出现了以基本间定型的套型系列与单元系列平面。特别是“大厅小卧”的
套型平面模式开始得到认可，对推进我国城市居住生活的现代化起重要作用。1987 年颁布的《住
宅建筑设计规范》，明确要求“住宅应按套型设计”。1999 年颁布的《住宅设设计规范》，进一
步明确要求“住宅应按套型设计，每套住宅应设卧室、起居室（厅）、厨房和卫生间等基本空间”，
同时定义套型为“按不同使用面积、居住空间组成的成套住宅类型”。此后，套型的概念有了全国
统一标准。

二、扩大“套型”面积容易，保证“成套率”难，实现“每户一套”更难

统计资料显示，从20世纪80年代以来，我国住宅套型面积标准不断提高，新建住宅套型过大的趋势十分明显。

分析以下两个统计表（表1、表2），可以看出，我国住宅的套型面积扩大趋势十分明显，特别是最近5年，扩大套型的加速度超常。据对北京市2006年7月4日可售期房的面积统计表明，套均建筑面积达到了140.37m²。

我国城市平均每户住宅面积标准发展　　表1

标准＼年代		1978年	1995年	2000年	2005年
人均建筑面积		7m²	16.2m²	20m²	26.11m²
套均建筑面积	预期		45~50m²	55~60m²	70~80m²
	实际		50.2m²	63.2m²	85.32m²

注：表中数据引自2006.7“合理引导住房消费和建设”课题报告，根据历年公布的人均建筑面积数除以当时的家庭人口平均数。

我国住宅套型面积标准发展　　表2

年代区段	1950~1959	1960~1969	1970~1979	1980~1989	1990~1999	平均
平均每套建筑面积	57.44m²	63.83m²	67.14m²	78.91m²	93.29m²	81.47m²

注：表中数据引自“中国2000年人口普查资料”，根据公布的全国（包括乡镇）住房建成时间段中，住房建设面积数除以该段的户数。

但是，我国住宅套型规模的发展从来就是不健康的，问题集中表现在成套率低。多户合住一套住宅的现象十分严重。1962年2月，王华彬在“积极创作，努力提高住宅建筑设计水平”的文章（建筑学报，1962.2）中提出“结合目前国民经济条件及居住水平，完全按户居住还办不到，而暂时按室居住也是合理的。”文章推荐1960年北京0011型住宅适合按室居住的平面（图2）。推荐理由：“厨房面积较大，合住时能很好地安排家具”。

现实比“合理设计，不合理使用”的情况更加严重，1974年《建筑学报》第2期刊登了陕西建筑标准协作网的一项调查表明，5000户住在套间式小两室的住户，只有1/3感到“不宜住套间”。报告提出“住得下，分得开，尽可能不合住”的居住目标。

直到20世纪80年代初，我国合用住宅存量比例进一步扩大，厨房、卫生间多家共用的现象十分普遍。据第一次全国城镇房屋普查统计，1985年底住房成套率仅为24.29%。住宅中独用厕所24.22%，合用厕所9.84%，近66%的住户使用公共厕所。当时的小康居住目标只能提出，到2000年实现“人均8m²居住面积”，但是“人均8m²居住面积”的房子究竟有多大？是个严肃的攻关课题。

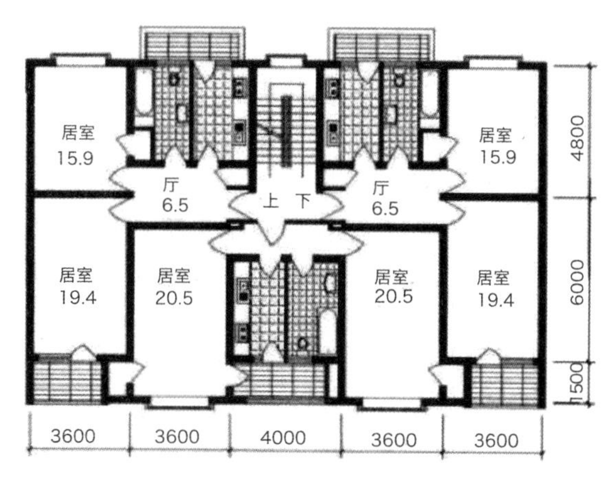

图 2.1960 年北京 0011 型住宅平面（一梯六户）

经过 3 ～ 5 年的研究，包括对国外标准的比较，我国家庭人口小型化预测，土地资源承载力测算等研究，提出了应大力建设适用于 3 口之家的 50m^2 建筑面积的套型。同时明确指出实现“每户一套”住宅是比实现“人均 8m^2 居住面积”更加困难的目标，所以认为到 2000 年城市家庭 70% 以上能够独住在成套的住宅里就是实现了小康居住水平。

按照过去的认识，减少合住，保证新建住宅按照规范要求“成套设计”，那么，成套率达到 70% 就是实现了小康居住水平。如果成套率达到 100%，就实现了“每户一套”的更高目标。但其实不然，最新的研究发现，我国的住宅早已是“成套设计”，成套率低是合住现象造成的。在解决合住问题的过程中，成套率提高很快。《中国 2000 年人口普查资料》显示，直辖市的住房合住率已经很低（表 3）。

直辖市住房合住率

表 3

北京	天津	上海	重庆
2.68%	6.54%	6.735	3.66%

注：表中数据引自“中国 2000 年人口普查资料”。

但 1998 年全面实行住宅商品化以后，住宅建设对“套数”、“成套率”、“每户一套”等指标关注不够。同时，套型面积标准持续提高，刺激了住房消费的畸形心理，社会上拥有两处以上住房的人群增多的同时，偏离“每户一套”的目标越来越远。顺便解读关于“82% 的住宅拥有率”的统计数据。最近常见报道称我国住宅的拥有率高于先进国家，达到 82%。这不是 82% 的家庭拥有一套住宅的概念，目前存在误读或曲解的现象。该数字是对房屋产权属性的统计结果，表明 82%

的城市住宅的所有权属于个人所有，其他“国有的”、“集体的”、“社会团体的”、“产权不明的”仅占18%。如果跟踪该数字的变化趋势会发现，1998~2000年的房改，带来了个人拥有率的急剧攀升。

下表（表4）显示，真正住在“自建住房”和“购买商品房”中的住户比例共有35.99%；而“购经济适用房”和“购原公有住房”的比例是35.98%；“租用公有住房”和“租用商品房”的比例是23.22%。统计表中的数据不包括对无房户的统计，而“租用公有住房”和“租用商品房”的家庭最大的可能是向拥有第二所住房的个人租用。这不是好的结果，不说明82%的城市家庭有一套房子，可能是50%~60%的人群拥有了82%的房子。这虽然是推测，但可以明确的是，国家和集体对住房的拥有率小于18%。社会对中低收入人群的住房保障能力极其有限，急需“切实调整住房供应结构”，利用对土地的控制权，维护社会的和谐。

城市家庭住户房来源统计表

表4

住房来源	自建住房	购商品房	购经济适用房	购原公有住房	租用公有住房	租用商品房	其他
户数	2184290	751224	533396	2401075	1331890	561724	391318
比例	26.78%	9.21%	6.54%	29.44%	16.33%	6.89%	4.80%

注：表中数据引自“中国2000年人口普查资料”。

三、正确理解套型面积标准的多项量化指标

对待“套型建筑面积”应正视以下事实：

1. 住宅的面积问题，本来是复杂的问题，国际上没有统一的指标和计算方法

1988年“改善城市住宅功能质量”课题组在做国际居住标准比较时就已经发现，日本的第五期“住宅五年计划”中，使用了“居住面积”、“轴线使用面积”、“参考使用面积”、“参考建筑面积”四项指标。1990～1993年“中国城市小康住宅研究”时，中日专家经常发现套型面积标准的国际比较存在不同的指标，至今没有完全统一。世界各国提供的统计资料中指标不同，又没有换算方法，这是客观现实，没有理由要求统一规定和简单的表述。

2. 描述一套住宅的大小有多种量化指标是正常的

平常问你家房子多大，除了“几室几厅”的回答外，可以回答是“多少平方米”。进一步需要确认是“建筑面积”还是“使用面积”，即使确认了是“建筑面积”，仍然是不够精确的概念。开发商卖给住户的销售面积里包括了物业管理用房的公摊面积。北京市的单位把福利房卖给个人时，采用了1.33的使用面积系数折算或高层住宅减少10%测量面积的办法。与“销售面积”比可能少收$10m^2$的钱，当进行二手房交易时，却可能造成少卖了$10\ m^2$的价钱。在南方，$90m^2$的套型由于

墙体薄，比北方的 90m^2 显得大了 2m^2~3 m^2。住在高层的由于电梯间等公摊面积多，比住在多层的 90m^2 要显得小了 6m^2~8 m^2。塔式住宅的公摊面积不同于板式的住宅；一梯两户的住宅和一梯六户的住宅如果套型面积指标相同，实际的大小有明显差别。有的套型面积指标不含阳台面积，有的却含阳台面积或含一半的阳台面积。这是历史原因造成的，自然而然。

3. 多项相关技术标准对“套型建筑面积”有不同的计算方法是合理的

对“套型建筑面积”的计算方法至少有 4 ～ 5 项国家标准或行业标准有相关规定，其中相互不一致的地方是由于使用目的不同造成的，目前有一定存在的合理性：

《建筑面积计算规则》是用于计算整座建筑的面积的，针对各种建筑形式。对工程造价的预算、结算十分实用。在造价师那里用得得心应手。但是，针对住宅以套为单位计算面积，尤其是计算住宅的套型面积时，缺乏分摊、补贴、鼓励等措施。

《房产测量规范》是用于实测建筑面积的，房改后在确定产权范围、制作房产证方面起到重要作用，该规范配合了主管部门的公摊办法，在房屋管理部门和房地产开发商中得到认可。但是，对住宅的套型边界（墙体的中心线）和分摊的面积是无法测量得到的，使用时各种分摊方法的合理性有争议。又由于处在老百姓维权的焦点上，不同测量机关得出不同测量结果引发的官司较多。

《城市居住区规划设计规范》涉及套型面积计算的指标有容积率，如果用计算小区住宅容积率时所用的总建筑面积数除以小区的住宅套数得出平均每套的建筑面积，会发现与其他方法得出的不同。原因是，用计算容积率的总建筑面积指标可以不包括地下室、半地下室、阳台甚至斜屋顶下空间等不影响日照和建筑密度的面积指标。

《住宅设计规范》是用于住宅方案设计阶段对套型空间的面积分配及单元组合控制套型规模的。对套型建筑面积规定了计算公式，利用标准层的使用面积系数按比例合理分摊公共面积，对于方案合理性的比较评价和套型组合设计十分实用。但计算结果中不包括本层建筑面积以外的公摊面积，阳台面积也是另行计算的，与销售面积略有不同。

1999 年在颁布《住宅设计规范》的同时，对套型面积指标的量化有专题论证，在条文说明中特别指出：“住宅设计经济指标的计算方法有多种，本条要求采用统一的计算规则，这有利于工程投标、方案竞赛、工程立项、报建、验收、结算以及分配、管理等各环节的工作，可有效避免各种矛盾。”如今看来，与现实有一定距离。

综上所述，利用“套型面积”标准作为宏观调控标准指导我国住宅建设是十分正确有效的措施，但是，对我国住宅套型及其量化指标的研究还有大量工作可做。

原载于：《住区》，2006 年第 3 期

新世纪我国住宅产业化的必由之路

聂梅生

一、新世纪住宅产业新特点

（一）现阶段我国的住宅产业

到2000年底，我国人均住房面积已超过10m²，提前两年实现了“九五”计划9 m²的目标，达到了小康水平。住宅年平均竣工面积4.59亿m²，大大超过了“九五”计划2.4亿m²的目标。当前，住宅建设在国民经济中的重要地位已经确立，住宅建设已经成为国民经济的增长点。1999年城镇住宅投资达到5050亿元，占GDP6.17%,1999年住宅建设在国民经济增长率7.2%中占有1%~1.5%的份额。

房改政策得到了全面贯彻实施,住宅商品化已基本实现,达到了“中央放心、人民安心、有利稳定、促进发展”的预期目标。2000年1~11月个人购房占商品房销售面积的89.2%,个人总支出1672.5亿元,短缺经济基本结束，住宅品质不断攀升。当前住宅需求已从数量型转到数量型与质量型并重，人们的居住要求从“住得下”提高到“住得好”，这是一个质的飞跃。

回顾我国住宅建设走过的十年,小区成片开发模式已被广泛采用,住宅规划设计水平大大提高,设计理念趋向市场化、国际化；住宅产业化已从概念发展到实施，产业化的总体框架已经建立，技术体系正在集成；住宅市场的卖点和热点不断翻新。

（二）住宅产业的新特点

在过去十年中，我国的住宅开发是以项目为中心，房地产开发商只关注项目的成功与否。现在，开发商已从简单的重复、照搬，开始进行深层次的创新。其特点如下：

1. 从项目策划转向品牌策划——技术创新

过去我国的住宅小区建设中“流行色彩”很重，某一种设计手法很快就会风靡全国，造成品位不高、失去地方文化特色，刮起了一阵不小的“欧陆风”。而当前已有相当一批开发商正从“复制”走向“创新”，尤其是从规划设计到施工建造的技术创新，从而全面提升住宅品质。还有一些开发商已不再追求小区中“全面开花，面面俱到”，转而走向“一枝独秀，领导潮流”，如智能化、绿色生态、SOHO、TOWNHOUSE 等等，以此在市场竞争中抢点占位。开发商已从营造“名园”到营造“名牌”，以品牌系列增加企业的竞争能力，这在异地开发中尤为重要。

2. 从项目竞争转向企业竞争——机制创新

近年来，住宅产业的相关企业发生了值得注目的变化，企业结构调整正在进行，房地产开发企业中有的在突出房地产开发主业的前提下，向上下游延伸组建涵盖建材生产、建筑施工、物业管理等业务的企业集团；有的企业向专业化方向发展，形成了持有专门技术的专业化企业，如智能化集成、工业化住宅生产企业等。

当前，企业重组也正在进行，制造业、信息业、金融业、流通业参加重组房地产业，尤其是房地产企业上市，将更加快企业重组的进程。

住宅产业企业的结构调整或重组都是为了一个目的，就是通过机制创新增强企业的竞争力。随着我国加入 WTO 及信息时代的到来，住宅产业在面临竞争的同时也重视合作，企业为了寻求更大的发展空间，在信息时代、网络经济的背景下，出现了各种形式的企业联盟，如中国住宅产业集团联盟、中城房网等，这对住宅产业的发展无疑会起到促进作用。

3. 知识经济特点日渐突出

在世界经济走向全球化和知识化的大背景之下，进入 21 世纪的中国住宅产业也呈现出某些知识经济的特点。

二、从工地到工厂

工业化在我国国民经济发展中处于非常重要的地位，正如朱镕基总理所说：“继续完成工业化是我国现代化进程中的艰巨的历史性任务”。

（一）完成住宅产业的工业化进程是历史使命

分析当前我国住宅产业的特征，可归纳为以下几点：

1. “前工业化”特征明显

我国目前持有资质的房地产开发企业共有2.7万家（尚有大量的项目公司未包括在内），平均每个企业的年开发量大约1万m^2;施工企业中还有不少的包工队。从总体上来看，企业的集中度不够，大型企业的市场占有率不高，具有“前工业化时期”的手工作坊、粗放型特征。

2. “工业化”进程加快

随着住宅建设的迅猛发展，尤其是商品化程度的提高，在市场经济的推动之下，住宅开发过程所包括的企业间形成紧密的关系，进而使得住宅产业链开始形成。住宅全过程的开发建造是走向工业化的标志。与此同时，住宅建造过程的细分和专业集成商的出现，进一步提高了住宅产业的技术水平、生产效率和工业化程度。

3. “后工业化”特征开始显现

进入21世纪的中国住宅产业，不仅与工业化接轨，而且很快将先进的科学技术用于住宅建设中。由于住宅产业与其他相关产业的关联度很高，材料工业、制造工业、电子工业、环境工程领域的先进技术都将推动住宅建设的技术进步。近几年，以先进的电子技术为代表的小区智能化技术、信息化技术在全国迅速推进，说明会有更多的先进技术用于住宅领域。随着知识经济时代的到来，住宅产业将会发挥后发优势，与其他产业同步发展。

（二）当前住宅产业企业的发展趋势

企业是产业的基本要素，只有企业实现了现代化才能实现住宅产业的现代化。当前住宅产业内的企业正在发生引人注目的变化：

1. 开发企业走向大型化、集团化

当前，房地产界的名家就企业的走向问题有诸多讨论，引起业内人士的广泛关注。国内的开发企业具有强烈的中国特色，那就是开发商既要负责地产开发，又要负责房产开发，这种全程型的开发商到底还能坚持多久？应当说，现阶段我国住宅建设的持续发展，小区的成片开发需要全程型的开发商，尤其是在大城市持续多年的成片开发之后，西部大开发推动了房地产的异地开发，城镇化又给开发商提供了广阔的前景。资产重组、资本经营造就了全程型开发商，在相当长的时期内，有

实力的大型、全程型的开发商仍会占主导地位。

2. 生产制造商从生产住宅部品转向生产住宅

在巨大的住宅市场召唤下，住宅部品生产企业在原有基础上进行创新，加速技术和产品集成，适应住宅市场，需要形成新的竞争力。同时，与国际上先进技术接轨，实现跨越式发展。生产制造商中，有的生产住宅中的集成件，如：整体式厨房、卫生间，有的生产住宅中的结构预制件，更有超前的企业进而生产工厂化住宅，在市场上抢点占位。诸如：长沙远大、北新建材、青岛海尔、上海汇丽等。

3. 房地产开发企业开始转型

房产商和地产商是否最终要分开？目前尚难以定论，但是已经出现了只做其一的企业，目的是形成独自的优势，回避全程型开发商的风险。与此同时，房地产开发过程中专业集成商的出现，使房地产开发走向分块集成。例如：住宅小区智能化集成商、整体式卫生间、厨房的生产商、住宅小区直接饮用水厂、一次性装修总承包商等等。如果提供工厂化住宅的制造商大量出现，将使住宅开发产生革命性的变化。

（三）工业化住宅独具优势

生产工业化住宅需要具备一些条件：完成住宅技术体系集成和住宅部品体系集成，这是基础；采用新技术、新材料进行技术和产品集成，这是方向；制定标准化、模数化的规范，这是前提。

工业化住宅之所以受到重视，是它具备明显的优势。首先是建设周期缩短：建房速度可比传统砖混、钢筋混凝土结构提高 4~10 倍，可从 15 个月缩短到 3 个月，甚至小于 1 个月；其次是预制构件，现场安装，预制成品、半成品量达 95% 以上；第三是现场文明施工程度高，大部分为干作业，施工机具简单，人数少。这样就使得劳动生产率大大提高，我国目前人均年竣工面积在 20 m^2~30 m^2 左右，而美国大致在 100 m^2 左右，最高达到 100 m^2/ 人 · 日。质量、效率是企业的生命，提高效益永远是企业的核心，工业化住宅可以通过提高质量、效率来提高效益，自然就具有强大的生命力。

当前我国工业化住宅的动向可概括为以下方面：

（1）轻型结构体系——以钢结构为主体，也有钢木、钢木与混凝土组成的混合结构。

（2）低层独立式住宅——目前由国外引进为主，但也已经开始国内生产。

（3）整体化的厨房、卫生间。

（4）一次性装修——住宅的装饰、装修是一个巨大的市场，几乎是建安造价的 50% 左右，市场的需求必然呼唤着装修产业的崛起。住宅产业化要求全过程的工业化，因而就不可能放任装修工程长期由“马路游击队”掌管。随着住宅市场中开发商和购房者逐步走向成熟，市场最终会认可成品房，开发商也将能提供满足各种需求的成品房，这是经济和社会发展的必然趋势。

住宅开发从项目走向企业，从工地走向工厂，这是住宅产业化发展的必然趋势，随着我国国民经济工业化进程的加快，工业化住宅正在大踏步地向我们走来，它不仅对住宅建设会产生深远的影响，而且必将在住宅市场上占有巨大的份额。

三、住宅产业数字化创新工程

用先进的信息产业改造传统的住宅产业是历史赋予我们的责任。信息技术不仅可以用于推动住宅产业的现代化，而且还独具优势，理由如下：

1. 住宅的建造过程由多个企业完成

传统的制造业是在工艺流程的工序间实行集成，而住宅建造是在相关的企业间实行集成。首先是各企业内部需要用信息化促进现代化，如：设计 CAD、规划 GIS、施工 CAC、物业管理 IT 化、电子商务 B2B/B2C 等等。更重要的是产业链上的企业之间也需要信息化集成管理，而现代信息技术恰恰能够做到这一点，这正好体现了信息技术的优势。

2. 住宅产业的不动产特性需要借助信息化实现现代化

传统的制造业是企业不动，产品动，如：汽车、电子类产品等等，而住宅产业是产品（房子）不动，企业动，如：开发、施工企业都随着项目流动。采用网络化、数字化技术管理面上分布型的项目更是独具优势。本文将就住宅产业数字化工程做简要描述。

（一）住宅产业数字化工程

HI-CIMS 工程是列入国家 863 计划的高科技项目，在 2000 年完成了第一阶段关于住宅建造过程的数字化工作，并通过了国家验收，这一项目的目标在于实现住宅建造过程的数字化集成，下一步的工作将要进行住宅产业的相关领域的数字化集成，其总体结构如（图 1）所示。

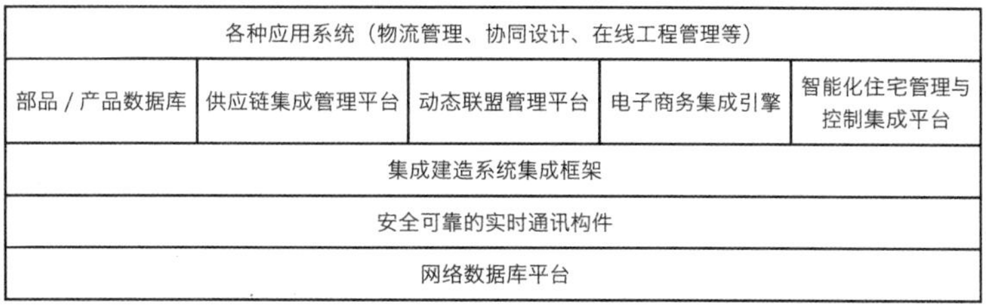

各种应用系统（物流管理、协同设计、在线工程管理等）				
部品 / 产品数据库	供应链集成管理平台	动态联盟管理平台	电子商务集成引擎	智能化住宅管理与控制集成平台
集成建造系统集成框架				
安全可靠的实时通讯构件				
网络数据库平台				

图 1.eHICI 框架

（二）数字化企业的应用需求

现代企业需要不断地创新以提升企业的素质，增强企业的竞争能力。下列因素促使企业走向数字化：

1. 集约化管理——通过数字化技术使企业管理由现在的分散、各自为政的管理方式走向集约化管理，从而提高效益。

2. 数字化协同设计——住宅设计的各个专业工种之间、设计院与开发企业、施工企业之间需要协同工作，而数字化技术可以提供高效的协同设计。

3. 集成化建造——住宅产业的工业化进程中，必然形成专业性的集成模块，而建造过程就是在集成模块之间进行，数字化技术将用于整个集成过程。

4. 供应链的优化——在住宅产业的供应链上，存在上下游供应链：由部品生产商供应材料产品，由开发商供应成品住宅。在采购过程中可通过集团采购、电子商务来保证质量，降低成本；同样在住宅销售中可运用网络技术实现用户参加设计，网上销售等项业务。

（三）企业的知识管理和可持续发展

21 世纪是知识经济和可持续发展的时代，人才培训和知识更新是企业管理的重要内容，企业的竞争说到底是掌握知识的人才的竞争。

（四）市场竞争环境的变化

随着经济和社会的发展，市场竞争的环境和要素也发生了变化，21 世纪的市场竞争将发生以下变化：

1. 经济全球化——中国加入 WTO 之后，国外企业将逐渐享受国民待遇，这和以往国内的市场竞争大为不同，而不能掌握现代化信息技术的企业将难以应付经济全球化的挑战。

2. 市场竞争的要素不断变化和提升——现代企业在市场竞争中要不断注意竞争环境的变化。市场竞争的初级阶段，成本是决定性因素；进而发展到质量和成本双重因素，即产品的性能价格比；在现代集成建造系统中 (CIMS) 提出了四个因素：工期、质量、成本、服务 (TQCS)；在今后的竞争中除了以上四个因素外还要增加环境和信息两项 (TQCSEI)，从以上竞争环境的变化可以得出结论：数字化是企业适应竞争的必备手段。

因此，现代企业应具备 T、Q、C、S 的市场竞争能力，对市场的快速响应能力，对企业的核心业务流程的持续改善及重构能力，企业及其员工的自适宜和学习能力，企业的创新和可持续发展能力等。

（五）住宅产业数字化创新工程

住宅产业数字化创新工程是以产业链中的企业为对象，通过数字化技术和数字化工程支持企业的体制创新、市场创新、管理创新、产品和过程创新，并辐射到全国各地区，在全国推广应用，最终实现提高住宅行业的整体竞争能力，适应加入 WTO 以后的挑战。

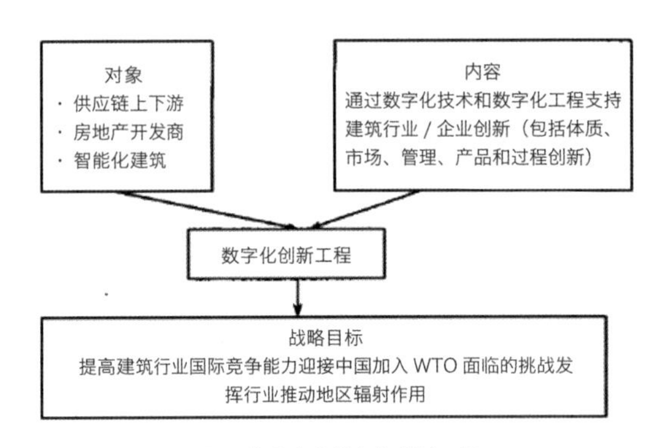

图 2. 住宅产业数字化创新工程

（六）数字化企业的进化过程

图 3 描述了现代企业的进化过程：

企业的形态正由以往的传统企业，通过计算机应用，走向计算机集成，最终发展到数字化企业.当前我国住宅产业中的企业大多数处于传统企业和计算机应用企业之间。

从技术集成的发展来看，大多数企业处于信息集成阶段，少数企业开始在企业内部进行生产过程或管理过程等的过程集成，至于相关企业间的集成如企业动态联盟等还处于研究示范阶段。这一类的集成技术在 CIMS 工程中已取得重大的突破和进展。

企业形象	传统企业	计算机应用企业	计算机集成企业	数字化企业
集成技术		信息集成	过程集成	企业集成
处理对象		数据	信息	知识
网络技术		局域网	广域网	Internet

进化

图 3. 数字化企业的进化过程

从企业的领导者来说，传统企业要面对大量的数据处理，当前优秀的企业领导要学会处理信息，而未来企业的领导就必须能处理知识。

从网络技术发展来看，当前已经从局域网发展到广域网进而开始了因特网时代。

（七）数字化企业创新工程的意义

综上所述，数字化企业创新工程的意义可归纳为以下几点：

第一，用数字化带动企业创新，提高企业的竞争能力；

第二，以信息化带动工业化，实现社会生产力的跨越式发展；

第三，推动科技进步与创新，促进国民经济的可持续发展；

第四，以点带面，促进行业和地方经济的发展；

第五，效益驱动，带动传统产业和高新技术产业共同发展；

第六，以应用促发展，探索一条符合国情的企业创新之路。

进入 21 世纪以后，企业的进化与企业的效益将紧密挂钩，可以将企业的经营简单地描述如下：

第一，经营劳动力——粗放型，效益受限制；

第二，经营资本——效益成倍增加；

第三，经营技术——集约型发展，效益长远；

第四，经营智慧——知识经济时代，效益不可估量！

四、绿色生态住宅

当人类社会进入21世纪之时，世界各国都在从不同的角度探索21世纪的主题，21世纪的主题是什么？——信息化世纪；——生命科学世纪；——经济全球化世纪；……，各说不一。江泽民总书记在今年3月闭幕的“全国人口资源环境工作会议”上说：“人口资源环境工作是强国富民安天下的大事”。应当说，21世纪的主题是将可持续发展战略从提出走向实施的世纪，可持续发展是21世纪人类共同的主题。

在20世纪末，绿色建筑(Green Buildings)就在西方国家兴起，进而成立了国际性组织，制定了有关绿色生态建筑的指标体系，开展了不少活动。近来，在我国的住宅建设中也十分关注这一个领域的问题，无论是从可持续发展的总体出发，或者仅仅是一种房地产开发的理念，都值得我们研究。

（一）住宅产业必须成为资源节约型产业

绿色——作为新世纪住宅的主旋律，应体现节地、节水、节能、治污。传统的住宅产业是一种资源消耗型产业，但是根据我国的国情，已经到了必须重视在住宅建设中节约资源的问题，否则将影响住宅产业的发展。笔者将从以下几方面来分析：

1. 土地

近几年来，我国平均每年减少750万亩耕地，新中国成立50年来人均耕地面积从3.88亩减少到1.58亩。因此，以下有关节地的方针尤为重要：

1）严格控制城乡居民点建设用地是长期方针；

2）延续了10年的住宅小区模式正在发生变化，旧城区改造要有新模式，以便节约土地；

3）小城镇住宅建设将成为重点，节地问题要提前研究；

4）以成套技术、合理设计、先进的建筑结构增加使用面积，节约用地；

5）限期禁止在规定地区使用黏土制品，禁止毁田，鼓励采用绿色建材。

2. 水资源

全球性淡水资源短缺已成定局。我国北方城市的资源性缺水、南方一些城市的水质性缺水已经到了对经济和社会亮红灯的程度。城乡居民用水是水资源平衡分配的重要环节，它既包含了水量问题，也包括水质问题。住宅小区的水系统应考虑以下问题：

1）在住宅小区中要建立水的大循环概念，自来水、雨水、地下水、污水等均要统一列入考虑范围，进行系统优化设计；

2）由于资源性缺水和水质性缺水同样严重，应针对不同情况制定强制性措施，如：实行分段、梯级提高水价，对耗水量大的设备、器具要强制淘汰并强制推行节水设施等；

3）随着居民生活水平的提高，管道直接饮用水已经进入小区，形成了第二水厂，它达到了提供优质直接饮用水和节约用水的双重目的；

4）住宅小区应考虑污水回用设施，具体方案可以采取就地回用、就近回用或与城市污水处理厂联合，将处理厂的出水经深度处理后回用到住宅小区；

5）缺水地区应设立住宅小区雨水收集和再利用系统。

3. 能源

我国是一个能源储备量并不丰厚的国家，但存在能源利用率低下，浪费严重等问题：

1）我国一些主要工业产品的能耗比发达国家高 4 倍；

2）单位国民生产总值的能耗为日本的 6 倍、美国的 3 倍、韩国的 4.5 倍；

3）能源结构不合理，煤占 70%，由于清洁煤技术尚未普及，空气污染严重；

4）我国石油储藏量仅占世界总量的 2.3%，可开采年限只有 20.6 年，大大低于世界平均年限 42.8 年；

5）我国建筑能耗占全国总能耗的 25%，住宅每平方米能耗为相同气候条件下发达国家的 3 倍。

基于以上的分析，在当前的住宅建设中必须充分重视各种资源的节约问题，否则将成为当前住宅产业化发展的制约因素。

（二）绿色生态住宅小区的基本要求

当前，全国各地打出绿色生态住宅旗号的小区可谓风起云涌，但是，绿色生态小区应当具备什么基本条件，却没有规范化的依据可循。建设部住宅产业化促进中心正在研究制定有关绿色生态住宅小区的技术导则，大致包括以下九个方面：

1. 能源系统

进入住宅小区的能源在一般情况下有：电、燃气、煤。对这些常规能源要进行分析优化，以便从系统上采取优化方案，避免多条动力管道入户。对住宅的围护结构和供热、空调系统要进行节能设计，建筑节能至少要达到 50% 以上。在有条件的地方，鼓励采用新能源和绿色能源（太阳能、风能、地热、其他再生能源）。

2. 水环境系统

对于住宅小区的水系统，要考虑水质和水量两个问题。在室外系统中要设立将杂排水、雨水等处理后重复利用的中水系统、雨水收集利用系统等；用于水景工程的景观用水系统要进行专门设计并将其纳入中水系统一并考虑。小区的供水设施宜采用节水节能型，要强制淘汰耗水型室内用水器具，推行节水型器具。在有需要的地方，同步规划设计管道直饮水系统，以便提供优质直饮水。

3. 气环境系统

住宅小区的气环境系统包括室外和室内两方面，室外空气质量要求达到二级标准。居室内达到自然通风，卫生间具备通风换气设施，厨房设有烟气集中排放系统，达到居室内的空气质量标准，保证居民的卫生和健康。

4. 声环境系统

住宅小区的声环境系统包括室外、室内和对小区以外噪音的隔阻措施。室外声环境系统设计应满足：日间噪声小于 50 分贝、夜间小于 40 分贝。建筑设计中要采用隔音降噪措施使室内声环境系统满足：日间噪音小于 35 分贝、夜间小于 30 分贝。对小区周边产生的噪音，如果影响了小区的声环境则应采取降噪措施。

5. 光环境系统

住宅小区的光环境一般着重强调满足日照要求，室内要尽量采用自然光。除此以外，还应注意居住区内防止光污染，如：强光广告、玻璃幕墙等。在室外公共场地采用节能灯具，提倡由新能源提供的绿色照明。

6. 热环境系统

住宅小区的热环境系统要满足居民的热舒适度要求、建筑节能要求以及环保要求等。对住宅围护结构的热工性能和保温隔热提出要求，以保证室内热环境满足舒适性要求，冬季供暖室内适宜温度 :20°C~24 °C，夏季空调室内适宜温度 :22°C~27°C。住宅的供暖、空调应该采用清洁能源，并因地制宜采用新能源和绿色能源。国家鼓励采用不破坏大气环境的循环介质。

7. 绿化系统

住宅小区的绿化系统应具备三个功能：

第一是生态环境功能：小区绿地是提供光合作用的绿色再生机制，它具有清洁空气、释放氧气、调节温湿度、保持生物多样性等功能；

第二是休闲活动功能：小区绿地提供户外活动交往场所，要求卫生整洁、适用安全、景色优美、设施齐全；

第三是景观文化功能：通过园林空间、植物配置、小品雕塑等提供视觉景观享受和文化品位欣赏。

8. 废弃物管理与处置系统

住宅小区生活垃圾包括收集与处置两部分：收集应体现“谁污染谁治理，谁排放谁付费”，处置应以“无害化、减量化、资源化”为原则。生活垃圾的收集要全部袋装，密闭容器存放，收集率应达到100%。垃圾应实行分类收集，分为有害类、无机物、有机物三类，分类率应达到50%。

9. 绿色建筑材料系统

在建设绿色生态住宅中，对于材料、部品的选用要强调两点：一是要提倡使用3R材料（可重复使用、可循环使用、可再生使用），二是要选用无毒、无害、不污染环境，有益人体健康的材料和产品。宜采用取得国家环境标志的材料、部品。

建设绿色生态型住宅小区不仅是当前开发商关注的热点问题，更重要的是适应了今后经济和社会发展的要求，也符合21世纪全球人类共同追求的目标，我们应当不失时机地抓紧研究这一问题。

原载于：《建筑学报》，2001年第7期

新中国成立以来住宅工业化及其技术发展

刘东卫　周静敏　邵磊

住宅工业化首先是一种住宅生产方式的变革，其核心是要实现由传统半手工半机械化生产方式转变成一种现代住宅工业化生产方式。住宅产业化应在住宅工业化生产的前提下，通过推行住宅标准化生产的整体性部品、采用符合工业化建造的集成性技术来实现住宅工业化生产，解决传统生产方式的住宅质量缺陷和性能不佳等弊端，提高住宅品质为中心的综合效益，进而减少能耗保护环境。实现住宅工业化的生产方式及其技术，必将对中国住宅建设发展与变革产生根本性的影响。

二战之后，西方发达国家以住宅生产方式的转型为主要目标，将工业化与建筑设计、技术开发、部品生产和施工建造相结合，成功地实现了住宅建设工业化生产的变革。自 20 世纪 50 年代，我国住宅工业化创立以来，伴随着解决居住问题的不同思路，我国住宅工业化历经了漫长而曲折的发展道路。20 世纪末至 21 世纪初的十年期间，由于我国住宅产业化方针政策的推动和住宅技术发展的需求，住宅科技进步加速发展，我国住宅工业化生产研究实践又进入了一个新的发展时期。政府对住宅产业化的新技术、新产品、新材料的推广应用取得了明显成效，一些企业针对在住宅工业化道路上遭遇的技术问题也进行着许多尝试，住宅工业化的建设实践大幅度地推动了住宅工业化集成技术发展，促进了新时期住宅工业化的科技进步与发展。比较而言，由于认知水平、社会经济、产业政策和技术部品体系等软硬两方面诸多因素的制约，使得我国住宅工业化历经数十年发展，并未取得长足的进步，我国住宅工业化仍处于生产方式的转型阶段。

虽然目前我国住宅工业化发展初步呈现了企业向大规模住宅工业化生产集团的整合方向发展、

住宅开发向工业化生产的集成化方向发展的趋势。但是，企业大规模住宅工业化生产集团整合仅仅停留在以万科为代表的房地产开发企业的“产业整合型模式”和以远大为代表的建材生产企业的“技术集成型模式”的探索时期，房地产企业工业化住宅建设实践项目数量极少，工业化集成技术的采用也都处于研发试验阶段。我国住宅的工业化道路该如何走、有没有一种可行的技术发展模式，既成为社会普遍关注的问题，也是行业各界的热烈讨论的话题，问题的核心是对住宅生产工业化发展的基本理念模糊认知和技术途径理解偏差，特别是对住宅工业化及其技术发展问题研究的意义尤为关键。因此，从我国住宅工业化形成过程中，住宅生产方式发展的角度进行住宅工业化与相关建设技术的发展的研究的同时，反思我国住宅的生产工业化的发展问题，深入认识我国住宅的生产工业化的经验与教训，不仅对当前我国住宅产业化发展的探索提供有益的启示，也会对推动我国住宅工业化发展起到积极的作用。

一、中国住宅工业化及技术的发展历程

从中国住宅工业化生产方式及技术发展的角度，来分析 20 世纪 50 年代新中国成立以来的住宅工业化及技术发展过程，可分为三个时期。

（一）1949 ～ 1978 年：住宅工业化及技术的创建期

在新中国成立的发展建设初期，城市住宅严重短缺，住宅建设全面复兴，快速、经济的住宅建设研究与住宅工业化相结合。苏联的住宅工业化经验被引进国内，开展了设计标准化的普及工作，进行了多类型住宅结构工业化体系与技术的研发与实践。本阶段住宅工业化及技术以大量建设且解决居住问题为发展目的，重点创立了住宅工业化的住宅结构体系和标准设计技术，也推动了早期住宅工业化项目建设及实施技术研发的工作。

1. 住宅建筑工业化思想的引进

住宅短缺是新中国成立后急待解决的重大问题，急需找到加快解决住房短缺的建设方法。1953 年“一五”期间，随着社会主义工业化建设的开始，苏联“一种快速解决住房短缺方法”的住宅工业化思想被引进国内，推行“发展标准化生产、机械化施工和标准化设计”的建筑工业化思路。住宅工业化内容主要包括设计标准化、构件工厂化和施工装配化三个方面，核心是主体结构的装配化。在加快建设速度、降低工程造价和节约人员数量的前提下，大量、快速和廉价地提供城市住宅。

2. 住宅标准设计的出现

在引进苏联住宅工业化方法的同时，住宅设计领域也出现了标准设计的概念。在我国大量建设的“一五”期间，标准设计方法的采用较好地解决了技术人员不足的问题，设计效率得到了极大提高。经过最先引进苏联住宅标准化设计方法的东北地区尝试，20 世纪 50 年代中期开始，由城市建设部负责，按照标准化、工厂化构件和模数设计标准单元，编制了全国六个分区的标准设计全套各专业设计图。1956 年，城市建设总局举办了全国楼房住宅标准设计竞赛，并向全国推广了中选方案。

3. 早期 PC 二型住宅的实验

20 世纪 50 年代，北京市借鉴苏联经验，进行了多种砌块和装配式大板建筑的试点探索。1955 年，在苏联专家指导下北京市建筑设计院设计了第一套住宅通用图 · 二型住宅分为两种类型：一种是单元为一梯二户五开间，每户 3 ～ 4 个居室，每户平均面积约为 $99m^2$；另一种是单元为一梯三户五开间，每户 2 个卧室，每户平均面积约为 $63m^2$。二型住宅为四层砖混结构，楼梯和楼板均为 PC 板，由于强调“标准化、工业化和减少构件规格”，住宅单元仅使用了一种住宅开间。

4. 住宅预制化与工业化住宅体系的初创

随着住宅建设量的增大，全国重视发展施工简便的低造价住宅。本时期多为砖木或砖混住宅结构，施工主体构件大多采用施工简便的预制楼板。大型砖砌块体系是先期的工业化住宅体系，1957 年，在北京洪茂沟住宅区应用了这种大型砖砌块体系，随着大型砖砌块体系技术的日益成熟，得到了一定的发展。以重视住宅建设的经济性为契机，推动了初期多类型工业化住宅体系的研究与发展，后进一步出现了 PC 大板体系住宅。20 世纪 60 年代以后，在北京、上海、天津等城市，PC 大板体系住宅也进行了规模性建设。

5. 多类型住宅结构工业化体系与高层 PC 大模板体系

20 世纪 70 年代，在全国范围建筑工业化运动的“三化一改（设计标准化、构配件生产工厂化、施工机械化和墙体改革）”方针下，发展了大型砌块、楼板、墙板结构构件的施工技术，出现了系列化工业化住宅体系。除了砖混住宅体系的大量应用，还发展了大型砌块住宅体系、大板（装配式）住宅体系、大模板（“内浇外挂”式）住宅体系和框架轻板住宅体系等，上述住宅体系均得到比较广泛应用。1973 年，作为最早 PC 高层住宅的前三门大街高层住宅在北京建成，共计 26 栋高层住宅都采用了大模板现浇、内浇外板结构等工业化的施工模式，首次尝试了用高层 PC 技术的大批量建造方式，推动了我国住宅工业化施工建设的科技进步。

6. 标准通用图的普及

20 世纪 70 年代，标准化设计方法标准图集的制定工作由各地方负责实施，各地方成立了专业部门来推进住宅标准设计的工作。这种标准化设计方法的标准图集，成为所有城市住宅建设和构件生产的技术依据。

7. 北京 80 · 81 系列住宅的成绩

1978 年，《北京日报》头版头条刊登邓小平同志视察前三门大街住宅后，对改进住宅设计的要求，“设计要力求布局合理，更多考虑住户的方便，如尽可能安装淋浴设备。要注意内部装修的美观。要多采用新型轻质建筑材料，降低住房造价”。为此，北京市陆续编制了 21 类 89 套组合体的住宅通用图和试用图系列成果，称之为“北京 80 · 81 系列住宅”，在标准化的基础上力求多样化，为居民设计了居住方便、经济适用的空间。由于当时住宅建设中，砖混住宅体系建设量大面广，而大模板住宅体系（内模外板 · 内模外棚）具有抗震性能好、施工工艺设备简单、技术容易掌握、便于普及推广的技术经济效果好等特点。由于既具有多层与高层住宅建设应用的广泛性，又是适合我国国情且有发展前景的砖混合大模板两种住宅体系，北京 80 · 81 系列住宅成果在北京得到大面积推广，深受建设单位欢迎。

1978 年，为满足工业化和多样化设计要求，国家建委下达《大模板建造住宅建筑的成套技术》科研课题，北京市建筑设计研究院承担了大模板体系的标准化研究。大模板体系的标准化研究成员制定了一整套建筑体系参数，既包括开间、进深和层高的参数，也包含楼板、外墙板、楼梯、阳台、定型卫生间和通道板等定型构配件参数，并制定了整套的构造做法。大模板住宅建筑体系具有建筑参数可控、构建配件定型和住宅设计可变的三大特色。大模板住宅建筑体系的住宅类型包括多层板式塔式、高层板式塔式九种形式，20 套组合体。1979 年，《大模板住宅建筑体系标准化设计》研究完成。1980 年，《北京市大模板建筑成套技术》通过鉴定，北京市颁布了《大模板住宅体系标准化图集》。大模板住宅体系住宅设计作为北京 80 · 81 系列住宅的组成部分被大量采用，成果在北京五路居居住区、西坝河东里小区、富强西里小区等住宅区建设中推广。1983 年，北京 80 · 81 系列住宅在全国建筑工作会议上被作为典型介绍，并被安排在全国室内设计与装修产品展览会上展示了一套 3 室 1 厅的样板房，首次推出的组合柜家具、新颖别致的空间效果，室内设计对推进全装修现代化产生了积极的作用。1985 年，北京 80 · 81 系列住宅研究成果获得国家科技进步二等奖。

8. 建筑工业化“建筑体系”概念与国外住宅工业化的研究

20 世纪 70 年代末，城市建设被提上日程，住宅建设量不断加大。以何种方式来解决大量的住宅建设任务，成为住宅建筑业急需解决的课题。在此背景下，为解决二战之后的住房问题，西方国家的住宅建筑工业化的经验与成就，成为我国住宅建设研究与借鉴的对象，同时将国外住宅工业化“建筑体系”概念引进国内。国外住宅工业化研究成果大量出现，系统研究了法国、苏联、日本、西德和美国等国家的建筑工业化发展及特点，代表性成果有：1974 年的《关于逐步实现建筑工业化的政府政策和措施指南》，1979 年的《国外建筑工业化的历史经验综合研究报告》，日本、法国、苏联等国家建筑工业研究分报告以及《大模板施工技术译文集》等。

9. 砖混住宅结构体系与技术的开发

至 1978 年，砖混住宅一直是作为全国最为广泛采用的结构体系，住宅工业化基本思路在砖混住宅体系的发展中得以较好的体现。“一五”期间，通过砖混住宅通用图，提高了砖混住宅的标准化水平。20 世纪 60 年代以后，楼板、楼梯、过梁、阳台、风道等大量构件均已预制化，形成了砖混住宅结构的工业化体系。

（二）1979 ～ 1998 年：住宅工业化及技术的探索期

在 20 世纪八九十年代，随着住宅建设规模迅速扩大，建设技术水平不能适应新的形势下住宅建设和居住需求的要求，解决住宅工程施工质量问题已成为住宅建设的当务之急，全社会逐渐形成了数量与质量并重的住宅建设指导思想。本阶段住宅工业化及技术以改善居民居住生活的内部功能和外部环境的质量为发展目标，以提高住宅工程质量为中心，力求全面解决和提高住宅建设综合质量的根本性要求，多方面、系列化地进行了工业化生产的住宅技术政策和技术理论体系的综合研究、部品技术的系统应用和整体性实践的项目尝试。

1. 国外 SAR 理论的研究与标准化、多样化的实践

1980 年，N．J．哈布林肯的 SAR 理论（支撑体理论）、SAR 住宅及设计方法被介绍到国内。在学习国外 SAR 理论的基础上，围绕住宅设计中的标准化、多样化做出了许多有益的研究尝试。1986 年，南京工学院在无锡进行了支撑体住宅的研究性实践，将住宅分为支撑体（包括承重墙、楼板、屋顶等）和可分体（包括内部轻质隔断、组合家具等）两个部分，二者分开设计和建造。20 世纪 90 年代，天津市建筑设计院也通过开发支撑体住宅的 TS 体系 (Tianjin Support Housing) 进行了实验性建设。

标准化和多样化主要是在考虑结构构配件工业化生产的同时，研究住宅设计的标准化和多样化，以“基本间”相互组合的方法形成了系列化的设计。1983 年，在研究法国、日本、苏联等国家住宅发展信息的基础上，《国外工业化住宅建筑标准化与多样化探讨》的研究课题通过鉴定，该成果研究了在标准化的前提下实现工业化住宅多样化的必要性和可能性，并总结归纳了几种实现途径，即改进标准设计方法、实现住宅内部空间的可变性和灵活性、实现平面类型的多样化、增加住宅建筑的类型、住宅体型和立面的多样化、采用多种结构体系和施工工艺、构配件 · 设备与制品的系列

化和多样化、住宅群体建筑不同处理与环境设计等。在1984年全国砖混住宅方案竞赛中脱颖而出的清华大学的退台式花园住宅系列设计方案，在采用“基本间”相互组合基础上，为人们展现了退台式花园住宅系列设计多样化的可能，在全国工程实践后深受住户欢迎。

2. 两大样板工程及技术体系的推广

1985年，基于依托技术进步实现城镇住宅建设战略，国家开展了城市住宅小区建设试点工作，国家经委将城市住宅小区建设列为“七五”期间50项重点技术开发项目之一，城市住宅小区建设试点工作强调了推广科技成果，运用成熟的新技术、新材料、新工艺和新设备。1997年，城市住宅小区建设试点总结出体系化的十大类100项“四新技术”作为推荐技术。城市住宅小区建设试点小区体系化的十类技术是：规划设计技术、墙体改革与新建筑体系、建筑节能、厨卫整体设计与新设备、新型门窗、防水新材料、给排水·电气·暖通新技术新设备、外墙饰面及室内装修新材料新工艺、施工新工艺新设备及地基处理新技术、物业管理新技术。1998年，发布的《小康住宅示范小区验收办法及量化指标体系》内容包括规划设计、结构体系及建筑节能、厨卫及设备配置、工程质量、室内装修、居住环境质量、住宅销售及房改、物业管理运行等八项。

1985～2000年，建设部开展了城市住宅小区建设试点(1985～2000年)和小康示范工程（1995～2000年）两大系列住宅小区建设样板工作。两大系列住宅小区建设样板工作把全国住宅建设的总体质量推进到一个个新的水准，极大地提升了住宅建设技术的理念与方法，有效地推动了新技术成果的传播和交流，并通过这一系列的样板工程将体系化建设科技成果推向全国。

3. 中日JICA项目开拓性研究的先导

自1988年，中国政府和日本政府共同合作的第一个住宅建设领域的“中日JICA住宅项目”在北京正式启动，历经20年四期工程：第一期JICA住宅项目的“中国城市小康住宅研究项目”(1988～1995年)、第二期JICA住宅项目的“中国住宅新技术研究与培训中心项目”(1996～2000年)、第三期JICA住宅项目的“住宅性能认定和部品认证项目”（2001～2004年）、第四期JICA住宅项目的“推动住宅节能进步项目”（2005～2008年）。这个项目得到了中日两国政府的高度重视，伴随着我国住宅的大量建设时代，一系列创新开拓性研究得以全方位展开，这些成果为我国的住宅建设发展提供了强有力的研究保障和技术支持。

“中国住宅新技术研究与培训中心项目”面对新时期住宅建设与发展所需的关键领域与技术进行研究和开发，围绕住宅需求预测方法、村镇住宅和老年住宅设计技术、住宅厨房和卫生间部品与技术、住宅性能试验方法和住宅施工与管理技术的五大住宅发展重大核心领域及技术进行了更为深入全面的探索研究，推广普及所开发的技术，培养具有住宅规划设计与施工等综合技术能力的应用项目人才，以建设当代满足居民功能适用、卫生健康和性能优质的住宅和居住环境。“中国住宅新技术研究与培训中心项目”在借鉴国际住宅建设经验的基础上，结合我国当前面临及未来住宅建设中一些重大性的课题加以深入的研究，为中国面向未来的住宅开发建设方向进行了重大的探索，住宅新技术研发极大地传播了国际先进住宅科技理念与成果，并在我国住宅建设领域中得到了广泛的实践。

4. 模数标准与标准设计的发展

1984 年，编制了《住宅模数协调标准》。1997 年，在修编制《住宅模数协调标准》中，提出了模数网络和定位线等概念，对我国住宅设计、产品生产、施工安装等的标准化具有重要的影响。1988 年编制的《住宅厨房和相关设备基本参数》和 1991 年发布的《住宅卫生间相关设备基本参数》，为推动住宅设备设施水平的进步做出了贡献。20 世纪 80 年代中期编制的《全国通用城市砖混住宅体系图集》和《北方通用大板住宅建筑体系图集》等，既扩大了住宅标准设计的通用程度，也发展了系列化建筑构配件。标准设计作为国家、地方或行业的通用设计文件，成为促进科技成果转化的重要手段。

1979 年的“全国城市住宅设计方案竞赛”，注重运用设计标准化定型化与多样化的手法来提高工业化的程度，在强调模数参数的同时提出了多种不同结构类型的住宅体系及系列化成套设计，以定型基本单元组成不同体型的组合体。1984 年的“全国砖混住宅新设想方案竞赛”，首次要求提高砖混住宅的工业化水平，以 300 为基本系列，推行双轴线定位，以保证住宅内部的装修制品、厨卫设备、隔墙、组合家具等建筑配件的定型化与系列化。

5. 厨卫设备设施专项的研究

20 世纪 80 年代中期开始，住宅研究从功能、面积的关注转向住宅性能问题。中国建筑技术发展研究中心以厨房、卫生间为核心的住宅设备设施的专项研究取得了一系列重要成果: 1984 年的《住宅厨房排风系统研究》、1984 年的《关于发展家用厨房成套家具设备的建议》、1984 年的“七五”课题《改善城市住宅建筑功能和质量研究 · 城市住宅厨房卫生间功能 · 尺度 · 设备与通风专项研究报告》、1995 年的《小康住宅厨卫设计要点的研究》等。

6. 住宅建筑体系与小康住宅设计通用体系的研究

20 世纪 80 年代，在对多项住宅体系深入研究的基础上，为综合提高住宅建设的工业化水平，实现对传统手工业式的建筑技术的合理化改造，实现住宅的标准化、体系化和工业化。中国建筑技术发展研究中心完成了 1982 年的《框架轻板住宅体系》、1984 年的《北方通用大板住宅体系》、1986 年的《城市多层砖混住宅体系化研究》、1989 年的《天津试验住宅小区大开间住宅系列设计研究》

等研发，上述研究和开发获得了一系列卓越的成果，并在小区建设中得到大量性应用。

1988年起，中日双方携手在中国住宅建设领域内开展了第一个合作研究项目“中国城市小康住宅研究”。此项目针对我国新时期住宅建设与居民需求，围绕小康居住目标预测、小康住宅通用体系和小康住宅产品开发进行攻关研究，对我国住宅发展提供了提高中国城市住宅整体水平的依据，项目成果对我国住宅发展影响深远。研究项目主要以2000年中国的小康居住水平作为研究目标，从研究小康住宅标准、小康居住行为模式、小康产品系列、小康厨卫定制、小康住宅体系化设计和小康模数协调等方面进行了全方位的研讨，提出了小康住宅“十条标准”，形成了“中国城市小康住宅通用体系”(简称WHOS)综合成果。中国城市小康住宅通用体系(WHOS)设计通则建立了我国城市住宅小康多元多层次的、设计的建筑与住宅部品具有良好的模数配合的居住水准体系，从生活方式、面积标准、人体功效、设备配置到住宅部品标准化等基本出发点，建立了小康设计套型系列体系。根据体系的要求深入进行了部品标准化方面的研究，包括模数协调双轴线定位研究。通过标准化体系的研究，用模数的方法模数网格来协调产品装修和结构的关系，且提出以支撑体和填充体的概念设计了整个产业化的产业链的生产体系。

7.“住宅产业”概念的提出

中国建筑技术发展研究中心进行了我国住宅建筑工业化进程回顾、国内建筑工业化试点城市调查、建筑施工合理化、建筑制品发展和住宅标准化等大量专向调查研究，同时分析了国外建筑工业化的新发展、日本发展部品化技术经验和法国产品认证制度做法等，并对国内外建筑工业化做出了比较研究。1992年，向建设部提出了“住宅产业及发展构想”的报告，报告中首次提出了“住宅产业”概念，指出“发展住宅产业是我国住宅发展的必由之路”，将住宅产业定义为“生产、经营以住宅或住宅区为最终产品的事业，同时兼属第二和第三产业，包括住宅区规划设计、住宅部品（含材料、设备和构配件）系列标准的制订、开发、生产、推广、认证和评定、住宅（区）的改造、维修和改建以及住宅（区）的经营和管理”。1994年之后，住宅产业相关工作逐步开始。

8. 住宅灵活性和适应性的研究

自20世纪80年代开始，通过住宅标准化和多样化的进一步研究，对住宅灵活性和适应性开展了广泛研究。基本方法多是在系列设计的基础上，采用大开间大柱网的结构体系，以户型为单位的空间灵活划分而产生的不同户型，来满足住户的意愿变化。WHOS体系的科研成果在石家庄联盟住宅小区建成了小康住宅实验楼，集中展现了小康居住水平的灵活性和适应性空间环境。

9.“适应型住宅通用填充体”工程的试验

1992年，“八五”重点研究课题《住宅建筑体系成套技术》中的《适应型住宅通用填充(可拆装)体》

研究，特邀美国麻省理工学院建筑系前主任、荷兰开放住宅体系创始人 N. J. 哈布林肯教授担任课题技术顾问。《适应型住宅通用填充（可拆装）体》研究吸收国外“开放住宅 (Open-house)”的“支撑体 (Support) 和填充体 (Infill) 住宅”经验，结合我国国情，研发了适用于我国住宅结构体系的“适应型住宅通用填充（可拆装）体”。研究取得了三方面的成果：研发了“适应型住宅通用填充（可拆装）体系和系列技术”；成立产学研结合攻关组织，联合数十家国内外企业共同研讨产品和技术的应用，进行了试验楼的建造；出版了可推广的《适应型住宅填充体通用设计图集》。“适应型住宅通用填充（可拆装）体系和系列技术”的研究，从满足居民日益增长的住宅舒适性以及灵活性、多样性、适应性和可改性的需求出发，研发了住宅产业的发展和住宅施工、安装的工业化条件及技术。在提高住宅工业化集成技术水平的前提下，“适应型住宅通用填充体系和系列技术”是我国首个以住宅通用体系与综合技术相结合的且整体实现解决方案的优秀研发范例。

10. 小康型城乡住宅科技产业工程技术体系的推动

始于 1995 年的《2000 年小康型城乡住宅科技产业工程》是第一个经国家科委批准实施的国家重大科技产业工程项目，以实施和推进住宅科技产业为目标。建设部在 1996 年颁布了《住宅产业现代化试点工作大纲》和《住宅产业现代化试点技术发展要点》。实施住宅科技产业工程，是为了加大住宅产业的“科技含量”，重点工作一是抓好关键技术的研究开发。在住宅区规划设计、部件（品）生产和施工管理等环节中，推动新技术、新产品、新工艺和新体系的应用推广；二是抓好住宅部件（品）产业化，要以发展标准化、系列化和配套化的住宅部件（品）为中心，组织专业化、社会化生产和商品化供应，发展住宅部件（品）市场。

小康示范工程的住宅产（部）品的技术体系研究应用，提出了住宅产（部）品是指用于组成住宅的各种材料、部件和设备，固定于住宅的一定部位且发挥一定的功能作用，住宅的综合功能由其功能作用的集合得以实现。在此思路之下，将住宅产（部）品归纳为，外维护结构材料与部件、内装材料与部件、生活设备、供排设备、物业管理与住宅区配套材料设备的五个部分。建设部编制了《2000 年小康型城乡住宅科技产业工程城市和村镇示范小区规划设计导则》及《中国住宅产业技术》，作为小康住宅小区建设的指导文件，并在示范小区中应用了上述科技成果和产品。1996 年，建设部发布《住宅产业现代化试点工作大纲》和《住宅产业现代化试点技术发展要点》，并且于 1999 年成立了建设部住宅产业化办公室，进一步推动了住宅产业化的工作。

（三）1999 年至今：住宅工业化及技术的转变期

20 世纪末，我国住房制度和供给体制发生了根本性变化，住宅商品化对住宅工业化产生了巨大影响，全社会资源环境意识的加强促进了住宅建设从观念到技术各方面的巨变。本阶段住宅工业化及技术以住宅产业化为发展目标，重点转向由传统建造方式向工业化生产方式的探索，对保障居住性能的工业化住宅体系和集成技术进行了综合性研发，积极应用了一系列高水平的研发成果，推动了住宅工业化的研发项目建设。住宅工业化注重节能环保的集成技术应用，提高了资源综合利用效益，住宅建设可持续发展成为住宅工业化及技术的发展方向。

1. 住宅产业化技术政策与国标《住宅性能评定技术标准》的颁布

为了加快住宅建设从粗放型向集约型转变，推进住宅产业化，1999 年国务院颁发了《关于推进住宅产业现代化提高住宅质量的若干意见》的通知（即 72 号文），明确了推进住宅产业现代化的指导思想、主要目标、工作重点和实施要求。72 号文成为推进住宅产业现代化的纲领，文中强调了“推进住宅产业现代化，实现住宅建设从粗放型向集约型的转变，有效地提高住宅性能和行业综合效益，满足人民不断改善居住质量的需求”，是当前和今后相当长时期内住宅建设领域的使命。72 号文中要求加强基础技术和关键技术研究，建立住宅技术保障体系，开发和推广新材料新技术，完善住宅建筑和部品体系。

国家高度重视住宅产业化工作，并陆续出台了一系列重要政策技术措施。为了提高住宅性能，促进住宅产业现代化，保障消费者的权益，1999 年建设部颁发建《商品住宅性能认定管理办法》，在全国试行住宅性能认定制度。2005 年发布国标《住宅性能评定技术标准》，把住宅性能分为适用性能、环境性能、经济性能、安全性能、耐久性能五个方面，在全国范围对住宅项目开展了住宅性能进行综合评定工作。

2. 国家康居示范工程的成套技术和部品技术体系的推行

为了促进住宅产业现代化，不断提高住宅建设水平和质量，创建 21 世纪文明的居住环境，促进国民经济增长，建设部从 1999 年开始实施国家康居住宅示范工程。国家康居住宅示范工程成套技术的推广目的，是鼓励在示范工程中采用先进适用的成套技术和新产品、新材料，以此引导住宅建筑技术的发展，促进我国住宅的全面更新换代。国家康居住宅示范工程的住宅成套技术体系和住宅部品体系两大部分，共分 8 个类别：住宅建筑与结构技术、节能与新能源开发利用技术、住宅厨卫成套技术、住宅管线成套技术、住宅智能化技术、居住区环境及保障技术、住宅施工建造技术、其他形式住宅建筑成套技术。

住宅部品的标准化、工业化是住宅产业现代化的基础和关键。为保证国家康居住宅示范工程的实施效果，建设部住宅产业化促进中心自2001年开始，在全国范围内对符合国家产业政策和技术发展方向的住宅部品进行征选，对申报的住宅部品进行技术审查，并将通过审定的部品编辑成册予以公布。2002年，发布《国家康居住宅示范工程选用部品与产品暂行认定办法》，开展国家康居住宅示范工程选用部品与产品的性能认定工作。国家康居住宅示范工程将部品按照支撑与围护部品（件）内装部品（件）、设备部品（件）、小区配套部品（件）等四个体系进行分类，对康居住宅示范工程及其他各类住宅建设起到了很好的参考作用。

3. 省地节能环保型住宅与“四节一环保”技术的推广

我国正处于城镇化快速发展时期，住房需求量大、资源承载力相对不足，住宅建设还不适应人口资源环境状况。中国提出建设资源节约型、环境友好型社会的发展战略，2004年政府提出了发展节能省地型住宅的要求，把推广节能省地环保型住宅作为实现节能降耗目标和建设节约型社会的重大举措。省地节能环保型的住宅政策的发展要求是“四节一环保”：节能、节水、节电、节材，国家高度重视推广节能省地环保型住宅工作，建设部制定了《建设部建筑节能“十五”计划纲要》，发布一系列重要技术文件。《关于发展节能省地型住宅和公共建筑的指导意见》、全文强制执行技术法规《住宅建筑规范》、住宅性能认定首部国家标准《住宅性能认定技术标准》、绿色建筑的指导性文件《绿色建筑技术导则》，这几部技术文件均将建筑“四节”提到了重要位置并有详尽要求；实施了《夏热冬暖地区居住建筑节能设计标准》、《夏热冬冷地区居住建筑节能设计标准》的住宅相关节能规范；印发了《建设部节能省地型建筑推广应用技术目录》的通知、《建设部节能省地型住宅和公共建筑推广应用技术目录》的通知。

4. 国家住宅产业化基地的建立

2006年建设部颁布《国家住宅产业化基地实施大纲》，建立产业化基地目的是，培育和发展一批符合住宅产业现代化要求的产业关联度大、带动能力强的龙头企业，发挥示范、引导和辐射作用。发展符合节能、节地、节水、节材等资源节约和环保要求的住宅产业化成套技术与建筑体系，满足广大城乡居民对提高住宅的质量、性能和品质的需求。产业化基地的主要任务为研发、推广符合居住功能要求的标准化、系列化、配套化和通用化的新型工业化住宅建筑体系、部品体系与成套技术，提高自主创新能力，突破核心技术和关键技术，提升产业整体技术水平；鼓励一批骨干房地产开发企业与部品生产、科研单位组成联盟，形成产学研相结合的技术创新体系，带动所在地区的住宅产业发展；探索住宅产业化工作的推进机制，引导产业化基地的先进技术、成果在住宅建设项目中推广应用，形成研发、生产、推广、应用相互促进的市场推进机制。

国家住宅产业化基地实施的关键技术领域主要包括，新型工业化住宅建筑结构体系、符合国家墙改政策要求的新型墙体材料和成套技术、满足国家节能要求的住宅部品和成套技术、符合新能源利用的住宅部品和成套技术、有利于水资源利用的节水部品和成套技术、有利于城市减污和环境保护的成套技术和符合工厂化、标准化、通用化的住宅装修部品和成套技术等七个方面。

5. 我国首座工业化集合住宅与远大住工的影响

1996年以来，远大第一代创业团队瞄准国家住宅产业化的战略机遇，以发展新型工业化住宅、建立工业化住宅技术体系为目标，从学习引进国际住宅制造技术并建立国内第一家住宅工业生产企业起步，远大住工以其特有的“住宅工业化制造模式”特征，成为建设部设立的首家综合型“国家住宅产业化基地”。1997年，远大空调与日本铃木合作组建远铃公司，致力于发展一体化的整体浴室。1998年，远铃提出工业化住宅的集群化系统九大系统，即主体结构、门、窗、厨房、浴室、地板、空调系统、水系统、弱电系统和强电系统。1999年远大借鉴国际工业化住宅建设经验，结合所生产的整体浴室部品进行整体技术研发，建成了我国第一座以工业化生产方式建设的工业化钢结构集合住宅，是中国住宅建设的工业化与建设技术的发展史上最具影响力的作品之一。

远大住工通过一系列科研发与试验等住宅工业化研发，已经掌握了住宅工业化体系、制造体系、工法体系、材料体系和产品体系等关键技术，拥有了包括整体厨卫、成套门窗、内装修、复合保温墙体等核心部品，并形成了标准化设计、工厂化生产、配套化建设的住宅工业化生产模式。远大住工结合企业部品生产的特点及优势，通过多年住宅关键技术的研发，具有较强的技术研发和优化集成能力。2007年，长沙美居荷园小区为远大兴建的首个国家住宅产业化示范项目，运用住宅工业化技术体系建造的全装修成品住宅，以大批量高速度工业化建造低价高质普适住房的理念，开发建造中小套型住宅工程项目具有示范引导作用，得到了消费者的高度认同。

6. 万科“住宅工业化建造模式”的贡献

1999年，万科建筑研究中心成立。伴随着我国政府提出住宅产业化发展方针，万科集团在关注行业发展的前景的同时，开始研究相关工业化生产问题。2003年，标准化项目启动。万科集团形象地提出了“像造汽车那样造房子”的口号，简明地描述了万科集团的“住宅工业化建造模式”的住宅产业化的模式。2004年，成立工厂化中心。公司成立深圳建筑研究中心试验基地，实验工厂包括PC构件车间、木工车间和装饰部品车间等，建筑技术检测中心包括节能实验室、隔声实验室、设备实验室和环境实验室等。2005年起，万科在深圳建筑研究中心试验基地的建筑技术试验场，建造了数个系列工业化生产的试验楼。2006年底，万科启动建设的“万科住宅产业化研究基地”。2007年，研究了工业化与节能环保技术。之后，进行了《万科工业化住宅设计建造标准》和《万科住宅产品性能标准》的研发。万科住宅产业化研究基地是我国高水准的住宅产业化成套技术及产品综合研发的平台，显示了我国企业住宅工业化综合性研发的最高水平。

万科集团是第一家以“住宅工业化建造模式”为特征的、国家住宅产业化基地的房地产开发企业，万科集团作为我国房地产领军企业，在住宅产业化领域力求积极探索一条符合中国国情且能增强企业竞争力的发展道路。大量的技术攻关、人力物力的投入和不懈的探求，为全面提升我国住宅工业化水平做出贡献。

7. PC 综合性实验住宅与系统性技术的开发

万科结合住宅工业化生产的发展方向，重点进行了中高层集合住宅建筑主体的工业化技术研发，开发了 PC 大板工业化施工建造中高层集合住宅的方法及技术。2007 年，首个生产住宅的项目“上海新里程”推出以 PC 技术建造的新里程 21 号 22 号两栋商品住宅楼，以 VSI 体系为主线，建筑主体的外墙板、楼板、阳台、楼梯采用 PC 构件，结合内部装修的“家居整体解决方案”，以其 PC 综合性实验住宅与系统性技术体系开发的高水准、成为我国住宅建设的工业化与建设技术的发展史上、住宅工厂化生产的实验住宅的杰出范例。当前，PC 大板工业化施工技术的试验楼，在北京、上海、天津等城市正逐步推广应用到全国诸多项目施工中，成为房地产行业的住宅工业化的榜样。

8. 住宅部品的发展

推行住宅装修工业化就是要建立和健全住宅装修材料和部品的标准化体系，实现住宅装修材料和部品生产的现代化，积极推行工业化施工方法，鼓励使用装修部品，减少现场作业量。建设部在全国范围内开展了厨卫标准化工作，以提高厨卫产业工业化水平，促进粗放式生产方式的转变。2001 年出版了《住宅厨房标准设计图集》和《住宅卫生间标准设计图集》。2003 年，建设部住宅部品标准化技术委员会成立，负责住宅部品的标准化工作。2006 年，建设部发布《关于推动住宅部品认证工作的通知》，颁布了《住宅整体厨房》和《住宅整体卫浴间》行业标准。2008 年，颁布《住宅厨房家具及厨房设备模数系列》。厨房与卫生间是全装修成品住宅技术要求最高的、管线设备最多的家庭用水空间，作为工业化部品生产的“厨卫单元一体化”的整体浴室和整体厨房从工厂生产到现场组合装配，完全体现了生产现代化、装修工业化的全部特征，是住宅工业化的典型代表产品，将会得到广泛的普及应用。

9. 国际先进住宅科技系统理念与北京锋尚国际公寓的启迪

2003 年竣工的北京锋尚国际公寓为一个凭依国际先进住宅科技傲首全国房地产市场的地产项目，也是中国第一个应用欧洲“高舒适与低能耗”环保优化设计理论及其成套技术体系来完整实施的项目。设计建成的公寓式 D、E 和 F 座住宅楼为高舒适度低能耗建筑，总建筑面积 5.1 万 m^2，首次在中国实现了欧洲发达国家节能标准。锋尚国际公寓依靠先进的保温隔热外建筑围护结构，配合置换式健康新风系统和混凝土采暖制冷系统、中央吸尘系统等新技术，实现了“告别空调暖气时代”的高舒适度低能耗公寓。其室内常年保持在20℃～26℃的人体舒适温度和湿度，置换式新风对人体健康极为有利。采用幕墙系统不仅仅是为了使建筑立面美观持久，更重要的是提高围护结构保温隔热性能。该工程施工中研究开发应用的环保装饰施工成套技术，通过了权威专业机构检测和北京市科技成果鉴定，其中天棚低温辐射采暖制冷系统和干挂饰面砖幕墙聚苯复合外墙外保温系统施工技术，多数指标达到欧洲发达国家有关规范要求，已被定为国家级工法。

10.“百年住居LC体系”与普适型住宅工业化体系的引导

住宅是寿命不同的材料和部品的集合体，住宅维护维修和资源与建筑寿命等课题尤为突出，建筑物生命周期的延长就是对资源的最大节约。2006年，国家住宅工程中心“十一五”《绿色建筑全生命周期设计关键技术研究》课题组，针对当前我国住宅建设方式上的寿命短、耗能大、质量通病严重和二次装修浪费等问题，以及居住使用方式上存在的居住性能和生活适应性差等制约我国住宅可持续发展建设的亟待解决的关键课题，以绿色建筑全生命周期的理念为基础、提出了我国工业化住宅的“百年住居L C(Lifecycle Housing System)体系”，且研发了围绕保证住宅性能和品质的规划设计、施工建造、维护使用、再生改建等技术为核心的新型工业化集合住宅体系与应用集成技术。项目在实践中应用了具有我国自主研发和集成创新能力的住宅体系与建造技术，力求建成我国普适型工业化住宅体系与集成技术的示范基地。

11. SI住宅技术研发与中日技术集成示范工程的探索

从国际住宅建设科技发展趋势来看，高耐久性住宅研发和SI住宅及生产技术开发，是21世纪住宅建设和研发设计的两大发展方向。SI住宅及建设生产技术体系既是当今住宅工业化发展的主流，也成为集合住宅的工业化生产技术的典范。近年来，住宅的寿命问题逐渐成为国家节能减排研究中所关注的热点话题，SI住宅及建设生产技术的开发也成为我国工业化住宅的工程应用所研发的焦点性课题。2008年，北京合金公寓项目是国家“十一五”课题的首个普适型“中小套型高集成度住宅”试点项目，是运用有我国自主研发和集成创新能力的“百年住居LC (Lifecycle Housing System)体系”的住宅通用体系的，采用住宅工业化生产的集成技术建造的全装修成品住宅。项目省地节能环保，延长了住宅的使用寿命；项目居住适应与技术体系，保证了住宅的居住性能；项目工业化的集成生产与建造方式，提升了住宅的综合效益。

北京合金公寓项目作为中日两国住宅科技企事业机构共同合作的“中日技术集成示范工程”，在引进国际先进理念及技术的基础上，进行普及性、适用性和经济性研究，是我国首个将当代国际领先水准的 SI 住宅体系及集成技术全面开发应用的住宅示范项目。此项目在推动住宅的设计·生产·维护和改造的新型住宅工业化关键技术系统研发、建设具有优良住宅性能的普适性中小套型住宅建设实践方面具有开创性的意义。此项目传播了国际先进住宅科技理念与成果，推动了我国住宅建设的可持续发展。

12. 全装修成品住宅的提倡

1999 年，《关于推进住宅产业现代化提高住宅质量的若干意见》指出“加强对住宅装修的管理，积极推广装修一次到位或菜单式装修模式，避免二次装修造成的破坏结构、浪费和扰民等现象”。2002 年，建设部发布了《商品住宅装修一次到位实施细则》和《商品住宅装修一次到位材料、部品技术要点》。2008 年，住房和城乡建设部发出《关于进一步加强住宅装饰装修管理的通知》中指出“近年来在住宅装饰装修过程中，一些用户违反国家

法律法规，擅自改变房屋使用功能、损坏房屋结构等情况时有发生，给人民生命和财产安全带来很大隐患”，应进一步提倡推广全装修成品住宅。2008 年，由住房和城乡建设部组织编写的《全装修住宅逐套验收导则》正式出版。

由于全国占主导地位的“毛坯房”建设带来的资源浪费和环境污染惊人，随着全装修成品住宅建设数量逐步趋大，一些开发企业也把建设全装修成品住宅作为发展方向，全装修成品住宅正在成为市场的主要供应方式之一。科宝博洛尼和大连嘉丽等公司积极响应政府倡导“住宅装修一次到位、逐步取消毛坯房”的方针，着力以“装修与建筑和部品、设计和施工相结合的一体化”的方法、研发整体性的家居解决方案。目前，在房地产项目中，全装修成品住宅集成装修的尝试取得了一定进展。住宅装修工业化生产是住宅工业化的重要组成部分，通过住宅装修工业化生产来建设全装修成品住宅，将在减少手工作业的同时提高工业化生产程度，从本质上提升住宅性能和品质。全装修成品住宅是走向住宅产业化的必经之路，将成为衡量我国住宅工业化技术发展水平的标志。

二、对我国住宅工业化与技术发展的建议

住宅生产工业化是随着住宅建设发展而出现的一个必然趋势，也是住宅工业化不断向纵深发展的结果。二次大战以后，随着城市化的发展，西方国家住宅短缺成为急需解决的社会问题。针对传统建造方式的效率低、工期长、质量差等不能适应工业化建设需要等问题，西方发达国家通过有组织地、有计划地实施住宅工业化，把以往传统现场手工作业的建造方式转化到工业化生产的建造方

式上来。总体来看，西方发达国家的住宅工业化生产方式的转化过程经历了第一次住宅工业化时期的“住宅建设的工业化阶段”和第二次住宅工业化时期的“住宅生产的工业化阶段”的两个发展阶段。

新中国成立60年以来，中国住宅工业化发展经历了从起步与创建、探索与停滞到转型与发展的演变过程，从国内外住宅工业化演进与发展经验来看，改变住宅建设的生产方式是我国亟待解决的问题。在我国住宅产业化正在进入全面推进的关键时期，应着力推动我国住宅工业化从“住宅建设的工业化阶段”向“住宅生产的工业化阶段”的转变工作。住宅产业化的核心是用工业化生产方式来建造住宅，住宅工业化生产问题是制约我国住宅发展的关键环节。

从当前我国住宅工业化生产所面临的课题来看，当前住宅工业化关键建设技术研发与实践的中心工作是要解决好我国住宅工业化生产及技术的五大问题：第一，加快健全我国住宅工业化生产的制度和技术机制；第二，大力促进住宅工业化的部品化工作；第三，重点引进开发先进住宅建设体系；第四，加强住宅工业化生产关键集成技术攻关；第五，积极促进我国集合住宅工业化生产的试点项目建设。在树立住宅生产工业化基本理念的正确认知前提下，抓好住宅工业化的住宅体系及集成技术的转型换代与技术创新的工作，通过住宅工业化生产的技术转型来促进我国住宅生产方式的根本转变。

[注：本文得到十一五国家科技支撑计划课题“绿色建筑全生命周期设计关键技术研究”(2006BAJ01B01)资助。]

参考文献：

[1] 吕俊华 彼得·罗，中国现代城市住宅：1840-2000[M]．北京：清华出版社，2003.

[2] 赵景昭，住宅设计50年：北京市建筑设计研究院学术丛书[M]，北京：中国建筑工业出版社．1999.

[3] 中国建筑设计研究院编著，住宅科技，中国建筑设计研究院科学技术丛书．2006.

[4] 成都金房房地产研究所，人·住所·环境：赵冠谦文集[M]，成都：四川大学出版社．1998.

[5] 中国城市住宅小区建设试点丛书编委会，建设经验篇(2)：中国城市住宅小区建设试点丛书，北京：清华大学出版社．1998.

[6] 国家科委社会发展司建设部科学技术司．中国住宅产业技术（一）[M]．吉林：吉林人民出版社．1995

[7] 中国土木工程学会住宅工程指导工作委员会詹天佑住宅科技发展专项基金委员会编，住宅建设的创新发展（三）．中国土木工程学会住宅工程指导工作委员会詹天佑住宅科技发展专项基金委员会．2006

[8] 中国建筑技术研究院，日本国际协力事业团编著，中国住宅新技术研究与培训中心项目论文，中国建筑技术研究院，日本国际协力事业团编著．2000.

[9] 中国房地产及住宅研究会，大连理工大学，财团法人住宅都市工学研究所．（北京）中国住宅可持续发展与集成化模数化国际研讨会论文集．2007.

[10] 中国建筑技术发展研究中心日本国际协力事业团编著，中国城市型普及住宅研究项目—中国城市型小康住宅研究，中国建筑技术发展研究中心日本国际协力事业团．1993.

[11] 适应性住宅通用填充体课题组编，适应性住宅通用填充体课题总结报告，建学建筑设计所．适应性住宅通用填充体课题组．1995.

[12] 住宅性能评定技术标准编制组．住宅性能评定技术标准实施指南 [M]. 北京：中国建筑工业出版社．2006.

[13] 建设部住宅产业化促进中心编．国家康居示范工程节能省地型住宅技术要点 [M]. 北京：中国建筑工业出版社．2006.

[14] 国际建筑中心联盟大会组委会编著．国际建筑中心联盟 2001 年大会论文集．国际建筑中心联盟 2001 年大会组委会．2001.

[15] 财团法人日本建筑中心，财团法人日本 BL 中心，中国建筑设计研究院，中国建筑科学研究院，第三届（东京）日中建筑 · 住宅技术交流会议论文集．2008.

[16] 中国建筑设计研究院财团法人日本 BL 中心，国家住宅工程中心（日本），中日技术集成住宅支援协议会．（北京）中日技术集成住宅交流会议论文集．2007.

原载于： 《北京规划建设》，2009 年第 6 期

住宅产业化视角下的中国住宅装修发展与内装产业化前景研究

周静敏　苗青　司红松　汪彬

住宅工业化的住宅建筑体系以住宅建造生产为基础，不仅是建筑部品的集成，也是集其综合设计系统、部品生产系统、集成技术系统于一体的优化集成产品。内装产业化体系，是可实现内装部品的工厂化生产，现场进行装配的工业化建造方式。

新中国成立以来，我国的住宅产业化伴随着解决住房短缺而产生，并随着经济社会的发展而发展，经历了漫长而曲折的发展道路；在这个过程中，我国住宅装修也逐步升级换代，居民的居住条件逐渐得到改善。然而，在社会经济、认知水平、产业政策、技术研发等多种因素制约下，我国内装产业化水平距离欧美先进国家仍有不小的差距，尚未形成完善的产业化体系，规范制度不健全，市场发展水平较低。

当前，我国正面临“十二五”建筑业工业转型升级的关键时期，转型升级如能加快推进，就能推动我国建筑业进入良性发展轨道；如果行动迟缓，不仅资源环境难以承载，而且会错失重要的战略机遇期。必须积极创造有利条件，着力解决突出矛盾和问题，促进建筑业结构整体优化升级，加快实现由传统工业化道路向新型工业化道路的转变。在这种情况下，本文以住宅产业化影响下我国住宅装修的发展为主线，通过对重要政策、主要研究和典型实践的分析和研究，回顾我国住宅装修的发展历程，反思我国内装产业的发展问题，深入剖析内装产业化发展的关键点和制约因素，总结经验教训，希望能对我国内装产业化的发展提供有益的启示。

一、PC 大板的启蒙

住宅产业化在我国住宅建设中占据着不可忽视的地位。新中国成立之后，我国引进苏联经验，用标准化设计和生产、机械化施工的方式进行大量、快速的住宅建造，并希望在此基础上建立一套从建筑设计、构件生产到房屋施工的完整工业化体系。但是由于生产力水平较低、住宅建设长期得不到重视，住宅工业化仍然处于很不完善的阶段[1]，内装产业化处于一个启蒙时期。

1949~1957 年是国民经济恢复和第一个五年计划时期，战后的国家百废待兴，城市住宅短缺现象严重。我国初步制定了住房制度、设计和技术规范，这为后 30 年的发展奠定了基础。这个时期，我国引用了苏联的建筑标准、标准化设计方法和工业化目标，开始出现了“标准设计”的概念。东北地区率先在苏联专家的指导下开始标准设计，城建总局编制的“全国六个分区标准设计图”(1955) 按照东北、华北、西北、西南、中南、华东 6 个地区分区编制。住宅主要是砖混结构，也有 PC 板 (预制装配式混凝土板)，采取住宅单元定性和由单元组成的整栋住宅楼定型，包括建筑、结构、给水排水、采暖、电气全套设计。1959 年以后，标准化设计方法和标准图集的制定由地方负责实施，标准图集成为城市住宅建筑和构件生产的技术依据。标准化设计方法和标准图集上手快，技术难度低，易于复制，在建国初期的住宅大量建设中起到了重要作用。这个时期，住宅装修状况基本上是白灰粉刷屋顶、墙面，混凝土抹平地面，油漆门窗，厕所是蹲坑，厨房是一个水龙头加混凝土洗涤池，总体水平不高。

经历了“大跃进”和“文革”十年的动荡时期，进入 20 世纪 70 年代，我国恢复统建工作，并跟西方国家和日本建立了正式的外交关系，对外的经济技术交流活动开始活跃起来，“建筑体系”概念引入国内。1978 年，国家建委提出全国建筑工业化运动的“三化一改”方针，即建筑工业化以建筑设计标准化、构件生产工业化、施工机械化以及墙体材料改革为重点，住宅产业化迎来了一个高潮期。这个时期，除继续发展砖混住宅外，我国还发展了装配式大板住宅、大模板住宅、滑模住宅、框架轻板住宅[2]等。据统计，1977 年仅建工系统采用工业化建造的住宅面积为 174 万 m^2，占当年竣工的 6.1%[3]。由于用地紧张，高层建筑逐渐兴起，工业化的建造方式开始在高层建筑中应用，最早的工业化高层建筑有北京建外公寓和前三门住宅等。

北京前三门大模板高层住宅是我国最早的 PC 高层住宅。采取了“内浇外挂”的施工方式，除内墙为大模板现浇钢筋混凝土外，外墙板、部分隔断墙、楼板、楼梯、阳台以及垃圾道、通风道、女儿墙等均为工厂预制构件。在规划、设计、建材、生产、施工等统一考虑的前提下，从基础、地下室、主体结构到装修、设备，逐步形成了具有自己特点的比较完整的工业化建筑系统。这种预制与现浇相结合的建筑体系，结构整体性强，抗震性能好；取消了砌砖、抹灰，实现了墙体改革，减轻了笨重体力劳动，工艺设备简单，投资少，工期短。

这个时期的住宅建设，相对更重视建筑主体结构，对于住宅内装的考虑较少，但是相比新中国成立初期已经有了明显的进步，在将住宅拆解成标准预制构件的过程中，也考虑了相应的内装配置。住宅的厨卫和设备管线已经作为标准化设计的一部分。以前三门统建工程为代表，在确定预制整间大楼板时，考虑了设备管道留洞，解决上水、下水、雨水、电、暖、煤气、通风管道等 7 种管道的通过。并在基本的开间进深内综合考虑尺寸和布置方式，并尽量使构件的类型减少，形成规格化、标准化 [4] 构件。

相比 20 世纪五六十年代多户共用厨房和卫生间的情况，前三门住宅中基本做到了每户配备厨房和卫生间。部分厨房为通过式厨房并兼做就餐室，甚至有兼做卧室的考虑；厕所一般设置蹲坑和墩布池两件产品，由于在住宅区内集中设置浴室，在厕所内不设澡盆。

总体来说，新中国成立的 30 年间，标准设计和住宅工业化的建造方式在改善我国住房短缺状况的过程中扮演了重要的角色，这个时期发展的工业化住宅以节省成本和结构体的快速建造为重点，内部装修处于次要的地位，住宅产品数量少、发展程度落后，总体上水平较低。但是，这个阶段也探索了工业化建造的基本模式和工艺方法，并对居民接受的居住模式进行了探讨，基本形成了发展成套住宅的共识，为以后住宅装修的发展奠定了技术和意识上的基础，是一个不可逾越的阶段。经过 30 年的铺垫期，伴随着改革开放的大潮，住宅装修迅速发展了起来。

二、内装产业化的萌芽

1978 年中共十一届三中全会之后，我国推行改革开放，国民经济进入快速发展期。从 20 世纪 80 年代起，中国强调居住区建设要“统一规划，合理布局，综合开发，配套建设”，房地产开发作为一个新兴行业在我国出现，国家经委将城市住宅小区列为“七五”期间 50 项重点技术开发项目之一，开展了城市住宅小区的试点工程，这个阶段住宅建设所面临的主要矛盾成为改善居民生活的内部功能和外部环境问题的动因。

经济社会发展的大形势为装修产业的发展提供了条件，国外先进工业化体系 (如 SAR) 被引入国内，对国外先进体系的学习、与日本等先进国家的合作研究都大大拓宽了我国发展工业化住宅的视野，内装部分得以从结构体中分离并单独讨论。在继续关注结构体，发展大板、大模板等工业化住宅建造体系的同时，对内装工业化进行了一定探索。这个时期成为我国内装产业化的萌芽期。

初期关于内装的讨论是和支撑体的研究、标准化的探索同步进行的，如天津 1980 年住宅标准设计的探讨、1984 年全国砖混住宅方案竞赛[5]中涌现出的关于住宅标准化和多样化的探讨，1986 年南京工学院在无锡进行的支撑体住宅相关研究和实践[6]等。这些研究和实践虽然没有涉及具体的内装工业化做法，但是提出了单独的内装填充体 (或类似的“可分体”) 的概念。

这个阶段，中国建筑技术发展研究中心以厨房、卫生间为核心的住宅设施专项研究取得了一系列重要成果，如 1984 年的《住宅厨房排风系统研究》和《关于发展家用厨房成套家具设备的建议》等，厨卫设施被提到越来越重要的位置。1984 年，“七五课题”的《改善住宅建筑功能和质量研究：城市住宅厨房卫生间功能、尺度、设备与通风专项研究报告》对厨卫做了详细的专题研究。这些内装技术的研究虽然并未形成系统，但其做出的技术攻关和专项研究为后来的内装整体研究做了铺垫。

与此同时，随着商品经济的兴起和人民消费水平的提高，住宅部品的开发逐渐兴盛了起来，马韵玉在《中国住房 60 年 (1949- 2009) 往事回眸》中回忆：在起草《住宅厨房及相关设备基本参数》时，全国只有 4 家企业生产厨房设备——炉灶、排油烟机、电冰箱[7]，而据 1991 年统计，有 150 多个企业引进国外 240 多条塑料双轴挤出机生产线，其中 120 条用于制造塑料门窗异型材，其余为塑料管材、管件；引进了墙地砖生产线 300 多条，人造大理石、人造玛瑙卫生洁具生产设备 20 多套；22 个企业引进了砌块生产线 (设备)[8]。新产品的生产存在一哄而上的情况，如燃气热水器生产企业在 1990 年就达到 80 多家，排油烟机生产企业在 1991 年达到 100 多家。这些最初的住宅产品制造企业，虽然技术水平有限，缺乏与建筑的协调性，标准化程度也不高，但是比起前一个阶段已经有了巨大的进步，为内装产业化做出了市场方面的准备 (表 1)。

部分部品发展比较 表 1

部品分项	20 世纪 80 年代初	20 世纪 90 年代初
洗涤池	陶瓷制品	不锈钢、多槽洗涤池等
橱柜	没有橱柜产品	出现整体橱柜、进口橱柜产品
抽油烟机	第一代抽油烟机	换代产品排烟更强、低噪音、节能好、易清洗
水管	铸铁管	UPVC、不锈钢管、铜管
玻璃钢制品	档次较低产品	亚力克浴缸等制品
……	……	……

中日两国政府共同合作的“中日 JICA 住宅项目”①是这个时期重要的科研课题，使我国在住宅研究的方法和手段方面取得了明显的改进。尤其是 1 期项目“中国城市小康住宅研究项目”(1988~1995 年)，以 2000 年中国的小康居住水平作为研究目标，开展了居住行为实态调查、标准化方法研究、厨房卫生间定型系列化研究、管道集成组件化研究、模数隔墙系列化研究、模数制

双轴线内模研究，并开展了全国双轴线住宅设计竞赛、模数砖研究；针对当时设计误区提出了公私分区、动静分区、干湿分区的设计原则；大厅小卧、南厅北卧、蹲便改坐便、直排换气等具体做法，这在当时都是超前的、突破性的，尤其是最后提出的小康住宅十条标准②，被誉为住宅发展的指针、建设的标准，一直影响到今天的开发建设行业。

小康住宅研究将住宅内部装修系统作为一项体系进行创新研究和实践，首创双模数的概念，从内部净尺寸讨论住宅的内部装修技术和装修，从设计上，将内装和结构彻底分开，制定了住宅性能标准和设备配备标准，提出管线集中、同层排水、直排换气等先进理念，并通过研究生活行为和生活方式，研究了厨卫的位置、布置、设备配套、排水排污方式等相关内容。这些学习自日本内装工业化体系并根据我国国情加以应用的先进的方法，已经具备了内装工业化的基本要素。

值得一提的是，小康住宅研究将住宅部品开发作为其重要的组成部分。1990 年 8 月在北京召开的项目第一次中日会议中，已提出要对在目前存在问题最多、居民要求最迫切的成套换气产品、成套厨房设备、成套卫生间设备进行开发。在 1990~1992 年的 3 年间，已经开发完成了排油烟机与附件、成套厨房设备 (家具)、洗面台、淋浴盘、洗衣机盘、综合排水接头、半硬性塑料给水管、推拉门、安全户门、轻质隔墙等合作、单独开发的部品[9](图 1、图 2)。这些研发的意义不仅是研制了几种样品，而是一种引导性的尝试，引导其他的设计单位、生产企业与建筑设计协调、与居民需求结合，形成以设计为龙头的跨行业、部门、地区的合作，逐步培养住宅产业的形成。

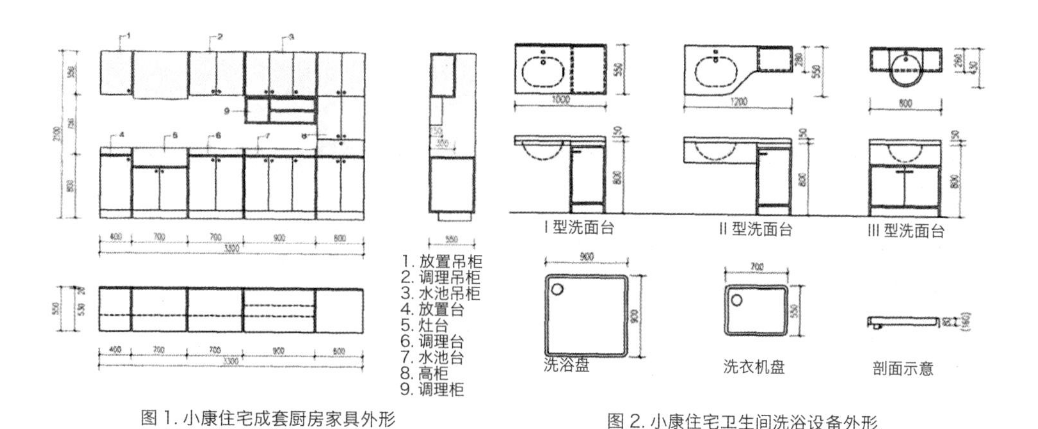

图 1. 小康住宅成套厨房家具外形

图 2. 小康住宅卫生间洗浴设备外形

为了验证小康住宅研究的科研成果，在石家庄、北京、山西等地建造了实验住宅，以石家庄联盟小区实验住宅为例，实验住宅试验了多项内装工法，项目以集中管道井为主、分散管道井为辅；设水平管道区，设施使用面上不露明管；管道维修方便和查表不进户，管道井内排水干管靠近排水点，分设污废分流，为今后回收利用创造条件；厨卫采用机械排风、各户直排；适当提高装修标准，为住户安装热水器、空调器、电话、电视机、洗衣机等提供方便。散热器上安装调节阀，可调节室内温度；电气安装漏电保护器等 (图 3、表 2)。

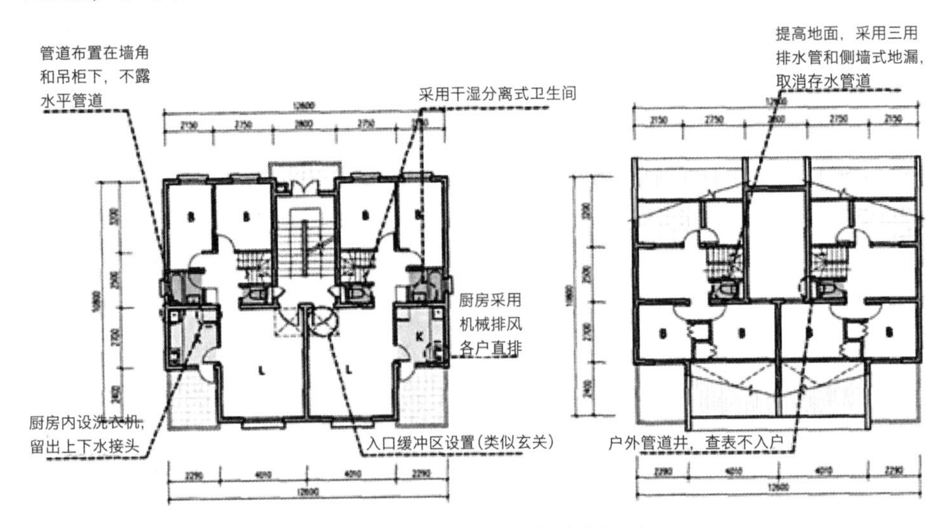

图 3. 石家庄联盟小区试验住宅技术要点

小康实验住宅内装技术要点

表 2

部位	要点（括号内为说明）
总体	内装和主体结构不分离
墙体	内部墙体不可拆除
管道井	户外集中管道井为主，分散管道井为辅（在户外进行水、电、煤气的查表）
管线	应用了平层排水的思想，立管设在管道间内（为缩短排水横管而设置立管应尽量减少，并应隐蔽不外露。设立水平管道区，做到设施使用面上见不到明管。水平管线露在下层住户内。厨房内管道在墙角和吊柜下布置，不露水平管道。卫生间内提高地面，采用三用排水器和侧墙式地漏，取消存水弯）
采暖	散热器上安装调节阀，可调节室内温度
排风	厨卫采用机械排风、各户直排（厕所换气可自然通风，通过风道排出。在大部分住户中采用了预制水平风道，从卫生间和厨房直接向外墙通风和排气）
检修	在适当的位置开设检查孔
计量方式	分户计量
厨房	洗涤池、案台、灶台、柜一线布置
卫生间	部分住户干湿分离 设施、电器（除三大件外增加了玻璃镜、镜灯、毛巾杆、肥皂盒、挂衣钩等设施及燃气热水器位置和管孔）
玄关	已经具备入口缓冲区的概念
家电	配备有电源、配管和配件（提高装修标准，为住户安装热水器、空调机、电话、电视机、洗衣机等提供方便）
家务空间	厨房内固定洗衣机位置，留出上下水接头

我国“八五”期间重点研究课题《住宅建筑体系成套技术》中的《适应性住宅通用填充（可拆）体》研究，是与小康住宅同时期的课题，其中将“通用填充体（可拆体）”分为可拆型（如砌块和条板）、易拆型（如可以方便拆装变动移位重组的隔墙或者折叠门、推拉门等）、防水型与耐火型（方便厨房、卫生间使用）。在对各项技术进行探讨的前提下，使其配套成型，技术点更为明确。同时，在北京翠微小区进行了适应型住宅实验房的建设，证明了其可实施性。通过小康实验住宅和适应型住宅实验房的研究和实践，填充体的研究逐渐配套成型。

小康住宅的相关研究具有划时代的意义，虽然没有从体系上将住宅的填充体和支撑体分离，对长期优良性和动态改造方面考虑较少，但双模数的设计方式、对厨卫设施和设备部品的成套研究等各关键技术点已经具备了产业化的基本思想，成为我国内装产业化的萌芽，应当是功不可没的。1995 年开始，国务院八部委联合启动了“2000 年小康型城乡住宅科技产业工程”。作为小康住宅成果的转化，在全国进行转化实施，这是第一个经国家科委批准实施的国家重大科技产业工程项目。1996 年建设部颁布《小康住宅规划设计导则》和《住宅产业现代化试点工作大纲》，在全国各城市进行小康住宅小区示范建设，与此同时选择十个省（市）作为住宅产业现代化建设的试点省市。但是由于各方面条件尚不成熟，在长期的推广中，小康住宅的各项研究性成果并没有彻底贯彻到试点小区的建设当中，很多先进观念仍然停留在研究层面，没有在大量性城市住宅建设中落地生根。

三、民企的精装修时代

商品住宅 20 年的蓬勃发展，使房地产业迅速成为国民支柱产业，住房需求量大、用工成本低、建设方式粗放，导致建成的住房质量差、能耗大、寿命短；毛坯房装修也暴露出了各种问题：不具备专业知识的用户需要投入大量的时间精力进行选购、雇佣施工队施工，质量无法得到保障，二次装修则呈现出乱拆乱建的混乱现象。在新的发展形势下，1996 年建设部开始提出并宣传“住宅产业现代化”，将住宅产业化作为解决我国住宅问题的方法。1999 年国务院发布了《关于推进住宅产业现代化提高住宅质量的若干意见》（国办发 [1999]72 号）文件，作为纲领性文件明确了推进住宅产业现代化的指导思想、主要目标、工作重点和实施要求。意见提出要促进住宅建筑材料、部品的集约化、标准化生产，加快住宅产业发展。住宅建筑材料、部品的生产企业要走强强联合、优势互补的道路，发挥现代工业生产的规模效应，形成行业中的支柱企业，切实提高住宅建筑材料、部品的质量和企业的经济效益。

为了贯彻 72 号文件的精神，2006 年 6 月，建设部下发《国家住宅产业化基地试行办法》（建住房 [2006]150 号）文件，国家产业化基地开始正式挂牌实施。产业化基地主要分为三种类型，即开发企业联盟型（集团型）、部品生产企业型和综合试点城市型。至今已在全国先后批准建立了 40 个国家住宅产业化基地。国家希望通过建立国家住宅产业化基地“培育和发展一批符合住宅产业现代化要求的产业关联度大、带动能力强的龙头企业，研究开发与其相适应的住宅建筑体系和通用部品体系，促进住宅生产、建设和消费方式的根本性转变”。在国家的推动下，越来越多的企业投入到住宅产业化的浪潮中，包括万科、远大等住宅提供商；海尔、博洛尼、松下等部品提供商。经过十几年的发展，取得了一定的成效，虽然单个企业的能力有限，在我国自身工业化体系并不完善、没有形成统一规范指标的情况下，各个企业产生同质竞争的现象难以避免，但是这些努力为内装工业化体系的形成做出了企业、产品方面的准备，是极其重要的一环。

在这个阶段，产生了“精装修”的概念。72 号文件首次提出要“加强对住宅装修的管理，积极推广一次性装修或菜单式装修模式，避免二次装修造成的破坏结构、浪费和扰民等现象。”明确指出要积极发展通用部品，逐步形成系列开发、规模生产、配套供应的标准住宅部品体系，要根据要求编制《住宅部品推荐目录》，提高部品的选用和效率以及组装的质量，促进优质部品的规模效益，提高市场的竞争力。2002 年 5 月，建设部住宅产业化促进中心正式推出了《商品住宅装修一次到位实施细则》，明确规定：逐步取消毛坯房，直接向消费者提供全装修成品房；规范装修市场，促使住宅装修生产从无序走向有序。2008 年，由住房和城乡建设部组织编写的《全装修住宅逐套验收导则》正式出版。在国家政策和居民需求的双重推动下，我国的精装修住宅逐渐兴盛起来。

各大企业整合资源，制定了各项精装修标准。以万科为例，其精装修成品住房分为 7 个部分：厨房、卫浴、厅房、收纳、电器及智能化、公共区域、软装服务，并整合成万科“U5 精装修模块”推向市场。万科通过对材料部品的标准化应用，采取一站式采购，以期建立“全面家居解决方案”（图 4~ 图 6、表 3）。

事实上，企业宣传的所谓“精装修工业化住宅”其实是精装修成品住宅，不能等同于内装工业化住宅。多数精装修成品住宅采用将毛坯房进行装修，达到一定标准并作为成品交付给购房者的模式，其施工方式仍以传统手工湿作业为主，结构和内装系统不分离、管线和墙体不分离、内装无法随意更换，无法实现动态改造、保持长期优良性。但是由于省去了自主装修带来的一系列问题，居民较为省时省力，精装修成品住房也逐渐受到居民的认可，这为推广内装工业化做出了居民意识上的准备。同时，精装修成品住房的兴起大大地促进了我国内装产业的发展，尤其是成套住宅产品的发展。

图 4. 万科精装修厨房

图 5. 万科精装修卫生间

图 6. 万科精装修地板及内门

万科精装修标准

表 3

部位	要点（括号内为说明）
总体	内装和主体结构不分离
墙体	内部墙体不可拆除
管道井	绝大多数位于户内
管线	管线和墙体不分离。排水管道穿楼板。未设检修口
采暖方式	独户采暖
排风	厨房内油烟不直排。厕所自然通风或者采用机械排风
计量方式	分户计量
检修	不设检修口
厨房	整体橱柜
	厨具、厨房家电、厨房五金（热水器、燃气灶、脱排、烤箱、微波炉）
卫生间	部分项目干湿分离
	洁具、墙地砖（采用墙地砖、抛光砖、马赛克、大理石等材料）
玄关	部分采用独立玄关（与住宅具体空间结构有关）
储藏	固定收纳
	移动家具
	部分设步入式衣帽间
厅房	地板、内门（采用实木地板、实木复合、复合地板、新型地板等）
家电	配置家电（家电包含空调、冰箱、洗衣机等）
家务空间	洗衣机位置不固定

在对住宅工业化进行探索的企业中，远大住工集团是国内第一家以“住宅工业”行业类别核准成立的新型住宅制造工业企业。1999 年，远大住工集团在部品技术研发的基础上，建立了我国第一座以工业化生产方式建设的工业化钢结构集合住宅，引起了很大的社会反响。2007 年，远大被建设部授予了“住宅产业化示范基地”称号。远大于 1996 年起步探索住宅部品产业化，用集成技

术推出远铃整体浴室(图7)；远大第五代集成住宅(BH5)，是在前四代集成住宅基础上研发的，采用复合功能的预制墙体、加厚保温层、双层中空玻璃，提升保温性能；整体浴室底盘一次整体压模成型，杜绝漏水。2009-2011年，第五代集成建筑大规模市场化制造，建造了花漾年华(长沙)等精装修成品房项目(图8)，总建造量超300 hm^2。总体来说，远大住工在住宅结构体和围护体的工业化尝试方面走得更远，已在长沙、沈阳等十余个城市建立了8家住宅工业化工厂，成为国内知名的工业化住宅提供商，但是其内装部分以提供精装修成品房为主，尚缺乏形成体系的尝试。

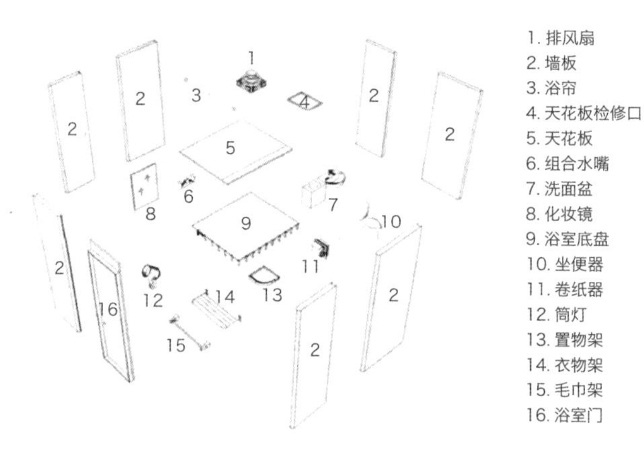

图7. 远铃整体浴室

图8. 花样年华项目样板间

万科是国内较早开始探讨住宅工业化的开发商，与远大集团同年获得“国家住宅产业化基地”称号。万科早在1999年即成立了建筑研究中心，2004年，万科工厂化中心成立，随后启动了“万科产业化研究基地”，相继研发建成了5个实验楼[③]。在进行实验的同时，万科也在实践项目中推进实验成果，如2007年，万科建设了推进住宅产业化的第一个试点“上海新里程”项目的建设，2008年开工了深圳第五园四期的青年住宅项目,之后在集团要求下开工的住宅工业化项目逐年递增。作为国内大型房地产开发商之一，万科具有直接的实施渠道，可以介入从设计到交付的过程，将研究成果进行转化。但是作为民间公司，万科仍然无法做到在全社会范围内调动资源，多数项目采取“贴牌生产”的方式，与各构件厂合作，采购部件造房；与各部品商合作，采购装修产品，受经济因素的影响较大。

除了住宅开发企业以外，住宅部品制造商也在内装产业化方面做出了一定的尝试，如海尔集团作为国内第三家授牌“住宅产业化基地”的企业，涵盖了海尔家居装修体系、海尔整体厨房、海尔整体卫浴、商用及家用中央空调、海尔社区和家庭智能化系统等部分[10]。海尔的优势在于其旗下产品众多，如拥有亚洲最大的整体厨房生产基地，引进了德国HOMAG、意大利Biesse等公司40余条先进生产线，整合各项家电，提供整体厨房菜单内容；整体卫浴引进日本先进的技术和设备，实现产品规模化、系列化。在整合家电、整体厨卫等住宅产品的基础上，提出“精装修集成专家”口号，提供“精装修房一站式全程系统解决方案”。但是作为住宅部品提供商，海尔难以做到从住宅项目策划和设计阶段开始介入,大多数参与的项目仍然是为传统建造方式生产的住宅进行精装修，难以对住宅内装进行体系上的革新。

和海尔一样提供精装修服务的企业还有很多，如博洛尼以发展橱柜起步，同时拥有家具、沙发、衣帽间等产品线，建立了博洛尼精装研究院，进行了“中国居住生活方式研究”、“适老研发体系”等课题研究。日本松下从生产制造住宅建材产品开始，建立起了从前期设计、商品开发到施工安装、售后服务为一体的精装修产业，2006年以来，松下与万科、中海、华润等地产开发商合作，完成了约9000余套精装修产品。两者皆参与了我国第一个SI(百年住宅)示范项目“雅世合金公寓”的内装施工。

总之，这个阶段由于国家的推动、市场的成熟、居民的需求，众多民企在住宅产业化推进的过程中起到了重要作用，房地产公司通过开发实际项目实践企业科研成果；住宅部品商则利用产品优势，整合住宅产品提供精装修解决方案。

当然我们也需意识到，住宅产业化是一个完整的概念，涉及从设计到施工、从建造方式到产品等一系列的内容，需要从整个体系和产业链上进行把控，单个企业则只能作为产业链的一个或几个环节，难以介入整个过程，如部品商难以介入住宅的策划和设计，结构体和内装就无法分离，也就难以形成工业化内装体系；同时，民间企业受经济和市场的影响较大，同质化竞争的现象较为严重，各个企业分别研发自己的标准和体系，难以形成统一的行业规范，影响力有限，但是这些企业的努力，使“住宅产业化”的观念伴随着住宅商品化的兴盛而深入民间，改变了居民的固有思维模式，并为内装产业化体系的形成，做出了技术和产品的铺垫。经过民企的精装修时代，无论是居民的观念还是技术的可行度都有了很大的提高，为内装工业化体系的形成奠定了基础。

四、内装工业化体系的形成与展望

内装产业化是随着住宅产业发展而出现的必然趋势。从 20 世纪的世界产业现代化发展历程来看，是以先进的建筑技术体系的转型和革新进步为基础，通过工业化生产的建造方式，解决住房问题，提高居住品质。建筑产业化水平较高的国家，内装产业化体系与部品体系相对较为完善，部品的标准化、系列化、通用化程度较高。日本的住宅产业化是从部品生产和流通开始的，尤其在促成其他业种的加入，提高建筑品质等方面具有非常重要的意义。目前日本各类住宅部件（构配件、制品设备）工业化、社会化生产的产品标准十分齐全，占标准总数的 80% 以上，部件尺寸和功能标准都已成体系。

建立内装产业化体系需要国家自上而下地认证和推动，才能形成全行业统一的规范和标准，形成健全而良性循环的产业链。72 号文件出台以后，国家也在积极编制标准、推动部品认证工作、规范住宅产业市场，以建立内装产业化体系。

1999 年，建设部设立了住宅产业化促进中心，专门推进产业化进程，提高劳动生产率；建设部在全国范围内开展了厨卫标准化工作，以提高厨卫产业工业化水平，促进粗放式生产方式的转变。2003 年，国家发布《国务院关于促进房地产市场持续健康发展的通知》（国发 [2003]18 号），提出要推进部品认证工作，同年，建设部住宅部品标准化技术委员会成立，负责住宅部品的标准化工作。2006 年，建设部发布《关于推动住宅部品认证工作的通知》，颁布了《住宅整体厨房》和《住宅整体卫浴间》行业标准。2008 年，颁布《住宅厨房家具及厨房设备模数系列》。各项标准规范了住宅部品市场，为内装产业化体系建立了条件。

2006 年，中国建筑设计研究院“十一五”《绿色建筑全生命周期设计关键技术研究》课题组，以绿色建筑全生命周期的理念为基础、提出了我国工业化住宅的“百年住居 LC 体系”(Life Cycle Housing System)。研发了保证住宅性能和品质的新型工业化应用集成技术，2009 年在第八届中国国际住宅博览会上，建造了概念示范屋——“明日之家”，以样板间的形式，展示了百年住居的各项技术，为技术的落地做了铺垫。

2010 年我国“百年住居”的技术集成住宅示范工程建设实践项目雅世合金公寓建成。雅世合金公寓项目是根据中国建筑设计研究院和日本财团法人 Better Living 签署的“中国技术集成型住宅——中日技术集成住宅示范工程合作协议”，由国家住宅工程中心牵头实施建设的国际合作示范项目。在北京雅世合金公寓项目中，实现了内装的装配式施工和部品的集成，初步形成了内装工业化体系。

不同于精装修成品房，雅世合金公寓将 S(英文 Skeleton，支撑体) 和 I(Infill，填充体) 分离。结构体沿外侧布置，内部形成大空间安装内装系统。内装部分采用工厂预制、现场干式施工的方式，底面采用架空地板，架空空间内铺设给排水管线，且在安装分水器的地板处设置地面检修口，以方便管道检查和修理使用；在地板和墙体的交界处留出缝隙，保证地板下空气流动，利于隔音；顶面采用吊顶设计，将各种设备管线铺设于轻钢龙骨吊顶内的集成技术，可使管线完全脱离住宅结构主体部分；在内间系统的外部侧面采用双层墙做法。架空空间用来铺设电气管线、开关、插座，同时可作为铺设内保温所需空间；在室内采用轻钢龙骨或木龙骨隔墙，能够保证电气走线以及其他设备的安装尺寸；可根据房间性质不同龙骨两侧粘贴不同厚度、不同性能的石膏板，同时，拆卸时方便快捷，又可以分类回收，大大减少废弃垃圾量；另外，项目还实施了油烟直排技术、干式地暖节能技术、新风换气系统、适老性技术等 (表 4、图 9)。

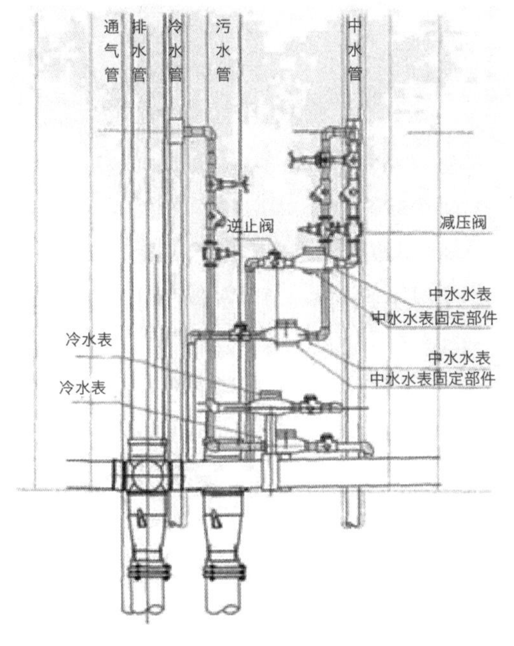

图 9. 雅世合金公寓的公共管道井（管井集中）

雅世合金公寓内装技术要点　　表 4

部位	要点（括号内为说明）
总体	内装和主体结构分离
墙体	内部墙体可拆（轻钢龙骨石膏板隔墙）
管道井	户外公共管道井
管线	管线和墙体分离。采用同层排水、设检修口，方便检查水管、电路（顶部设轻钢龙骨吊顶，架空空间内设置电器线路；底部设架空地板，架空空间内设排水管道）
采暖方式	独户采暖
排风	厨卫内油烟直排。厕所采用整体卫浴排风设施。室内安装新风负压换气系统
计量方式	分户计量
检修	在合适的位置设检修口
厨房	油烟直排
	整体橱房
	厨具、厨房家电、厨房五金（热水器、燃气灶、脱排、烤箱、微波炉）
卫生间	整体卫浴间（采用整体式卫浴间，底盘一次成型，杜绝漏水现象，材质易于清洁）
	干湿分离（如厕空间、洗浴空间、盥洗空间三分离）
	洁具
玄关	全部采用独立玄关（设综合收纳柜）
储藏	固定收纳（玄关、卧室）
	移动家具
	部分设步入式衣帽间
厅房	地板、内门（采用实木地板、实木复合、复合地板、新型地板等）
家电	配置家电（家电包含空调、冰箱、洗衣机等）
家务空间	预设洗衣机底盘

雅世合金公寓在住宅中试验了多项新型部品，例如将厨房和卫生间部品化，使住宅内的主要用水房间有了施工上的质量保证。特别是结合三分离式卫浴空间引进的整体卫浴产品。在施工时，整体卫浴作为设备现场安装,而后再进行侧面内装墙壁施工,节省施工时间,同时有利于后期的维护和更换，杜绝漏水现象的发生。干湿分离、功能三分离的形式也为居民提供了舒适而可持续的居住体验。

虽然雅世合金公寓也仅仅是初步实践了内装产业化体系的各项技术，很多技术尚不成熟，但项目引起了很大的社会反响，内装工业化的研究和实践逐渐兴盛。2014年，绿地百年宅项目建成，吸取了雅世合金公寓的内装工业化和部品集成的经验，研发了4大技术集成：SI技术、干式内装、绿色技术、舒适技术。同时，在所用材料和部品方面，考虑了如何更满足中国人的审美，如科逸开发的整体浴室，采用石材贴面材质，外观更为精美。

图10. 整体卫浴

图11. 整体卫浴管线

我国内装产业化体系正在不断地完善中，如何将现有的成果进行总结，将其深化、规范，并在城市住宅中推广成为下一步的工作重点。目前，国家已经开始进行内装工业化体系的相关探讨，如“十二五”期间，由住房和城乡建设部工程质量安全监管司下达的《建筑产业现代化建筑与部品技术体系研究》课题已经启动，课题的研究目的是促进建筑产业现代化的新型建筑工业化的建筑体系与部品技术的发展与推广应用，形成我国建筑产业现代化和新型建筑工业化的建筑体系与部品技术的技术指南。相关的一系列研究和实践也在逐步启动中，各科研机构、龙头企业也具有强烈的配合研发的愿望，内装产业化体系的时代即将到来。

“十二五”时期，推动我国建筑产业现代化发展，走中国特色的新型工业化道路，是关系到住房和城乡建设全局紧迫而重大的战略任务。我国的住宅工业化经过半个多世纪的发展，逐渐完成了从求量到求质的转变，取得了巨大的成就。但是与欧美、日本等发达国家相比，仍然存在相当的差距。

虽然我国已经初步形成了内装产业化体系，但大量的城市住宅的建设和装修仍然在采用落后的建造方式，迫切需要对我国的内装产业化体系进行完善和推广。国家要加大投入，结合我国国情，自上而下对行业进行规范，推动示范项目的建设；研发设计部门需要增加技术投入，结合我国的发展阶段和施工建设水平，尽快摸索出一条效果明显、操作简单的内装产业化体系的设计和施工方式；各企业要具备长远眼光和社会责任感，利用难得的发展机遇，创出品牌效应，为产业良性循环做出贡献。在树立住宅内装生产工业化基本理念前提下，调整优化产业结构、加强技术进步和创新，抓好内装产业化体系的深化、规范和推广工作，通过内装产业化体系的深化发展，促进我国住宅生产方式的根本性变革。

注释：

① JICA 项目：自从 1988 年启动，项目历经 20 年，分为 4 期工程：第 1 期“中国城市小康住宅研究项目”(1988-1995)、第 2 期“中国住宅新技术研究与培训中心项目”(1996- 2000)、第 3 期“住宅性能认定和部品认证项目”(2001-2004)、第 4 期 “推动住宅节能进步项目” (2005-2008)。

② 小康住宅十条标准：① 套型面积稍大，配置合理，有较大的起居、炊事、卫生、贮存空间；② 平面布局合理，体现食寝分离、居寝分离原则，并为住房留有装修改造余地；③ 房间采光充足，通风良好，隔音效果和照明水平在现有国内基础标准上提高 1~2 个等级；④ 根据炊事行为要合理配置成套厨房设备，改善排烟排油通风条件，冰箱入厨；⑤ 合理分隔卫生空间，减少便溺、洗浴、洗衣、化妆、洗脸的相互干扰；⑥ 管道集中，水、电、煤气三表出户，增加保安措施，配置电话、闭路电视、空调专用线路；⑦ 设置门斗，方便更衣换鞋，展宽阳台，提供室外休息场所，合理设计过渡空间；⑧住宅区环境舒适，便于治安防范和噪声综合治理，道路交通组织合理，社区服务设施配套；⑨ 垃圾处理袋装化，自行车就近入库，预留汽车停车车位；⑩ 社区内绿化好，景色宜人，体现出节能、节地的特点，有利于保护生态环境。

③ 2005 年万科研发建成了 1 号实验楼，进行了 3 种预制厨卫做法的尝试。2006 年 2 号实验楼启动，应用了给水分水器和排水集水器的同层排水系统、支撑体和填充体分离式的建筑体系，内装修的表皮、设备与结构的分离，为设备的安装、维修、更换提供方便，可以让住户随着家庭生命周期的变化和生活习惯的改变改造室内布局。2007 年，万科相继研发了 3 号、4 号（青年之家住宅产品实验楼）、5 号（首次改善住宅产品实验楼）实验楼，实践了模块化的处理方式，形成卫浴空间、家政空间等功能模块，运用了同层排水、室内通风新技术等。

参考文献：

[1] 吕俊华，彼得・罗，张杰 . 中国现代城市住宅：1840-2000[M]. 北京：清华大学出版社， 2003.

[2] 胡士德 . 北京住宅建筑工业化的发展与展望 [J]. 建筑技术开发 . 1994(2): 40-44.

[3] 建筑技术南宁全国工业化住宅建筑会议特约通讯员 . 国内工业化住宅建筑概况和意见 [J]. 建筑技术 . 1979(1): 6-8.

[4] 北京市前三门统建工程指挥部技术组 . 前三门统建工程大模板高层住宅建筑标准化的几个问题 [J]. 建筑技术 . 1978(Z2): 8-26.

[5] 全国多层砖混住宅新设想中选方案选刊 [J]. 建筑学报 . 1984(12): 2-13.

[6] 鲍家声 . 支撑体住宅规划与设计 [J]. 建筑学报 . 1985(2): 41-47.

[7] 刘燕辉 . 中国住房 60 年 (1949-2009) 往事回眸 [M]. 北京：中国建筑工业出版社，2009.

[8] 我国住宅产品生产现状与发展 [R]. 建设部居住建筑与设备研究所 . 1994-1997.

[9] 中日 JICA 住宅项目 . 中国城市小康住宅研究综合报告 [R]. 小康住宅课题研究组 . 1990- 1993.

[10] 中国住宅产业网 http://www.chinahouse.gov.cn.

图表来源

表 1： 高颖 . 住宅产业化——住宅部品体系集成化技术及策略研究 [D]. 同济大学博士论文， 2006.

表 2： 周静敏、苗青根据《小康住宅研究报告》相关内容绘制

表 3: 周静敏、苗青根据原万科集团建筑研究中心楚先锋提供的相关资料绘制

表 4： 苗青绘制

图 1、2： 司红松根据《中国城市小康住宅研究综合报告》绘制

图 3： 司红松根据开彦，郭水根，童悦仲，周尚德 小康试验住宅 [J]. 建筑知识 . 1993(2): 9-11 相关内容绘制

图 4~6： 原万科集团建筑研究中心楚先锋提供

图 7： 司红松根据远大住工官网 http://bhome. hnipp.com/ 相关内容绘制

图 8： 远大住工官网 http://bhome.hnipp.com/

图 9： 江苏和风建筑装饰设计有限公司提供

原载于：《建筑学报》，2014 年第 7 期

住宅设计要适应住房制度改革和住宅商品化发展的要求

周干峙

解决我国住房问题的根本出路在于改革。目前正在进行试点的住房制度改革，是一个带有全局性的重大改革措施。解决好这个改革问题，有利于促进消费结构的合理化，有利于促进产业结构的调整，有利于使国民经济支柱之一的建筑业、建材业和潜力很大的房地产业充分发挥活力，成为国家的一项重要财源。城镇住房制度改革的目标是，按照社会主义有计划的商品经济的要求，实现住房商品化，即将现在的实物分配逐步转变为货币分配，由住户购买或租用住房，使住房这个大商品进入消费市场，实现住房资金投入产出的良性循环，从而走出一条具有中国特色的解决城镇住房问题的新路子。为此，我们的住宅设计必须适应住房制度改革和住宅商品化的发展要求，为社会提供多品种、多层次的住宅设计方案。这是建设部副部长周干峙最近在国际住房年——中国“七·五”城镇住宅设计经验交流会上指出的。

周干峙说，新中国成立以来，我们党和政府十分关心广大人民的住房问题，截止 1986 年底，全国城镇建成住宅 15 亿 m^2，投资 1870 亿元，而主要是十一届三中全会以后建设的。仅 1979 年以来的 8 年中，就投资 1505 亿元，建成住宅 9.7 亿 m^2。几年来，住宅建设不仅数量上有了稳定的增长，质量也有所提高。住宅设计单调呆板的状况已开始改变，大部分居住区配套设施比较齐全，居住条件和环境质量有了较大改善，住宅区的规划设计也不断有所创新。这是与广大建筑设计工作者的辛勤努力分不开的。回顾几年来的住宅建设，是否可以归纳为以下几个变化：由投资很少、发展缓慢，向投资大增、稳定增长发展；由分散建设向综合开发、集中建设发展；由数量的增加向质量的提高发展；由福利型向经营型发展。

周干峙指出，我们要清醒地认识到，解决城镇住房问题仍是一项长期的任务。这几年，住宅建设虽然取得了很大成绩，人民群众“住房难”的问题有所缓解，但是缺房户、无房户仍然大量存在。据全国城镇第一次房屋普查资料反映，缺房户仍有 1054 万户，占总户数的 26.5%，而且目前又正值青年结婚高峰，还将新增大量的无房户。现有住宅的成套率也仅占全部住宅的 26%。有 15.6 亿 m^2 的住宅需要进行不同程度的改造。除了这些供需矛盾的问题，还需要解决管理体制、经营机制上的种种弊端。

关于住宅设计有关的几个政策性问题，周干峙着重讲了以下七个方面：

一、关于住宅面积标准问题——为达到 20 世纪末人均居住面积 $8m^2$ 的目标，必须在宏观上控制住宅面积标准。每个城市，城市里的每个住宅区都要严格执行国家关于控制住宅建筑标准的规定。当然，面积标准的宏观控制是各级政府的职责，但作为住宅设计工作者要有政策观念。中国不同于资本主义国家，建筑设计工作者不是为老板工作，而在具体工作中肩负着双重使命。首先是国家政策的具体执行者，要对国家负责；再是对广大住户负责。在国家政策允许的范围内，有责任、有义务把群众的住宅设计得更好一些，做到布局合理、经济适用、造型美观、环境相宜，还要把室内装修设计搞好，实现经济效益、社会效益和环境效益的统一。因此，今后的住宅设计仍要把控制住宅面积标准放在重要的位置上。

二、关于住宅的质量问题——这里讲的质量不单纯是设计、施工质量，还包括装修质量、环境质量、管理质量等等。这些方面搞好了，才能创造出良好的居住环境。建筑师的视野要开阔，知识面要宽；从单体到群体，从功能到造型，从平面到竖向，以及绿化、公建配套等都要有较强的综合能力。而且要由建筑学拓展到社会学、人文科学、经济学等领域，对这些学科都要有所研究，以提高住宅设计、研究的理论水平和实践水平。

三、关于住宅区的综合开发——1986 年，经国务院批准颁发的科学技术政策白皮书中指出：“住宅区建设要根据城市总体规划，统一计划，统一规划，统一开发建设，统一管理。”几年来，各地组建的房屋建设开发公司，已经成为住宅和城市建设的主要力量。没有开发公司的组织实施，很难想象建成配套齐全、环境优美的住宅区。今后住宅区的规划设计工作要与各地房屋开发公司密切配合，加强协作，这样才能更好地实施住宅的规划设计方案，取得预期的效果。

四、住宅设计要适应商品化的发展——逐步实行住宅商品化是一项大政策，我们的建筑师要在提高全社会住房消费方面多做工作。作为一个好的建筑师，好的设计作品，不仅应考虑眼前的使用，而且要为今后使用标准的提高适当留有余地。住宅，不要从国家“包”的角度去设计，一味提高装修标准，增加设备。什么都“包”，“包”不起。既加重了投资负担，住户也不一定满意。我们提倡住宅除了一些必要的设施外，可以搞“空壳子”。设计上有多种变化的可能，适应多种家庭结构的需要，给住户以参与设计和再创作的机会。建筑师要在这方面下功夫，促进住宅商品化的发展。

五、关于高层住宅问题——住宅建设的高层与多层的争论已有多年了。由于住宅建设量较大，住房的层数和密度，始终是城市规划和建设中一个带有宏观指导性的问题。住宅的层数和密度不是一成不变的，随着时代的推移，经济技术的发展和地区的不同而不同。这个问题又涉及社会、经济、生活、心理、环境以至城市美学等领域，在国内、国外都有不同的甚至对立的观点。国务院批准颁发的几项重要科学技术政策之一的住宅政策指出：城镇住宅仍以建多层为主，控制高层住宅的建造。在大城市的特定地点，可以建造适量的高层住宅。这是指导住宅设计的政策，今后的高层住宅建设一定要在城市规划指导下进行，应具备相应条件，进行可行性研究。有些城市把建筑的高度视为现代化的标志，在市政、施工技术，管理条件不具备的情况，盲目建高层住宅，这就带来了很多问题。至于中、小城市，更要严格控制高层住宅的发展，在今后住房制度改革方面，对高层住宅应一视同仁，不给优惠。

六、关于多样化和标准化的问题——实践证明，多样化和标准化之间没有根本性矛盾，而且可以结合得很好。要正确处理好住宅设计标准化和多样化的关系。在标准化方面，要扬弃单纯地重视重复利用成套定型图纸的旧观念，代之以由模数协调，系列配套，把标准设备、标准配件、标准制品及标准间等构成多层次的体系观念。在多样化方面要扬弃把多样化单纯地理解为建筑型体、外观上的加减的看法，代之以向社会提供多品种、多类型、多档次的商品住宅，因地制宜地用结构体系，创造丰富多彩的建筑风格、优美适宜的室内外环境，并节约土地，节约能源，构成综合多样化的观念。

七、关于提高住宅设计在建筑界地位问题——近年来，一些设计院普遍存在着“挣钱靠住宅，出名靠公建”的现象，产生了许多消极的影响，这种观念要改变。搞住宅设计并不难，而搞好住宅设计却很难。我们有许多好建筑师，多年来兢兢业业献身于这项事业，但很少有人知道他们。在我们行业中甚至还有不少人看不起住宅设计，这是不应该的。我们要为住宅设计正名，提高其地位。建设部去年评选优秀设计时特设了住宅项目奖。这次会议我们又把一些创作者请到北京，并以国际住房年中国委员会的名义给予表彰，就是要给住宅设计一个表现的机会。当然更大量的工作还要各地建设厅（委）设计院去做。

原载于：《住宅科技》，1988 年第 1 期

商品住宅的发展与商品住宅设计

苍重光　卢永刚

一、商品住宅的发展

新中国成立 50 年来，我国住宅的发展大致经过三个阶段：（1）新中国成立初至改革开放前，采用福利分房制度即住房配给制。（2）20 世纪 80 年代初改革开放开始到 90 年代初，提出商品住宅的概念，并在一些地区和城市试行。（3）20 世纪 90 年代后期，全面实行住宅商品化政策。

住宅商品化对社会的发展产生了较大的影响。首先，带来了观念的变化。过去的福利分房，人们持被动的等待心理。实行住宅商品化之后，人们从过去的被动变为主动，个人有权选择住房。选择权利的变更对住房市场提出了更高的要求，并对住房的开发产生很大的影响：住房由卖方市场向买方市场逐步过渡，住房的概念也从单一的建筑本身向更为广泛的领域，如居住环境、售后服务、物业管理等多方面延伸。其次，带来住宅建设资金结构的变化。过去建设资金由国家投资，受财力所限，住宅的数量不能满足需要，住宅的使用质量也只能停留在较低的水平上。住宅商品化全面实施后，住宅建设的资金由国家、集体、个人共同投资。也使国家有财力投入经济适用房、解困房的建设，解决部分中低收入住户的住房需求，为住宅大环境营造了良好的氛围。住宅产业有力地拉动了经济的增长，并带动相关产业的发展，为国民经济的发展做出巨大的贡献。

商品住宅具备商品的属性，对照作为福利分房的住宅，有着明显的优点。商品住宅不只侧重建筑形体环境，更注重人的行为环境与物质的统一，使用者从某种程度上参与决策、设计、建造、管理等整个过程，有权利选择住宅，从而使住宅真正地适应人们的生活方式和习惯。

二、商品住宅设计

商品住宅的发展引起了住宅本身从投资、策划、设计、建造、销售、服务和使用等各方面的巨大变化，尤其在国家颁布取消住宅福利分配而代之以货币化分配以及各级地方政府相继制定货币化拆迁制度和开放住宅二级市场以后，住宅已基本全面商品化，从而使住宅设计从理论到实践产生明显变化。

首先，住宅商品化对传统的住宅设计评价标准提出了挑战。1988 年 5 月建设部颁发了《住宅建筑技术经济评价标准》，业内一直将它作为权威的“标准”评价优秀住宅设计。此标准编制主要以计划经济条件下和商品住宅发展初期的住宅建设经验的积累为基础，此后，商品住宅在我国得到了空前的发展，新形势、新情况、新概念和新经验不断涌现，人们对住宅经济性和舒适性的观念也有了根本的变化。经济性方面各相关企业主要将投资回报放在首位，住户对居住的舒适度要求也越来越高并多样化。整个社会对住宅的评价标准从层次和内容范围上已跨出一大步，层次上评价标准的基础更为宏观，范围上大大涵盖了原“标准”，部分“标准”中的具体量化指标和所占份额已不能被人们所接受，另外，新颁布的《住宅设计规范》对住宅设计中的一些内容已作了较大修改。笔者认为有关部门对此应及时进行系统研究，并制定住宅的评价标准。

既然作为商品，住宅就必须符合商品经济的规律。对商品的评价包括对产品本身性能品质的评价和市场适应性的评价，市场适应性的评价是极其复杂和困难的；对商品房品质评价的一个重要内容是市场验证，这对房地产企业和建筑设计师来说，从商品住宅市场验证中汲取有关设计因素的经验尤为重要。

商品住宅的设计过程不同于以往的住宅设计。目前，建筑师按业主明确的要求设计，业主按潜在客户策划和拟定设计任务书，而客户却是隐性的，不会主动地参与沟通，这就使互动过程变得复杂而且难以把握，其中对潜在客户的揣摩，预测和推断，对于建筑师和业主来说往往不能一致而且经常难以调和。建筑师常常让步或放弃自己的设计思想，成为按照规范和程序“照本画图”的操作员。这无疑不利于繁荣建筑创作和商品住宅的正常发展。

其次，有关经济利益的认识。目前，商品住宅基本为房地产企业全盘操作，即使是国家投资，也由国有企业遵循市场规则进行操作。作为企业投资操作，其根本目的是产生最大经济效益。因而在委托设计的业主眼里，最关心的是设计是否有助于产生最大经济效益。设计企业的客户是房地产企业，设计企业的目的同样是为了追求经济利益的最大化，在实际运作中，建筑师与业主对此的认识往往存在根本的差异，并常常迫使设计师摒弃对设计项目最优目标的追求，降低了商品住宅的设计质量。

房地产企业的经济效益主要靠实现商品房销售，因而销售价格成了各方关注的焦点。商品住宅的价格由两部分组成，综合建设成本和计划利润。综合建设成本中（含有设计费一项，与其他相比数目不大）与设计有关的是建筑安装直接成本，计划利润中与设计相关的是设计在市场中的销售优势，即购买者预期的与设计直接相关的居住舒适度和销售者对此舒适度经过研究预测的风险指数。如果房地产企业根据自己的分析预测看好某设计（意即初步确认购买者会看好并且直接成本得到了有效的控制），认为投资回报较高，则愿意让设计方增加经济收益，也可称为对设计企业的一种投资。因此，在商品住宅设计中，房地产企业和建筑师对购房者需求心理的了解和研究是非常必要的。

根据以上的分析，笔者认为作为房地产企业和建筑师个人均应主动并系统地学习商品住宅的策划、设计、建造、销售、服务和使用等全过程的相关知识，学习房地产企业在此过程中作为操作主体的运作方式，搜集有关的信息和资料，作为技术储备，以避免设计知识和技术的相对滞后，同时，深入地研究住宅商品化操作对设计的整体的和具体的影响，更好地适应市场需要。

原载于：《现代城市研究》，2002 年第 6 期

香港公屋设计经验对我国保障性住房规划建设的启示

代晓利

一、引言

当前，大力建设保障性住房（中小户型住宅）是国家住宅产业规划发展的方向。未来五年内，政府将陆续在全国大规模开展保障性安居工程建设，以改善城市低收入居民的居住条件。据统计，“十二五”期间，上海市的保障性住房约为6500万 m^2，预计新增各类保障性住房100万套[①]。保障性住房的建设是改善民生的重要问题，对于促进社会稳定、百姓民生和谐具有重要意义。因此，大力推广保障性住房等中小户型住宅的建设是符合国情、顺应民意的举措，其将逐步实现广大居民的安居乐业。

探究如何设计更宜居、更高效的保障性住房，成为当前摆在设计师面前的关键问题。什么样的户型设计能使有限的面积更具实用性？什么样的空间设计能消除有限空间形成的压抑感？什么样的构件和细部设计更能体现“以人为本，以小见大”？什么样的套型设计更能符合市场之需，更有创新特色？这些看似简单的问题既是解决居民实际居住的基本民生问题，又是构建和谐社会、促进可持续发展的重要举措。

二、香港公屋设计经验

从20世纪80年代至今，香港政府先后推出了“居者有其屋”计划和“长远房屋发展策略”[②]，为中低收入者购买公屋提供了各种可能性。香港的住宅建设除了往高层发展以外，户型仍以小户型为主。香港小户型住宅的形成与规划设计几乎是围绕着公屋建设展开的，经过半个多世纪的发展目前已经十分成熟。在香港，65m^{2}的建筑面积可以做出功能齐全、分区明确、采光通风良好的三室／二厅／二卫／一厨的套型（图1）。这些设计经验值得借鉴，对于我国目前的保障性住房建设也有诸多启发。

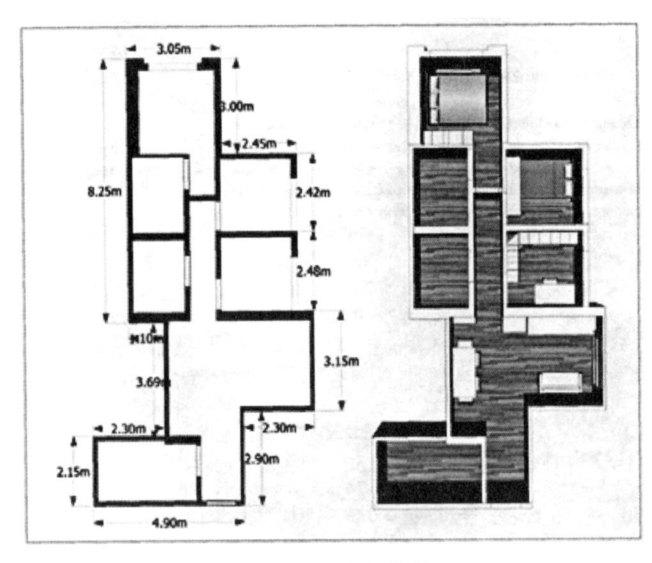

图1. 香港某住宅户型设计

（一）以模块为基础的扩展设计

20世纪90年代，随着居住标准的提高，香港公屋先后出现了和谐式公屋 (Harmony Block) 和康和式公屋两大形态。和谐式公屋是以模块为组织住宅空间的基本单位，其拥有四种基本模块，即一个核模块和三个附加模块[③]。其中，核模块是一个一居室套型，包括厨房、卫生间、阳台，以及一个可以多种分隔、做多种用途的开敞空间（可以作为卧室、起居室和餐厅等）；三个附加模块分别是中间卧室模块、尽端卧室模块和45°空间模块（图2）。通过以上四种模块的不同组合，可以形成系列化、多样化的套型，如图3所示，单元套型从一居室到三居室共有多种组合类型。其中，一居室的单位面积为 30m² ～ 40 m²，两居室、三居室的单元面积也仅为 65 m² ～ 85 m²。通过模块的组合，可以形成十几种标准化的住宅建筑单体。住宅建筑单体的平面形式主要有“Y”形、“十”字形和“井”字形等，通过不同的平面组合，每层所容纳的户型单元数量各不相同，从而产生了不同价位、不同层次的住宅类型，以满足各阶层的购房需要（图 4）。

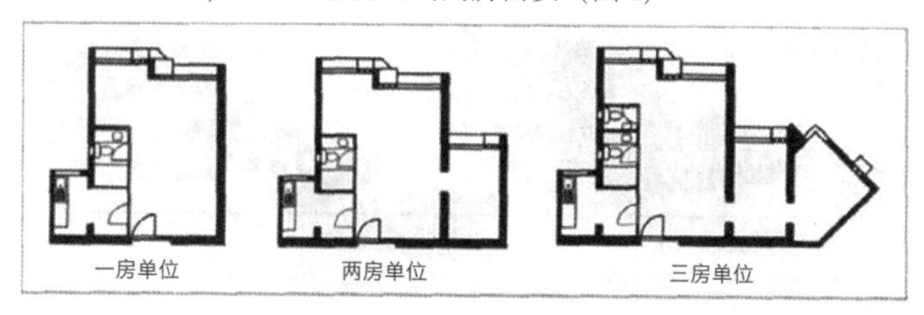

图 2. 和谐式公屋的基本模块

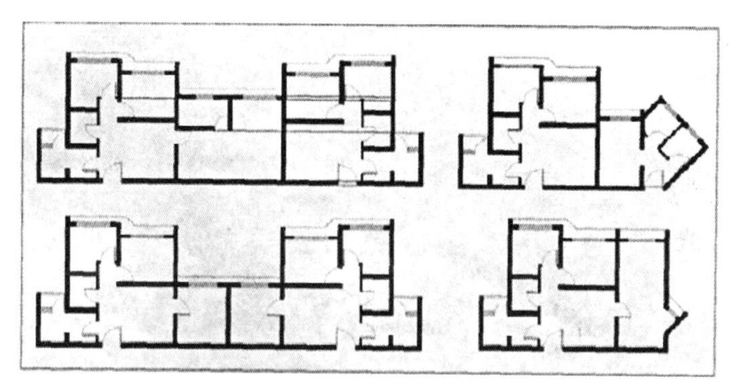

图 3. 和谐式公屋模块的标准化组合方式

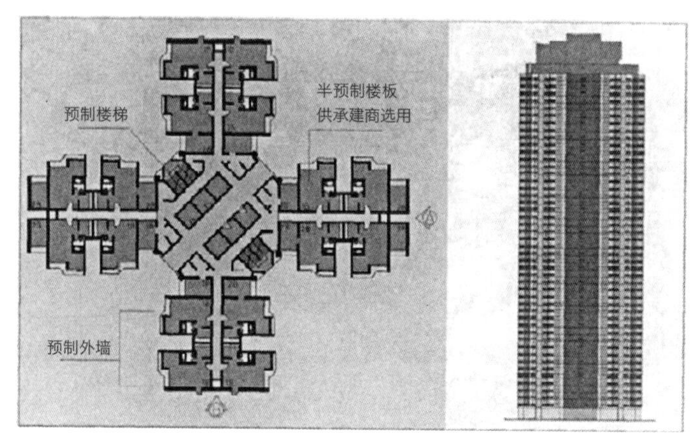

图 4. 新和谐式某大厦平面图及立面图

（二）灵活适用性的设计原则

(1) 住宅套型的适应性。当空间标准提高或者家庭的尺度变大时，将两个相邻的住宅拼合成一个较大的住宅，这种方式具有很好的可操作性和适应性。这种简单的适应性带来了很大的自由度，能够比较容易地应对房屋市场需求、家庭结构等方面的不断变化。

(2) 使用空间的复合性。使用空间的复合性是指住宅中的一个房间或一个空间，不通过形体上的变化就能够适应使用方式的变化以及不同时段家庭的活动要求。一个空间应该有合适的尺寸和形状以适应多种用途，例如通过收起或者打开可折叠式的家具，使用者可以随时改变和重新安排房间的功能。

(3) 空间关系的可变性。通过简单的变化使空间与空间的关系发生改变，以满足日常生活中多种不同功能的需要。在居住空间相对狭小的情况下，研究这种空间关系与使用功能之间的动态变化是非常有意义的。

三、香港公屋设计经验对我国保障性住房建设的启示

（一）优化楼面布局，注重集约化设计理念

在小户型面积有限的条件下，采用集约化、精细化的设计理念，可以最大效率地挖掘住宅空间的使用潜力。在满足人居生活基本需求的前提下，应精确把握和定位每一个空间的尺度，包括房间的开间进深、面积大小、门窗开启位置等，以提高户型面积利用率。

在考虑集约化设计理念的同时，也需重视每单元多户住宅之间的均好性与平衡性。设计中应尽量做到各户之间的均衡，包括各户型的方位朝向、凹凸进退、彼此的视线干扰、日照采光遮挡等因素，尽可能做到每户之间差异性较小、整体性均好，提高单元各户型的整体品质。通过对不同长短进深的户型进行组合，开设采光凹口，有效节约用地，控制住宅面积，满足通风与采光。其中，以塔式、短板式平面户型的均好性较好（图 5）。

户型的衍生组合是解决中小户型住宅由小变大或由大变小的较简单经济的方法，它是以平面的变化来适应家庭对居住功能需求的变化[1]。当用户有需求时，在保证户型结构主体不变的情况下，用户可以根据实际需要，通过砌筑轻质隔断、家具隔断等方式对居住空间进行切割，将一户变为两户或者将一间变为多间。同时，这些隔断是可以移除的。

在平面设计上，可以采用板式与塔式相结合的方式，变通常的一梯两户为一梯三户或一梯四户，

图 5. 上海市嘉定区马陆某动迁基地项目总平面图

两梯三户为两梯五户或两梯六户，即将原先大中房型的每户 3 个开间，改为小房型的每户 1 个～ 2 个开间，这样既可以满足通风、采光和朝向的要求，又可以满足容积率和建筑面积的要求[2]。

（二）充分利用空间，体现空间高效性与复合型

保障性住房的空间和面积非常有限，为了确保建筑功能的充分发挥，必须对其进行精细化设计。因此，在设计上要研究平面布局和不同功能区的关系，合理挖掘有效空间潜力，重点在于组织协调好玄关、起居厅、卧室、餐厅、厨房、卫生间、储藏室和阳台 8 个主要功能空间的关系，以体现空间的高效性和复合性。

空间的高效性体现在住宅的使用系数要高，分摊的公共面积要小，因此有效降低公共交通空间的公摊面积、优化设计结构及设备布置是提高使用系数的有效手段。一般一梯设置三到四户是比较合理的，这样既可以有效地分散公摊面积，提高得房率，又有利于套内户型的设计，保证户型的通风和采光。多层住宅是所有住宅类型中户均公摊面积最少的，所以保障性住房宜首先选择低层高密度的住宅群。但是，考虑到目前城市用地的紧张状况，一般情况下保障性住房还是会选择高层住宅，且一梯多户（建议选择四户或以上的住宅）的住房类型较为实际。在保障性住房设计中，由于套内

建筑面积小，家庭人口少，在公私分离、动静分离、居寝分离等方面的要求较弱，因此更强调空间的复合。通过模糊功能分区，将某些功能空间进行合并或者连接，从而使得功能分区具有多种性能。如餐厅与客厅的合二为一，使得这部分空间同时具有餐厅和客厅的功能；开敞或半开敞的厨房设计，使得这部分空间同时具有厨房功能和餐厅的功能。虽然这种分区使住宅在功能独立性上有所欠缺，但是可以使得房屋显得更加宽敞，并获得意想不到的空间感。尤其在单身户型中，起居室、餐厅、卧室和书房往往被设置在同一空间中，空间的功能可谓是“高度复合”。

（三）关注细部设计，体现以人为本

在优化建筑设计过程中，应注重细部上的设计，重点是产品及构件的标准化、集约化与工业化。通过改变局部的平面布置，使住宅设计达到更加灵活高效的效果。例如，调整阳台的常用比例，使客厅与阳台在使用上更加灵活。在厨房设计中，采用紧凑合理的“L”形和“U”形平面，将餐厅和厨房的隔墙简化为隔断，并与生活阳台相连，布置合理的电器开关及布线；采用集成厨卫设施，或将厨房分为小面积围合的有烟区和其他部分开放的无烟区，使部分厨房的空间得到有效利用，兼做餐厅，而餐厅又可和客厅相融合形成流动空间。针对卫生间，可以优化门的开启方向以及器具布置、尺寸计算和通风排气等，注重干湿、洁污空间的分置，使各个空间可以同时被高效利用。

通过改变构件形式，可以更有效地增加住宅面积。例如，适当增加凸窗、转角窗，以扩展空间、改善通风和采光条件。同时，还应减少固定构件，合理设置承重墙，提供弹性分隔的可能，增加实用价值。采用轻质材料、透光材料以及多用途的家具，以提高空间流动性。此外，因家具布置或者功能划分的需要，分割了许多较小的空间，要对这些空间进行合理设置，且加以充分利用。如利用顶部空间作为贮藏空间；在洗手台盆下设置储物柜，设置吊柜和搁板等，这样就增加了空间的利用率。

在室内装修上采用简洁明快的设计手法，材料以颜色淡雅的材料及镜面玻璃等有利于视觉延伸的材料为主，可以适度扩大空间感。为节省住宅面积，应尽可能选择多功能的家具，比如床铺与储藏柜相结合等。通过对住宅平面设计、家具设备的研究，在无形中扩大了更多的住宅使用面积。

此外，通过材料创新技术的应用，也可适当解决小户型住宅的缺点和不利条件。例如，具有良好隔音效果的高强度薄墙，就能起到相当关键的作用。因为墙体的变薄，可以提高套内面积使用率。而透明及半透明材料的应用，同样能扩大室内的空间感。

四、结语

保障性住房的开发建设是与普通百姓的基本生活需求密切相关的社会问题，设计师对此必须仔细推敲。保障性住房的设计其实是在设计一种生活方式和行为模式，不能因为面积小而降低空间的质量。如上所述，我们必须从细微之处体现以人为本的社会人文关怀。小户型住宅的创新设计需要以集约化理念为支撑，需要全社会予以关心并付诸实践。作为规划师和建筑师，必须结合社会和市场需求，深入研究保障性住房的设计，提高保障性住房的居住品质，创造出适应社会发展的、符合人们需求的、精致实用的保障性住房。

注释：

① 资料引自：上海市政府网站，www. shanghai. gov. cn。

② 资料引自：香港地方网，www. hk-place. com。

③ 资料引自：维基百科，http: //zh. wikipedia. org/wiki/Category。

参考文献：

[1] 严峻，常贺，中小户型住宅设计存在的问题及设计原则 [J]. 科技创新导报，2011，(11)43.

[2] 李军，小户型住宅建筑设计的思路探讨 [J]. 住宅科技，2010，(4)：4-5.

原载于：《上海现代规划院专辑》第 28 卷

按照设定使用人数规定公共住房户内使用面积标准及递进级差

何建清

公共住房是各个国家和地区及其地方政府实施社会保障制度的重要载体。公共住房的供应与调配，需要通过制定量化指标、界定与划分保障对象，方能公平地进行。一直以来，公共住房的设定使用人数与对应的空间面积标准，是各个国家和地区及其地方政府不断总结公共住房发展管理经验、通过立法程序颁布并逐步优化调整的关键指标，也是一项受多种因素影响的多参数关联指标。这项指标在设定时，既需要考虑人均指标，还需要考虑设定使用人数以及使用人之间的代际关系，特别是使用人数相同但分室需求不同时的多种工况（运行使用状况，operating condition，即居住使用过程中的状况或条件，简称工况）。从全球典型国家和地区近 60 年来颁布的公共住房空间面积标准来看，首先是采用户内使用面积作为衡量尺度，使保障对象的居住条件公平均等，不受气候、建筑形式和公摊面积的影响，除日本和中国台湾地区没有针对使用人数而是直接对公共住房户型面积作出规定外，其他国家和地区均是按照设定使用人数规定空间面积标准（表 1）。

英国是工业革命以来最早实施住房保障制度的国家，1961 年出台的帕克莫里斯标准，从 1 人户至 6 人户给出了一一对应的空间面积标准，分别为 320、480、610、750、850、930 平方英尺，相当于递增的幅度为 50%（增加 15m^2）、27%（增加 12m^2）、23%（增加 13m^2）、13%（增加 9m^2）和 9%（增加 7m^2），当时公共住房的建筑形式多为多层集合式住宅。45 年后，大伦敦市政府颁布了 2006 版新建公共住房的空间面积标准，分别对 1 人户至 7 人户作出了相关规定，由于大伦敦地区公共住房中的 1 人户和 2 人户存在结构性短缺，此次颁布的标准主要调高了 1 人户的标准，压低了 4

各个国家和地区及其地方政府公共住房空间面积标准及递增幅度

表 1

设定使用人数	英				美						日	
	GLA 2006 Minimum Internal Dwelling Area		Parker Morris 1961 minimum space standards (Floor area)		APHA 1950 (Floor area)		HUD1971 Minimum Property Standard for Multifamily Housing type		HUD 1966 Minimum Property Standard for Low Cost Housing type		第三期住宅建设计划 1976 最低居住标准套型（使用面积）	
人	(m^2)	面积增加幅度 %	(m^2)	面积增加幅度 %	(m^2)	面积增加幅度 %	(m^2)	面积增加幅度 %	(m^2)	面积增加幅度 %	(m^2)	面积增加幅度 %
1	37	/	29.73	/	37.2	/	40.0	/	35.30	/	1K21	/
2	44	18.9	44.59	50.0	69.7	87.5	55.74	36.4	48.31	36.8	1DK36	71.4
3	57	29.5	56.67	27.1	92.9	33.3	65.96	18.3	57.60	19.2	2DK47	30.6
4	67	17.5	69.68	23.0	106.8	15.0	78.04	18.3	66.89	16.1	3DK59	25.5
5	81	20.9	78.97	13.3	130.1	21.7					3DK65	10.2
6	92	13.6	86.4	9.4	144.0	10.7					4DK76	16.9
7	105	14.1									5DK87	14.5

设定使用人数	中									
	台 2006 国民住宅小区规划及住宅设计规则套型		台 1993 空间面积标准（使用面积）		港 2002 新和谐式大厦租住单位的编配标准（使用面积）		港 2010 香港公屋宽敞户标准（使用面积）		京 2010 公共租赁住房建设技术导则（试行）（建筑面积）标准人均 $15m^2$	
人	(m^2)	面积增加幅度 %	(m^2)	面积增加幅度 %	(m^2)	面积增加幅度 %	(m^2)	面积增加幅度 %	(m^2)	面积增加幅度 %
1	40	/	BSR 29.7	/	17.4	/	25	/	30	/
2	59	47.5	1D48.4	63.0	21.7	24.7	35	40.0	40	33.3
3	73	23.7	1D1S 62.9	30.0	30.3	39.9	44	25.7	50	25.0
4	86	17.8	2D70.1 1D2S 74.5	11.5 6.3	39.7	31.0	56	27.3	60	20.0
5	99	15.1	2D1S 83.8 1D3S 88.2	12.5 5.3	49.1	23.5	62	10.7		
6			3D89.3 2D2S 93.7	1.3 4.9			71	14.5		
7										

数据来源：
1. 大伦敦市政府（GLA），2006；
2. MoHLG, Homes for Today and Tomorrow, HMSO，1969，http://www.singleaspect.org.uk/pm/index.php;
3. 美国住房和城市规划部（HUD），1971；
4. 何友锋，王小璘，国民住宅空间标准之建立"中华民国"建筑学会，1993。

人户和6人户的标准，其逐级递增的幅度变为19%（增加$17m^2$）、30%（增加$13m^2$）、18%（增加$10m^2$）、21%（增加$14m^2$）、14%（增加$11m^2$）、14%（增加$13m^2$）。这项标准的研究报告也指出，公共住房标准必须也只能根据设定使用人数制定，其设计使用周期或全寿命周期的调配供应情况无法进行猜测和充分预知，重点是针对设定使用人数及使用工况，充分体现技术进步，细化优化户内功能空间分配，控制户内使用面积。英国以及大伦敦市政府这种对应设定使用人数、规定户内使用面积的做法，特别值得我国在公共租赁住房建设和房源筹集过程中参考。

美国的住房空间面积标准早期对应了1人户到6人户，而后来（1971年美国住房和城市规划部标准）只对应到1人户至4人户，递增幅度控制在36%（增加$15m^2$）、18%（增加$10m^2$）、18%（增加$12m^2$）。

日本的空间面积标准是针对户型规定的，第三期住宅建设计划（1976年）规定了从1室带厨房（1K）、2室带餐厨（2DK）到5室带餐厨（5DK）的最低居住标准，其递增幅度为：71%（增加$15m^2$）、31%（增加$11m^2$）、26%（增加$12m^2$）、10%（增加$6m^2$）、17%（增加$11m^2$）、15%（增加$11m^2$）。

中国台湾地区早期（1993年）按套房（BSR）、1间双人房（1D，增加$18m^2$）、1间双+1间单人房（1D1S，增加$15m^2$）、2间双人房（2D，增加$7m^2$）、2间双+1间单人房（2D1S）、1间双+3间单人房（1D3S）、3间双人房（3D）、2间双+2间单人房（2D2S）来对应不同居住者的需求，较大户型空间面积标准的工况细化，保证了公共住房户型不因面积标准的一刀切和简单化造成天然残疾。而2006年出台的《国民住宅小区规划及住宅设计规则》，则对套型作了精简的规定，按单身、丁、丙、乙、甲5种类型设定空间面积标准，其递增幅度为48%、24%、18%、15%。

中国香港特区的公屋空间面积标准最为严格，2002年新和谐式大厦租住单位针对1～2人、2～3人、3～4人、4～5人、5～7人居住编配了递进幅度为25%、40%、31%、24%的面积标准，基本遵循的是人均使用面积$7m^2$的保障标准，实际执行中浮动为$7.5m^2$。2010年针对公屋宽敞户做的空间面积标准为人均$12m^2$以上，其递增幅度为40%（增加$10m^2$）、26%（增加$9m^2$）、27%（增加$12m^2$）、11%（增加$6m^2$）、15%（增加$9m^2$）。

北京市2010年出台了《公共租赁住房建设技术导则（试行）》，规定了单居、小套型、中套型、大套型4种类型公共租赁住房户型的建筑面积标准，对应1～2人、2～3人、3～4人、4～5人户，设计标准分别为$30m^2$左右、$40m^2$左右、$50m^2$左右和$60m^2$以下，“左右”是指根据不同平面和结构类型上下浮动不超过5%，其递增幅度为33%（增加$10m^2$）、25%（增加$10m^2$）、20%（增加$10m^2$），基本遵循的是人均建筑面积$15m^2$的保障标准。

鉴于北京市新建公共租赁住房多以高层为主，如按上述 4 类建筑面积标准对户内功能空间进行面积分配，并按不同标准层平面系数的经验值进行推算，可明显看出中、大套型建筑面积标准其实不足，在执行时不可避免地会出现户内空间完整性与分室可能性无法保证的情况（表 2、表 3）。此外，由于建筑层数和组合平面形式的差异，同样建筑面积下的户内使用面积存在较大差距，不仅影响公共租赁住房配租的公平性，也不利于公共租赁住房的定型以及标准化建造。

北京市公共租赁住房建筑面积标准的户内分解及测算

表 2

分类	典型分室情况	户内基本功能空间使用面积分配（m^2）											按标准层平面系数推算建筑面积（m^2）		建筑面积标准（m^2）
		起居 / 书房	卧 1	卧 2	卧 3	餐	厨	卫	储	阳台	户内交通	总计	系数=0.68	系数=0.60	
1~2 人单居	厅室合用	5	5	/	/	1.5	2	1.5	1.5	1.5	1.0	19	28	32	30±1.5
2~3 人小套型	2 间卧室	5	8	5	/	2	3	1.5	1.5	1.5	1.5	29	43	48	40±2.0
3~4 人中套型	2 间卧室	8	8	8	/	2	3	2	2	2	2	37	54	62	50±2.5
4~5 人大套型	3 间卧室	8	8	8	5	3.5	3	2	2.5	2	2	44	65	73	< 60

对《北京市公关租赁住房建设技术导则（试行）》中有关建筑面积标准的评价

表 3

住房类型	一类	二类	三类	四类
《导则》分类方式	单居	小套型	中套型	大套型
《导则（试行）》规定	$30m^2$ 左右	$40m^2$ 左右	$50m^2$ 左右	$60m^2$ 以下
对《导则》的建议	可降低	宜适当增加，以便分室	应增加	根据需求决定是否设这类住房如设，应增加
建议《导则》按设定使用人数（即配租家庭人口）对户型进行分类	1 人户	2 人户、3 人户	3 人户、4 人户	4 人户、5 人户及以上户
典型配租条件	未分室	1 个双人卧室、1 个起居卧餐合用空间	2 个双人卧室，1 个起居餐室	2 个双人、1 个单人卧室、1 个起居餐室
		2 个单人卧室，1 个起居餐室	1 个双人、2 个单人卧室、1 个起居餐室	1 个双人卧室、3 个单人卧室、1 个起居餐室
建议《导则》对使用面积而不是对建筑面积进行规定	$19m^2$	$29m^2$	$37m^2$	$44m^2$
对应的建筑面积（m^2）	$27m^2$~$29m^2$	$43m^2$~$48m^2$	$54m^2$~$62m^2$	$65m^2$~$73m^2$

建议今后在制定公共租赁住房或保障性住房空间面积标准时，一是根据设定使用人数规定空间面积标准；二是用“使用面积”替代“建筑面积”；三是考虑相同使用人数的多种配租和使用工况；四是空间面积标准要充分细化，并具有科学合理的递进级差；五是保障户内基本功能空间面积的合理分配。为此，笔者试给出公共住房分类标准及空间面积配置参照表，以便在基础研究和有关标准执行情况调查中对照使用（表 4）。

表 4

公共住房分类及空间面积最低配置参照表

设定使用人数	1人				2人				3人				4人						5人					
基本功能空间面积	低配	低标准	高配	高标准	低配	低标准	高配	高标准	低配	低标准	高配	高标准	低配	个数	低标准	高配	个数	高标准	低配	个数	低标准	高配	个数	高标准
单人卧室（m²）			●	5					●	5	●	5				●	2	10	●	1~2	5~10	●	2~3	10~15
双人卧室（m²）					●	8	●	8	●	8	●	8	●	2	16	●	1	8	●	1~2	8~16	●	1~2	8~16
起居厅（m²）			●	5							●	7				●	1	8				●	1	7
厨房（m²）			●	2.7	●	2.7	●	2.7	●	2.7	●	2.7				●	1	2.7				●	1	2.7
卫生间无淋浴（m²）	○	1	●	1.5																		●	1	1
卫生间有淋浴无洗衣机（m²）					●	1.5																		
卫生间有淋浴有洗衣机（m²）							●	2.5	●	2.5	●	2.5	●	1	2.5	●	1	2.5	●	1	1.5	●	1	2.5
储藏间（m³）			●	0.5			●	1	●	2.7	●	3.9	●		3.6	●		5.2	●		4.5	●		6.5
（m²）				0.2				0.4		1		1.4			1.3			1.9			1.6			2.3
阳台（m²）			○	2			○	2			○	2	○		4	○		4	○		4	○		4
餐厅（m²）			○	1.5			●	1.5			●	1.9				●	1	2.3				●	1	2.7
小计		1		17.9		12.2		17.1		19.2		30.5			23.8			39.4			20.1~33.1			40.2~53.2
起居＋卧室（m²）	●	10																						
起居＋厨房（m²）																								
起居＋餐厅（m²）					●	5+1.5	●	6.5	●	6.9														
餐厅＋厨房（m²）																								
起居＋餐厅＋厨房（m²）													●		10				●		14.4			
小计		10				5		6.5		6.9					10						14.4			
总计		11		17.9		17.2		23.6		26.1		30.5			33.8			39.4			34.5~47.5			40.2~53.2
公用洗衣间	●		●		●																			
公共浴室	●		●																					
公用厨房	●																							
公共储藏室	●				●				○				○						○					

注：1 此表包括从单人最低标准的卧室和卫浴基本功能空间组合，到以家庭为单位的高标准全部基本功能空间组合。

2 储藏空间需换算成占地面积进行计算，占地面积（m²）= 占用空间（m²）/ 层高 2.8m

●有 ○可有可无

原载于：《住区》，2013 年第 4 期

关于保障性意图的住居实现
——从相对于普通商品房的差异化入手

郭昊栩 邓孟仁

保障性住房是“政府在对中低收入家庭实行分类保障过程中所提供的限定供应对象、建设标准、销售价格或租金标准，具有社会保障性质的住房”[1]。保障性住房因应我国住房制度改革而生，与商品性住房是同一住房体系下产生的相对应概念。以租为主的廉租房和公共租赁房、以售为主的限价商品房和经济适用房，以及定向安置房、危旧房和棚户区改造都属于保障房的范畴。

2007年8月7日，国务院颁布了《关于解决城市低收入家庭住房困难的若干意见》(国发[2007]24号)[2]，其指导思想是“加快建立健全以廉租住房制度为重点、多渠道解决城市低收入家庭住房困难的政策体系”，要求“进一步建立健全城市廉租住房制度，改进和规范经济适用住房制度，加大棚户区、旧住宅区改造力度”。以24号文为标志，中央政府住房政策的重心转移到了住房保障。在2008年10月17日的国务院常务会议上，进一步提出“意图通过国家的投资建设，增加保障房数量，从而影响市场，降温房地产业，使住房回归‘公共性’”[3]。由此，保障房成为学界关注的焦点。

保障性住房的建设并非要抑制商品性住房的发展，而是为了完善住房体系，弥补市场中的住房商品性缺陷。我国采取土地有偿出让制度，土地的使用性质属于出让还是划拨，是区分保障性住房与商品住房的分界线。由此在设计领域，保障性住房与商品房既有共性又存在各自特点，保障房设计应继承商品房设计的经验累积，更应避免在设计中盲目借用商品性住房案例。这种保障性住房相对于商品性住房的差异化认知，将在很大程度上影响保障房设计及研究的价值取向所在。

一、“非市场”性

笔者认为，保障性住房的特性首先源于其政策环境的非市场性。《国务院关于深化城镇住房制度改革的决定》（国发 [1994]43 号）指出要“建立以中低收入家庭为对象、具有社会保障性质的经济适用住房供应体系和以高收入家庭为对象的商品房供应体系”[3]；《国务院关于进一步深化城镇住房制度改革加快住房建设的通知》(国发 [1998]23 号) 提出“停止住房实物分配，逐步实行住房分配货币化；建立和完善以经济适用住房为主的多层次城镇住房供应体系”[4]。我国的住房政策主要依靠市场机制解决住房问题，同时政府进行一定的干预以补充市场机制的不足。保障性住房正是以这样的政府对住房的政策干预而存在。

根据邓尼逊的住房政策模式理论[6]，我国当前的住房政策是较为典型的社会型住房政策范畴，大体处于巴赫维尔和范德海登 (1992) 所界定的住房政策阶段理论[6]中处于第四发展阶段。政府在公共住房的供应上采取以低收入群体为政策目标的公共住房供应计划，对无力自行通过市场解决居住问题的部分中低收入阶层等困难群体供应公共住房[5]。根据哈劳 (1995)[6]住房供应模式理论，我国的住房供应方式应属于补充型供应，这种方式在发达国家较为普遍，可以说是符合当前发展主流的住房政策。

保障性住房和商品房在政策定位上的差异性互补关系，是计划经济与市场调节关系的缩影。商品房设计是自由竞争原则下的设计，去评价要素与市场认可相结合。而保障性设计的价值定位除具有普通住宅的居住要素，其关注点不再是市场利益的最大化，而是其作为准公共产品所体现的政府职能和社会公平，设计受到其后的调控性、公共性及救济性等政策机制的约束影响。保障性住房设计能否在品质上反映这一差异，可以说是更为根本性的评价要素。

二、低标准建设

保障性住房的建设标准主要根据本国的经济发展水平、人口密度、城市化进程等制定。各部委于 2007 年联合发布的《经济适用住房管理办法》明确要求经济适用住房单套的建筑面积控制在 $60m^2$ 左右。根据 2010 年《关于加快发展公共租赁住房的指导意见》，成套建设的公共租赁住房，其单套建筑面积要严格控制在 60 m^2 以下。2011 年 9 月 20 日国务院常务会议要求，公租房建筑面积以 40 m^2 左右的小户型为主[7]。

目前较为普遍的意见认为保障房应遵循非体面化原则，尽量采取低标准建设。并认为较低的保障标准本身就是一种有助于实现公平分配的机制。低标准原则能够避免政府承担过高的财政压力，可以防止非低收入群体侵占及“赖居”现象的发生。因此不应在现阶段强调保障性住房的居住舒适度，使得群众对保障房的期望值过高。以亚洲的日、韩为例，日本公团住宅主要房型为两室一厅，使用面积多在 60m^2 左右。公社住宅则标准更低，多建设在偏僻的、无法进行其他用途开发的土地上。出租的住房面积相当于自有住房平均面积的 1/3，是典型的低标准、过渡性保障。韩国的公营住宅面积较日本更小，使用面积控制在 15m^2 ～ 50m^2。并存在公租房合用现象。可以说，小户型、低标准是保障性住房建设中普遍遵守的原则 [8]。

目前，我国城镇中低收入家庭的比重较大，随着城市化的演进，对保障性住房的需求会进一步加大。根据目前的经济发展水平和政府财政能力，住房保障应坚持面积、户型和造价的低标准原则，从低水平、广覆盖起步，着重于改善和满足基本住房需求，逐步提高保障水平。对保障房设计的研究应正视因低标准建设所必然存在的户型面积及功能构成方面的负面舒适感受。研究在户型、面积和造价等方面条件约束下，如何因地制宜地提出的低成本住宅设计方法。低造价、防止侵占或“赖居”现象不应成为环境质量的理由，在低成本建造和局促空间中创造居住环境意象，体现对居住者的人文关怀，才能传达保障性住房政策的施政精神。

三、低成本使用

在我国的国情背景下，大量性的居住建筑的高能耗以及不断提高的居住舒适度要求，使得住宅节能显得越来越重要和紧迫。近年来，国内外建筑节能技术迅速发展，各种先进的节能技术纷纷被引进到商品房领域，诸如新型节能墙体材料、新型外墙保温体系、高效节能玻璃，太阳能、地热等可再生资源的利用，为建筑节能注入了新的活力。笔者认为，在低成本建设的原则下，保障性住房建设应根据低收入人群的经济能力取舍，不宜过分强调采用高技术或高成本的节能措施——低成本使用是建筑节能设计的关键。需要指出的是，传统民居的被动式节能策略和建构技术均经过长期的沉淀，并与地域的居住需求特点相结合，对保障房设计具有借鉴价值。把传统民居的既有节能手段加以量化研究，掌握规律性要素，并引用、转译和借鉴到保障性住房设计中来，形成“低成本建设”和“舒适居住”的内在一致，对实现建设质量控制而言至关重要（图 1）。

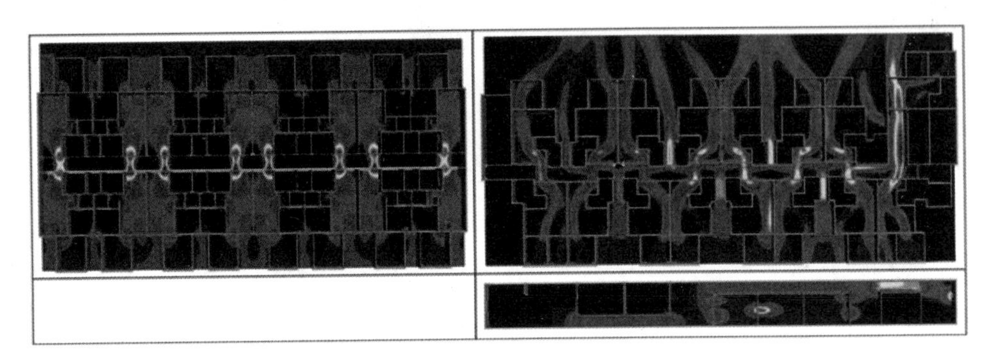

图 1. 既有模式、改良模式及传统竹筒屋的通风性能模拟分析

四、融合式交往

住居保障性中包含了社会的和谐及公平的体现意图。我国保障房的实践，普遍面临着三个层次的交往设计问题。一是受户型面积限制，各居住单元内部拥挤，家庭成员之间的生活起居和活动范围有限，相处的方式受到了空间的约束；二是受实用率制约，居住单元之间的公共空间狭窄昏暗，难以形成邻里交往的场所；三是已有的保障房小区主要采取集中建设模式，贫困家庭的空间集聚易于形成“孤岛化、集中化和大型化”[8] 状况，并进一步加剧了始于住房商品化的城市社会阶层“极化”问题。上述问题的解决与社区结构及空间关系设计紧密关联。

（一）混合社区

为在有限的地块中容纳更多数量的保障性住房，做到节能省地、舒适、环保，设计不应仅仅停留在考虑低收入阶层的公共交往层面，应从实现商品房居民与保障房居民的居住融合的高度考虑公共交往空间的营造，以环境手段消除人群隔阂，这是目前保障性社区公共空间研究中所普遍缺乏的。

以不同收入阶层的“贫富混居”实现居住融合的模式被各发达国家普遍推广，并被认为是解决不同收入阶层居住隔离、促进相互交往的有效方法。如：英国以规划责任（planning obligations）的促进可支付住房（affordable housing）在新地产项目中的配建建设；法国通过颁布《城市团结和更新法》，为配建模式的有效实施提供法律保障。美国配建模式借助包容性区划（inclusionary zoning）提供可支付住房。[9] 尽管我国目前尚未出台关于保障房配建模式的相关政策法规，但部分城市已经意识到配建模式的重要性，或运用规划手段在新增商品房项目中前置性地配建保障房，或以征收异地建设费，加强对混合社区保障房的建设及运营管理，建立贫富混居及交往关系模式。

混居住区的公共空间应避免与普通商品房住区雷同，致力于建立多样化空间和混合功能的“互惠型低成本生活圈”。

（二）同质邻里

实地调研显示，低收入群体住区以中青年为主，并以就业技能要求较低和传统服务业为占据多数，总体职业类型比较分散，受教育水平及择业竞争力相对较弱。人群的闲暇时间较多、行为规律性较强。对现有样本的非介入式观察 [10-11] 表明，保障房社区的公共交往方式具有自身若干特点。 一方面保障房小区的住户的闲暇时间较多，保障房小区中居民在公共空间的交往活动明显多于普通商品房小区。这与保障房室内空间的局限，促使户内行为向户外延伸渗透有关。另一方面，保障房小区的邻里交流大多集中发生在建筑的首层架空空间或集中绿化区，而在距离住宅较近的居住单元周边区域，往往交通单调、昏暗狭窄，十分冷清。也就是说，从户内到公共活动之间普遍脱节，未能形成从“公共——半公共——半私密——私密”的“纽曼” [12] 式的多层次空间转换与衔接关系。

同质邻里的周边不应是无法逗留的消极空间。在塑造同质邻里的交往空间时，同样应注重借鉴传统民居的邻里意象，民居式空间的尺度、序列乃至行为方式往往与当地居民的内在心理需求及精神认同高度一致，在于鼓励公共交往的同时，提倡半私密生活的“集体化”与“互助化”。在保障房小区中引入具有地方性的传统邻里空间，将有助于实现邻里之间的相互认同（图 2）。

图 2. 对保障房小区的公共空间行为观察

五、定制化户型

由于与市场的相对脱节及建设周期紧张，当前的保障性住房的设计精细化明显不足。特别是实用率指标的约束状况下，内部空间往往无视舒适、缺乏居住关怀。大量保障性住房在户型上简单地缩小普通住房户型，使之成为以黑暗内廊道串联的新贫民窟。这些未经推敲的户型虽满足规范要求和建设计划，却忽略了与居民需求相契合的空间内容，与保障性意图相悖。

对保障性住房的居住者群体的先导性调研表明，低收入群体多属于扩展式或核心式结构家庭，且具有成年两代居或三代居居多的特征，并表现出小型化的变化趋势。群体家庭结构的多样性，意味着需求的多样化。在受限的空间范围内，保障房应以兼容与整合思想主导空间关系设计，使之能满足多样的家庭结构并适应不同私密要求的户内行为需求。普通住宅的套内空间一般包括门厅、起居室、厨房、餐厅、卫生间、卧室、书房、储藏间、阳台等功能部件。保障性住房因为其套型面积受到限制的缘故，需要将套内空间因应生活中的具体行为加以定制设计，包括空间部分功能部件加以混搭、重叠、简化，建立新的保障房空间构成关系。还包括保障房套内功能空间的精细化，强调在满足人们社会学和行为学的基础上，最大程度的利用人体工学优化空间，提高居住空间的实际使用率。户型的定制化是提高紧凑空间内部实用率的关键，是对平面实用率指标的深化贯彻，符合大多数保障房住户的实际使用要求。定制化使得保障房的户型设计转化为具有主题的行为空间设计，是以“模块”做为组织住宅空间的基本单位，通过“核模块”和“附加模块”间的不同组合，形成与地域传统习俗相应和的住居类型（图 3）。

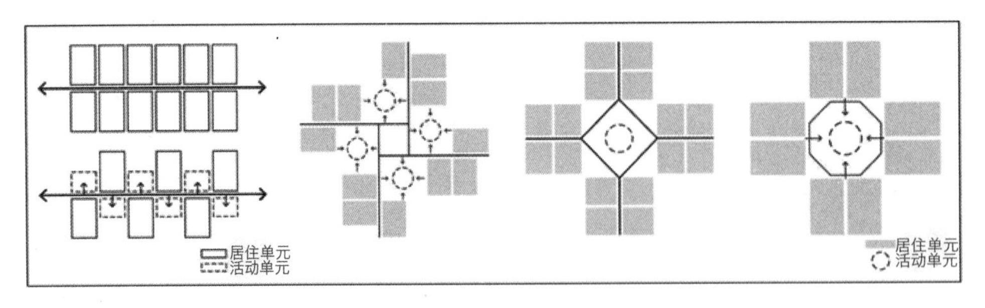

图 3. 关于保障房户型模块的交往层级模式研究

六、结语

保障性住房设计研究在本质上是中低收入群体住宅与地域人居环境、地域居住人群之间的相互关系的研究，以地域性、文化性与时代性的有机统一为价值依归。研究从分析和评价传统居住方式入手，提取传统住居中潜藏的有价值的元素，掌握有效的营造策略与建构技术（结构性）、居住方式与态度（人文性）等要素特点。把保障房与商品房加以差异化认知，紧扣与地理、气候条件及文化相关的特定地缘特征，循传统民居的低技术、低投资、被动式视角思考的地域适应性，从低收入人群特征、家庭结构、习惯偏好及生活传统辨识文化适应性，实现建筑物理学、社会学、统计学、建筑学、评价学等多学科的结合，将有助于在保障性住房中体现住居的本意及保障性政策的诉求，并将使保障性住房设计理论研究得以更接近科学、理性与真实。

参考文献：

[1] 郭戈．“工业化”语境下的我国保障性住房建设 [J]. 城市建筑，2010（1）：8.

[2] 郭若思．中国保障性住房制度问题研究 [D]. 北京：中央民族大学，2009.

[3] 田晓娟．基于政策视角的城市保证性住房供需研究 [D]. 呼和浩特：内蒙古师范大学，2011.

[4] 刘赞玉．广州市社会保障性住房模式与制度分析 [D]. 广州：华南理工大学，2010.

[5] 阎明．发达国家住房政策演变及其对我国的启示 [J]. 东岳论丛，2007（04）：2-10.

[6] 张穗星．广州市城镇中低收入人群住房保障问题研究 [D]. 广州：中山大学，2007.

[7] 韩函．租赁型保障房建设资金来源问题研究 [D]. 武汉：华中师范大学，2011.

[8] 胡琳琳．保障性住房户型标准研究 [J]. 经济研究参考，2012（44）：8-21.

[9] 朱小丰．保障房建设的配建模式研究 [D]. 北京：财政部财政科学研究所，2012.

[10] Guo Haoxu. Deng Mengren. The Amenity Evaluation of Built Environment with Analytic Hierarchy Process Method [J]. COBEE2012 会议，2012-8.

[11] Guo Haoxu. Deng Mengren. Investigation into Recognition and Evaluation of Outside class Spaces among Teaching Buildings in Universities [J]. COBEE2012 会议，2012-8.

[12] 谭韵．基于公共性视角的深圳中低收入保障房住区空间营造策略 [D]. 广州：华南理工大学，2012.

原载于：《建筑论坛》，2013 年第 3 期

第五章 实践与案例

住宅技术研发与创新需要实践的检验。住宅小区的试点示范工作是我国住宅领域发展不可忽视的关键部分，是一个用实践检验新技术、新理念，并全面推广的重要过程。在国家住宅建设的不同时期开展的具有不同侧重点的试点示范工程推广，也反映了我国的住宅建设在不同阶段的发展方向。

城市住宅小区建设试点工作，从1986年到2001年，共有108个全国试点和320个省级试点列入推广计划并实施，把我国住宅建设从“追求数量”提升到“量与质并重”的新阶段，大大提高了我国住宅建设总体水平，居住品质有了空前的提高。

自1995年启动至2001年，全国共批准了小康示范工程近100个。小康示范工程是“2000年小康型城乡住宅科技产业工程项目”的重点组成部分，由国家科委和建设部组织实施，以科技为先导，推动住宅产业发展提高住宅工程质量，改善居住环境，并形成《2000年小康型城乡住宅科技产业工程示范小区规划设计导则（试行）》。其总体目标是：科学合理地确定我国小康居住水平与住宅产业发展方向；完成小康住宅关键技术的研究及主要住宅部品部件开发；综合采用上述技术和成品建成一批体现小康居住水平的城乡住宅区，为引导我国居民21世纪初叶居住水准、构建新一代中国住宅产业提供范例。

1999年启动的国家康居示范工程，是为了推进住宅产业化的进一步探索。其努力目标是要求住宅科研转向系统的创新研究与开发；住宅技术转向成套技术的优化、集成、推广和应用；住宅部品转向标准化设计、系列化开发、集约化生产、商品化配套供应；住宅建设转向工业化生产、装配化施工；住宅综合质量转向规范化的系统控制管理；住宅性能转向指标化的科学认定；住宅物业管理转向智能化的信息管理系统。

进入21世纪，我国住宅领域很重要的一项实践就是围绕着可持续发展。全世界各个领域都在思索并为可持续发展付诸行动，住房问题和人类住区的建设也备受关注，成为可持续发展最重要的一部分。在全世界可持续发展的趋势下，中国也在不断探索和实践可持续发展之路。作为人类活动的一个组成部分，建筑工程也应该为地球的可持续发展做出贡献。国际上，对绿色建筑的探索和研究早在20世纪60年代就开始了。当时美籍意大利建筑师保罗 · 索勒瑞把生态学和建筑学两词合并，提出“生态建筑学”的新理念。1963年V · 奥格亚在一篇论文中提出了建筑设计与地域气候相协调的理论。1969年美国风景建筑师麦克哈格在其《设计结合自然》一书中提出人、建筑、自然和社会应协调发展，并探索了生态建筑的有效途径和设计方法，它标志着生态建筑理论的正式确立。20世纪70年代，石油危机发生后，工业发达国家开始注重节能的研究，太阳能、地热、风能、节能围护结构等新技术应运而生。20世纪80年代，节能建筑体系已经日趋完善，并在英、德等国家广为应用。进入20世纪90年代，绿色建筑理论的研究工作就已走向正规。

“绿色”的内涵是广义的。我国绿色建筑起步于20世纪后半叶，是从绿色建筑的核心内容——建筑节能入手并逐步推广的。伴随着可持续发展理念的广泛传播，绿色建筑理念也日益受到重视。1999年，在北京召开的国际建筑师协会第20届国际建筑师大会发布的《北京宪章》就明确要求将可持续发展作为建筑师在21世纪的工作准则。随后，绿色建筑实践在我国一些办公建筑、高校图书馆、住宅小区和农村住宅项目中开展起来。其中在2012年2月科学出版社出版的《中国农村生活能源发展报告2000-2009》中介绍了在西藏、青海、北京、贵州等地建设的新农村住宅实践节能民居。发达国家在20世纪90年代开始着手编制绿色建筑评价体系和标准，我国是在2008年3月开始实施绿色建筑评价标识制度，并根据2006年颁布的国家标准《绿色建筑评价标准》（GB/T50378-2006）进行评定，目前尚处于起步阶段。此标准适用范围涵盖了公共建筑和住宅建筑两大类，主要从以下六个方面进行评审：① 节地与室外环境；② 节能与能源利用；③ 节水与水资源利用；④ 节材与材料资源利用；⑤ 室内环境质量；⑥ 运营管理。截至2013年12月，全国已评出1000项绿色建筑评价标识项目，其中住宅建筑项目520项。住宅建筑项目中，三星级项目达到106个，运行项目标识达21个（根据住建部网站数据统计）。大体说来，“绿色建筑”侧重于对能源和资源的节约利用，而住宅建筑除了应符合“绿色建筑”要求，更侧重于住宅内外环境质量对环境以及对健康的影响。

“健康住宅”是把室内外环境统一于一体的新概念。最初引起全社会的重视，应该是在经历了 2003 年“非典”后。来自建筑学、生理学、卫生学、社会学和心理学等各方面的专家，就居住与健康问题开展了多学科多领域的交叉研究。当前，从设计、评价等方面已经制定了各项相关的标准，例如室内光环境、热环境、噪声控制、空气质量等等。此外，更着眼于大环境的整体质量的提升，例如住区环境、绿化、社会环境、住区社会功能以及健身、保健、公共卫生、公益保险等等。人们将从只向地球索取资源，转而要考虑如何节约资源，重视对土地、水资源、能源和建筑材料的节约，利用可再生能源，并进一步从“可持续发展”的角度保护环境，研究如何控制住宅的合理密度，防止或减少城市污染（如碳排放和污水排放等）的扩散，扩大对雨水的收集利用和对中水的利用，防止对环境的破坏等等。

我国从 2001 年开始到 2013 年 12 月，已经在全国 41 个城市 57 个项目开展健康住宅试点工程建设工作，并建设示范工程 15 个，并提出了《健康住宅建设技术要点》（2001 年版、2002 年版、2004 年版）与《住宅健康性能评价体系》，使我国的住宅建设发展到对住宅性能方面的研究和实践。世界卫生组织在 2011 年发布了 *Health in the green economy-Health co-benefits of climate change mitigation-Housing sector*，将住房发展作为绿色经济可持续发展，以及应对气候变化的重要部分。国家住宅与居住环境工程技术研究中心的专家学者也参与了编写，将中国在健康住宅上的研究和实践经验分享给全世界。目前，世界卫生组织正在编写《居住和健康导则》（Housing and Health Guidelines），我国也计划率先与世界卫生组织即将发布的《居住和健康导则》进行对照，完善中国的健康住宅建设和评价标准和体系。

“可持续发展”推进人们对住宅理念的更新和建造技术的升级，仍有很多未在书中进行介绍，例如“以人为本、因地制宜”的本土设计理念，提升住宅适应性和灵活性的开放建筑体系，被动设计等设计建造技术，住宅建筑对太阳能的利用等等，对住房可持续发展有兴趣的读者可以通过相关书籍和文章再做深入的了解。新理念新技术在新建住宅和旧区改建中的应用，意味着人们在积极创建更加符合“可持续发展”要求的优良环境，也为全人类生活环境的改善做出贡献。

“可持续发展”中，“人人享有适当住房”也是重要内容之一。它关系到一个国家的社会安定和经济发展，在第四章有所提及。本章只选取了近几年面对多元化的市场需求，特别是中低收入阶层的居住现状，出现的在设计理念和运营管理上尝试性的住宅实践，如深圳的万汇楼案例。

恩济里与四合院

白德懋

居住区规划设计的立足点首先是人，以人为主，物为人用；同时还要密切结合当地的实际。这里说的实际既指气候条件和用地现状等自然物质环境，也包括割不断的历史传统。要知道北京人留恋的四合院，不在于它的青砖灰瓦、高墙深院，而是亲密无间的传统邻里关系。

如何在新的居住区里继承和发扬这种传统呢？北京恩济里小区试图体现一种历史文脉，使居民住在里面能够联想到胡同和四合院里的情景，自然地建立起新的邻里关系。

一、扩大了的四合院

四合院这种居住形态是封建社会大家庭结构的产物。它有内向、对外封闭和保持内部私密、安逸、不受外界干扰等优点。同资本主义社会那种外向、对外开放、有利自由交往的形态有明显的区别。现在四合院那种独家独院的居住形态不再适合以核心家庭为主体的社会结构变化。但是它那内向布局的传统是否可以继承，并吸收西方人际交往的长处加以发扬呢？恩济里的住宅布置采取组团的形式。每个组团由七、八幢住宅楼组成内部庭院，组团只留一个出入口，对外是封闭的。进到组团先是公共绿地，犹如传统四合院内的第一进或外院。然后再进到宅间庭院，即四合院的第二进或内院，越到里边越私密。组团内住宅单元入口都是面对面的布置，居民进出互相看得见。有利于邻里交往，

1 2 3
4 5 6
7

图 1. 楼前铺砌及分隔墩
图 2. 住宅区一角
图 3. 模型鸟瞰
图 4. 环境绿化
图 5. 位于组团入口附近的半地下自行车库
图 6. 南公寓及商业服务
图 7. 总平面图

8 9
10 11 12
13 14 15 16

图 8. 安苑
图 9. 定苑
图 10. 福苑
图 11. 幸苑
图 12. 住宅组团“安、定、幸、福”四个组团具有传统的北京四合院格局，4~6 层楼房围合成尺度合适的院落
图 13.M 单元
图 14.S 单元
图 15.K 单元
图 16.N 单元

也便于安全监视。每个组团容纳400户左右的居民，相当于一个居民委员会的规模。在组团内居民实行自治，做到互爱互助。在组团入口处的住宅底层设居委会办公室，居民联系办事都很方便。

二、大街—胡同—四合院

在传统的中国城市中，人们从外边回来总要通过大街—胡同，然后到家，这样一种空间序列。很少有从大街直接进入四合院的。我们不妨称大街为城市里的公共空间，而胡同则是半公共性质的空间。那里道路比较狭窄，限制了外界车辆的任意通行，属于胡同居民所占有的领域，具有一定的私有性质。至于四合院内部乃是明确的私有领域了。这种空间序列能保证越到里边越私密、越安全。

恩济里小区将空间划分成不同的领域层次：城市街道（公共空间）—小区道路和绿地（小区居民所有的半公共领域）—组团庭院绿地（组团居民所有的半私有领域）—住宅（居民私有领域）。领域之间有明确的界限，防止人们随意穿越。同传统的布局相比，虽然尺度与环境都变了，但传统空间领域的内涵都保留了下来。

三、正房—厢房—耳房

中国传统四合院建筑具有高度标准化的模式。然而组合在一起却并不单调。其中一个重要原因是它们的高度变化。正房最高，统率全局。其次是厢房，然后是耳房最低。组成高低起伏、错落有致的天际轮廓线。置身其中令人感到丰富多彩。小到平民四合院，大到庙宇宫殿，都能看到这种景象。

为了改变北京小区中多层住宅一律6层的呆板局面，恩济里住宅采取4、5、6层搭配的办法。以6层为主，沿小区主路两侧局部跌落到5层、4层。组团内又以4层东西向住宅围合庭院空间。而6层住宅设计成“北退台”的形式，从外形看，南向6层，北向都是5层。由此形成活泼的天际线改善了景观环境，并给人以历史文脉的联想。

原载于：《城市住宅》，1996年第2期

南方山地住宅设计初探
——广州红岭花园小区住宅设计

聂兰生

自然条件、生活习俗、地域经济发达程度给居住形态以限定。自从20世纪50年代，单元式住宅引进之后，新建的住宅区似乎在千篇一律中生成。但从细微处观察，生活、地域的差异仍能表露出来。住宅建筑面积不大，要为使用者安排好每一立方米的空间，难度不小，是一项缜密细致的工作。

1994年天津大学建筑系的一个住宅设计小组与深圳中联水工业公司共同着手广州南沙经济开发区红岭住宅小区的设计。作为长期在北方工作的设计人员，应该了解那里的生活和自然，我们需要有个学习过程。此外，这个小区是第一批2000年小康住宅产业工程项目。住宅要面对21世纪的城市生活，设计要着眼于住宅产业工程的开发和新技术新材料应用。小康住宅不单是提高城市住宅的面积标准，更多的考虑是如何克服当前城市住宅中的不足和缺憾，创造出宜人的室内外空间环境。在城市用地紧张，住宅面积标准提高的情况下，如何开发土地的空间价值；提高住宅建筑中的科技含量，并使之走向产业化，让住宅建设走上一个新台阶。总之，摆在我们面前的是一系列生疏的问题。设计颇具探索意义，能在一两个问题上取得进展，就算是迈出一步了，力不从心的是对这项设计的总的感受。

一、坡地住宅与吊脚楼

红岭小区地处丘陵山地，风景优美，界内有池塘水库，又可远眺大海，浓密的荔枝林环绕四周，

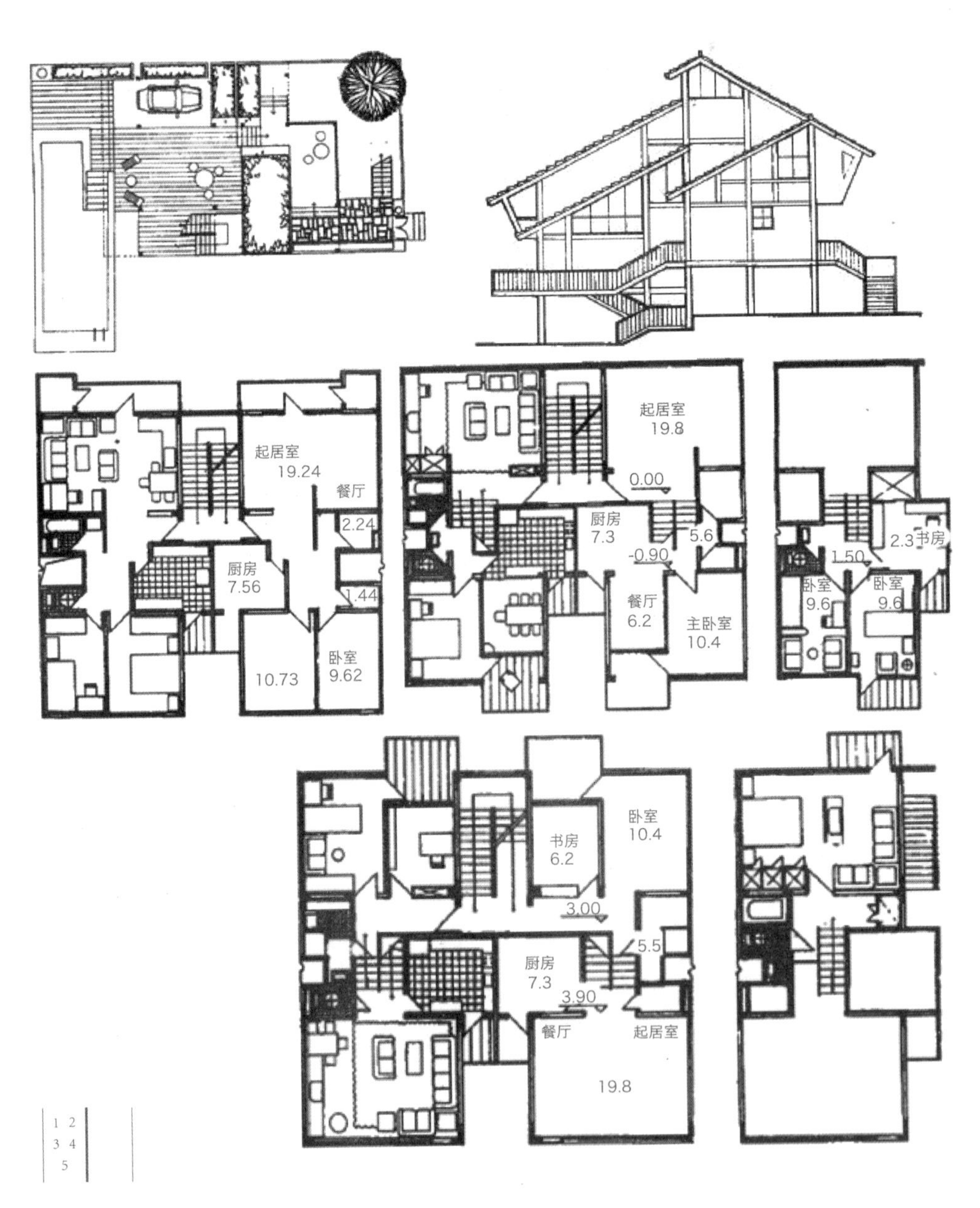

图 1. 别墅支柱层平面
图 2. 东立面
图 3. 坡地住宅 IA 型平面
图 4. 坡地住宅 IB 型奇数层平面跃层平面
图 5. 坡地住宅 IB 型偶数层平面跃层平面

可算是一块风水宝地。如果返璞归真、重返自然是20世纪末城市居民的时髦，那么到21世纪就是生活中的必然了。规划设计伊始，我们便把保护地区自然生态环境的课题提到日程上来，保持山形地貌，尽可能地减少土方工程量。从住宅设计的角度去思考上述问题，自然地想到了湘桂山区中的吊脚楼民居。

由于缺少现代手段去改造环境，那里的家宅总是随山就势，即使是在陡峭的山坡上，几根木柱凌空架构便搭出一个家来。聚落里整平的只有道路和村民们打谷、集会用的寨场。这是一种顺应自然的营造方式，也是在山区环境中最为经济、最为方便的方式。今天看来仍有可借鉴之处。红岭小区中的住宅支柱层用于存车及绿化。在别墅式住宅中，这部分空间成为庭院的一部分(图1、图2)。复合利用空间的结果，提高了土地使用价值，小区中11种类型的住宅有10种是吊脚楼式的。

二、住宅空间的开发与剖面设计

自单元式住宅走进城市以来，经过建筑师们的长期思考与探索，使住宅平面日臻完美，在有限的面积指标内，安排好每一平方米。20世纪80年代初期，住宅研究走向三维空间的思考。强调剖面设计，着眼于空间的利用与开发，提出不少颇有创意的方案和设想，给今日的住宅创作以有益的启迪。

红岭小区的四种类型坡地住宅中，根据地形条件和住宅的面积标准提出两种变层高跃层式住宅方案(坡地住宅IB、IIB)和一套外楼梯台阶式住宅方案（坡地住宅IV）。

1. 坡地住宅I、II型

按小康型城乡住宅规划导则规定，参照广州市住宅面积标准，红岭小区各类住宅面积分别为：一类$65m^2$～$77m^2$，占20%；二类$78m^2$～$90m^2$，占40%；三类$90m^2$～$115m^2$，占40%。供应对象为南沙开发区中各级职员。

坡地住宅I、II型的特点是：第一，在同类平面框架中，设计出两种剖面，提供出多种住宅套型(图3～图5)；第二，利用起居室和卧室的不同高度差，获得更多的使用空间。坡地住宅IB型(图6)的剖面，各套型采用了楔形空间，叠合式布置，在提高空间使用价值上是显而易见的。与IA型相比，同一平面框架，由于不同空间高度的组合，将原来的小套型住宅(2LDK)升为大套型(4LDK)，即增加了$19.60m^2$的使用面积。坡地住宅IIB型（图7～图9），利用大小套型的组合设计，获取使用面积，较之IB方案，在结构布局上更趋合理。B型方案在实施过程中拟做进一步调整。

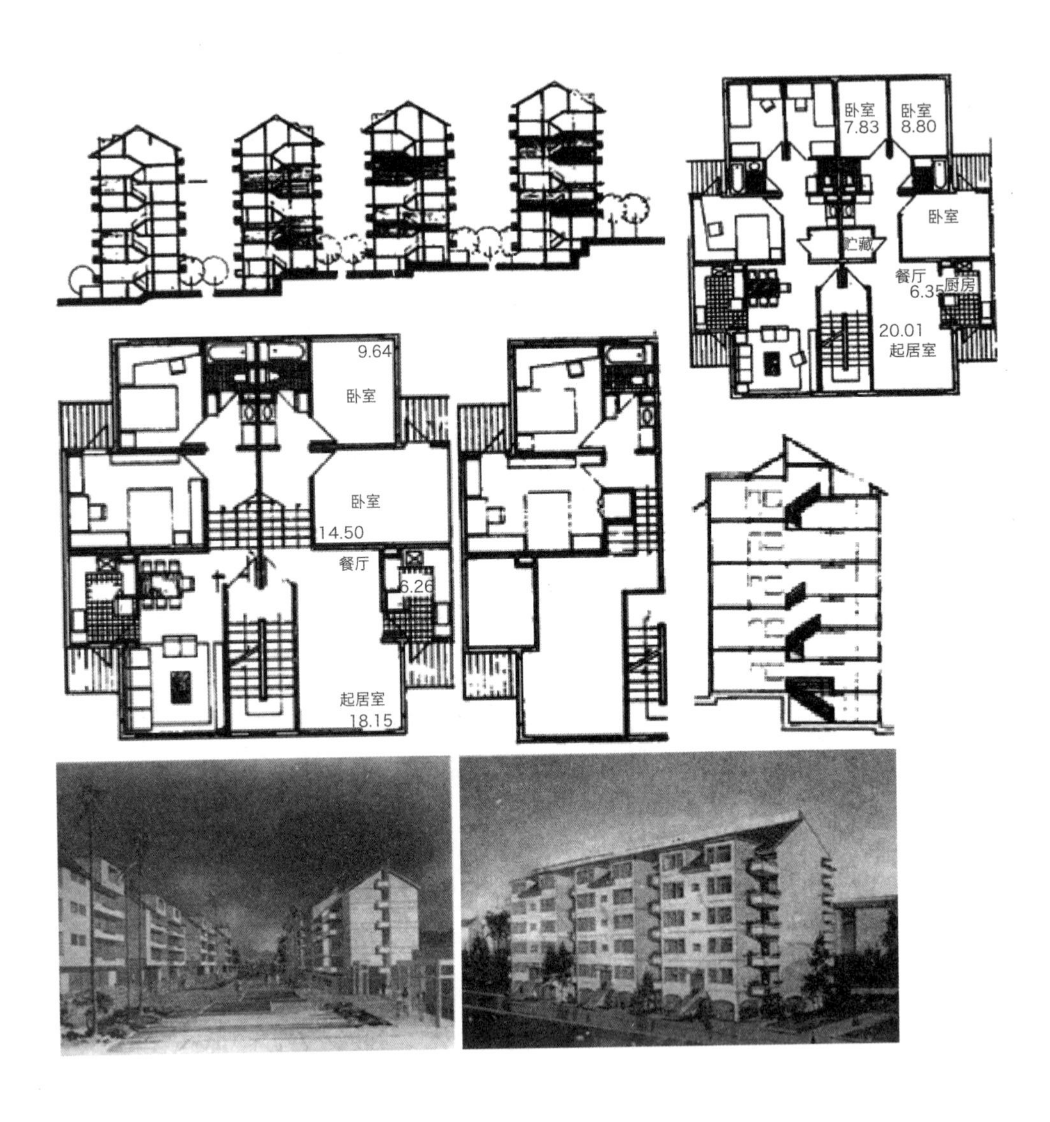

6 7
8 9
10 11

图 6. 坡地住宅 IB 型剖面
图 7. 坡地住宅 IA 型平面
图 8. 坡地住宅 IB 型平面跃层平面
图 9. IB 型剖面
图 10. 坡地住宅 IB 型透视
图 11. 坡地住宅 IB 型透视

红岭小区中采用变层高跃层住宅方案设计，主要出于下述几点思考：

第一，红岭小区中的住宅建于坡地之上，一栋住宅南北两向侧墙的高差小则 1m，大则 3m ～ 4m。为减少土方工程，住宅底层常采用错层或跃层式布局。变层高跃层式住宅的大量采用，也出于地形的限定（图 10、图 11）。

第二，小康住宅面积标准较高，跃层式布局用于大套型住宅，平面紧凑合理，利于节约用地。

第三，当前的 6 层无电梯单元式住宅中，一、六两层由于日照、私密性不易保证，屋顶保温质量差和登梯过高等因素，成为居住质量差的楼层。如果每层住宅都拥有两个楼层，则可缓解上述的矛盾。按小康住宅要求，我国 21 世纪的城市住宅，要达到 20 世纪 90 年代亚洲住宅事业发达地区的标准。日本 20 世纪 80 年代的无电梯城市集合住宅限定最高为 5 层。登梯高度是衡量居住质量的条件之一，应予以足够的重视。

2. 台阶式住宅

小区地势北高南低。其中处于中心地带的小区公园北侧的地形高差较大，两条相距 20m 的道路高差竟达 12m。在这样狭长的陡坡地段中，宜于布置台阶式住宅。其优点是可随山就势便于适应地形，缺点是建筑密度大、容积率低，通风问题不易解决。设计中采用台阶式和 6 层单元式住宅相结合的方法，保持了合理的住宅容积率。采用大天井式的平面布局解决住宅各部分的采光、通风问题。以登山台阶代替入户公用楼梯。由于这栋台阶式住宅位于小区景观最佳处，宽敞的登山台阶可览观山景，也成为住户之间的交往场所。这条多义性的大台阶，给住宅以个性，表达出山地住宅的特色与风情（图 12、图 13)。

三、日照与通风

住宅的采光和通风，是使用者和设计者共同重视的要素。毋庸置疑，住宅中的起居室、卧室必须临外墙布置，但哪个房间应接受日照，南北各地莫衷一是。这还要取决于地域的自然条件和使用者的生活习俗。

起居室是一个家的中心，似乎应该有直接的日照，给人以心理上的愉悦，这里有阳光可以全家受益。但卧室至少每天要睡上 8 小时，一定的日照时数也属必需。最怕霉菌繁衍的房间应算是厨房，尤其在湿热地区，保证厨房有良好的通风与日照，关系到一家人的健康。一定时间的紫外线照射，究竟为哪个房间所必需？答案并不在设计人这里，不同的地域和家庭会有自己的选择。在坡地住宅

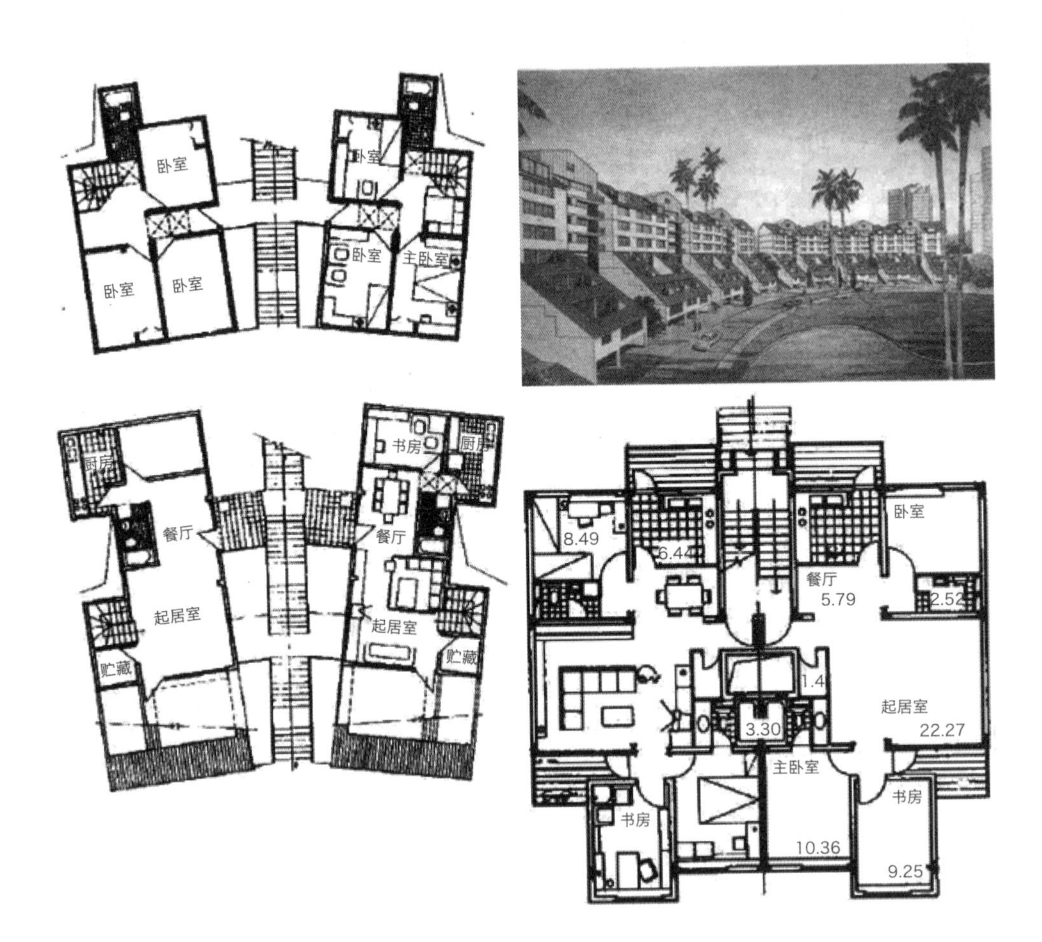

13 12
14

图 12. 坡地住宅 IV 型透视
图 13. 坡地住宅 IV 型一、二层平面
图 14. 坡地住宅 II 型平面

Ⅰ、Ⅱ两种类型采用了可以南北双向布置的平面方案。总体上便于围合、交往、方便使用组团绿地，个体上方便了住户在房间朝向上的多种选择。

广州夏日苦长，设计中着意于住宅通风。在坡地住宅Ⅰ、Ⅱ型中做到了各室通风良好。Ⅲ型为中厅式格局（图14），从广州的气候条件考虑，将书斋外移，使起居厅获得较大的外墙面，改善了采光和通风条件且不增加住宅的面宽。值得讨论的是卫生间的通风问题。四种坡地住宅的卫生间，一类沿外墙布置，有直接对外的窗口，一类则设于住宅的中部，内设通风井，如坡地住宅Ⅰ型。这两种方式都可以保证卫生间的通风要求，使用者会有不同的选择。南方地区卫生间是否必须一律沿外墙布置，尚难得出一致的结论。

四、材料和结构选型

小区住宅结构选型，以轻型、大跨度、节能和经济可行为准，四种类型坡地住宅选用了异型断面柱框架高效节能建筑体系。大开间框架结构的优点在于，使室内布置灵活多变，为建筑的潜在设计与居民的自行改造提供条件。异型框架柱厚度与内外墙相同，平整衔接，便于布置家具，综合造价与砖墙承重体系持平。按建筑面积造价高于砖混住宅6.79%，按使用面积低于4.15%。采用20cm厚粉煤灰加砌块外墙，较之37cm砖墙可减少30%的热损失。全小区采用坡屋顶，解决多雨的广州地区屋顶渗漏问题；采用新材料油毡瓦，减轻结构自重。

红岭小区的住宅设计，主要是把地形条件和气候条件输入到设计构思中。创意不多，有些问题尚待深入思考。

原载于：《建筑学报》，1995年第11期

人与自然亲和的家园
——国家康居示范工程武汉青山“绿景苑”居住社区

刘林　李春舫

“绿景苑”位于武汉市青山区，长江二桥与四桥之间，西邻园林路，北接钢都花园，南望东湖风景区，地处武汉江南的商业区与工业区、居民区与风景区的结合部地段，占地面积 8hm^2，总建筑面积 10.69hm^2，容积率 1.48，绿化率 45.8%。作为湖北省首家创建国家康居示范工程的居住社区，它在现代建筑技术、新型建材与设备等技术支撑下，集成了近年已有的实用新技术、新材料和新工艺，“绿景苑”以“科技与绿色”为主题，以建设“江南园林式科技、绿色、健康的现代民居”为宗旨，结合所在地现状、环境和发展规划，突出高科技智能化与绿色生态居住建筑相结合的健康生活理念，建设了一个“人与自然亲和”的家园。

一、规划设计理念

“绿景苑”以市场需求为导向，坚持“以人为本”，引用生态、环保、健康及可持续发展等新理念，从总体规划、景观配置、户型结构、功能配套、建筑质量到住宅建设，全过程采用大量先进、成熟的“四新”技术进行建设，并实行全封闭物业管理，为业主提供了优美舒适的居住环境。

（一）因地制宜，合理布局（图 1 ～图 2）

结合基地现状和周边用地情况，注重空间环境、视觉环境和地形地貌的配合，以绿色基质、水系和道路廊道以及功能线索构架小区的空间秩序，努力实现人与人、人与自然的交融和谐共存。

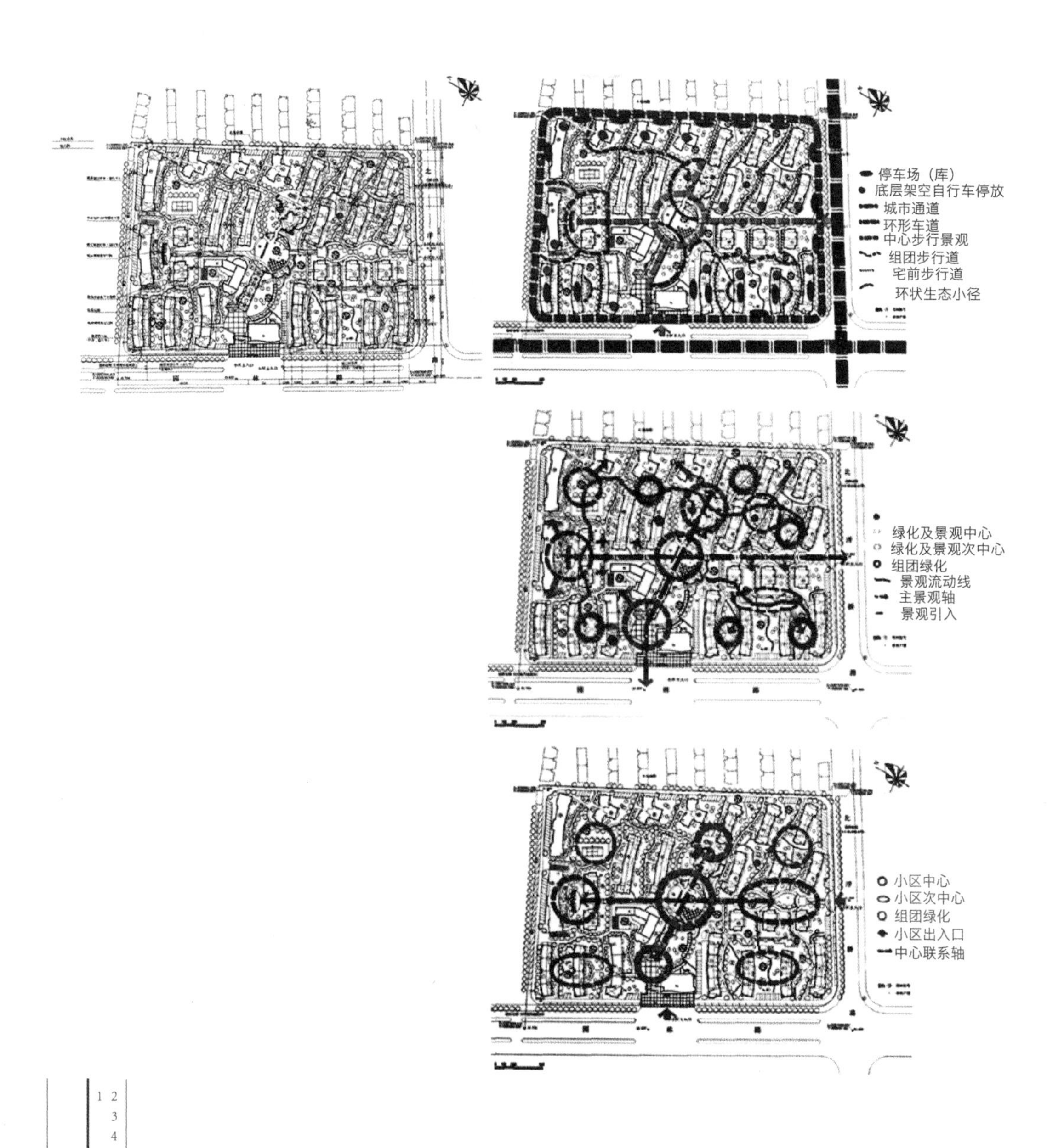

1 2
3
4

图 1. 总图
图 2. 道路及停车分析图
图 3. 绿化及景观分析图
图 4. 规划结构分析图

此外，还充分考虑武汉市冬冷夏热的气候特征和室外场地的自然通风条件，建筑布局采用南北朝向，充分满足日照和自然采光，有利于夏季户内形成穿堂风，创造良好的室内外环境。

（二）交通组织实行人车分流

交通组织采用沿地界周边环行车道与内部步行系统相结合的处理手法，在城市主干道园林路和北洋桥路上布置主要出入口，设置小区外环车行道，所有进入小区的机动车沿外环车行道绕行至上述出入口进入，沿车行道设置底层车位、地下车库和露天停车场（图 3），其中地下地上车库停车位占总停车数的 50% 以上，且停车位尽量接近住宅门栋，从而最大限度地减少车行与人行交通的交叉与干扰，尽量少占用绿地。同时，采用廊架式绿化停车林，既弥补了露天停车场带来的空间视觉障碍，美化了环境，也免除了汽车暴晒之苦。目前，小区停车率高达 60%。

自行车停放采取建筑底层架空、半室内自行车库和利用高层地下室做地下自行车库相结合的办法，使自行车的停放与建筑较好地结合，节约用地，并为景观设计提供了更大的设计空间。

小区内部全部为步行通道，宽度及路面作法考虑了日常搬家及紧急时兼作消防通道的需要。此外，步行道上铺设导盲道，于高差变化处还有缓坡、扶手、回转空间等无障碍设计。

（三）均好性景观设计

为突出强调均好性、多样性和协调性，充分体现以人为本的设计思想，总体布局采用两交叉景观轴结合内部步行景观系统的处理手法(图4)。形成多景观节点控制、绿轴廊道贯穿、绿化基质映衬、“点、线、面”相结合的布局形式，景观层次分明，空间形式丰富，内部形态各异。在基本不改变地形地貌、水文、植被等生态条件，保证生态功能的前提下，以底层架空的住宅带通过水系有机串联“S”形中心绿地和各绿化组团，使绿轴得以延伸，引绿入户，让不同方位、不同楼层的居民能随时随地感受身边的自然，做到家家有绿地，户户有景赏、寓休闲、娱乐、健身、赏景为一体，造就了优美怡人、具有文化内涵的人居环境（图 5~ 图 7）。

二、建筑设计

（一）平面设计

“绿景苑”户型设计理念遵循“个性化、人性化”的主旨，充分考虑了人们的心理需求、功能

5 6 7
8 9 10
11

图 5. 小区小品之一
图 6. 小区小品之二
图 7. 部分景观鸟瞰
图 8. 建筑立面之一
图 9. 立面细节
图 10. 总体鸟瞰
图 11. 入口和公建

需求、经济需求、生活需求与空间品位，走户型多样化、本地化、功能合理化和尺度规范化之路，强调居住的健康性，居住空间的舒适性和实用性。

①多样化：在规划中共提出了 11 种各显特色的基本户型，另有十余种扩展户型，面从 80m² 到 236m² 不等，有错层、局部跌落、复式、跃层等多种空间处理手法，形式多样，风格各异以供自主选择，满足现代社会人们多层面的个性化需求。

②本地化：为适应武汉地区冬冷夏热的气候特点，在户型设计中提出中等进深住宅的概念，使其既能满足房屋的保温节能要求，又有很好的通风采光条件。

③功能的合理化：合理组织套内功能空间，动静分区、洁污分区，用简洁的流线联系各功能分区，使用方便。

④尺度的规范化：各房间根据其不同功能和使用要求，结合人们的生活习惯及人体工效学设计，使各种用房的比例及尺度协调、适度，适应人的生活行为规律。注重把握住房不同空间的生活私密性和交往公共性，使居住者有亲近感、归宿感。

（二）立面与剖面设计

整个小区建筑可分为多层住宅、高层住宅及公建三类。

由于绿景苑为国家康居示范小区，住宅栋数较多，层次高低错落，立面造型处理时既需考虑群体风格的协调统一，又需考虑统一中的变化与多样性。立面造型普遍采用外飘窗及客厅处挑台的处理手法，既增大了居住的视野空间，又很好地结合空调器的设置，丰富了立面的细部造型。阳台采用分层进退及变形的处理手法，从垂直方向进行分段及细化，大大地丰富了建筑的体块造型。建筑屋面则采用大面积英红瓦屋面与平顶结合的处理手法，坡屋面设置有露台、弧形老虎窗，平屋面则设置有新颖的构架，极大地丰富了建筑的第五立面，也丰富了群体的轮廓线。建筑色彩及材质采用明亮、多样的处理方式，使得整个小区的建筑清新、明快、丰富多样而又协调统一（图 8~ 图 10）。

在剖面设计中，多层住宅、高层住宅、幼儿园及会所等单体各层的剖面高度分别为 2.900m、2.900m、3.600m 和 4.200m，力求在满足各层平面功能的前提下节省建筑空间高度以满足控制造价，减少建成后长期使用费用。在设计中，对建筑构造、用材、颜色、墙体、保温、防潮、管材用料等都力求采用新技术、新材料，保证小区建设的科技含量。

（三）配套公建设计

配套公建有一 8 班幼儿园及一座小区会所。根据幼儿的心理特点，幼儿园设计为色彩活泼、明快，造型丰富多变的样式。会所为入口的标志性建筑，沿街面设计成颇具动感与美感的波浪形屋面板，通过支撑在六根钢柱上的杆件支撑，赋予会所强烈的现代气息，透明的玻璃、水平的分隔条、现代构架都令整个建筑耳目一新，给人留下难忘的印象（图 11）。

三、科技创新

在技术上创新以提高科技成果的转化率，是促进住宅建设的整体技术进步的大方向。要勇于探索、敢为人先，在设计中将新产品、新材料、新技术、新工艺进行技术集成，实现住宅产业的集约化、标准化、工业化，以推进住宅产业现代化的发展。科技创新亦是“绿景苑”的一个亮点，其基本表现在如下。

（一）住宅建筑与结构体系

1. 异型柱框架大开间梁板体系

改变传统结构承重体系，增加了住宅的整体性、安全可靠性和分隔灵活性，便于住户室内布置，提高住宅面积使用率达 3% ～ 5%，体现了以人为本的设计理念。

2. 加气混凝土砌块体系

可有效减轻建筑自重，减少基础与结构投入 5% ～ 10%，增加墙体保温性，降低建筑能耗，减少黏土耗用量，有利于节约土地资源与环保。

（二）节能与新能源开发利用技术

随着社会发展，环境破坏污染和能源危机的问题日益严重，环保和节能成为世界性的两大课题。建筑是能耗大户，在设计中贯彻节约用地、节约能源的方针，积极采用符合国家标准的节能、节水新型设备与材料，鼓励利用清洁能源，保护生态环境也就显得尤为重要。在如今举国上下打造“节约型社会”之时，绿景苑作为一个新型小区、建筑节能的典范，其节能新理念受到人们的“追捧”，令人欣喜。

1. 户式中央空调、地板辐射采暖

小区在 16 号楼采用了地暖中央空调。地暖中央空调系统由室外机和室内末端两部分组成，在冬季作为热源，提供热水给地板采暖系统，利用分集水器对各个房间的管路进行调节；在夏季作为

冷源，提供冷水给风机盘管系统制冷，利用三速开关对各个房间不同的冷量需求，同时达到节能的目的。低温地板辐射式采暖，所提供的热量在人的脚部较强，头部温和，避免了传统的采暖方式使人产生口干舌燥的感觉，提高了采暖的舒适度和生活质量。

2. 小型热泵机组提供冷热源

机组由室外机和室内机两部分组成。室外机与空气进行热交换，通过 F22 介质将冷热传送到室内机，室内机通过板式换热器将 F22 的冷热转化为冷热水，由冷热水在居室内循环提高供热效率。

3. 太阳能供热水

太阳能供热使用 15 年经济效益大大高于其他能源，经测算，户均年节约电能约 860kw。既减少环境污染，又提高热水供应的安全性，社会效益和经济效益非常显著。小区一期和二期多层住宅的五层及其以上的住宅全部采用全自动太阳能热水器，安装与建筑工程同步，集热管和水箱在设计时即予以考虑，使之与屋面能有机地结合，不影响外立面的美观。

4. 外墙涂料保温隔热

武汉市属于典型的夏热冬冷地区，夏天炎热且延续时间较长，为了解决好隔热问题，绿景苑小区外墙全部采用了具有良好隔热性能的进口外墙陶瓷隔热涂料。该涂料富含陶瓷空心微粒，导热差，隔热效果显著，能有效屏障热量和冷量的传递，节省能源。而且施工方便，价格适中，适宜武汉市的气候环境。

此外，在节能与能源开发上还采用了无框彩铝窗、塑钢中空双玻窗、保温隔音防盗门、太阳能电池草坪灯、太阳能电池路灯等新材料新产品以及屋面保温隔热的新技术。据初步测算，小区太阳能灯每年省下的电费、维修费达 2 万元。

（三）厨卫和管线成套技术

1. 厨房、卫生间烟气集中排放系统

厨房、卫生间设置变压式排风道。排风道内设置了由变压板、导向管及导流式止回排气阀联合组成的防串烟、防串味组件，能够有效地避免串烟、串味现象。

2. 电气多回路配线

根据近几年的技术发展和家用电器设备的增加，管线考虑集中排放、暗线敷设、照明回路和家用电器回路分开配置。电源插座设有漏电保护装置。

3. 地板辐射采暖管线敷设

地板辐射采暖主要用于 16 号楼和 22 号楼。聚丁烯 (PB) 管埋入地面的混凝土内，使用寿命在

50 年以上，不腐蚀、不结垢，大大减少了暖气片跑冒滴漏和维修给住户带来的烦恼。加热盘管与楼（地）板之间，铺设 20mm ~ 30mm 厚的聚苯板保温层。为杜绝杂质进入加热盘管，在每个系统的入口供水管上，装置了水过滤器。

每户设置了一个独立的系统，配置经专门设计的具有特殊构造和功能的分（集）水器，房间的加热盘管均由此集中分配。每个盘管的始端与终端（在分、集水器处）都安装了阀门。

4. 空调室外机隐蔽安装

根据武汉的气候情况，在绿景苑小区不设置集中空调，单户空调室外机的隐蔽技术采用标准化设计，克服了单户空调室外机外露的冷凝水无收集的现象，使房屋立面更加整齐美观。

厨房、卫生间整体标准化、管道集中暗设、纯净水管道供应等系统技术也得以应用。

除此以外，在住宅智能化、建筑建造施工、居住区环境及其保障等方面亦展现了大量的新材料、新技术，如新型瓦材、防水涂料卷材成套技术、闭路电视监控子系统、家庭住宅智能化子系统、设备集中监控与管理技术、居民区生活污水处理回收技术、绿化自动喷灌技术等等，就不一一列举了。

四、结语

“绿景苑”根据建设部推荐的建筑与结构体系成套技术、建筑节能及新能源开发利用成套技术、厨房卫生间成套技术、住宅管网成套技术、智能化技术、环境及其保障技术、施工建造技术等 8 大技术体系，集中在建筑节能、设备节能和太阳能节能三方面选用了 62 项成套技术，以确保绿景苑住宅的科技含量和成套技术水平高于普通商品住宅，使得小区住宅的综合性能全面提升，后期运行费用低，室内“冬暖夏凉”，从而更好地满足消费者的需求。

安全、适用、舒适、经济、健康、美观等等这些无疑都是对住宅规划设计的要求，从国家康居示范工程“绿景苑”的规划、设计、施工到最后的使用，以及所获得的种种荣誉中可以看到，要满足前述要求并获得良好的经济效益和社会效益，还需立足国情，大胆科学创新，树立“以人为本”、环保节能、坚持可持续发展的创作观。

参考文献：

[1] 清华大学建筑学院，清华大学建筑设计研究院．建筑设计的生态策略 [M]，北京：中国计划出版社 .2001.

[2] 柳孝图．城市物理环境与可持续发展 [M]. 南京：东南大学出版社 .1999.

原载于：《华中建筑》，2006 年第 2 期

“万汇楼”开放式廉租住房的探索

陶杰　易乔

我国房地产业发展的历史较短，市场机制、运作管理模式等都尚未成熟，存在诸多的问题，如大中城市的商品房价格涨幅过高过快，少数城市的房地产市场存在市场泡沫且呈越演越烈之势；市场需求与产品结构不合理，适合中低收入阶层的经济适用房远不能满足市场要求。在住房商品化的市场背景下，低收入群体的基本住房需求难以满足。城市政府在解决低收入阶层住房保障问题上所做的努力还远远不够，保障制度明显滞后于老百姓的居住保障需求。

2005年，由建设部住宅与房地产业司指导，万科企业股份有限公司开展了面向全社会征集“城市中低收入人群居住解决方案”的活动。这次活动旨在面向全社会征集中低收入人群居住解决方案，一起关注城市中低收入人群的居住现状与未来，群策群力共同探索出一套解决之道。

深圳都市实践建筑事务所设计的“土楼”方案被选中作为实施方案。2008年7月15日，由万科集团在广州金沙洲开发的“廉租房”项目——“万汇楼”正式投入使用。在近年来中低收入阶层的居住问题成为热点问题的背景下，万汇楼的建成引起了社会各界的关注，并获得了较为积极的评价。

一、万汇楼的设计特点

万汇楼地处金沙洲居住组团内，与广州市万科房地产有限公司开发的万科四季花城毗邻，位于广佛高速公路旁。金沙洲地处广州最西边，是广州重要的西出通道，北环高速、广佛高速横贯其中。万汇楼所处地块的公共交通条件较好，有5条邻近的公交路线，与广州市天河中心区、广州火车站、广州老城区以及白云新城等处的公交车程，均在1小时以内。同时，广州地铁6号线也将于2010年全线通车，将会更好地改善金沙洲的公共交通条件。

1. 平面形态特征

万汇楼的直径为72m，高6层，占地面积约9000m²，建筑面积为12000m²，容积率为1.33，基本居住单元数为285个，最多可容纳1800人居住。

万汇楼呈外圆内方的单体平面形态，采用非对称的建筑处理，以螺旋形的平面关系来组织内围与外环的建筑体块（图1~图4）。

2. 设计理念

客家圆形土楼是万汇楼设计理念的主要来源。客家土楼，历史文化悠久，注重人与自然和谐统一，是中国独一无二的山村民居建筑，更是世界建筑史上的一朵奇葩。在土楼形态特征的原型上进行创新，形成新移民聚居的创新型社区。外圆内方的空间格局，形成多个庭院空间，回归邻里温情，营造和谐的居住氛围。打造新移民文化——聚居：来自四方的人们为了美好的将来聚集到一起，形成新移民丰富多彩的社区文化。

3. 特色空间

1）交流空间

万汇楼地下层是居民公共活动的区域。在这一层内布局了图书室、网络室、培训室、乒乓球室。在这里为租户提供了文化娱乐、休闲运动、学习交流的场所。在一层还设置了展览室。社区公共活动空间的面积达到了2000m²（图5）。

2）院落

外圆内方的空间格局，形成了多个院落和一个中庭。四个小庭院和一个中庭，是万汇楼十分富有特色的空间。庭院能创造丰富的居住氛围，为社区的公共活动提供了多种可能性，也给社区文化带来了活力。在中庭内布置了休息长凳、园林景观设施以及绿化植物，增加了空间的品位和趣味（图6、图7）。

4. 高密度的空间使用

万汇楼的居住密度很高，达0.2人/m²。从建筑的实际使用来看，这种居住密度较高的宿舍式居住建筑，较为高效地满足了居民的日常生活要求。但是这种紧凑排列式的单元布局，在防灾尤其是消防方面存在着一定的隐患，在使用和管理的过程中，应对建筑的安全使用保持高度的警惕性。

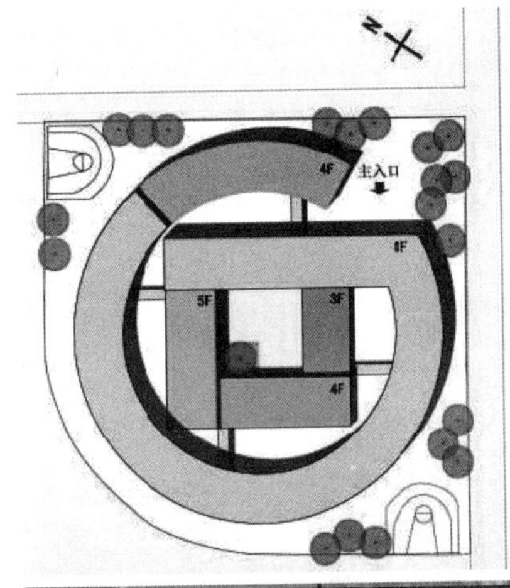

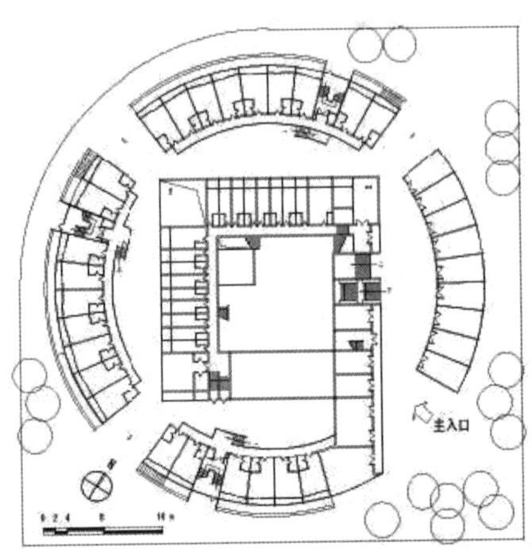

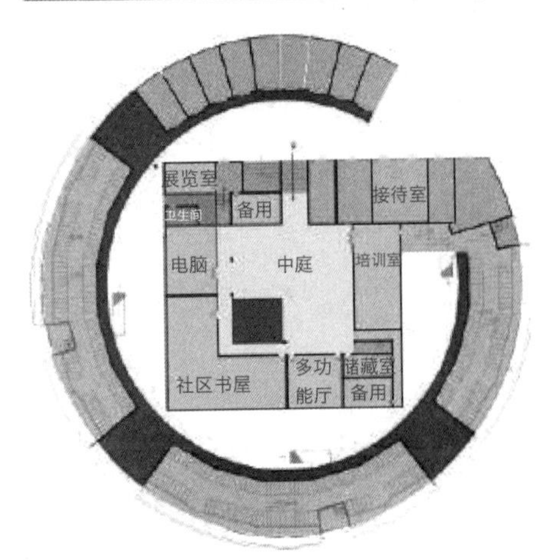

1 2
3 4
5

图 1. 总平面图
图 2. 一层平面图
图 3. 万汇楼实景
图 4. 万汇楼实景
图 5. 公共交流空间

5. 使用评价

万汇楼在居住空间、公共活动空间、交通空间、辅助空间以及室外空间环境的设计和处理上较为合理，基本能够满足住户的日常使用需求。其中地下层交流中心的设置，为住户提供了交流、健身等活动所需的空间，较好地满足居民的需求。

居住单元在功能布局上基本上采用“公共——卧室——阳台”的空间序列布局。户型功能较为完整，每个家庭式居住单元都设置了休息、洗漱、餐厨、起居空间，户内空间组合紧凑，符合新移民的生活行为习惯。室内家具及设施也较齐全，均配置了日常生活所需设施，如热水器、电扇、床、橱柜、书桌、衣柜等（图 8~ 图 11）。

二、运营特点

1. 租户界定

万汇楼社区管理中心对入住的租户在个人收入上有三条硬性规定：第一，租户在广州或佛山没有购买住房；第二，租户没有购买汽车；第三，租户年收入低于 3 万。对租户没有户籍、职业、家庭经济情况等的限制，这种开放式的入住资格审查制度，接纳了不同社会和职业背景的人，使住户的构成呈现出多样性。

2. 入住与退租程序

万汇楼社区的入住和退租机制是简捷高效的。与政府建设的廉租房的入住程序相比，万汇楼社区入住程序较为便捷，整个过程也就是“参观—申请—缴纳定金—签约”的过程，这跟万汇楼的开发、运营主体是企业的特征是有关系的。万汇楼是企业开发建设的开放式的廉租住房，面向的是低收入的城市外来人口，在资格审查过程中也很难弄清租住者的真实情况，只能通过大致的审查来判断他们是否符合租住资格。这也是万汇楼社区入住程序较为简单的主要原因。

退租程序同样是简捷的。租户需在退租前 15 天向经营管理中心确认退房，退房前租户需自行打扫房间内卫生，恢复至入住前的卫生状态。打扫完后管理员将检查房间 / 商铺设备和状态，检查项目和租户入住时相同。检查完毕，双方签字确认。租户持租房合同、押金单据到经营管理中心办理手续，结清所有费用，并凭押金单退还押金。

3. 租赁资金

“海螺行动”的出发点是引发社会各界对城市低收入人群住房问题的关注和思考，企业公民的

6 7
8 9
10 11

图 6. 庭院实景
图 7. 中庭实景
图 8. 单房卧室
图 9. 厨房
图 10. 洗手间
图 11. 二房客厅

社会责任感是万科发起并主办这次活动的原动力。企业以微利的模式经营万汇楼，使得万汇楼的住房租金较为低廉，基本符合目标人群的支付能力。

下表是万汇楼住房租金的具体情况：

房型	面积（m^2）	居住人数（人）	租金（元/月）	租金均价（元/月）
一房一厅	25	1~2	420~480	450
二房一厅	25	2~4	430~520	486
带阁楼（单房）	40	1~2	620~650	645
带阁楼（两房）	40	2~4	750	750

4. 管理机构

万汇楼经营管理中心是万汇楼社区的管理机构，管理中心仅配了包括 1 名楼长、1 名综合管理员和 3 名事务助理在内的 5 名管理人员。管理中心的职能是：租赁管理、对外宣传、组织公共活动、维护万汇楼社区的正常运行。万汇楼没有成立物业管理公司，本着社区租户实现自治共建的愿望，让租户以主人翁的态度来共同管理社区的文化活动、治安保证、清洁卫生，使他们住在这里能体会到家的感觉。

5. 配套服务

社区管理中心为租户提供了较为人性化的各类公共服务。除了日常的安全管理、卫生清洁、设施维修服务外，最令租户满意的是为他们提供了就业信息服务、事业技能培训、公共交流活动等这些免费的高质量服务，体现了对低收入租户们的人性化关怀与帮助。

三、开放式廉租房的成功与借鉴

万汇楼是中国首例完全由开发公司自行开发建设、运营管理的廉租住房，对租户没有户籍的严格限制，不同于政府行为的保障性住房的廉租住房的入住机制，它是一种开放式的入住机制。

1. 社会效应高

万汇楼自 2008 年 7 月 15 日投入运营以来，处于稳定的运营状态。被广东省建设厅列为“广东省企业投资面向低收入群体租赁住房试点项目”，得到了政府的肯定和赞许。在社会上也引起了不小的轰动。自运营以来，受到了低收入群体的青睐，入住率一直维持在 85% 以上，处于健康运营的状态。

2. 运营成本低，管理高效

只有5个人的精简而高效的管理，大大地减少管理成本。社区内的环境卫生、安全管理、日常事务等均由租户自主安排来进行管理。从万汇楼运营的实际效果来看，社区管理井然有序，社区面貌健康，租户之间的关系也较为和谐融洽。

3. 配套服务齐全，人文关怀周到

运营一年半以来，社区的治安管理、环境卫生、社区文化建设、公共交流活动的开展一直保持着较好的状态，租户们对万汇楼给予了很高的评价，对租金、服务、社区精神等方面均十分满意。

四、开放式廉租住房的发展建议

万汇楼社区是一个开放式的廉租住房社区，它在运营模式、管理成本、社区文化等方面做得十分成功。现阶段正是我国大力建设基本住房保障制度的时期，万汇楼的模式值得借鉴与推广。

1. 建议政府给予开放式廉租住房特殊政策

首先，城市政府应当将低收入群体的基本住房问题这一民生问题作为重大的工作任务。现阶段我国社会问题频发，其主要原因之一就是社会收入差距悬殊引起的对社会不满的现象。不采用相应的措施来应对这些问题，将会对我国的经济发展和社会和谐产生不利的影响。

万汇楼的探索性经营的成功，说明了廉租住房市场化开发建设和经营管理这种模式的高效性和有效性，应该成为解决低收入者住房保障问题的可行方式之一。

万汇楼是万科集团从城市政府购买的商业用地开发成租赁性质的物业，没有得到政府特殊政策的照顾，土地出让金、租赁管理费、营业税、土地使用税等均按照政府的相关规定来缴纳。

解决低收入群体基本住房问题，建设开放式的廉租住房需要政府给予特殊的政策照顾，如在土地、财政、税收等方面提供优惠和扶持。可以考虑免收土地出让金、降低管理费、按比例减免各项商业税收等优惠政策来鼓励商业开发公司加入廉租住房的开发建设与经营管理。同时政府应当充分发挥自身的政治管理优势，来引导廉租住房的可持续发展。

2. 充分发挥市场机制的高效手段，合理建设开放式廉租住房

从万汇楼的运营状况不难发现，在项目运营管理过程中体现出的运营高效率和管理的低成本，是开放式廉租住房模式的主要优势。

引入BOT模式建设开放式廉租住房。BOT模式，就是建设(build)、经营(operation)、移交(transfer)的过程。这是一种特殊的投资方式，其实质是一种特许权。

以城市政府为主体，首先由政府委托项目运作机构运作整个项目，以私人投资的模式投资建设廉租住房，并在特许期满后将整个廉租住房项目移交给政府，政府通过经营城市资产的方式获取收益用来补偿运作机构的前期投资，并接管廉租住房项目，由政府进行经营。

BOT 模式具有这种市场机制和政府干预相结合的混合经济的特色。采用这种模式运作廉租住房项目，可以有效地保障经营城市所获得的资金能够得到有效利用，同时也使得开放式廉租住房能够在较大范围内得以建设和经营。

五、结 语

“万汇楼”是我国开放式廉租住房的先行者，其探索性的运营管理模式值得借鉴。现阶段我国正处于住房保障制度大力发展和完善的阶段，需要完成的低收入基本住房保障建设任务还很繁重，充分发挥政府的引导作用和开发商的高效经营优势，引入开发商参与廉租住房的开发建设，有助于解决基本住房问题和缓解社会矛盾，为国家的社会经济建设提供长足的推动力。

（此文在撰写过程中得到了万科广州公司及公司职员李工、邓工的精心指导和鼎力帮助，在此表示感谢。）

参考文献：

[1] 徐婷 . 我国城镇廉租住房资金供需现状分析 [A]. 万科企业股份有限公司 . 广州：广东旅游出版社 , 2006.

[2] 万科征集城市中低收入人群居住解决方案 [OL]. http://house.focus.cn/ news/2009-03-17/134166.html .

[3] 都市实践 . 万科 - 土楼计划，中国 [J]. 世界建筑，2007（8）.

原载于： 《南方建筑》，2010 年第 3 期

佛山万汇楼混合居住实验的困境与思考

齐慧峰

2007 年，国务院通过颁发《国务院关于解决城市低收入家庭住房困难的若干建议》（国发〔2007〕24 号）文件之后，保障性住房建设进入新阶段。2011 年，《关于坚持和完善土地招标拍卖挂牌出让制度的意见》（国土资发〔2011〕63 号文件）、《国务院办公厅关于保障性安居工程建设和管理的指导意见》（国办发〔2011〕45 号文件）提出在商品住房用地中配建保障性住房的土地出让方式，保障性住房实行分散配建和集中建设相结合的建设方式。2012 年，国务院发布的《国家基本公共服务体系“十二五”规划》提出“保障性住房实行分散配建和集中建设相结合”的方式。依据商品房与保障性住房所对应的目标人群的定位差异，可以认为上述一系列保障性住房政策是具有混合居住导向的住房政策，将促成城市不同收入阶层（甚至收入差别较大的阶层）在一个居住项目内的混合居住状态。

混合居住是一种促进不同收入的家庭在邻里层面上融合的居住模式，居住项目包括不同类型的居住单元，其中部分比例的居住单元享受住房补贴，其目标在于提高社会融合度，解决社会和空间的不平等问题。自 20 世纪 60 年代以来，社会融合逐渐凸显为发达国家住房政策的重要内容，成为社会可持续发展的一个方面，混合社区理念已在世界各国逐渐建立起来。从调节居住空间分异、促进社会融合的目标出发，发挥保障性住房政策的社会调节和再分配功能，建立混合居住社区也将是我国住房政策的长期关注目标。可以预见，随着混合居住导向的住房开发与社会保障政策的实施，容纳不同收入阶层的居住社区将逐渐增多。

然而，混合社区并非简单地将不同收入群体置入一个居住空间内就能实现。我国的混合居住实践尚处于起步阶段，一些地方政府主导下的拆迁安置房与商品房的“混搭”出现了不同阶层居民间的冲突等问题，甚至经济适用房的选址也会遭到邻近地段居民的抵制。[①]我国城市住区的建设和管理模式与欧美国家存在差异，在目前的社会阶层分化和城市空间结构演化背景下，如何有效地实现社区混合，有赖于对混合居住实践案例经验的研究总结。

万汇楼是一项由企业主导的混居实验，其建设及使用中开发商、业主、租户之间的冲突，为混合居住研究提供了一个典型的分析样本。[②]本文通过分析万汇楼项目过程中的困境，反思其成因，进而思考当下具有混合居住导向的住房政策的改进思路。

一、万汇楼项目概况

万汇楼是万科集团推出的为期3年的城市低收入人群住宅项目，以出租公寓的方式经营，针对广州及周边地区的外来务工群体，为既不满足廉租住房申请条件，又暂时无力购买经济适用房、限价房的青年群体融入城市提供暂时性的居住解决方案。由企业主导、政府支持的万汇楼项目，将面向低收入群体的住房嵌入封闭门禁的商品住区，设计建设中实践了万科集团和都市实践项目建筑师的混合居住理念，也在事实上形成了不同阶层人群在一个居住社区中混合居住的社会实验。

1. 项目过程

万汇楼的建设始于2006年万科集团主办的征集城市中低收入人群居住解决方案的“海螺行动”。[③] 2006年11月25日，万汇楼——由深圳都市实践建筑事务所设计的“土楼公舍”，在广东省广州市与佛山市的交界处开工建设。2008年5月，广东省建设厅将万汇楼项目列入“广东省企业投资面向低收入群体租赁住房试点项目”。2008年7月15日，万汇楼正式投入使用，为期3年的试验截至2011年7月。

万汇楼地处佛山市万科房地产有限公司开发的万科四季花城一隅。四季花城位于佛山市南海区黄岐浔峰洲路8号，地处广佛同城化交界地区之一的金沙洲地区，东侧以广佛高速公路为界。万汇楼项目用地为国有土地使用权出让的城镇混合住宅用地，面积为9000 m^2，土地价款1166万元，总投资为4624万元。项目建设历时20个月，建筑面积为13927 m^2，约有300间公寓和宿舍，最多可容纳1 800人居住。

万汇楼投入运营后入住率一直维持在85%以上。然而，充满理想主义情结的项目实验未找到有效的盈利模式，万汇楼总投资4624万元，其中，万科“企业公民社会责任”专项费用1500万元，按照经营收入状况来看，其余的3124万元成本投入需57年方可收回。

2. 混合居住理念

2005年底万汇楼项目酝酿之初，万科集团与深圳都市实践建筑事务所的项目建筑师已开始将万汇楼作为混合居住的一个实验样本，思考在社会阶层分化和居住隔离凸显的社会状况下，低收入群体住宅在城市中的位置和功能角色以及如何通过混合居住使其融入城市社区等问题。

在户型设计方面，按出租公寓的标准，房型以35 m^2的单房和两房为主，包括少量40 m^2和50 m^2的两房和带阁楼房型。考虑到目标人群的经济负担能力，出租公寓的租金为450～750元/月，在经营上不单纯追求市场化的最高租价。公寓租住资格采取开放式审查方式，基本入住条件为无房无车、年收入低于3万元的城市低收入者，对户籍、职业和家庭经济情况等没有限制。

在混合尺度上，建筑师“将土楼设计成小规模的、相对独立的小型社区，零星布局在与大型花园小区相近的地区，以此达到大尺度上的混居效果”。在建筑设计上，“土楼公舍”以福建土楼为原型，借鉴了客家围屋的圆形环廊放射性单元来适应现代居住模式，并组织了公共活动空间系统，布置食堂、商店、旅店、图书室和篮球场等设施，贯彻完整配套、自成一体的城市社区概念。

二、混合居住实验的困境

1. 选址之变

万汇楼最初拟选址在深圳市第五园住宅小区内，但消息公布后即遭到第五园住宅小区业主的激烈集体抗议，使得这一计划不得不推迟。此后选址转移至四季花城（以下简称“花城”）。

花城属于广佛双城结合部填充式开发的郊区居住大盘，所处的广佛—金沙洲地区，“一洲三地”，四面环水，行政区划分属广州市、佛山市南海区的大沥镇和里水镇。在广州和佛山之间的行政区划分割、用地条件等多种因素的共同作用下，金沙洲地区呈现出村庄居民点、镇村工业和大型郊区居住楼盘等结构混杂且空间分割的建设格局。[④]

花城地块原以兴建南兴工业区的名义征地，后来调整为城镇混合住宅用地。住区内部虽有较好的居住环境，实则处于工厂林立、交通阻隔、污染严重和公共设施配套匮乏的外部环境包围中。基地西侧村庄工业因污染问题多次受到居民投诉，基地东南的广佛高速公路泌冲段产生的噪声和震动也降低了居住质量。此外，广佛高速公路南侧边角地上的大沥黄岐垃圾中转站距离花城住宅区约150 m，因气味、污水等问题引起居民抗议。

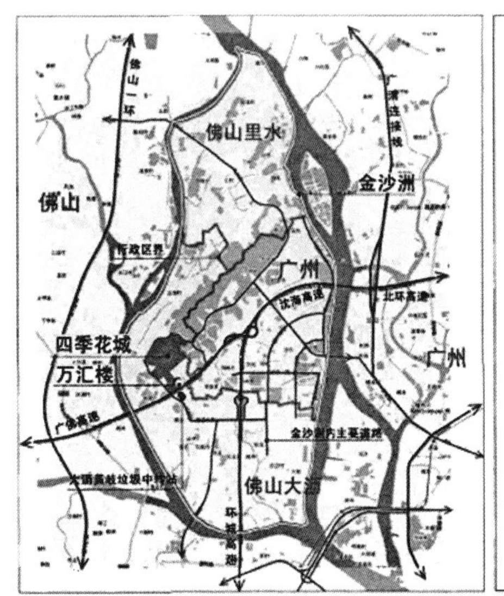

图 1. 四季花城区位图

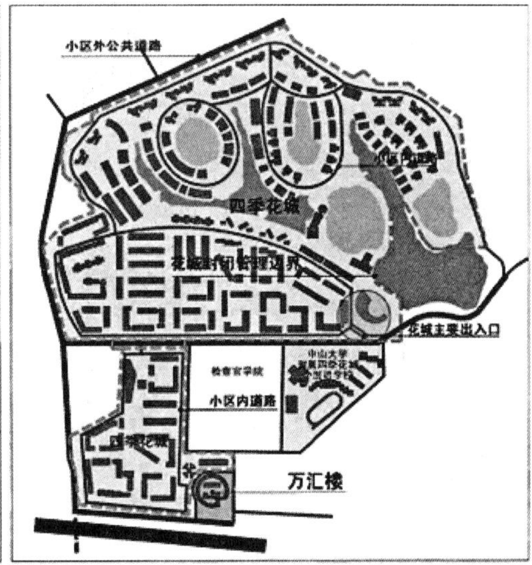

图 2. 四季花城封闭管理范围

万汇楼正是坐落在花城边缘、受广佛高速公路和黄岐垃圾站影响较大、交通联系较为不便的边角位置（图 1），这处选址也给租户的生活带来了诸多不便。

2. 设施之争

花城于2003年开始分期建设，2004年5月开盘销售，至2008年底全部建成，历时5年，分8期销售。2006年底“土楼公舍”筹建，面对突然出现的低收入住房建设，前6期购房的业主开始担忧低收入群体对治安管理、住房价值等居住质量的影响。

位于金沙洲的大盘住区，受水系包围限制、岛外联系不畅和行政区划分隔的影响，生活所需的公共服务基本依赖于内部的自足配套。按照万科集团最初的设想，万汇楼的公共服务需要借助花城的设施配套来实现，租户使用花城公共开放区域的社区商业、医疗、广场、绿化和湖面等社区服务设施。但花城业主认为万科允许租户使用花城配套设施的安排侵犯了业主利益，租户无权使用住户出资的花城巴士、社区服务和绿地等依赖业主缴纳管理费用运营的设施。

2008年3月起，部分业主提出反对“围屋入围”，反对将万汇楼纳入花城统一管理。2008年7月，万汇楼正式投入使用后，花城业主多次向万科物业投诉，要求花城实施封闭管理。此后，万科物业服务中心同花城业委会筹备组经过协商，在征集业主签名表决之后（共收集到业主签名共3288个，其中表决同意“四季花城实施封闭管理”的签名共3200个，约占花城总交付户数4581户的70%），实施了花城和万汇楼分开、不共用资源的花城全封闭管理（图 2）。

无法使用宣传中的花城配套设施，花城外区域公共服务设施又极度匮乏，租户不得不去更远的泌冲村、大沙村购物。随后为满足租户的基本生活需求，万科在万汇楼内配套了便利店、菜店和银行等设施，但租户仍无从获得医疗、教育和绿地等设施及服务。

3. 阶层之隔

万汇楼项目开始兴建的第一原则就是要设计一个纯粹的低收入住宅，它是任何进入城市的劳动力都能够付得起的居所，每人每月的租金范围控制在 120 ～ 180 元之间，目标群体是“长期低收入”群体，如“三保”劳工（保安、保洁、保姆）、生产线上的打工者和农民工等。

投入使用后，万汇楼的实际租住人群与最初的设想发生了较大变化。租客中 68%拥有大专以上学历，甚至有硕士学历，年龄普遍在 30 岁以下，他们的职业包括公务员、教师、工人、设计师、工程师、个体户、服务员和艺术家。万汇楼的实际租住人群与城市公租房的目标定位人群更接近，属于广州市刚进入工作岗位暂时无力购房的“夹心”年轻阶层。

造成租户错位的原因主要有四个方面。一是万汇楼租金超出低收入群体的支付能力。2010 年 7 月发布的深圳新生代农民工生存状况调查报告显示，新生代农民工月平均收入为 1838.6 元，其中，月平均房租、水电费开支为 218.1 元。万汇楼公寓 450 ～ 750 元 / 月的租金水平，在一定程度上超出了青年农民工群体的支出水平，限制了低收入者的选择。二是周边区域的出租屋租金低、面积大，加上万汇楼位置偏远且公共交通不便，因此万汇楼对低收入群体的吸引力不高。三是大学毕业生和工作不久的年轻白领对居住条件要求较高，且收入足够负担租金。四是万科集团的准入审核对租户人群做了一定程度上的筛选。

尽管租户阶层比原设想的低收入人群有了提高，但租户只能在租住的狭小圈子里获得平等交流，虽逐渐形成了一种新的集体社区，但却受到来自周边富裕者阶层的歧视和隔离。在花城业主成功将租户排除在花城社区管理之外后，花城居民对万汇楼租户的生活有了更多了解，双方关系也有所缓和。

4. 小结

房地产开发企业进行低收入群体住房实验，除考虑承担企业公民责任因素外，无法回避资本的投资收益考量。结合区位环境条件，实现企业持有土地利用绩效的最大化，将投资回报率低的低收入群体住宅建设在土地商业价值较低的边缘地段，不失为务实之策。万汇楼虽选址于花城边缘，但受广佛高速和黄岐垃圾中转站影响较大、交通联系较为不便，这处选址也给租户的生活带来了诸多不便。万汇楼被隔离在花城铁栅围墙之外后，租户服务设施使用的窘境说明，除住房条件外，符合低收入群体要求的公共服务设施配套，以及与就业地点的毗邻条件也是必不可少的。

花城业主与万科物业因万汇楼是否要纳入花城统一管理的冲突过程，也体现出了业主拥有很强的维权意识和行动能力。按照《中华人民共和国物权法》的规定，业主对建筑区划内的道路、绿地、公用设施和物业服务用房等共有部分享有共同管理的权利。花城最终实施封闭管理，从事实上说明万科最初让租户使用花城设施的安排欠妥，企业对公民责任的履行不能成为损害业主利益的理由。万汇楼实验中，因未清晰界定各种群体对服务设施所享有的管理使用权利、承担义务等要素，开发商单方决定将低收入群体引入商品房住区的行为，致使花城业主、开发商和租户三者之间在服务设施的使用、管理、支配的权益上产生了冲突，花城业主、万汇楼租户的利益都受到了一定程度的伤害。

在此次居住试验中，空间距离的接近并未激发花城业主与租户的良性交流。从满怀希望租住万汇楼，到受限于使用服务设施并被隔离在花城之外，一些租户感觉受到歧视和孤立。阶层差距并不悬殊的两个群体之间的对立倾向，与混合居住实验的初衷有所背离。

通常的观念认为，我国的大、中城市是在计划经济时期社会经济均质的基础上发展起来的，混合居住模式推行所遇到的社会阻力会较小，然而万汇楼案例提示我们，依附于社会地位和住房价格的居住观念分化程度，可能远远超出政策制定者和研究者的预期。

三、混合居住导向的住房政策优化

目前，国土资发〔2011〕63号文件《国土资源部关于坚持和完善土地招标拍卖挂牌出让制度的意见》和国办发〔2011〕45号文件《国务院办公厅关于保障性安居工程建设和管理的指导意见》从住房政策上开启了混合居住的通道。北京等城市已在居住用地使用权出让中，通过竞报保障性住房面积的方式来激励获得土地使用权的企业、其他组织和个人提供保障性住房。但这种以政府定下限、竞报人竞保障房面积方式建设起来的住区，将不同阶层群体硬性地混合在一起，存在社会问题累积并最终转向使用者的风险，政策实际执行效果和社会影响尚需时间的验证。我国同欧美国家在发展阶段、福利政策、人口状况、土地及住房制度等方面都存在较大差异，探索适合本土的混合居住模式有赖于不断的项目实践经验总结和反思，优化调整混合居住导向的住房政策。

1. 激励社会力量与政府的合作

万汇楼低收入人群住宅项目中遇到的问题，凸显出了“混合居住”这一良好愿望在现实中推行的困难。尽管万汇楼项目也获得了广东省建设厅的支持，但缺乏政府的实质性参与和引导，企业行为难以独自解决社会阶层冲突、公共服务设施配套、选址等方面的问题。面对企业主动实践社会责任的公益之举，如何引导和激励社会力量积极参与居住混合项目，成为政府应对的紧迫问题。从更好地实现社会融合的目标出发，还需在混合居住导向的住房政策设计上，为针对低收入人群的“补人头”的需求方补贴、公私合作、个人合作建房等解决住房困难的途径提供更多的制度空间。

2. 满足混合社区中不同群体的社会服务设施要求

混合社区的关键要素是混合群体的构成，以及由此决定的各个群体对住房条件与城市公共设施的使用需求。依据目前的政策规定，保障房配建的面积、类型和户型比例等要求基本由地方政府确定，用行政手段干预了住区的群体构成。在缺乏对住户阶层差异和融合条件深入研究的情况下，将不同阶层群体硬性配置在同一邻里，可能会引发较为激烈的社会矛盾。在阶层分化的社会背景下，不同群体对住宅户型、社会服务设施水平和生活方式要求的差异性不容忽视。

商品房住户与限价商品房、经济适用房、廉租房、公租房等政策目标群体，在服务设施的种类、数量和质量等方面的需求多有不同，经济支付能力的差异也影响着服务消费价格。通过行政手段干预形成的混合住区的服务设施要求，必然与市场配置服务设施的市场细分和定位格局存在一定冲突。如果缺乏足够的补充措施，最低收入、低收入、中等偏下收入家庭[⑤]可能不得不处于面对临近设施而无法使用的不利境况。对他们来说，居住不仅意味着住房，也意味着生活成本和就业机会，乃至子女教育等关系到下一代社会经济能力提升的机会。因此，混合居住导向的住房政策设计，对弱势群体的考虑和安排更需全面周到。

3. 保障弱势群体的权利

由商品房与保障性住房构成的混合住区中，业主、政府、租户、物业服务单位和开发商等各方的权利与责任，也亟待在相关法规中予以明确界定。万汇楼项目中租户受到的排斥，以及开发商、业主与租户之间的冲突，都反映出由于群体权利界定不清而导致了冲突。

租赁公租房、廉租房等没有房屋产权的租户，以及居住经济适用房等拥有部分产权的住户（尤其在群体数量不占多数时），在商品住区的公共事项的管理方面，是否与业主一样拥有表达自身意愿和维护自身权益的途径？如何保障这些弱势群体的权益，政府作为保障性住房的部分或全部产权的拥有者，如何协调平衡公私领域之间的利益关系，应是混合居住导向的住房政策优化的重要内容。

注释:

① 2008 年上海徐汇区决定把位于田东路、漕东支路的漕河泾街道 293 街坊 1/4 地块辟为徐汇区经济适用房建设基地之一，而到 2009 年 8 月正准备开工建设时却遭到了紧邻该基地的宏润国际花园、佳信徐汇公寓、漕东路 30 弄小区 3 个小区近 6000 户业主的联合抗议。此后，徐汇区经济适用房被安排在了远离城市中心的松江和闵行。http://npc.people.com.cn/GB/16421029.html。

② 万汇楼主要信息来源于万汇楼网站 http://gz.vanke.com/whl/。

③ “海螺行动”于 2006 年、2007 年开展过两届，由建设部住宅与房地产业司指导，由万科集团与英国文化协会合作，项目旨在通过对混合居住、新社区、利益相关者间相互关系作用的实践体验与学术研讨，促进中英交流合作，为中国城市中低收入人群居住保障课题提供建议。信息来源于万科集团网站。

④ 万汇楼网站的活动交流页面中原将社区时尚消费 (近 10000m^2 的特色商业，如假日广场、湖畔花街、缤纷商业街、超市、便利店、药店等）列入宣传配套服务设施中，后这些信息从网站页面中删除。信息来自搜房网万科四季花城广州业主论坛。

⑤ 国家统计局将城镇家庭收入划分为 7 组，依户人均可支配收入由低到高排队，按 10%、10%、20%、20%、20%、10%、10%的比例依次为最低收入户、低收入户、中等偏下收入户、中等收入户、中等偏上收入户、高收入户、最高收入户。总体中最低 5% 为困难户。保障性住房中的公共租赁房、廉租房对应的政策目标群体为中等偏下收入户、低收入户和最低收入户。

参考文献:

[1] ROBERT C E. *The False Promise of the Mixed-Income Housing Project*[EB/OL]. 2010, Faculty Scholarship Series: 401. http://digitalcommons. law. yale. edu/fss_papers/401.

[2] MARIE-HéLèNE B, YANKEL F, YDIE L, et al. *Social Mix Policies in Paris: Discourses, Policies and Social Effects*[J]. International Journal of Urban and Regional Research, 2011(35): 256-273.

[3] PAUL C. *Policies for Mixed Communities: Faith-based Displacement Activity?*[J]. International Regional Science Review, 2009(3): 343-375.

[4] 陶杰，易乔．“万汇楼”开放式廉租住房的探索 [J]．南方建筑，2010(3)：51-53.

[5] 刘晓都，孟岩．土楼公舍 [J]．时代建筑，2008(6)：48-57.

[6] 都市实践．土楼公舍：关于中国城市低收入住宅模式的探索 [J]．建筑与文化，2008(1)：42- 47.

[7] 佛山市政府．广佛—金沙洲整合同城规划 [R]．2011.

[8] 付昱．万科公司承建深圳首栋廉租屋住宅 5 月开工 [N]．南方日报，2006-02-20.

[9] 深圳市总工会，深圳大学劳动法和社会保障法研究所．深圳新生代农民工生存状况调查报告 [EB/ OL]．(2010-07-15) [2011-12-13] http://acftu.people.com.cn/GB/67582/12154737.html.

[10] 张坚．万科土楼：穷人如何住得体面 [J]．新周刊，2009(21).

[11] 饶小军．土楼公舍：一种集体主义的梦想 [J]．世界建筑，2009(2)：28-29.

[12] 单文慧．不同收入阶层混合居住模式：价值评判与实施策略 [J]．城市规划，2001(2)：26-29.

原载于：《〈规划师〉论丛 2014》

大力推进住宅产业化加快发展节能省地型住宅

刘志峰

发展“节能省地型”住宅是我国住宅建设方式的重大转折，是今后一段时期我国住宅建设的基本方针，体现了我国城乡建设可持续发展的具体要求，是促进我国住宅与房地产业可持续发展的重要途径。发展“节能省地型”住宅，具有重大的理论意义和积极的现实意义。下面，我就发展“节能省地型”住宅和推进住宅产业化的有关问题，谈几点看法，供大家参考。

一、增强发展“节能省地型”住宅的危机感和责任感

2004 年中央经济工作会议上，胡锦涛同志明确指出，要大力发展“节能省地型”住宅，全面推广和普及节能技术，制定并强制推行更严格的节能节材节水标准。温家宝同志也指出，大力抓好能源、资源节约，加快发展循环经济。要充分认识节约能源、资源的重要性和紧迫性，增强危机感和责任感。2005 年政府工作报告中又明确提出，鼓励发展“节能省地型”住宅和公共建筑。建设部坚决贯彻落实党中央、国务院的要求，高度重视发展“节能省地型”住宅和公共建筑。把这项工作作为建设领域贯彻落实科学发展观，促进经济结构调整，转变经济增长方式的重点工作来抓。去年 12 月以来，组成专门的工作小组，加强对发展“节能省地型”住宅和公共建筑问题的研究，形成了《关于发展节能省地型住宅和公共建筑的工作意见》，明确了今后一段时期的工作目标和主要任务。

党中央、国务院领导同志关于发展“节能省地型”住宅的论述，是站在现代化建设全局，从落实科学发展观、构建社会主义和谐社会的高度，针对我国资源相对短缺的基本国情，做出的一项重大战略决策。当前我国正处于工业化和城镇化的快速发展时期，资源消耗多和资源短缺问题日益突出。从 1 993 年起，我国已成为能源净进口国，专家预测到 2010 年我国能源缺口为 8%，石油、天然气的进口依存度将上升到 23% 和 20%。我国国土辽阔，但可耕地面积少，仅占国土面积的 1/13。为保证粮食安全，到 2010 年全国耕地保有量必须达到 11520 万 hm^2，但目前仅有 12340 万 hm^2。我国水资源短缺现象日益严重，目前全国 600 多个城市中约 2/3 的城市缺水，已经成为城市发展瓶颈。中国必须走新型工业化道路，加快发展循环经济，建设节约型社会。这是顺利推进现代化建设，全面建设小康社会的必由之路。

各级建设系统要从本职工作出发，切实增强危机感和责任感。住宅和公共建筑对资源的消耗大，对环境影响大。据初步测算，我国住宅建设用钢占全国用钢量的 20%，水泥用量占全国总用量的 17.6%，城市建成区用地的 30% 用于住宅建设，城市水资源的 32% 在住宅使用过程中消耗，住宅使用能耗占全国总能耗 20% 左右（若再考虑加上建材生产和建造的能耗，住宅总能耗约为 37% 左右）。更值得注意的是，与发达国家相比，我国住宅建造和使用过程中，存在严重的资源浪费现象。从能源消耗看，住宅使用能耗为相同气候条件下发达国家的 2~3 倍。从水资源消耗看，我国卫生洁具的耗水量比发达国家高出 30% 以上。从土地占用看，2002 年，城市人均建设用地从 1993 年的 $54.9m^2$ 增加到 $82.3m^2$，增长 49.9%；村镇人均建设用地从 $147.8m^2$ 增加到 $167.7m^2$，增长 13.5%。一些中小城市和村镇仍在大量使用黏土砖。从钢材消耗看，我国住宅建设用钢平均 $55kg/m^2$，水泥用量为 $221.5kg/m^2$。与发达国家相比，钢材消耗高 10% ～ 25%，每拌和 1 m^3，混凝土要多消耗 80kg 水泥。

住宅和公共建筑对资源的消耗，特别是在建造和使用过程中的严重浪费，与我国的国情很不适应。因此，发展“节能省地型”住宅和公共建筑，是实现国民经济可持续发展的重要方面。住宅建设必须走资源节约的道路，切实改变建设方式，大力推进技术进步，从节约资源中求发展，从保护环境中求发展，从发展循环经济中求发展。

二、正确认识住宅产业化与发展“节能省地型”住宅的关系

发展“节能省地型”住宅和公共建筑，本质是实现建筑的可持续发展。20 世纪 80 年代以来，国际社会对环境问题日益关注，环境保护和可持续发展的理念迅速普及。各国政府都采取积极措施，

大力实施可持续发展战略。据欧美国家的测算，所有建筑的建造和使用过程中的能耗占全社会总能耗的 50% 以上，对二氧化碳的排放起到了主导作用。大力减少二氧化碳的排放，促进建筑的可持续发展，逐步成为国际社会的共识。一些国家结合本国的资源环境情况，有针对性地提出了促进建筑可持续发展的措施和重点，出现了绿色建筑、生态建筑、环保建筑、健康住宅、低能耗建筑、资源循环型建筑等概念。但所有这些概念都是围绕“四节一环保”（环保、节能、节材、节水、节地）提出的，只不过侧重点和排序不同而已。其内涵，都是要实现建筑的可持续发展，这也是我们发展“节能省地型”住宅和公共建筑的本质。就是要把住宅建设和公共建筑的发展，建立在资源“节省”的基础上，在保证住宅适宜功能和舒适度的基础上，减少能源、土地、水和材料等资源的消耗，实现住宅和公共建筑建造、使用过程的“四节”。

发展“节能省地型”住宅的提出，进一步明确了住宅产业化的方向，是推进住宅产业化的根本指导思想。这个指导思想，与当代发达国家住宅产业化的方向是一致的。纵观发达国家的住宅产业化进程，大体经历了三个阶段。在住宅产业化初期阶段，欧美国家建立了工业化的住宅建造体系，提高了生产效率，加快住宅建设的进程。在住宅产业化的成熟期，发达国家住宅产业化的重点，是提高住宅的质量和性能。当前发达国家的住宅产业化，已经进入了建筑的可持续发展阶段，重点转向节能、降低物耗、降低对环境的压力以及资源的循环利用。与发达国家相比，当前我国住宅建设正处于从第一阶段向第二阶段过渡的时期。但是，正如中国的工业化不能重复发达国家的老路一样，我国的住宅产业化也不能重复发达国家的老路。我国的住宅产业化，必须把“三步并作一步”，直接以住宅建设的可持续发展为目标。

但是，把住宅产业化的过程“三步并作一步”，并不是说可以直接跨越前两个阶段，而是要同步推进三个阶段的进程。生产方式决定了生产效率和资源消耗的水平。住宅建造和使用过程中的资源浪费，主要是落后的住宅建设方式造成的。我国住宅建设是依靠资源消耗支撑起来的粗放型生产，不仅建设周期长，生产效率低，还直接带来能耗高，环保效益差，质量和性能差等问题。不改变传统的住宅建设方式，就谈不上发展“节能省地型”住宅。

住宅产业化就是科技成果的产业化和生产方式的工业化。科技成果若不能有效地转化为生产力，技术的支撑作用就难以发挥。现代工业化的住宅建造体系，采用工业化结构体系和通用部品体系，工厂预制程度较高，可基本实现现场作业组装、装配施工，生产效率高，节约资源，减少施工垃圾和废弃物。根据发达国家的经验，实行产业化，一般节材率可达 20% 左右、节水率达 60% 以上。通过推进住宅产业化，从根本上改变传统的住宅生产方式，使住宅建设逐步走上科技含量高、资源消耗低、环境污染少、经济效益好的道路，是发展“节能省地型”住宅的重要方面。

三、树立系统的观念，推进住宅产业化，建设“节能省地型”住宅

首先，发展“节能省地型”住宅和推进住宅产业化必须要树立整体的、系统的观念。例如，发展“节能省地型”住宅，不能只简单地从住宅小区或建筑单体去考虑，必须从城乡统筹、整体空间布局入手，通过科学合理的规划，从城乡发展空间布局上，为建筑的可持续发展奠定好的基础；科学合理的城市规划，可以避免因城市功能区布局不当，而产生过大的交通负荷，减少由此引起的能源消耗和交通用地无序增长。推进住宅产业化工作也要有整体的、系统的观念。例如，研究建筑节能问题，不能局限在建筑单体，更不能仅仅局限在单体中的墙体、门窗、屋面等围护结构的某一项，一定要从热源、管网和建筑单体系统考虑，从选择利用可再生能源、提高热力站的能效比、减少输配管网的热损失、提高室内散热器的效率、提高建筑围护结构的保温隔热性能、充分利用自然资源等多方面着手。再例如，研究住宅建设的节地问题，既要合理确定建筑容积率；也要注重住宅区的规划，优化住宅区的空间布局；更要提高户型设计水平，提供合理的户型设计；既要考虑地上空间资源的合理利用，也要充分利用地下空间资源，从而真正做到充分利用每一寸土地，充分利用每一份空间，减少对土地和空间资源的占用。

其次，要用整体的、系统的观念研究推进住宅产业化的各项措施。要研究确定适合我国国情的住宅建设发展模式，从住宅的四节与环境生态指标、户型与套型面积、建筑形态、住宅基本性能要求与技术发展导向等，制定普通（大众）住宅居住水准引导标准和最低居住水准引导标准，正确引导住宅的建设与消费。要加快构建住宅技术保障体系，加大与住宅生产有关的标准和规范体系的编制力度，强化标准规范执行中的监督；要加快建立工业化结构和通用部品体系，逐步形成符合模数协调的标准化产品系列。要加快研究制定住宅产业化的经济政策，通过税收、价格、信贷等经济杠杆，鼓励小套型、功能良好的经济适用住房的建设，鼓励推广应用有利于环境保护、节约资源的新技术、新材料、新设备和新产品。要完善住宅建筑质量控制体系，加强市场准入管理，健全设计审查和质量监督、质量保障制度，建立和完善部品认证制度，完善住宅性能评价制度。要加强对住宅产业化工作的领导和协调，确定住宅产业化的目标和工作步骤，统筹规划、明确重点，建立以市场为导向的推进机制。

最后，我想强调一下，住宅产业化的示范、试点工作。实践证明，抓示范工程，抓龙头企业，抓综合示范城市是推进住宅产业化的行之有效的办法。抓示范项目，要按照“节能省地型”住宅的要求，继续抓好国家康居示范工程建设，要注重适用技术的集成与产业化，推动全国住宅产业整体水平提高。抓龙头企业，住宅建设环节众多，参与企业也较多，但关键环节是开发，开发企业是龙

头，只有抓住龙头企业、牵住牛鼻子，产业化的实施才能落到实处；要把住宅作为最终产品，并以此为平台，重点抓技术和部品的集成与整合，而不仅仅是抓某一个单项技术或产品。要积极扶持具有一定开发规模和技术集成能力的房地产开发企业，与具有一定生产规模和核心技术大型部品生产企业结成产业联盟，以此建立住宅产业化基地，促进住宅质量和性能的全面提升，带动技术与部品的升级换代和技术创新，加速科技成果向现实生产力的转化，提高新技术的扩散能力，加快新材料的推广应用。抓综合试点城市，选择有条件且有积极性的城市，开展住宅产业化综合试点工作，探索推进机制、政策措施，以及符合地方特色发展模式和因地制宜的住宅产业化体系。

发展“节能省地型”住宅，做好节能节地节水节材工作，是保证国家能源和粮食安全的重要途径，是建设节约型社会和节约型城镇的重要举措。要按照可持续发展的要求，大力推进住宅产业化，大力发展“节能省地型”住宅，使住宅建设尽快步入资源节约的可持续发展道路。

原载于：《住宅科技》，2005 年第 7 期

我国绿色建筑评价标识的特点与思考

宋凌

为贯彻执行资源节约和环境保护的国家发展战略政策，引导绿色建筑健康发展，住房和城乡建设部开展了绿色建筑评价标识工作。自 2008 年 4 月成立绿色建筑评价标识管理办公室以来，我国已有 10 个项目获得了“绿色建筑评价标识证书”。

随着工作的开展，越来越多的人提出了以下几个问题：我国的绿色建筑评价标识与国外的绿色建筑评价标识有什么不同？我国的绿色建筑评价标识制度进展如何？将来会如何发展？本文就这些问题回答，并提出发展我国绿色建筑评价标识制度的一些意见。

一、我国绿色建筑评价标识的特点

众所周知，国外的绿色建筑发展早于我国的绿色建筑，其评价工作也先于我国。我国绿色建筑评价标识制度的起步较晚，但正是“他山之石可以攻玉”，一方面有机会充分借鉴国际绿色建筑评价体系架构和评价模式的先进经验，另一方面结合我国自身的国情，分析与其他国家在经济发展水平、地理位置和人均资源等条件的差异。和国外绿色建筑评价标识体系相比，我国的“绿色建筑评价标识”体系有以下几个特点：

1. 政府组织和社会自愿参与

不同国家绿色建筑的评价者并不一样：美国 LEED 是由非营利组织美国绿色建筑协会 USGBC 开展的咨询和评价行为，是属于社会自发的评价标识活动；日本 CASBEE 是由日本国土交通省组织开展、分地区强制执行的评价标识活动。我国的“绿色建筑评价标识”，一方面是由住房和城乡建设部及其地方建设主管部门开展评价，即政府组织行为；另一方面是社会自愿参与的、非强制性的评价标识行为。

坚持“节约资源和保护环境”的国家技术经济政策使得我国政府对发展以“四节二环保”为基础的绿色建筑极为重视，这就促成了“由政府组织开展”的良好局面；但同时，由于我国绿色建筑起步较晚，技术和政策基础都不完善，强制执行绿色建筑评价标识尚不成熟，因此希望国内建筑市场中意识靠前、实力较强的建筑工程项目自愿参与评价和标识。

2. 框架结构简单易懂

目前全球采用的绿色建筑评价体系框架可分为三代：从第一代绿色建筑评价体系——英国 BREEM 和美国 LEED 的措施性评价体系到第二代绿色建筑评价体系——国际可持续发展建筑环境组织的 GBTool，再到第三代绿色建筑评价体系——日本 CASBB 和香港 CEPAS 的性能性评价体系。这些评价方法的演化过程是从简单到复杂、从无权重到一级权重体系再到多重权重，从线性综合到非线性综合。其评价水平越来越高、越来越科学、也越来越复杂。

2006 年标准编制期间，考虑到我国的绿色建筑发展尚处于起步阶段，为便于绿色建筑概念的推广和普及，编委们选择了结构简单、清晰，便于操作的第一代评价体系的框架，即分项评价体系(Checklist)。当然，这一评价体系的框架存在其自身必然的问题，如缺乏对建筑的综合分析能力和对不同地域或建筑的适应能力等。但经过近 3 年的实践，此标准的准确性和适时性已得到证实。目前，我国大部分省市都开始按照此框架编写当地的绿色建筑评价标准。因此，简单易懂的框架结构确实起到了良好的推广和普及作用。

3. 符合中国国情

各国建设行业的情况相差甚大，中国建设业有以下两个特点：一是由于中国建筑量大，为保证其建设质量，中国建设行业在各个建设环节的监管制度严于他国，并非设计主体和建设主体所在行业自身认可就行，而是基于我国行政管理制度而设立第三方机构进行监管，以确保监督管理的有效性，例如，由专门的审图机关进行施工图审查、专门的监理机构进行竣工验收等；二是建设行业的国家标准或行业标准是结合中国实际建设水平和相关技术应用水平而制定的，这样既保证了标准的可实施性，又可以在此基础上结合国家国情制定切实可行的指标，例如，由于我国建设行业强调贯彻建筑节能的发展战略政策。因此，我国的绿色建筑评价标识中将节能项作为了建筑中的重点评价项目。而国外有些评价体系允许绿色建筑通过其他措施弥补节能的不足，这在我国是不值得提倡的。

2008年开始实施的“绿色建筑评价标识”正是按照我国的建设行情、监管制度及相关标准实施并逐步完善相关管理制度和技术体系。因此，具有节能优先、各项技术要求因地制宜、严格执行我国强制性标准和节能政策的特点。

二、我国“绿色建筑评价标识”工作的开展

绿色建筑评价标识工作，从4月14日成立绿建办至今，已评出10项获得“绿色建筑评价标识”的项目。其中公共建筑6项，住宅建筑4项；获得三星级标识的项目4项；获得二星级标识的项目3项；获得一星级标识的项目3项。这些建筑的建筑节能率、住区绿地率、可再生能源利用率、非传统水源利用率、可再循环建筑材料用量等绿色建筑评价指标，都严格达到了《绿色建筑评价标准》的相应要求，对减少建筑能耗和二氧化碳排放量做出了确实的贡献。

在评价过程中，为了完善我国的绿色建筑评价标识体系，成立了专门的绿色建筑评价标识专家委员会来解决评价中遇到的技术问题，并发布相关技术文件，如《绿色建筑评价技术细则补充说明（规划设计阶段）》和《绿色建筑评价标识培训讲义》等；建立了便于申报和信息交流的绿色建筑评价标识网站（www.cngb.org.cn）；通过召开绿色建筑评价标识记者见面会（2008年8月4日）、国际绿色大会绿色建筑评价与标识分论坛（2009年3月28日）和绿色建筑评价标识推进会（2009年6月24日），将绿色建筑评价标识活动在全国范围内进行了广泛宣传和推广。

三、发展我国绿色建筑评价标识制度的思考

虽然取得了一些成绩，但发展速度确实较慢，这不利于全国的大范围推广，因此，要剖析目前制度发展的问题，使绿色建筑评价标识制度能更快更好的发展。

1. 评价标准体系不完善

目前，我国绿色建筑评价标准体系仅有一本《绿色建筑评价标准》，主要适用于办公建筑、商业建筑和住宅建筑，尽管在此基础上编制了《绿色建筑评价技术细则》和《绿色建筑评价技术细则补充说明》，仍无法满足越来越多的建筑类型和绿色建筑新技术的发展要求；尽管一些地方标准也

陆续颁布，但与国标不一致的内容也不同程度存在，影响了体系的统一性。具体来说，现行评价标准体系存在以下几个有待完善的问题：

(1) 纵向扩展性不强。绿色建筑是正在迅速发展的新事物，每年都出现新的材料、技术与产品，现行评价体系的条文与评价方法，无法满足日新月异的建设发展需求。例如，“住宅建筑不适宜采用集中空调系统”这一观点，属于暖通行业的常识，评价中未对其进行重点说明，并对采用了集中空调系统的住宅项目仍设有鼓励其优化系统的评价条款，这使得现在很多建设者认为住宅建筑中采用集中空调是可行的。然而，为追求所谓“高品质”生活而对房间负荷要求各不相同的住宅必须采用同时供冷、供热的集中空调系统，是不节能的。这种现象的发生是由于技术畸形发展导致的。由于评价时未考虑技术的畸形发展，仅对技术本身进行评价而不是对系统合理性进行评价，造成对不合理现象难以合理评价的窘境。

(2) 横向扩展性不强。针对不同气候区、不同经济条件地区、不同地方政策、不同地区资源条件下的不同建筑类型，现行评价体系中部分数据指标很难做到“因地制宜”。例如，非传统水源利用在非缺水地区的适应性远小于缺水地区，在综合考虑社会、经济、自然条件后的优化方案并非要求所有地区所有建筑都采用非传统水源。而我国哪些地区为缺水地区，由于标准不一，尚无定论，使得此项指标只能根据专家进行判断，很难做到定量的区分参评条件。

(3) 科学性和可操作性有待进一步提高。由于当时绿色建筑技术水平的限制，部分条文判断指标模糊，导致评价结果不确定，很难保证评价的公正性。例如，现行条文中基于2006年对可再生能源建筑应用情况的掌握得出的应用指标，包含太阳能热水保证率和地源热泵利用率，然而，随着可再生能源建筑应用的快速发展，大面积采用地源热泵技术的可行性等问题凸显出来，因此，应给出更为合理科学的、切实可行的评价指标，并对评价指标的算法进行细化说明。

2. 管理体系与工作机制不健全

现行的绿色建筑评价管理体系无法覆盖全国。目前只有住房和城乡建设部科技发展促进中心绿色建筑评价标识管理办公室（以下简称绿标办）能组织足够的专业人士开展绿色建筑评价标识工作，且仍处于建设期；上海曾作为地方绿色建筑评价标识工作试点，但由于能力建设没有到位，无法完成当地的绿色建筑评价。

四、结束语

上述问题是在建设行业的社会实践工作中已形成共识的一些意见和建议，建立更符合我国目前建设情况的绿色建筑评价体系迫在眉睫。针对现存的问题，我国应尽快设计出更具扩展性的评价标准体系和更具操作性的标识管理体系。一方面，制定针对不同建筑类型的、可扩展的国家标准或行业标准，以便标准更具可操作性并能指导全国各地的地方标准建立，实现对不同气候区、不同经济社会条件地区以及不同地区资源条件下的主要建筑类型的绿色评价；另一方面，自 2009 年 6 月 18 日住房和城乡建设部发布了《一二星级绿色建筑评价标识管理办法（试行）》，各地可结合当地经济社会条件地区制定适合当地的地方标准体系和管理体系，将评价标识工作在全国范围内推广。

原载于：《建设科技》2009 年第 7 期

2011 年绿色建筑评价标识三星级项目——中粮万科长阳半岛项目

曾宇

中粮万科长阳半岛 1 号地项目位于房山区长阳镇起步区内，总用地面积约 15 万 m^2，总建筑面积约 37 万 m^2，地上建筑面积约 33.4 万 m^2，其中地上住宅总面积 32.6 万 m^2，附属配套面积 8000m^2，地下建筑面积约 3.7 万 m^2。项目一期为 1 号地内的 4# 地块和 11# 地块，总用地面积约 9.4 万 m^2，总建筑面积约 22.5 万 m^2。小区内住宅建筑主要是 9 层南北向板楼，最北侧和东西侧设置有 18 层或 28 层塔式高层。住宅首层设入口大堂；二层以上全部为住宅，有四栋工业化板楼为预制装配式混凝土剪力墙结构体系，其余住宅楼为现浇混凝土剪力墙结构。工业化楼层高为 2.9m，其余均为 2.8m。配套用房主要设置在沿街住宅首层和沿街。项目于 2010 年 5 月开始施工，计划 2012 年交付。

本项目已于 2011 年 1 月获得绿色建筑三星级设计评价标识，成为北京市第一个获得三星级设计标识的住宅项目。项目的工业化住宅组团成为国内首个获得了政府 3% 建筑面积奖励的项目。

一、主要技术措施

本项目全面执行绿色建筑三星级的要求，并注重因地制宜地选择适宜的技术，做好技术的集成与创新。项目采用的主要技术措施有:

1、采用计算机模拟技术优化小区风环境；

2、加强外围护结构保温隔热性能，达到 70% 节能；

3、采用低温辐射地板采暖系统；

4、热力站内选择高效率循环水泵，换热站内设置气候补偿装置；

5、选用高效节能灯具、节能变压器、节能电梯；

6、采用太阳能草坪灯、路灯等；

7、 18 层以下 5 层以上的住宅楼设置太阳能热水系统，采用集中设置集热板、分户设置储热水箱的方式；

8、采用透水砖地面、下凹式绿地和渗透管加强雨水渗透量；

9、冲厕和室外用水使用市政再生水；

10、绿化灌溉采用微喷灌形式；

11、四栋板楼采用预制装配式混凝土剪力墙结构体系；

12、雨篷、栏杆、排烟道、楼梯、厨房等使用工业化部品；

13、选择高强钢筋和高性能混凝土；

14、采用脱硫石膏板等利废材料；

15、卧室、起居室选用具有除醛功能的涂料；

16、建筑与室内同步设计，室内装修一次到位；

17、采用浮筑楼板构造，与地板采暖相结合，有效降低楼板撞击声声压级；

18、采用先进可靠的智能化系统；

19、设置有机垃圾生态处理设备；

20、施工过程中控制各种污染及对周边区域的影响；

21、对施工过程中产生的废弃物分类处理，并进行回收和再利用；

22、设置绿色措施宣传展示系统。

二、技术措施亮点

本项目通过计算机模拟技术，对小区的室外风环境进行了优化，使小区在冬季 1.5m 高度区域最大风速小于 5m/s，人员主要活动区域风速放大系数均小于 2，夏季及过渡季节自然通风情况良好，

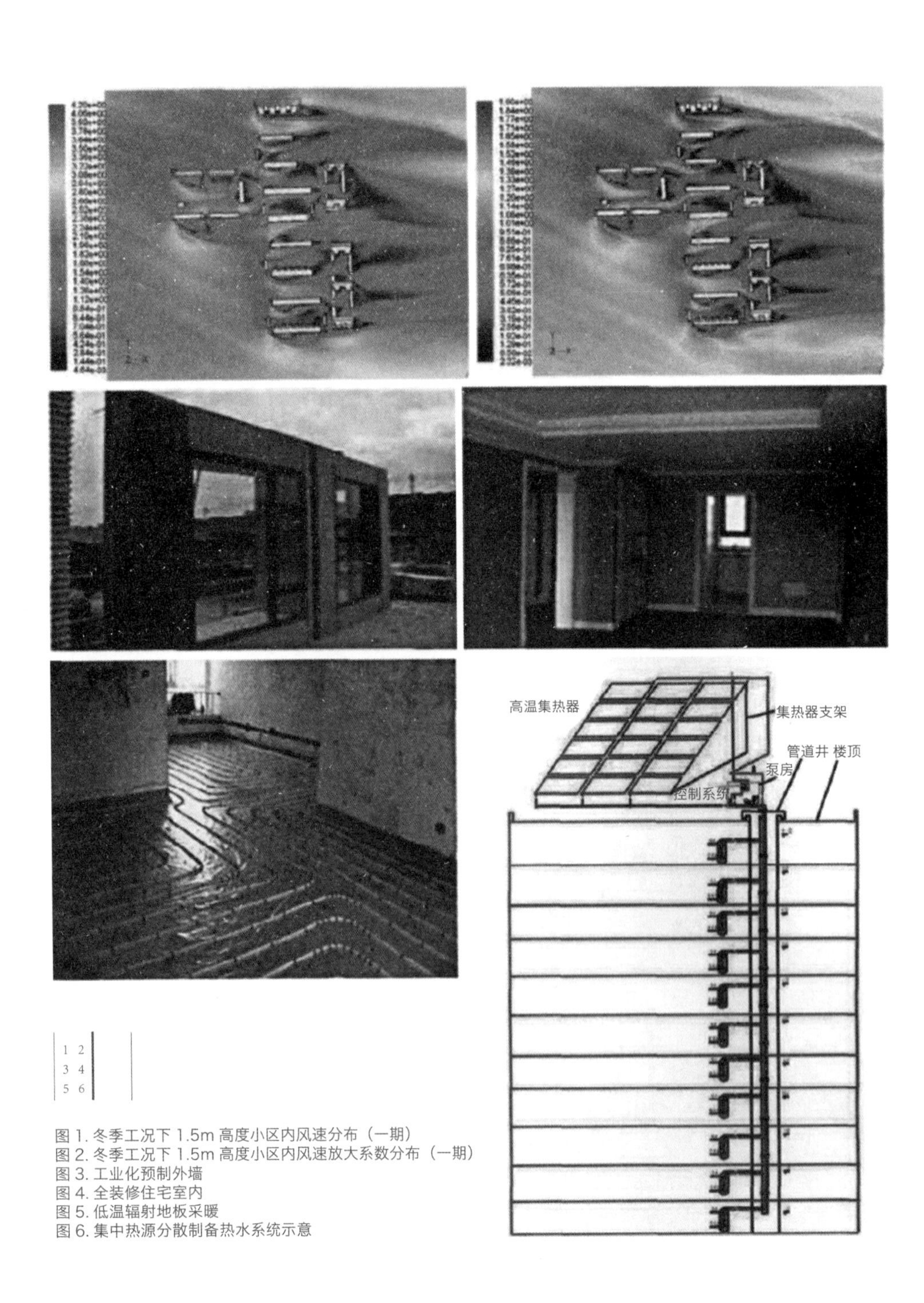

1 2
3 4
5 6

图 1. 冬季工况下 1.5m 高度小区内风速分布（一期）
图 2. 冬季工况下 1.5m 高度小区内风速放大系数分布（一期）
图 3. 工业化预制外墙
图 4. 全装修住宅室内
图 5. 低温辐射地板采暖
图 6. 集中热源分散制备热水系统示意

无明显无风及涡旋区，保障了小区内人员活动的舒适性（见图 1、图 2）。

项目中的一部分住宅建筑创新性的采用了预制装配式混凝土剪力墙结构体系。采用工业化技术建造的全装修住宅楼与传统工艺建造的住宅相比，资源消耗节约方面的优势十分显著，经项目测算，废钢筋、废木料、废砖块的产生量节省了约 50%，施工水耗节省了约 20%。工业化住宅在品质方面也大为提升，传统工艺中常见而难以根治的渗漏、开裂、空鼓、房间尺寸偏差等质量通病，在产业化住宅中几乎降为零，建筑耐久性和居住舒适度更高（见图 3）。

所有住宅建筑的室内装修一次到位。全装修作为住宅产业化的重要组成部分，使得住房品质得到充分保证，一体化卫浴、整体厨房、收纳系统等，给业主以人性化家居的生活体验。采用全面家居解决方案，每户约减少装修垃圾 2t(见图 4）。

住宅除卫生间使用钢制散热器外，室内均采用低温地板辐射采暖系统。低温辐射地板采暖是通过埋设于地板下的加热管，把地板加热到表面温度 24℃～26℃，均匀地向室内辐射热量而达到采暖效果。埋管式地面辐射采暖具有温度梯度小、室内温度均匀、脚感温度高等特点，在同样的舒适的情况下，辐射供暖房间的设计温度可以比对流供暖房间低 2℃～3℃，因此房间的热负荷随之减小。与常规散热器采暖方式相比，地板辐射采暖方式可以节省至少 9.2% 的供热能耗（见图 5）。

项目一期在 18 层以下 5 层以上的住宅楼设置太阳能热水，使用户数为 1374 户，达到总户数 2106 户的约 65%，系统形式采用集中设置太阳能集热板、分户设置储热水箱及辅助电加热的系统（见图 6）。

原载于：《建设科技》，2011 年第 4 期

万科·白沙润园

万科白沙润园是云南首个绿色三星生态住宅。白沙润园小区总占地面积约 20 万 m^2，总建筑面积约 36 万 m^2。容积率 1.2，建筑密度约 26%，绿化率 45%。小区住宅总户数约 2000 户，住宅总建筑面积约 24 万 m^2。配套有一所幼儿园、一个集中商业、一个会所等。

作为云南首个绿色三星住宅项目，万科白沙润园从舒适、健康、低碳和环保等 4 个系统，运用 19 项技术，为业主创造绿色的生活体系。全面使用除甲醛涂料；一半以上房间均能满足日照需要；人均公共绿地面积为 1.74m^2；建筑分贝数均低于 65DB，使业主远离噪音；采用低耗照明，室内空间不大于 6W/m^2，100% 住户采用太阳能制取生活热水等技术，为广大业主营造舒适、健康的生活环境的同时，极大地降低生活成本。

白沙润园的建筑材料全部源自云南本土。除建筑取材外，白沙润园的整体建筑布局，取自于丽江古城的树叶状肌理和脉络，古城丽江把经济和战略重地与崎岖的地势融合在一起，保存和再现了古朴的风貌，建筑肌理随城市发展而自由变化，布局错落有致，既有山城风貌，又富有水乡韵味。

此外，白沙润园采用丽江古城随城市发展而自由变化的格局，融合了丽江当地人文风情，在地貌上形成了天然的斜向中轴线，将白沙润园合理分成几大区域，各个区域都因土地形态规划成各具特色的区域，因此形成了看似毫不相关却又紧密相连的公共空间区域，为日后社区生活提供了丰富、多变的特色公共景观空间，使客户仿佛自由穿梭于丽江与自然之间。

小区以四方街为中心，规划为邻里集聚、日常游憩的中心点，同时也是生活中重要的活动区域。

图 1. 万科 · 白沙润园

原载于：《城市住宅》2012 年第 1 期

西藏自治区节能民居示范工程

一、示范工程概述

作为“十一五”国家科技支撑计划课题“可再生能源与建筑集成示范”专题研究的重要成果载体，位于西藏自治区日喀则地区定日县的节能民居示范工程旨在为藏区提供一种既能融合节能建筑理念，又能保持藏族民居传统的高原绿色节能房屋，结合中央政府和西藏自治区政府的扶贫计划，重点改善藏族群众特别是偏远地区农牧民居住条件。该示范工程由中国建筑设计研究院国家住宅与居住环境工程技术研究中心设计表 1，由当地居民自建，于 2009 年 6 月建成，目前居民已入住。

示范住宅基本建设信息表　　表 1

建设地点	西藏自治区定日县扎西宗乡
建筑面积	146.3m²
结构类别	土坯砖砌体结构
资料提供	中国建筑设计研究院国家住宅与居住环境工程技术研究中心
本文执笔	张鹏、鲁永飞、王岩
设计单位	中国建筑设计研究院国家住宅与居住环境工程技术研究中心
设计人员	曾雁（设总）、张广宇（暖通）、鲁永飞（建筑）、鞠晓磊（建筑）、张鹏（暖通）
设计时间	2009 年 3 月
施工单位	居民自建
竣工时间	2009 年 6 月
运行监测	中国建筑设计研究院国家住宅与居住环境工程技术研究中心
监测人员	张广宇、张鹏
专利技术	相变蓄热天窗　ZL 2009 2 0315821.9
	太阳能炕　ZL 2009 2 0315844.X
资金来源	北京奥维斯世纪文化传媒有限公司赠款
项目经理	杨延

示范工程的所在地定日县扎西宗乡位于喜马拉雅山脉北侧的珠峰自然保护区内。平均海拔在5000m以上，自然气候恶劣，生态环境脆弱，年平均气温为2.8℃～3.9℃，年平均温差19℃，日平均温差18.2℃，属于高原温带半干旱季风气候区，年平均降水量289.6mm，年平均蒸发量2527.3mm，日照时数3324.7小时，年均风速达5.8m/s，详细情况如表2所示。

示范住宅场地条件　　表2

项目	定日县	说明
年平均气温	2.8℃～3.9℃	
最冷月份	1月，平均-7.4℃	
最热月份	7月，平均12℃	
极端最高气温	24.8℃	
极端最低气温	-27.7℃	
年日照时数	3324.7h	
日照百分率	77%	某时段内实际日照时数与该地理论上可照时数的百分，百分率愈大，说明晴朗天气愈多
太阳总辐射	$7500MJ/m^2 \cdot a$	
年均降水量	289.6mm	降水多集中于6～10月
年均总蒸发量	2527.3mm	
年均风速	5.84m/s	

该生态节能民居示范工程通过实地测试与模拟评估，表明该示范住宅具有良好的热工性能，采用的被动式技术效果明显，通过增强太阳能利用大大降低了常规能源的使用需求，有效降低了使用过程中的CO_2排放，实现了生态环境保护、文化传统传承与生活环境改善等多个方面的诉求，适宜在西藏高原地区进行推广。

本示范住宅总用地面积427.8m^2，总建筑面积146.3m^2，在当地一户典型住宅的原址上进行重建。示范住宅的容积率0.37，建筑共一层建筑高度4.3m，建筑结构形式为砌体结构，建筑结构类别为二类，使用年限50年，抗震设防烈度7度，建筑防火等级二级，具体构造情况如表3所示。

工程设计情况　　表3

参数设置		示范住宅	改造前
建筑朝向。		坐北朝南	
结构体系		土坯砖砌体结构	石块砌体结构
维护结构	墙体	400mm土坯砖砌筑	240mm砌块砌筑
	屋面	从上至下：150mm覆土层防水透气膜10mm胶合板	从上至下：100mm覆土层10mm木质
	外窗	双层中空玻璃塑钢窗	单层3mm玻璃木框窗
	地面	素土夯实	
面积		146.3m^2	80m^2

续表

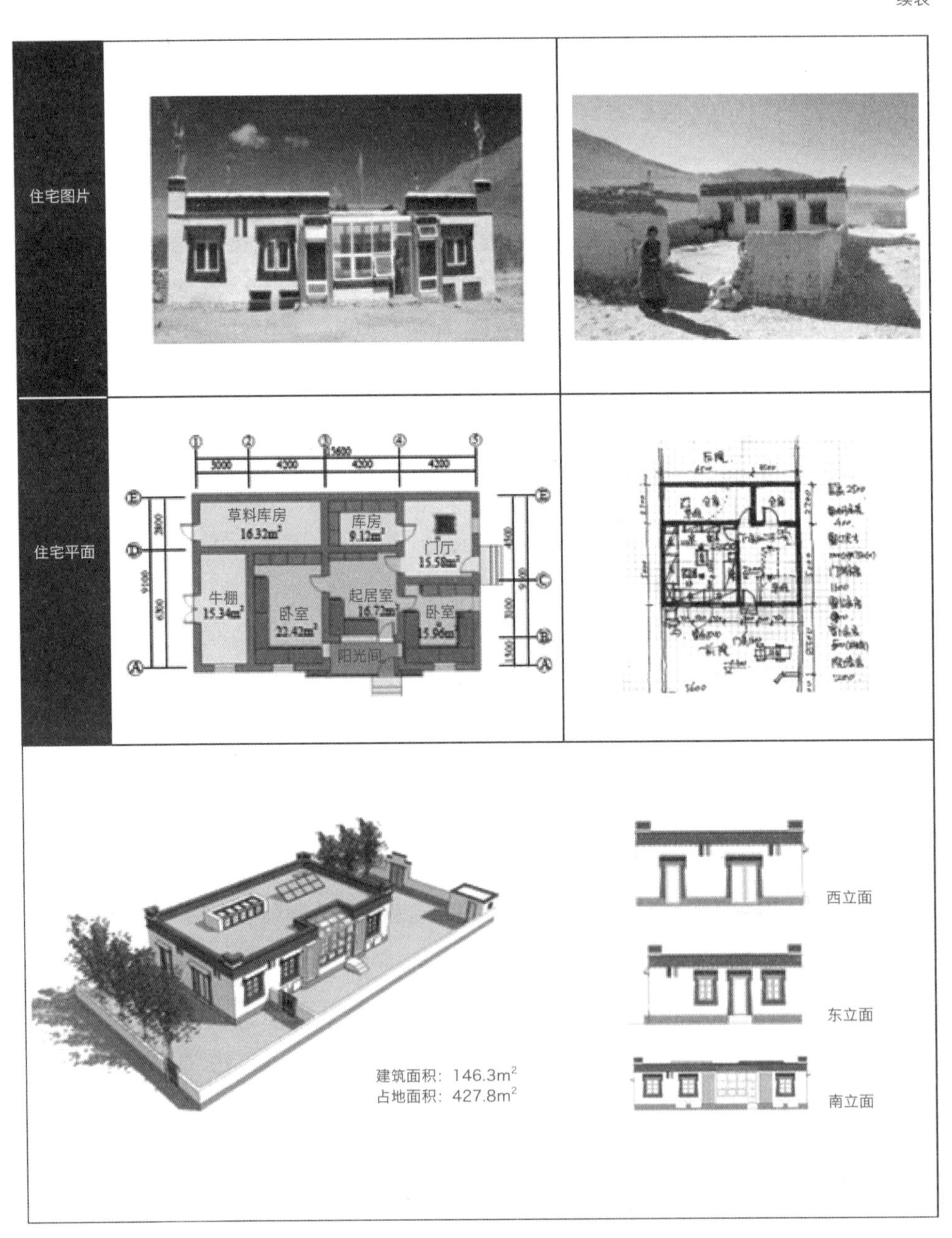
住宅图片
住宅平面
15600
3000
4200
4200
4200
草料库房
16.32m²
库房
9.12m²
门厅
15.58m²
牛棚
15.34m²
卧室
22.42m²
起居室
16.72m²
卧室
15.96m²
阳光间
建筑面积：146.3m²
占地面积：427.8m²
西立面
东立面
南立面

二、建筑节能措施

围护结构参数如表 4 所示。

维护结构参数表

表 4

名称	构造	保温措施	性能参数
外墙体	400mm 土坯砖	—	K=0.63W/(㎡ · ℃)
屋面	150mm 覆土层、防水透气膜、10mm 胶合板	覆土保温	K=0.7W/(㎡ · ℃)
外门	木门	—	—
外窗	塑钢窗	双层中空玻璃	K=2.4 W/(㎡ · ℃)
地面	素土夯实	—	—

定日县地区年平均日照时数达 3393h，日照百分率 77%，辐射量高达 202.9kcal/mm^2，仅次于撒哈拉沙漠，是世界上太阳辐射量第二大的地区，因此在本示范工程优先考虑被动太阳能技术，充分利用当地丰富的太阳能资源。

1. 附加阳光间

附加阳光间就是在本住宅起居室的南侧设置封闭的玻璃房间，充分利用阳光直射获取太阳的热能，加热阳光房内部空气温度，并将热能储存在与之相邻的墙体和蓄热体之中，向室内散热，如图 1 所示。

2. 热天窗

玻璃天窗直接引导太阳能进入下方的室内空间提升温度，在天窗中设置有可开启和关闭的蓄热板。在蓄热板上铺设有保温材料和相变材料。白天开启蓄热板，相变材料吸收太阳能力由固态变为液态，夜间气温下降，关闭蓄热板，相变材料由液态变为固态并向室内释放热量，同时阻隔室内热量通过天窗向室外散失，如图 2 所示。

3. 空气集热器

空气集热器是利用温室效应原理进行工作，冬季阳光照在玻璃空腔内使其内部温度上升，经门窗洞口将热量送入室内进行采暖；夏天拉下遮阳帘开启上下通风窗，实现自然通风。如图 3 所示。

4. 太阳能炕

在建筑中采用蓄热性能好的卵石材料作为蓄热体放置在炕内，在墙体上开采光用的小窗洞，并在窗洞处设置可开关的挡板，上附保温材料和反光材料。白天，阳光经小窗洞的直射和挡板的反射照到卵石上，卵石开始蓄热；夜晚，关闭挡板来保温，随着气温下降，卵石开始释放热量，加热炕板。如图 4 所示。

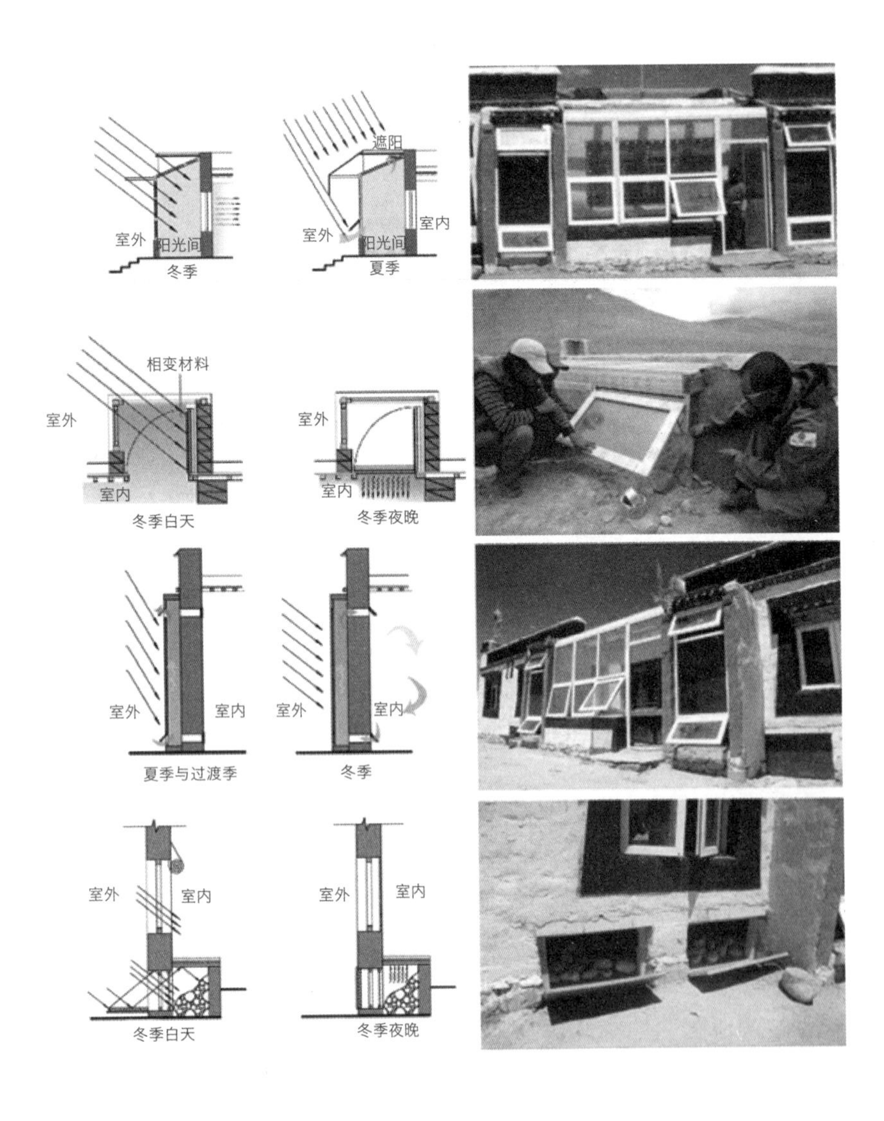

1
2
3
4

图 1. 附加阳光间原理实景图
图 2. 蓄热天窗原理实景图
图 3. 空气集热器原理实景图
图 4. 太阳能炕原理实景图

三、节能效果与增量成本

本示范工程运行使用 2 年的监测数据表明，室内温湿度环境大幅改善，能耗量及 CO_2 排放量大大降低。

1. 室内温度分区

温暖区与缓冲区之间的平均温差达到 4.1℃，暖源与温暖区之间保持近 3℃的温差，热量始终维持从南到北的流动状态，在采暖需求最大的 2 ～ 4 月，室内生活区域（起居室、东、西卧室）平均温度可达到 10℃。如表 5 和图 5 所示。

温度分区逐月实测值 (单位：°C)　表 5

区域 / 时间	室外	缓冲区	温暖区	暖源
2 月	0.6	0.7	4.8	6.2
3 月	3.9	5.8	10.1	12.9
4 月	8.3	9.5	13.7	16.8
5 月	10.1	11.4	15	19.3
6 月	20.2	16.4	20.4	22.6
平均	8.6	8.75	12.8	13.6

2. 室内热舒适度

示范住宅中非采暖房间 2 ～ 4 月平均温度达到 9℃，比当地普通住宅提高 2℃～ 3℃；局部采暖的房间 2 ～ 4 月采暖平均室温可达到 12℃以上，比普通住宅提高 1℃～ 1.5℃，测试期内室内舒适温度时长提升为当地普通住宅 2 倍以上。如表 6 和图 6 所示。

室内外温度对比 (单位：°C)　表 6

区域 / 时间	对比住宅客厅（无采暖）	示范住宅客厅（无采暖）	对比住宅卧室 *（局部采暖）	示范住宅卧室 *（局部采暖）	室外
2 月	1.82	4.08	7.89	8.01	0.66
3 月	5.95	9.01	11.53	12.94	3.94
4 月	9.87	12.97	14.32	16.17	8.28
5 月	12.18	14.24	15.65	16.62	10.08
6 月	21.83	22.03	21.92	22.32	21.62

注：采暖行为受人为干扰较大，采暖方式、采暖时长甚至局部采暖的位置均会对室内温度的记录造成较大影响，仅作为辅助参考

将测试期内室内温度进行频数分析，<12℃的区间为低温段，12℃～ 26℃为中温段，>26℃为高温段。通过分析发现，在示范住宅中无采暖的区域内，低温段的时间数与对比住宅相比减少 703h，大幅下降了 29%，处于舒适温度区间的时长延长至对比住宅的 2.4 倍。如图 7 所示。

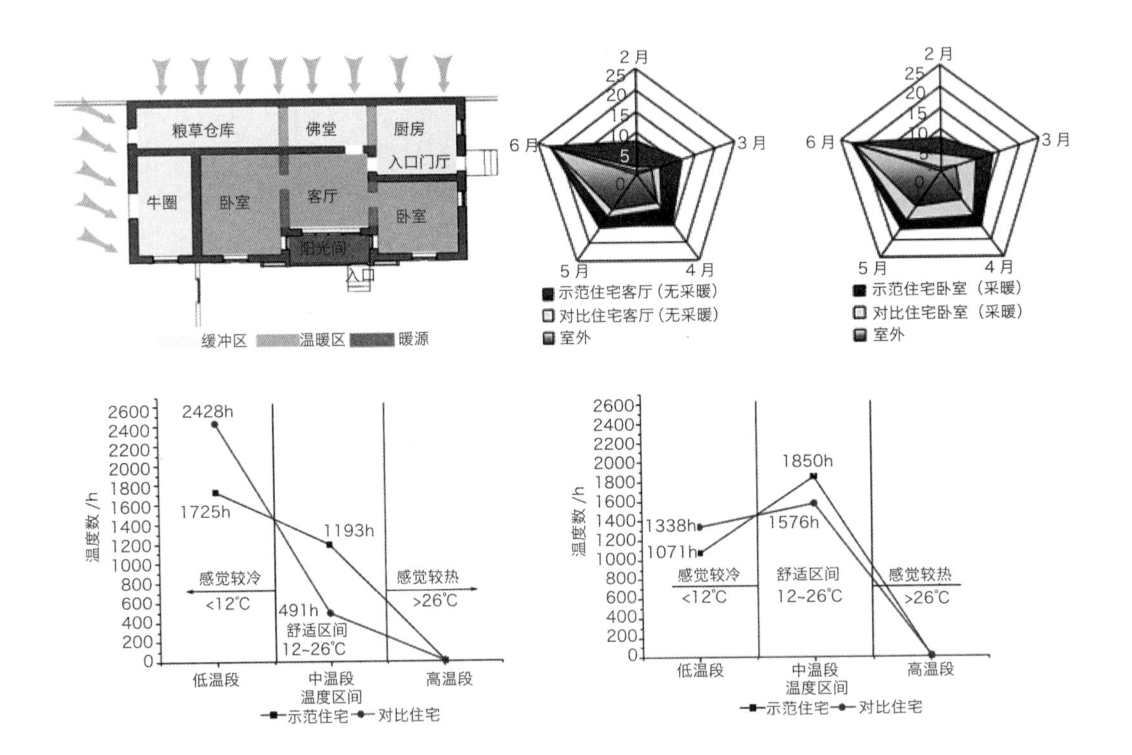

图 5. 室内温度分区效果
图 6. 室内外温度对比
图 7. 非采暖区域温频
图 8. 采暖区域温频

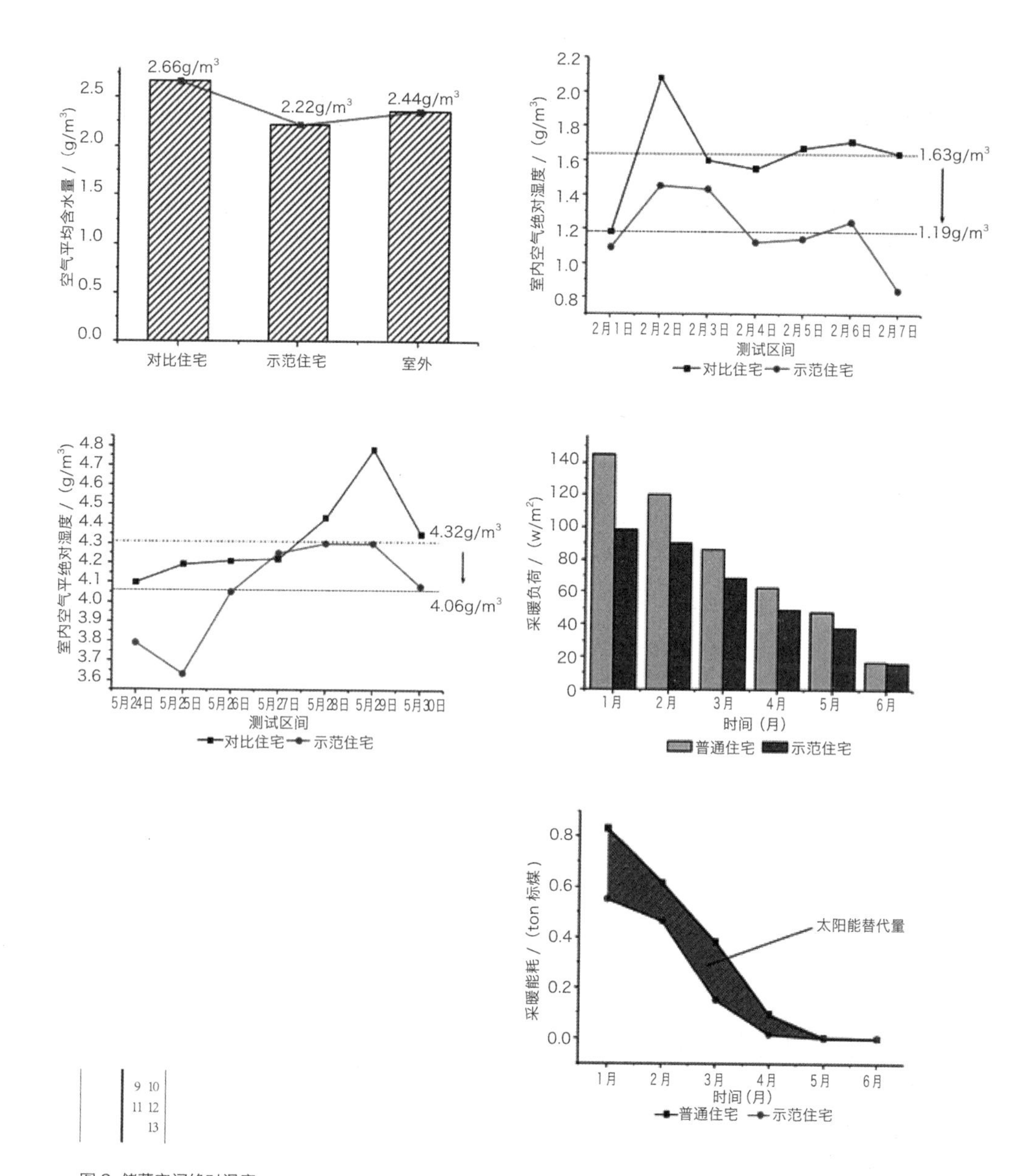

图 9. 储藏空间绝对湿度
图 10. 储藏空间冬季绝对湿度对比
图 11. 储藏空间夏季绝对湿度对比
图 12. 采暖负荷对比
图 13. 采暖能耗对比

常规能源替代率（单位：tce）　　表 7

测试期＼项目	普通住宅	示范住宅	替代量	替代率 %
1 月	0.832	0.551	0.281	34
2 月	0.617	0.465	0.152	25
3 月	0.382	0.151	0.231	60
4 月	0.095	0.015	0.08	84
5 月	0.003	0	0.003	100
6 月	0	0	0	—
总计	1.929	1.182	0.747	39

在有采暖行为的空间（如卧室）示范住宅中低温段时长缩短近 20%，舒适段时间延长 274h，明显优于对比住宅。如图 8 所示。

3. 室内湿度

新型防风防水透气膜的应用有效降低了室内含水量，根据实测数据，测试期间内（1 月 28 日～ 6 月 5 日），室内储藏库房空气平均含水量为 2.22g/m^3，低于室外空气平均含水量（2.44g/m^3），与对比住宅相比下降 17%（2.66g/m^3），储藏空间更加干燥，有利于牲畜饲料的存放。如图 9 至图 11 所示。

4. 采暖负荷

示范住宅采暖过程中对常规能源的需求大为下降，室内采暖负荷平均下降 26%，其中，1 月份负荷下降超过 32%。如图 12 所示。

5. 采暖能耗

示范住宅在 1 ～ 6 月中总计减少采暖能耗达 0.75tce，全年可实现节能 1.5tce，太阳能替代率达到 39%。如图 13 和表 7 所示。

6. CO_2 排放

示范住宅在 1 ～ 6 月月中总计减少 1.96t CO_2，全年可实现减排 3.5t CO_2。如表 8 所示。

CO_2 减排情况（单位：tce）　　表 8

测试期＼项目	普通住宅	示范住宅	减排量	减排率 %
1 月	2.18	1.44	0.74	34
2 月	1.62	1.22	0.40	25
3 月	1.00	0.40	0.61	60
4 月	0.25	0.04	0.21	84
5 月	0.01	0.00	0.01	100
6 月	0.00	0.00	0.00	—
总计	5.05	3.10	1.96	39

原载于：《中国农村生活能源发展报告》（2000-2009）

迈向可持续发展的中国健康住宅

开彦

2001 年 10 月在北京召开的国际建筑中心联盟 (UICB) 大会上，由我国国家住宅与居住环境工程中心研究编制的《健康住宅建设技术要点》被隆重推介给大会，得到大会与会者的热烈反响，并由此引发了中国的住宅建设迈向“健康住宅和人居健康工程”的新的发展阶段。人们开始摆脱由于对住房的紧迫性追求而导致的不恰当追求外表的“繁华”和不切实际的“富贵”转而到讲求“务实”、追求品质和健康舒适。

一年来，健康住宅技术围绕人们居住环境和人类健康的相关问题，研究了相应的对策和解决方案，努力实施人类居住与居住健康的可持续发展。从 2002 年 3 月开始，已在全国范围内接纳“健康住宅建设试点工程”北京奥林匹克花园，金地 · 格林小镇和厦门浪琴湾等住宅区已被正式批准为首批试点住宅小区，全国其他许多城市住宅小区也正在积极地申报之中。

“健康住宅与人居健康工程”特别要求致力于发展健康住宅事业的开发商、承建商、制造厂商以及建筑师、工程师、室内设计师们以居住与健康的新价值观为原则目标，积极促进健康住宅建设事业的可持续发展，共同来营造健康、舒适、安全、卫生的人居环境。

一、迎接“健康住宅”的新时代

人类居住健康问题的挑战引起了全世界居住者与舆论的关注，人们越来越迫切地追求拥有健康的人居环境。由于人们过去的不当的城市建设行为，使居住环境急速恶化，地球环境受到了莫大的威胁。人口的过度集中、城市建筑的高层化倾向、过分的人造环境，造成了土地失水性严重、热岛现象衍生。节能设计不受重视，空调使用失控，能源浪费严重，城市气温普遍上升。

城市作为人类居住生活的功能区，在很大程度上被削弱。居住条件恶化、环境污染、人际关系冷漠等“城市病”正在蔓延，城市已不再是人与自然和社会健康发展的乐园。让城市和作为城市细胞的居住小区功能朝着人居环境的健康目标发展，包括生理的、心理的、社会的和人文的，近期的和长期的多层次的健康是我们今天的责任。

中国的住宅建设在经历了长期的计划经济的束缚之后，开始十分重视住区环境的建设，全国各地建成了一批成规模的住区环境优秀的住宅小区。山、水、土、石、绿地、阳光、空气组成的建设要素成为人们追逐的目标，由此引发的绿色住宅、生态住宅、水景住宅、阳光住宅等应运而生，迎合了消费者某种居住心理的要求，但大多常常流于某种形式的追求，而忽视了居住者对健康、舒适、安全、卫生、文明等居住环境因素的审视，包括居住者生理和心理的、社会和人文的健康的追求。

很多小区引进城市广场手法和公园化景观绿地，好看不中用，使住户得不到实惠，亲和感离之甚远。又比如，家庭装修宾馆化、贵族化，住户随和、方便的家庭气氛不在了，而建材的选用不当造成了空气污染，有害射线衍生，空调病（军团病）、呼吸病、肥胖病甚至白血病蔓延，直接危及住户健康。

健康住宅的主要基点在于：一切从居住者出发，满足居住者生理和心理健康的需求，生存在健康、舒适、安全和环保的室内和室外居住环境中。因此，健康住宅可以直接释义为：一种体现住宅室内和住区居住环境都健康的住宅。它不仅可以包括与居住相关联的物理量值，诸如温度、湿度、通风换气、噪声、光和空气质量等，而且尚应包括主观性心理因素值，诸如平面空间布局、私密保护、视野景观、感官色彩、材料选择等，回归自然，关注健康，关注社会，制止因住宅而引发的疾病，营造健康，增进人际关系。

健康住宅有别于绿色生态住宅和可持续发展住宅的概念。绿色生态住宅在注重居住生活的舒适、健康的同时，更加强调资源和能源的利用，注重人与自然的和谐共生，关注环境保护和材料资源的回收和复用，减少废弃物，贯彻环境保护的原则。一批学者认为，“绿色建筑”主张“消耗最少的地球资源，消耗最少的能源，产生最少的废弃物”，绿色生态住宅贯彻的是“节能、节水、节地和治理污染”，强调的是可持续发展原则，是社会经济发展的宏观的、长期的国策。

“健康住宅”围绕“健康”二字展开，是具体化和实用化的体现。对人类地球居住环境而言，它是直接影响人类持续生存的必备条件，保护地球环境，人人有责。但从地球环境一直到地域环境、都市环境以及居住室内的环境，如何着手呢？不言而喻，从小到大，从身边到远处，从基本人体健康着手推开，向室外敷地、城市地域以及地球大环境不断地引申与拓展，直至可持续发展。

健康住宅更贴近人们的需求，健康住宅受到了广大住宅开发商的重视，被认为是摸得着、看得见的具体化的要求，可操作性十分强，把居民的利益和开发商的追求紧密完善地结合起来。

二、健康住宅的国际化趋向

20世纪七八十年代，爆发了二次世界石油危机，环境受到破坏，引发了人们对节能和环保的重视。1972年，联合国在斯德哥尔摩召开大会，号召人们对环境污染给予重视，指出人们在发展经济的同时牺牲了健康的条件，引发了许多疾病的发生；1981年，世界建筑师大会提出了由于建筑物的不当处置产生的对人的负面的影响，会议发表的《华沙宣言》号召建筑学进入环境健康学的时代；1987年，《蒙特利尔公约》针对地球保护层——臭氧层的破坏影响到人类生存的问题，开始对全球性的健康问题进行讨论；1990年后，地球环境被快速破坏，地球气候异常；1992年在里约热内卢发表的《里约宣言》提出了“Agenda 21”议题；2000年在荷兰举行的“SB2000”可持续发展大会和健康建筑研讨会，提出了全球共同开创未来可持续发展和健康舒适居住环境的时代。

从1987年到2000年世界各国大体上经历了三个发展阶段，即节能环保、生态绿化和舒适健康。各国从最先面临省能、省资源出发，逐渐认识到地球环境与人类生存息息相关，转而为生态绿化，最后回归到人类生活的基本条件：舒适与健康。

根据世界卫生组织的建议，“健康住宅”的建议标准是：

(1) 尽可能不使用有毒的建筑装饰材料装修房屋，如含高挥发性有机物、放射性的材料；

(2) 室内二氧化碳浓度低于1000ppm，粉尘浓度低于0.15mg/m^3；

(3) 室内气温保持在17℃～27℃，湿度全年保持在40%～70%；

(4) 噪声级小于50dB；

(5) 一天的日照要确保在3小时以上；

(6) 有足够高度的照明设备，有良好的换气设备；

(7) 有足够的人均建筑面积并确保私密性；

(8) 有足够的抗自然灾害的能力；

(9) 住宅要便于护理老人和残疾人。

国际上对健康建筑及可持续发展课题的研究大多遍布在欧洲、北美洲及亚洲的日本地区。我国台湾学者近年来也就绿色建筑、健康建筑提出了七大评估体系，在落实政策、细化指标、实际操作等方面做了大量的具体、务实和平易近人的工作。

日本在几年前就推广实行了健康住宅的建设，成立了专门的研究机构和健康住宅委员会、健康住宅技术研究所、健康住宅对策推进协议会等组织，研究工作组织了公众卫生、设备技术、文教等部门进行有关的研究，其研究目标是探索人类健康与居住环境的种种对应关系，研究把健康分成了“生理健康”和“心理健康”两大类，以它的研究结果为基础，把居住环境也分为了“物理环境”和“社会环境”两类（以上摘自日本《住宅与健康》1997 年度调查研究报告）。

加拿大住宅建设明确倡导“健康住宅”理念。

健康住宅建设推行的主要内容主要体现在以下几个方面：一是保证居住者健康方面，包括室内空气质量、水质、采光照明、隔声及电磁辐射等因素；二是讲究能源效益，包括建筑物的保温性能、用于采暖与制冷的能源、可再生能源技术利用、用电及高峰用电需求等；三是资源效益，可再生材料的利用，节水器具、建筑物的耐久性及长期性等；四是环保责任，包括燃烧污气的排放、污水及废水的处理、社区的选址与自然资源的利用等；五是可支付能力，包括住宅的性能价格比、建设的工业化水平、住宅的适应性和市场性等。

加拿大的住宅建筑技术发展以“健康住宅”理念为原则，发展相应的体系与技术，通过规范式生产技术操作来保证居住者的健康（摘自于建设部 2002 年赴美、加住宅产业考察后的报告）。

三、健康住宅的评估指标

健康住宅的核心是人、环境和建筑。健康住宅的目标是全面提高人居环境品质，满足居住环境的健康性、自然性、环保性、亲和性和行动性，保障人民健康，实现人文、社会和环境效益的统一。

健康住宅评估因素涉及室内外居住环境健康性，对大自然的亲和性，住区环境保护和健康行动保障四大方面。不同于一般小区规划和住宅设计，健康住宅的实施必须建立在优秀的住宅规划设计的平台上，紧扣与“人”的健康相关联的指标框架，提高和引导健康住宅开发建设的目标。指标框架中，尽可能将评估因素量化、表格化和手册化，便于实施工作人员检查和记忆。

1. 评估因素一：人居环境的健康性

人居环境的健康性主要指室外影响健康、安全和舒适的因素。在室外环境中，强调有充足的阳光、自然风、水源和植被保护，避免噪声污染的侵害，并有防灾救灾、人际交往、增进人情风俗的条件，尊老爱幼，实施无障碍的原则。

室内要求强调居住空间最低面积的控制标准，尊重个性，确保居住的私密性；实施公私分区的住宅套型设计，并对住宅的可改性、设备管道布局走向提出了严格的要求。住宅的室内空气质量应保持清新，通风换气畅通无阻，防止室内污染和病原体的发生。强调装饰材料无害化，并就各类建筑材料的放射性污染物——氡，化学污染物——甲醛、氨、苯及各种具有挥发性的有机物（TVOC）等指标列表控制，提出空气污染物控制标准。此外，室内的声、光、热环境质量和饮用水质量均有相应的标准规定，并用表格显示清楚。

2. 评估因素二：自然环境的亲和性

对大自然的亲和人人皆有之。但是，由于城市建筑的蔓延，自然空间的缩小，气候条件的恶化，弱化了人们对自然的亲和。提倡自然，创造条件，让人们接近自然和亲和自然是健康住宅的重要任务。

要讲对大自然的亲和，必须在建设时尽可能保护和合理利用自然条件，如地形地貌、树林植被、水源河流，扩大人与自然之间的关系，让人感受真实的对自然的情感。同样，水、阳光、空气和自然风也是宝贵的，应充分组织好，利用好。

健康住宅生活少不了绿意。在居住环境中，广植花木不但可以怡情养性，同时还可以促进土壤生物活化，对生态环境有莫大的裨益。绿被植物还可吸收二氧化碳，改善小气候，降低温度。为了鼓励绿化，应增加有关绿化覆盖率、乔木植种的数量和栽种密度等，提倡大量种阔叶乔木和小乔木、针叶木等，增加立体绿化和植物立体配置，发展阳台、屋顶绿化，保持人和自然的高接触性。

基地的保水性能与改善土层的有机物、滋养植物、有益土壤微生物的活动，与调节小气候有关。保水性能越好，基地涵养雨水的能力越强。为了保证有好的渗透性和保水性能，应做好环境透水设计，保留和收集雨水，为此应在规划中增加土壤面积，增加透水铺面和雨水截留设计。

景观水是指池水、流水、喷水和涌水等，规定为流动水循环使用，有循环水净化装置，使改造的地表水、雨水、污水的水质标准符合要求。

3. 评估因素三：住区的环境保护

住区的环境保护是指住区内视觉环境的保护、污水和中水处理、垃圾收集与垃圾处理和环境卫生等方面，主要从环境的卫生、清洁、美观出发，在景观和色彩上保持明亮、整齐、协调，既具有住区的个性和感染力，又具备文化性、传统性。对污水和雨水的处理，除了达标以外，着重对污泥的综合利用，减少出泥量，扩大复用水资源以利节省。

垃圾分类和袋装化工作虽小，但意义深远，培养住户的垃圾处理自觉性，是居民实际文明行为的表现。与此同时，还应有公共场所的卫生和公共厕所的设置和宠物饱养的有关规定。

4. 评估因素四：健康行动的保障

健康住宅的环境保障评估因素主要是针对居住者本身健康的保障，包括医疗保健体系、家政服务系统、公共体康设施、社区老人活动场所等硬件建设，使住户居住放心、方便。这些服务体系的创建对小区的健康生活品质升位有重要作用。

健康行动是指公众参与的对全体住户的教育行动，是健康住宅不可分离的部分。健康住宅的硬件建设和健康行动的软件建设结合在一起，才能建立健康住宅的完整概念，引导住户参与和组织志愿者活动，开展各种持续性健康活动。

四、中国健康住宅的研究与推广

健康住宅的研究是针对我国住宅建设方面的规划设计、施工安装、材料设备以及家庭装修中的不当行为而产生的种种有害居住健康因素而建立起来的，得到了卫生部、环保部和国家体育总局的下属科研机构的支持，并参与合作研究工作。

2001年7月，由跨行业科研设计部门共同研究编制完成《健康住宅建设技术要点》(2001年版)，并于同年10月在国际建筑中心联盟大会发布。与《要点》相匹配，相继编制完成《健康住宅评估因素及评价指标体系》、《健康住宅实施管理办法》等文件。

2002年9月，根据一年的实践研究，对原《要点》(2001年版)，广泛地征求意见后，开展了修编工作，完成了《健康住宅建设技术要点》(2002年修改版)的编制工作。

健康住宅力求推动全国健康住宅建设工程的发展，通过健康住宅工程的试点和技术跟进工作，总结支撑健康住宅发展的成套技术体系，推进健康住宅产品产业的发展。为此，专门建立了以规划设计、材料部品、建筑设备、环保卫生、健康保健等方面的首批24名专家组成的健康住宅专家委员会，制定了专家委员会组织办法，明确了专家的职责、权利和义务，切实地做好健康住宅建设技术服务工作。

健康住宅建设随着房地产及经济的发展和住宅技术的不断提高而不断改善。《健康住宅建设技术要点》将是一个动态的技术参考，随着技术的发展和材料的完善而及时得到修正，将不断提高的健康住宅建设技术成果及时提供给机关部门和国家标准定额管理部门，为今后制定我国的健康住宅技术标准提供重要的技术基础。

此外，我们还将以“健康住宅”理念为原则，发展我国的建筑体系技术及相配套的住宅部品、材料和设备，完善我国住宅生产的一体化管理体系，为健康住宅的持续发展贡献我们的力量。

原载于：《开彦观点》，中国建筑工业出版社 2011 年 7 月

扩展阅读

第四章 技术研发与创新

4.1 住宅结构体系

[1] 支撑体住宅规划与设计（一、二）—鲍家声（建筑学报，1985.01-02）

[2] 住宅结构体系技术研究（一、二、三）—刘健，张昭一（住宅产业，2009.07-09）

[3] 日本 SI 可变住宅节约理念—马韵玉，王芳（建设科技，2005.02）

4.2 规划设计

[1] 瑞典低碳住区的开发建设实践—于萍（住宅产业，2013.01）

4.3 功能空间

[1] 新政策下的居住区规划 · 户型设计—周燕珉（百年建筑，2007 年第 21 期）

[2] 解读中小套型住宅观念与规划设计——兼析 90 中小套型住宅优秀方案—赵冠谦（建筑学报，2007 年第四期）

4.4 住宅产业化

[1] 工业化住宅技术体系研究—叶明（住宅产业，2009.10）

[2] 模数协调与工业化住宅建筑—李晓明、赵丰东、李禄荣、仲继寿、马韵玉、陈聪、洪嘉伟、李建树、刘刚、朱茜（住宅产业，2009.12）

4.5 住宅商品化与住房保障体系

[1] 社会住房角度下的中国住房改革回顾—王韬（住区，2009 年第 5 期）

[2] 保障性住房混合居住模式优化研究—刘征、陈新、吴南、李文（多元与包容——2012 中国城市规划年会论文集 (06. 住房建设与社区规划) 2012-10-17）

[3] 对于不同收入阶层混合居住模式能否解决城市居住空间分异问题的思考—蔡海鹏(规划50年——2006 中国城市规划年会论文集（下册）2006-09-01）

[4]2011 中国首届保障性住房设计竞赛特别报道: 保障房规划设计之问(中国勘察设计, 2011年第10期)

[5]“一户 · 百姓 · 万人家”保障房设计竞赛简介

[6] 竞赛成果——2011“一 · 百 · 万”保障房设计竞赛

第五章 实践与案例

5.1 城市住宅试点小区

[1] 上海康乐小区住宅设计——探讨居住建筑的海派特色—李应圻（住宅科技，1994.06）

[2] 人与居住环境——国家住宅试点小区规划设计的实践—赵冠谦（建筑学报，1994年第11期）

5.2 小康住宅试点工程

[1] 尊重自然生态，创造居住环境——广州红岭花园小区规划设计—方咸孚、卞洪滨（建筑学报，1995年第11期）

[2] 探索住区未来——对小康住宅规划设计导则的认识—开彦（建筑学报 1998.11）

[3] 小康住宅示范工程规划设计思考—鲍家声（城市开发 1998年05期）

5.3 国家康居示范工程

[1] 营造新时期的生存港湾——国家康居示范工程：杭州山水人家住宅小区—董丹申，李宁（华中建筑，2005.06，第23卷）

[2] 国家康居示范工程的背景、现状和未来—赵冠谦（百年建筑，2003.03）

5.4 绿色建筑

[1] 太阳能建筑节能省地型住宅建设的重要途径—仲继寿（住宅产业，2005 年第 7 期）

[2] 低碳建筑——边研究边实践—何建清、娄霓（中国人口资源与环境，2009 年第 19 卷）

[3] 我国绿色建筑标识评定概况及相关标准政策—李丛笑（住宅产业，2012.07）

5.5 健康住宅

[1] 健康住宅建设指标体系的建立与实施—刘燕辉（建筑学报，2008 年第 11 期）

[2] 居住与心理——住宅环境心理研究中的几个问题—常怀生（建筑学报，1988 年第 12 期）

后记

《当代中国城市居住读本》是献给广大住宅建设工作者的书，也是为那些关心城市住宅建设的人们编辑的书。在本书策划初期，编者征求大量住房研究领域专家，制定了读本的整体框架，力求全面展示我国改革开放以来的住房发展历程，让读者了解我国住宅建设事业是怎样一步步走过来的，国家和民众对住宅发展建设的认识和理解是如何逐步深化的。它又是一本没有画上句号的书。展望未来，我国的住宅建设方兴未艾，在解决广大低收入家庭住房问题，真正建立起一个健康有效的住房供应体系方面，却刚刚起步。与此同时，我们还要赶上世界发展的脚步，积极贯彻“可持续发展”的方针，为保护全球的环境要做出贡献。对所有这些新问题、新课题的研究和探索是无止境的，需要人们携手努力，不停地做下去。

住房问题所涉及专业和领域非常广泛，发表的文章、言论、报道的数量之大远远超出想象，为了广泛收集且保证文章质量，编者根据读本整体框架，参阅大量书籍、期刊，共检索到涉及住宅建设发展方向、基本理念和建设实践等方面的相关文章1500余篇，最终精选40余篇作为正文内容，在此也非常感谢北京建筑大学图书馆提供的线上和线下资料库搜索工作。

图书在版编目（CIP）数据

当代中国城市居住读本 / 何建清主编 ；班焯，李婕编著. — 北京 ：中国建筑工业出版社，2016.11
（当代中国城市与建筑系列读本 / 李翔宁主编）
ISBN 978-7-112-19774-3

Ⅰ. ①当… Ⅱ. ①何… ②班… ③李… Ⅲ. ①城市环境－居住环境－历史－研究－中国 Ⅳ. ①X21

中国版本图书馆CIP数据核字(2016)第213577号

责任编辑：徐明怡　徐　纺
整体设计：李　敏
美术编辑：朱怡勰
责任校对：王宇枢　张　颖

当代中国城市与建筑系列读本
李翔宁主编

当代中国城市居住读本

何建清　主编
班焯 李婕 编著
*
中国建筑工业出版社出版、发行（北京海淀三里河路9号）
各地新华书店、建筑书店经销
大厂回族自治县正兴印务有限公司印刷
*
开本：787×960 毫米　1/16　印张：27¼　字数：660 千字
2017 年 9 月第一版　2017 年 9 月第一次印刷
定价：85.00 元
ISBN 978-7-112-19774-3
（29333）
版权所有 翻印必究
如有印装质量问题，可寄本社退换
（邮政编码　100037）